Kritische Metalle in der Großen Transformation

Andreas Exner · Martin Held ·
Klaus Kümmerer
Herausgeber

Kritische Metalle in der Großen Transformation

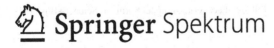 Springer Spektrum

Andreas Exner
Klagenfurt, Österreich

Martin Held
Tutzing, Deutschland

Klaus Kümmerer
Lüneburg, Deutschland

ISBN 978-3-662-44838-0   ISBN 978-3-662-44839-7 (eBook)
DOI 10.1007/978-3-662-44839-7

Die Deutsche Nationalbibliothek verzeichnet diese Publikation in der Deutschen Nationalbibliografie; detaillierte bibliografische Daten sind im Internet über http://dnb.d-nb.de abrufbar.

Springer Spektrum

Planung: Merlet Behncke-Braunbeck

Gedruckt auf säurefreiem und chlorfrei gebleichtem Papier.

Springer-Verlag GmbH Berlin Heidelberg ist Teil der Fachverlagsgruppe Springer Science+Business Media
(www.springer.com)

Danksagung

Die Herausgeber danken allen Autorinnen und Autoren sehr herzlich, die mit ihren Beiträgen zum Gelingen des Buchs beigetragen haben. Über die eigentlichen Beiträge hinausgehend gab es einen fruchtbaren inhaltlichen Austausch.

Besonderer Dank gilt dem österreichischen Klima- und Energiefonds (KLIEN), der im Rahmen der Förderung für das Projekt „Feasible Futures" die den Kap. 5, 11, 12 und 15 zugrundeliegende Forschung ermöglicht hat. Die Ergebnisse sind zugleich insgesamt in die konzeptionelle Gestaltung des Buchs eingeflossen. Namentlich ergeht herzlicher Dank an Martin Bruckner für Rückmeldungen auf eine frühere Fassung von Kap. 15. Andreas Exner dankt in diesem Zusammenhang zudem dem ÖIE Kärnten/Bündnis für Eine Welt. Dem EB&P Umweltbüro GmbH, Klagenfurt, gilt besonderer Dank für den institutionellen Rahmen und die vielfältige Unterstützung.

Sehr herzlich bedanken wir uns bei der Deutschen Bundesstiftung Umwelt, der Evangelischen Akademie Tutzing, der Leuphana Universität Lüneburg sowie der Universität Augsburg. Gemeinsam waren sie Veranstalter der Tagung „Grenzenlose Verfügbarkeit strategischer Metalle? Postfossile Perspektiven", die 2011 in der Evangelischen Akademie Tutzing stattfand. Zusätzlich war die Fraunhofer-Projektgruppe für Wertstoffkreisläufe und Ressourcenstrategie Mitveranstalter der Tagung „Strategische Metalle für die Energiewende. Ressourceneffizienz & Dissipation in postfossiler Perspektive" (Tutzing 2013). Die Ergebnisse der Tagungen flossen unmittelbar in die konzeptionelle Gestaltung und die inhaltliche Ausprägung des Buchs ein. Wir danken allen Referierenden sowie allen Teilnehmenden für ihre Beiträge. Es handelt sich jedoch um Originalbeiträge, die für dieses Buch geschrieben wurden.

Insbesondere hatten wir mit Dr. Maximilian Hempel, Deutsche Bundesstiftung Umwelt, Osnabrück, und Prof. Dr. Armin Reller, Universität Augsburg, über die Jahre hinweg immer wieder einen sehr fruchtbaren Austausch und kritische Diskussionen im Themenfeld. Nicht zuletzt durch ihre Anregungen und Impulse erhielt das Buch seine nun vorliegende endgültige Fassung. In gleicher Weise gilt dies auch für Jörg Schindler, langjährig Geschäftsführer Ludwig-Bölkow-Systemtechnik, und für Dr. Hans-Jochen Luhmann, Wuppertal Institut für Klima, Umwelt, Energie, mit denen wir jahrelang eng über Fossilierung, Metallisierung und die beginnende Große Transformation von der fossilen Nichtnachhaltigkeit hin zu einer postfossilen nachhaltigen Entwicklung zusammengearbeitet haben.

Es ist uns ferner ein Anliegen zu erwähnen, dass für manche der Ideen schon vor vielen Jahren von Dr. Karl Otto Henseling, damals Umweltbundesamt, in langjähriger freundschaftlicher Zusammenarbeit ein Keim gelegt wurde. Dies ist mit vielen guten Erinnerungen verbunden. Leider konnte er den weiteren Fortgang nicht mehr selbst miterleben.

März 2015, Graz, Tutzing, Lüneburg   Andreas Exner
Martin Held
Klaus Kümmerer

Inhaltsverzeichnis

Mitarbeiterverzeichnis

Behrooz Abdolvand geb. 1956, Dr. rer. pol.; Freie Universität Berlin, Berlin Centre for Caspian Region Studies Berlin und Associate Fellow des Robert Bosch-Zentrums für Mitteleuropa, Osteuropa und Zentralasien (DGAP). *Arbeitsschwerpunkte:* Energiepolitik, Sicherheitspolitik der Länder des Greater Middle East

Elmar Altvater geb. 1938, Prof. Dr. oec. publ., i.R.; Freie Universität Berlin, Otto-Suhr-Institut für Politikwissenschaft und Fellow am Institute for International Political Economy der Hochschule für Wirtschaft und Recht, Berlin. *Arbeitsschwerpunkte:* Internationale politische Ökonomie, ökologische Weltsystemforschung, europäische Integration

Josef Baum geb. 1953, Dr. rer. soc. oec., Dr. rer. nat.; Universität Wien, Forschungs- und Lehrtätigkeit am Institut für Ostasienwissenschaften und am Institut für Geographie. *Arbeitsschwerpunkte:* Industrie-, Regional- und Ökologische Ökonomie, China

Daniel Bleher geb. 1978, Dipl.-Geogr.; Öko-Institut, Darmstadt, Wissenschaftlicher Mitarbeiter. *Arbeitsschwerpunkte:* Ressourcen, Stoffstromanalysen, Flächenmanagement, Sport & Umwelt

Miriam Bodenheimer geb. 1986, M.A. in International Development; Fraunhofer Institut für System- und Innovationsforschung (ISI), Karlsruhe, Wissenschaftliche Mitarbeiterin. *Arbeitsschwerpunkte:* Soziale Nachhaltigkeit, Rohstoffpolitik, globale Wertschöpfungsketten

Andreas Brocza geb. 1975, Mag. phil.; Universität Wien, Dissertant am Institut für Politikwissenschaft. *Arbeitsschwerpunkte:* Prozesse regionaler Integration sowie subsaharisches Afrika

Stefan Brocza geb. 1967, Mag. Dr. phil., M.B.L.-HSG; Fachbereich Geographie und Geologie, Abteilung Sozial- und Wirtschaftsgeographie, Universität Salzburg. *Arbeitsschwerpunkte:* Recht und Politik der EU und internationaler Organisationen, Außenwirtschaftsbeziehungen sowie Außendimension interner Sicherheit

Martin Bruckner geb. 1981, Mag. rer. soc. oec.; Wirtschaftsuniversität Wien, Institute for Ecological Economics. *Arbeitsschwerpunkte:* Input-Output-Analyse, Umwelt-Footprinting, Materialflussanalyse

Joshena Dießenbacher geb. 1981, M.A. Soz. Wiss.; Universität Augsburg, Wissenschaftszentrum Umwelt. *Arbeitsschwerpunkte:* Stoffgeschichten, Ressourcen- und Lebensstilforschung

Andreas Exner geb. 1973, Mag. rer. nat.; Universität Wien, Dissertant am Institut für Politikwissenschaft. *Arbeitsschwerpunkte:* Landnutzung, Solidarische Ökonomie, Degrowth

Peter Fleissner geb. 1944, Dr. techn., Dipl.-Ing.; wissenschaftlicher Konsulent in Wien; ehem. TU Wien, Univ.Prof. für Sozialkybernetik sowie Abteilungsleiter für Ökonomie am IHS Wien, am IPTS der Europäischen Kommission in Sevilla und am EUMC des Europäischen Parlaments in Wien. *Arbeitsschwerpunkte:* Politische Ökonomie, Sozialkybernetik, Simulationsmodelle

Carsten Gandenberger geb. 1975, Dr. rer. pol.; Fraunhofer Institut für System- und Innovationsforschung (ISI), Karlsruhe. *Arbeitsschwerpunkte:* Ressourceneffizienz, nachhaltige Unternehmensstrategien und Geschäftsmodelle, Technologietransfer umweltfreundlicher und ressourceneffizienter Technologien

Anett Großmann geb. 1979, Dipl.-Volksw.; Gesellschaft für Wirtschaftliche Strukturforschung, GWS, Osnabrück, Mitarbeiterin im Bereich Klima und Energie. *Arbeitsschwerpunkte:* Makroökonometrischer Modellbau, nationale und internationale Klima- und Energiepolitik

Martin Held geb. 1950, Dr. rer. pol., Dipl.-Ök.; Evangelische Akademie Tutzing, Studienleiter Wirtschaft und nachhaltige Entwicklung. *Arbeitsschwerpunkte:* Institutionenökonomik, Ökologie der Zeit, Nichtnachhaltigkeit, Große Transformation

Klaus Kümmerer geb. 1959, Dr. rer. nat., Dipl.-Chem.; Leuphana Universität Lüneburg, Direktor Institut für Nachhaltige Chemie und Umweltchemie, Professur für Nachhaltige Chemie und Stoffliche Ressourcen. *Arbeitsschwerpunkte:* Benign-by-design, Schadstoffe in der Umwelt, Chemie und Nachhaltigkeit, Ökologie der Zeit

Christian Lauk geb. 1976, Dr. phil. in Sozialer Ökologie, Mag. in Biologie; Universität Klagenfurt, Wissenschaftler und Lektor am Institut für Soziale Ökologie, Wien. *Arbeitsschwerpunkte:* Landnutzung, sozialer Metabolismus, gesellschaftliche Materialbestände

Ulrike Lehr geb. 1961, Dr. oec., Dipl.-Phys.; Gesellschaft für Wirtschaftliche Strukturforschung, GWS, Osnabrück, Co-Bereichsleitung Klima und Energie. *Arbeitsschwerpunkte:* Makroökonometrischer Modellbau, nationale und internationale Klima- und Energiepolitik

Lutz Mez geb. 1944, Priv.-Doz., Dr. rer. pol., Dipl.-Pol.; Freie Universität Berlin, Koordinator des Berlin Centre for Caspian Region Studies. *Arbeitsschwerpunkte:* Klima-, Umwelt- und Energiepolitik im internationalen Vergleich

Armin Reller geb. 1952, Dr. rer. nat.; Universität Augsburg, Lehrstuhl Ressourcenstrategie und Fraunhofer-Projektgruppe Wertstoffkreisläufe und Ressourcenstrategie, Alzenau, Leiter Geschäftsbereich Ressourcenstrategien. *Arbeitsschwerpunkte:* Chemie der Materialien, Stoffgeschichten, Ressourcenstrategie

Jörg Schindler geb. 1943, Dipl.-Kfm.; ehem. Ludwig-Bölkow-Systemtechnik, Geschäftsführer und ASPO Deutschland, Vorstandsmitglied. *Arbeitsschwerpunkte:* Peak Oil, postfossile Mobilität, Große Transformation

Ernst Schriefl geb. 1969, Dr. techn., DI; energieautark consulting gmbh, Wien. *Arbeitsschwerpunkte:* Informationsaufbereitung für die Bereiche Energieeffizienz in Gebäuden und Nutzung erneuerbarer Energieträger, strategische Energieforschung

Doris Schüler geb. 1966, Dr.-Ing.; Öko-Institut, Darmstadt, Stellv. Leitung des Bereichs Infrastruktur & Unternehmen. *Arbeitsschwerpunkte:* Ressourcen, Recycling, Stoffstromanalysen

Katrin Vogel geb. 1976, Dr. phil., Ethnologin; Universität Augsburg, Wissenschaftszentrum Augsburg. *Arbeitsschwerpunkte:* Mensch-Umwelt-Beziehungen, Klimawandel, Stoffgeschichten

Rainer Walz geb. 1960, Prof. Dr. rer. pol.; Fraunhofer Institut für System- und Innovationsforschung (ISI), Karlsruhe, Leiter Kompetenzzentrum für Nachhaltigkeit und Infrastruktursysteme. *Arbeitsschwerpunkte:* Nachhaltigkeit und Innovation, Umwelt- und Ressourcenpolitik, Wechselwirkungen zwischen wirtschaftlicher Entwicklung, Globalisierung und Umweltschutz

Kirsten Wiebe geb. 1982, Dr.; Gesellschaft für Wirtschaftliche Strukturforschung, GWS, Mitarbeiterin im Bereich Klima und Energie, Osnabrück. *Arbeitsschwerpunkte:* Makroökonometrischer Modellbau, nationale und internationale Klima- und Energiepolitik

Marc Ingo Wolter geb. 1969, Dr. rer. pol.; Gesellschaft für Wirtschaftliche Strukturforschung, GWS Osnabrück, Bereichsleitung Wirtschaft und Soziales. *Arbeitsschwerpunkte:* Makroökonometrischer Modellbau, Konjunkturanalysen, Arbeitsmarkt

Werner Zittel geb. 1955, Dr. rer. nat.; Ludwig-Bölkow-Systemtechnik, Ottobrunn. *Arbeitsschwerpunkte:* Verfügbarkeitsanalysen von Energieträgern und metallischen Rohstoffen, Energieszenarien, kommunale Energiekonzepte und Analysen und energiewirtschaftliche Querschnittsthemen

Einführung: Kritische Metalle in der Großen Transformation

Andreas Exner, Martin Held und Klaus Kümmerer

1.1 Einleitung – Metallisierung schreitet voran

Manganknollen, Kobaltkrusten, Sulfiderze – was in den dunklen Tiefen der Meeresböden verborgen ist, dringt im wahren Wortsinn in den vergangenen Jahren zunehmend an die Oberfläche (World Ocean Review 2014).[1] Was steckt dahinter?

Eine Deutung ist naheliegend: Es ist ein Zeichen für den technischen Fortschritt, dass die Menschheit in zuvor unzugängliche Erdgegenden vordringt und dies öffentliches Interesse weckt. Hoffnungen auf neue reichliche Rohstoffvorkommen knüpfen sich daran, deren Nutzung mit entsprechendem Investment zur wirtschaftlichen Prosperität und zur Zukunftssicherung beitragen kann. Das ist nicht einfach weit hergeholt, das sind nicht in fernen Ozeanen auf dem Meeresgrund liegende Zukunftsphantasien. Vielmehr wurde bspw. bereits im Jahr 2006 von der zuständigen Internationalen Meeresbodenbehörde Deutschland ein Claim im Pazifik als Lizenzgebiet mit einer Fläche knapp so groß wie Ös-

---

[1] Viele der in unserem einleitenden Kapitel behandelten Themen und Aspekte werden in den folgenden Kapiteln des Buchs intensiv bearbeitet. Der Tiefseebergbau steht bspw. im Fokus von Kap. 8 und wird zudem in Kap. 4 diskutiert. Wir geben jedoch nur einige weiterführende Literatur an, ohne jeweils die Buchkapitel zuzuordnen.

A. Exner (✉)
eb&p Umweltbüro GmbH
Klagenfurt, Österreich
email: andreas.exner@aon.at

M. Held
Evangelische Akademie Tutzing
Tutzing, Deutschland
email: transformations-held@gmx.de

K. Kümmerer
Faculty for Sustainability, Leuphana University Lüneburg
Lüneburg, Deutschland

© Springer-Verlag Berlin Heidelberg 2016
A. Exner et al. (Hrsg.), *Kritische Metalle in der Großen Transformation*,
DOI 10.1007/978-3-662-44839-7_1

terreich zugesprochen (Wiedicke et al. 2012). Wer frühzeitig in der Technologieentwicklung dabei ist, kann sich Vorteile im Wettbewerb um Rohstoffe verschaffen (BDI 2014).

Es gibt aber auch eine andere, ebenfalls naheliegende Deutung: Die Technologien für
einen Bergbau in Meeresböden abgelegener Regionen der Erde und in großen Tiefen
mit hohem Druck, Dunkelheit und korrosionsförderndem Salzgehalt sind erst noch zu
entwickeln. Wenn derart unzugängliche, mit hohen Risiken, großem ökologischen Ge-
fährdungspotenzial und ökonomischen Unsicherheiten verbundene Erzlagerstätten heute
als Hoffnungsträger gehandelt werden, ist dies ein erstes Anzeichen dafür, dass die konventionellen Lagerstätten an Land (*onshore*) an Grenzen stoßen. Zwar gibt es derzeit keine
akute Mangelsituation an bestimmten Metallen. Aber eine ganze Reihe von Technologiemetallen könnte bei der derzeitigen Dynamik der Nachfrage und nachfragetreibenden
Faktoren in absehbarer Zeit knapp und damit die Verfügbarkeit kritisch werden. Der Vergleich mit dem Abbau unkonventioneller Teersande in Alberta und der Förderung von
light tight oil in den USA legt dies nahe. Unkonventionelles Erdöl kam ebenfalls erst ins
Spiel, als sich der Peak der Förderung der vergleichsweise günstig förderbaren konventionellen Ölquellen abzeichnete.

Tatsächlich ist die Entwicklung bei einer ganzen Reihe von Metallen dadurch gekennzeichnet, dass in der Primärproduktion die Konzentration der Erze in den Minen in
vergleichsweise kurzer Zeit signifikant zurückgegangen ist. Dies ist keineswegs zufällig. Vielmehr werden verständlicherweise die „süßesten Früchte und die am niedrigsten
hängenden Früchte" zuerst gepflückt: Die Lagerstätten mit höherem Erzgehalt und vergleichsweise leichterer Zugänglichkeit wurden immer schon und werden immer noch
zuerst erschlossen und abgebaut.

Mögen die Deutungen der Entwicklung im Bergbau unterschiedlich sein. Konsens besteht jedoch darin, dass mit der anhaltenden Digitalisierung, der nachholenden Modernisierung in Staaten wie China und der beginnenden Energiewende *Metalle eine zunehmend
wichtigere Rolle spielen.*

Unmittelbaren Anstoß für eine Renaissance der Ressourcenpolitik gab etwa um das
Jahr 2010 die nahezu monopolartige Stellung Chinas bei den Seltenerdmetallen (s. beispielhaft zur neuen deutschen Ressourcenpolitik: Kaiser 2014). Seither gewann die Frage
der Kritikalität von Metallen rasch an Bedeutung. Das Erscheinen des Handbuchs *Critical
Metals Handbook* (Gunn 2014) ist dafür ein Indikator (vgl. auch SATW 2010; EU Com
2010; Zepf et al. 2014).

Die Kriterien für Kritikalität, Festlegung der Zeitskalen und Systemgrenzen variieren
ebenso wie die Metalle, die als kritisch eingestuft werden. Metalle aus der Gruppe der
Seltenerdmetalle und Metalle aus der Platingruppe werden vielfach gemäß sehr verschiedener Kriterien als kritisch eingestuft.

Ordnet man die Entwicklung in einer längeren Perspektive ein (s. Bardi 2013; Zittel und
Exner 2011; s. verschiedene Beiträge in der fünfbändigen *Propyläen Technik Geschichte*,
König 1997), dann kann man festhalten: In der industriellen Revolution vervielfachten
sich fossil getrieben die Mengen von Eisen und Stahl. Durch die Elektrifizierung gewann
Kupfer, das erste menschheitsgeschichtlich relevante Nutzmetall, nochmals erheblich an

Bedeutung. Es wurde sowohl hinsichtlich der Art als auch der Menge mehr Metall als je zuvor eingesetzt. Einen weiteren richtiggehenden Schub bekam die Entwicklung dann nochmals ab etwa 1980. Immer mehr Metalle und Halbmetalle (sowie auch andere Elemente) wurden in einer breiten Palette von Anwendungen funktionalisiert. Dies führte in wenigen Jahrzehnten dazu, dass inzwischen nahezu alle stabilen Elemente des Periodensystems mit ihren spezifischen Potenzialen genutzt werden.

Durch die Digitalisierung, Miniaturisierung und Vernetzung wird die Bedeutungszunahme von Metallen in den 2010er-Jahren mit ungeheurer Dynamik noch weiter vorangetrieben: Sensoren, digitale Geräte bis hin zum Internet der Dinge, Wearables, Vernetzung von Konsumgütern aller Art wie zunehmende Vernetzung in den Wertschöpfungsketten und in der Produktion (derzeit unter dem Stichwort „Industrie 4.0" gängig) sorgen für zunehmende Nachfrage nach Metallen des gesamten Periodensystems. Dies wird noch unterstützt durch die Energiewende und dem dadurch ausgelösten Bedarf an Metallen.

Unser Buch ist auf diese *Metallisierung* fokussiert, die noch immer wachsende Bedeutung von Metallen. Zugleich wird in verschiedenen Kapiteln die Behandlung kritischer Metalle in den übergeordneten Zusammenhang der Frage nach der generellen Verfügbarkeit von mineralischen Rohstoffen und stofflichen Ressourcen eingeordnet. Es geht einerseits um die quantitative Verfügbarkeit der Metalle. Es geht andererseits ebenso um die Nutzung aller im Periodensystem vorhandenen Metalle und ihrer Qualitäten. Unterschiedliche Arten von Metallen werden angesprochen: Basismetalle, vielfach auch Industriemetalle genannt (Eisen, Kupfer, Aluminium, Nickel etc.), Edelmetalle (Gold, Silber, Platin, Palladium), Technologiemetalle, vielfach auch strategische Metalle bzw. Gewürzmetalle genannt (insbes. Seltenerdmetalle). Zum Teil überlappen sich die Gruppen, da sie häufig nicht eindeutig definiert sind und die Zugehörigkeit zur einen oder anderen Gruppe einem zeitlichen Wandel unterliegt.

Entsprechend diesen Entwicklungen werden im Buch umfassend Kriterien der Kritikalität behandelt, Ressourceneffizienz und Recycling, Konzentration und Dissipation, Modellierungen, spezifische Anwendungsbereiche und ausgewählte Beispiele. In den Beiträgen wird eine große Bandbreite von Aspekten behandelt: chemische, geologische, technische, ökonomische, politische und rechtliche Fragen hinsichtlich kritischer Metalle bis hin zu damit verbundenen normativen Fragen.

Zielsetzung des Buchs ist es, die Kritikalität von Metallen in ihrer ganzen Bandbreite zu behandeln. Deshalb wird die Frage nach der Kritikalität von Metallen umfassend gestellt: Kritisch für wen? (s. Abschn. 1.2). Wenn man Kritikalität entsprechend umfassend versteht, wird die Frage nach der Ressourcengerechtigkeit aufgeworfen (s. Abschn. 1.3). Ressourceneffizienz wird in den Kontext der abnehmenden Konzentration von Erzen bei der Primärproduktion gestellt (s. Abschn. 1.4). Die essenzielle Bedeutung der Dynamik der weiter zunehmenden Dissipation von Metallen für den Umgang mit Metallen wird dargelegt (s. Abschn. 1.5). Kritische Metalle werden in die Große Transformation eingeordnet (s. Abschn. 1.6). Die stofflichen Voraussetzungen der Energiewende werden ebenso behandelt wie die energetischen Voraussetzungen der Stoffwende (s. Abschn. 1.7). Daraus wird zusammenfassend eine Grundmaxime abgeleitet, die Orientierung für die Nutzung von Metallen geben kann (s. Abschn. 1.8).

1.2 Kritische Metalle – kritisch für wen?

Angesichts der herausragenden Bedeutung der Metalle ist es positiv zu werten, dass die Frage ihrer Kritikalität in den letzten Jahren zunehmend Beachtung findet. Der unmittelbare Auslöser dafür war eine spezifische Konstellation: Aus Wettbewerbsgründen, u. a. wegen höherer Anforderungen im Umweltschutz, war im Laufe der 1990er- und beginnenden 2000er-Jahre die Gewinnung von Seltenerdmetallen in vielen (westlichen) Ländern zurückgegangen. Zunehmend kam China in die Position eines Oligopolisten und etwa um 2010 in die Position eines Nahezumonopolisten als Anbieter von Seltenerdmetallen. Mit Kontingentierungen nutzte China die Situation, um die Preise nach oben zu treiben.

Es entbehrt nicht der Ironie, dass Chinas Regierung dies u. a. mit ökologischen Argumenten begründete. Tatsächlich war es zuvor für Industriestaaten vorteilhaft erschienen, den stark umweltbelastenden Bergbau in andere Staaten zu verlagern, um Kosten für die Einhaltung von ökologischen Kriterien einzusparen. Die rasch voranschreitende Digitalisierung sorgte für zusätzliche Nachfrage. Diese steigt auch nach der global wirkenden Finanz- und Wirtschaftskrise an. Zugleich wurde zunehmend bewusst, dass die Energiewende ebenfalls als ein Treiber für die steigende Nachfrage nach Seltenerdmetallen und anderen Metallen anzusehen ist. Das prototypische Beispiel ist Neodym zur Steigerung der Energieausbeute in Windkraftanlagen. Zwischenzeitlich haben andere Länder als China wieder in die Förderung investiert, was nicht zuletzt aufgrund der stark gestiegenen Preise wieder lohnenswert erscheint. Als eine Reaktion darauf hat China die Exportmengen erhöht und die Preise sind wieder gefallen (Stand April 2015).

Am Beginn der breitenwirksamen Debatte stand bei den Kriterien für Kritikalität die Frage der Versorgungssicherheit von Metallen für die heimische Industrie im Vordergrund. Dementsprechend wurde und wird z. T. auch von *strategischen Metallen* gesprochen, um Fragen der Wettbewerbsfähigkeit zu betonen. Geopolitische Faktoren der Zugänglichkeit zur Primärproduktion sind in dieser Sicht deshalb von besonderer Bedeutung. Dementsprechend wurden die Systemgrenzen bei Analysen für die Europäische Union Anfang der 2010er-Jahre gezogen: Als Bezugsrahmen diente zunächst ein Zeithorizont von 10 Jahren (EU Com 2010, S. 23) bezogen auf die Versorgungssicherheit für die Industrie der EU-Mitgliedsstaaten. In späteren Studien wurde 2030 als Zieljahr gewählt (Moss et al. 2013). Derartige Studien schärften den Blick für die Thematik und identifizierten bspw. Metalle wie Tellur, Indium, Gallium, Neodym sowie Dysprosium bezogen auf eine unterstellte Nachfragedynamik zu Energietechnologien als kritisch (Moss et al. 2013).

In den verschiedenen Studien und Übersichten zu kritischen Metallen werden bei allen Unterschieden typischerweise Seltenerdmetalle, Metalle der Platingruppe ebenso wie etwa Indium und Lithium hinsichtlich ihrer Kritikalität analysiert. Neben einer geologischen Analyse werden Annahmen zur Entwicklung der Nachfrage und zur Entwicklung des Angebots behandelt (vgl. Gunn 2014). In manchen Übersichten zu möglicherweise kritischen Metallen finden sich noch weitere Metalle wie bspw. Kupfer (Zepf et al. 2014). Diese Phase war der Einstieg in die neue Ressourcendebatte um kritische Metalle. Schnell wurde jedoch offenkundig, dass weitergehende Kriterien für Kritikalität zu diskutieren sind (neben Gunn 2014 etwa Reller 2013). Zugrunde liegt die Frage: Kritisch für wen?

Erweitert man den Rahmen der einbezogenen Akteure, dann kommen bspw. Akteure in den Ländern des Südens in den Blick, in denen der Bergbau eine besonders wichtige wirtschaftliche und gesellschaftliche Bedeutung hat. Insbesondere in Ländern Südamerikas ist die Frage des (Neo-)Extraktivismus grundlegend, bei der die Funktion des Bergbaus für das Entwicklungsmodell dieser Länder und die Ausgestaltung des Bergbaus sowie nachfolgender Verarbeitungsstufen im Fokus ist (Oekom 2013; Zilla 2015). Damit verbunden werden aus Lateinamerika kommend Fragen des guten Lebens (*buen vivir*) diskutiert, deren Art von Antworten Rückwirkungen auf den Umgang mit den mineralischen Ressourcen hat (Burchardt et al. 2013).

Ebenso ergibt sich eine Erweiterung der Kritikalität, wenn ökologische Kriterien mit einbezogen bzw. stärker gewichtet werden. Das ergibt sich schon alleine daraus, dass Metalle in der Erdkruste typischerweise ganz überwiegend inert sind. Sie können jedoch toxisch sein, wenn sie in höheren Konzentrationen bioverfügbar vorliegen (z. B. Kupfer und Zink). In Spuren sind einige Metalle dagegen in der Biosphäre essenziell (Reller 2013, S. 213). Durch den Bergbau werden sie in *großem Maßstab* mobilisiert und damit in großen Mengen in Ökosysteme eingetragen, die dafür nicht evolviert sind. Wenn bspw. für einen potenziellen zukünftigen Abbau von Metallen am Meeresboden ökologische Kriterien von Anfang an beachtet und durchgesetzt werden, verändert dies völlig die Situation gegenüber dem derzeit gehandelten Potenzial unkonventioneller Metallressourcen.

Es gibt daneben weitere ökologische Faktoren, die die Verfügbarkeit von Metallen begrenzen können. Beispielsweise kann Wasser beim Bergbau in Trockengebieten zum limitierenden Faktor werden. Ein weiteres Beispiel sind die ökologischen Langzeitfolgen des Bergbaus, so etwa das *acid mine drainage*, das jahrhundertelange Spätschäden verursacht.

Kurz gefasst: Je nachdem, welche Kriterien einbezogen und wie diese gewichtet werden, können sich völlig unterschiedliche Ergebnisse für die Kritikalität von Metallen ergeben. Dies gilt insbesondere dann, wenn entsprechend dem normativen Konzept einer nachhaltigen Entwicklung die Zeitskalen nicht auf Zeiträume von 15 bis 20 Jahren begrenzt werden, sondern die Kriterien so gefasst werden, dass die Nutzung von Metallen *dauerhaft* möglich ist. Damit ergeben sich nochmals grundlegend erweiterte Maßstäbe hinsichtlich der Kritikalität von Metallen.

Dies hat Konsequenzen für die anstehende Große Transformation von der fossilen Nichtnachhaltigkeit hin zu einer postfossilen, gerechten nachhaltigen Entwicklung. Dann gelten andere Grundregeln für den Umgang mit Metallen. Viele Metalle, deren Versorgungssicherheit in einem Kritikalitätskonzept mit engen Raum-Zeit-Skalen als nichtkritisch bewertet wird, sind dann bereits *ab heute* anders einzuordnen. Die Art ihrer Nutzung ist kategorial anders zu organisieren und die institutionellen Arrangements sind entsprechend weiterzuentwickeln (Held 2016).

1.3 Kritische Metalle und Ressourcengerechtigkeit

Kritisch für wen? Wenn man diese so einfach klingende Frage in ihrer ganzen Tragweite auslotet, kommt die Verteilungsfrage und damit die Ressourcengerechtigkeit bzw. -gleichheit in den Blick.

In den vorliegenden Studien zur Kritikalität von Metallen wird, wie allgemein üblich, von den gegebenen Verteilungsstrukturen ausgegangen (bei gegebener Kaufkraft) und mit Annahmen zu Wachstumsraten etc. eine Entwicklung der Nachfrage nach Metallen modelliert. Dann wird abgeschätzt, ob diese Nachfrage für die vorgegebenen Raum-Zeit-Skalen durch ein entsprechendes Angebot gedeckt werden kann (Primärproduktion Bergbau, Annahmen zur Steigerung von Ressourceneffizienz, Entwicklung von Recyclingraten und Substitution etc.).

Lassen wir einmal die Entwicklung der relativen Preise als bestimmendes Moment des Ausgleichs von Angebot und Nachfrage beiseite und konzentrieren uns auf einen anderen Aspekt: die Verfügbarkeit von Metallen für alle heute lebenden Menschen und alle Menschen in den kommenden Generationen. Dann stellt sich die Frage der Verteilungsgerechtigkeit. Im Rahmen der Klimapolitik wird als Maßstab für Klimagerechtigkeit z. B. ein einheitlicher Ausstoß von CO_2 pro Kopf verwendet. Analog kann man als Indikator für Ressourcengerechtigkeit ebenfalls eine verfügbare Menge eines bestimmten Metalls pro Kopf einführen, sagen wir Kupfer, oder einer Gruppe von Metallen, etwa Seltenerdmetalle oder Metalle der Platingruppe. Damit ergibt sich eine gegenüber der bisher gängigen Perspektive, die weithin als Commonsense, also als selbstevident, gilt, veränderte Situation: Dann nutzen wir in Ländern wie etwa Deutschland und USA bereits heute pro Kopf mehr Kupfer, als pro Kopf weltweit nach heutigem Kenntnisstand als verfügbar anzunehmen ist (Exner et al. 2014).

Für Projektionen einer Welt ausschließlich mit Elektroautos, Energiewende mit 100 % erneuerbaren Energien im Bereich der Elektrizität etc. hat diese Perspektive offenkundig direkte Auswirkungen. Mit dem beispielhaft eingeführten normativen Maßstab der Ressourcengerechtigkeit bzw. -gleichheit als verfügbare Menge Metall pro Kopf sind, um im Beispiel zu bleiben, etwa die unterstellten Mengen an Kupfer in Industriestaaten nicht verfügbar. Selbst die Bestände an Kupfer, die derzeit in Gebrauch sind, sind möglicherweise schon zu hoch.

Bisher wurde ein vereinfachter Indikator hinsichtlich Menge verfügbaren Metalls pro Kopf als Beispiel eingeführt. Bei einer längerfristigen Perspektive ist bspw. auch die Frage „ökologischer Schulden" und die Frage der Verteilung von ökologischen und gesundheitlichen Schäden durch Bergbau, Verarbeitung und Recycling einzubeziehen. Weiterführend wäre zudem auch die Frage der Ressourcengerechtigkeit innerhalb der jeweiligen Staaten zu diskutieren.

Auf internationaler Ebene ist zudem zu bedenken, dass bspw. bei maßgeblichen sozialen Bewegungen in Lateinamerika das Denken in der Kategorie „Ressource" kritisch betrachtet wird. Damit wird eine bestimmte Perspektive eines problematischen Zugriffs auf die Natur verbunden. Natur wird so betrachtet, als setze sie sich aus isolierbaren und rein instrumentell genutzten Einzelbestandteilen zusammen. Der spezifische gesellschaftliche Prozess der sozialen Konstruktion von Natur als Agglomeration von Ressourcen wird dabei unsichtbar gemacht. In dieser Perspektive wird deshalb dieser Konstruktionsprozess als Teil des problematischen Naturverhältnisses der Moderne hinterfragt. Manche soziale Bewegungen und Akteure lehnen es daher ab, sich auf den Ressourcendiskurs insgesamt positiv zu beziehen. In einer umfassenden Betrachtung von Kritikalität ist diese weitergehende Kritik mit in den Blick zu nehmen.

Der Abbau von Erzen führt in verschiedenen Teilen der Erde zu vermehrten Konfrontationen mit indigenen Bevölkerungen (Özkaynak et al. 2015), die eine solche grundlegend kritische Perspektive stark machen. Hier führt die räumliche Expansion des Bergbaus also auch zu einer normativen Zuspitzung von Fragen politischer Legitimität extraktiver Aktivitäten, nicht nur aus ökologischen, sondern ebenso aus sozialen, rechtlichen und ethischen Gründen.

1.4 Technologisch-ökologische Bausteine einer Ressourcenpolitik, Ressourceneffizienz und Konzentration

Die Ressourcenpolitik zu Metallen hat seit einigen Jahren deutlich an Stellenwert gewonnen. Ein *erster Baustein* ist die Rohstoffsicherung aus der Primärproduktion: Damit sind insbesondere geostrategische Überlegungen bezüglich der Versorgungssicherheit angesprochen. Bekanntestes Beispiel ist die fast monopolartige Stellung, die China für einige Jahre um etwa 2010 im Bereich der Seltenerdmetalle hatte. Als Folge wurde z. B. in den USA die Mountain Pass Mine wieder in Betrieb genommen. Auch andere Bergbauprojekte sollen reaktiviert werden. Die Strategie einer Angebotsdiversifizierung ist für diesen Baustein der Ressourcenpolitik evident. Die Umsetzung ist dagegen alles andere als trivial: Hohe Volatilität der relativen Preise und damit hohe Unsicherheit in den Investitionskalkülen beeinflussen das Geschehen und führen auch aufgrund der involvierten Zeitskalen, z. B. bis zur tatsächlichen (Wieder-)Inbetriebnahme einer Mine, zu enormen Unsicherheiten.

Ein *zweiter Baustein* ist technologischer Fortschritt bei den Fördertechniken: Dieser umfasst die Effizienz der Fördertechniken und die Weiterentwicklung von Technologien, die einen Abbau von zuvor nicht zugänglichen bzw. nur zu hohen Kosten zugänglichen Lagerstätten ermöglichen. Ebenso sind technologische Verbesserungen zu nennen, die die Förderung von Erzen, die zuvor im Abraum landeten, zu wettbewerbsfähigen Preisen ermöglichen. Dies gilt insbesondere bei vergesellschafteten Metallen.

Die Erhöhung der Ressourceneffizienz, d. h. der Menge der je gewünschter Funktionalität in Produktionsprozessen und Produkten eingesetzten Metalle, ist der *dritte Baustein*.

Hier werden insbesondere die mit der Miniaturisierung im Bereich digitaler Geräte und Systeme eingesetzten Metalle angeführt. Dies ist aber typischerweise mit einer Erhöhung der eingesetzten Stoffvielfalt und damit Stoffvermischung verbunden. Besonders markant ist dies bei Fortschritten im Einsatz der Nanotechnik, bei der mit der Dotierung geringster Mengen von unterschiedlichsten Metallen neue und hoch spezifische Funktionalitäten erzielt werden können. Gleichzeitig erschweren es solche hoch spezifischen Funktionalitäten, die dafür notwendigen Metalle im Falle einer Knappheit durch andere, in ihren Merkmalen unterschiedliche Metalle zu substituieren.

Die Erhöhung des Recyclinganteils ist der *vierte Baustein*. Im Bereich der mengenmäßig großen Stoffströme, etwa beim Abbruch von Bauten, bei Glas, Papier und Karton etc., konnten mit dem Aufbau einer Recyclingwirtschaft große Fortschritte erzielt werden. Bei Industriemetallen gibt es z. T. auch vergleichsweise hohe Recyclingquoten. Dabei wird die Quote wie etwa bei Kupfer sehr stark durch Preisschwankungen und damit die relativen Preise von Kupfer aus Recycling und aus Primärproduktion beeinflusst. Der für viele Jahre spürbare Sonderfaktor der sehr hohen Nachfrage aus China zum Aufbau der Infrastruktur sorgte für eine gewisse Zeitspanne für relativ hohe Preise.

Bei vielen Technologiemetallen ist die Recyclingrate noch nahe Null. Dies hat nicht nur damit zu tun, dass der Bestand an Produkten, Infrastruktur etc., in denen die Metalle eingesetzt werden, erst entsprechend aufgebaut wird (Unterscheidung von *stocks and flows*). Vielmehr gibt es zwar für viele Metalle technische Verfahren zur Rezyklierung. Diese kommen aber in keiner Weise auch nur in die Nähe der Konkurrenzfähigkeit. Zu unterscheiden sind Recyclinganteile gemessen als mengenmäßige Erfassung von Altmetall und Sortenreinheit und damit die Qualität der rezyklierten Stoffe bzw. deren Vermischung.

Ein *fünfter Baustein* ist Materialsubstitution: Dabei gibt es zum einen Substitution durch Metalle, die ihrerseits kritisch werden können. Dies ist aufgrund der zu erfüllenden Funktionalitäten vielfach beim Ersatz von Seltenerdmetallen durch andere seltene Erden der Fall. Zum anderen handelt es sich um Substitute, die kritische Metalle durch Metalle mit besserer Verfügbarkeit oder andere Materialien (bspw. Stahl durch Carbon) ersetzen. Im letzteren Fall kann sich dann aber die Frage des erforderlichen Energieaufwands als kritisch erweisen. Zudem kann mit Substituten ein Verlust an Funktionalität einhergehen.

Als *sechster Baustein* sind Strategien zu ergänzen, die auf einer anderen Ebene ansetzen. Sie zielen bspw. auf Innovationen neuartiger Produkte ab, die bereits im Produktdesign Kriterien nachhaltigen Umgangs mit Metallen beachten. Beispiele sind Langlebigkeit (Kriterien wie Verschleiß, Korrosion etc.), Reparaturfreundlichkeit (leicht austauschbare Module, Vermeidung bzw. Verringerung von Stoffgemischen etc.), Design von Nutzungskaskaden (Kriterium nicht einmalige Rezyklierbarkeit, sondern Kaskaden von Nutzungen bei hohen Stoffqualitäten etc.), systemische Lösungen (bei Gebrauchsgütern Formen wie Nutzungssharing erleichternd etc.).

In der Ressourcendebatte und -politik wird neben Erfolgen im Recycling und Ressourceneffizienz vielfach stark auf die statische Reichweite der für die Primärproduktion verfügbaren Rohstoffe abgehoben. Dies ist jedoch der denkbar ungünstigste Indikator für

Versorgungssicherheit, ja dieses Konzept ist in vielen Fällen geradezu irreführend. Denn es besagt nur, dass bei einem bestimmten Preisniveau das Angebot für eine bestimmte Zahl von Jahren für ein konstant unterstelltes Nachfrageniveau verfügbar ist.

Wenn die Konzentration der Metalle in den Minen sinkt und damit tendenziell die Preise der zu gewinnenden Metalle steigen (ceteris paribus; Preisvolatilität einmal beiseitegelassen), dann werden Minen mit einem geringeren Erzgehalt konkurrenzfähig und die statische Reichweite bleibt somit gleich oder erhöht sich sogar noch.

Tatsächlich nimmt jedoch die Konzentration des Metallgehalts in den Erzen für viele technologisch relevante Metalle im Trend signifikant ab. Auch wenn dieser Rückgang bis zu einem gewissen Grad durch technologischen Fortschritt etwas kompensiert bzw. die Nutzung von Minen dadurch zeitlich etwas gestreckt werden kann, so nimmt doch die tatsächliche Menge der verfügbaren Metalle ab! Hinzu kommt, dass sich die Zugänglichkeit der Minen im Zeitablauf tendenziell verschlechtert.

Es hilft also nichts: Um die Große Transformation in Richtung eines nachhaltigen Umgangs mit Metallen einzuleiten, muss man sich auf die tatsächlich essenziellen Parameter einlassen:

- Konzentration,
- Zugänglichkeit,
- gegebene Häufigkeitsverteilungen der Metalle in der Erdkruste,
- Grad der Vergesellschaftung,
- Schädlichkeit von mobilisierten Stoffen etc.

Dabei ergibt sich ein komplett anderes Bild als mit dem beliebten, aber unerheblichen Indikator statische Reichweite. Dementsprechend bekommt man unterschiedliche Klassen von Metallen mit sehr verschiedener Verfügbarkeit (s. Diskussion um *metals of hope*). Daraus ist ein unterschiedlicher Umgang mit den verschiedenen Metallen abzuleiten.

1.5 Stoffe, Entropie und Dissipation

Ressourceneffizienz ist ein wesentlicher Faktor in Richtung eines nachhaltigen Umgangs mit Metallen. Für sich allein genommen kann dieser jedoch ebenfalls in die Irre führen: Die Digitalisierung der Welt wird immer weiter vorangetrieben mit elektronischen Geräten, elektronisch vernetzten Wertschöpfungsketten und Produktionsprozessen, dem Internet der Dinge. Vielfach kann dabei durch die bereits angesprochene Miniaturisierung eine bemerkenswerte Steigerung der Ressourceneffizienz erzielt werden. Dies wird durch eine immer *weitergehende Stoffvielfalt* und *Zunahme von Stoffgemischen* erreicht.

Tatsächlich führt diese zunächst, ausschließlich an Indikatoren der Ressourceneffizienz gemessen, positive Entwicklung, zu einer *beschleunigten Dissipation der Stoffe* (stoffliche Entropie). Damit wird die Recyclingfähigkeit in vielen Fällen verhindert. In anderen Fällen wird sie so erschwert, dass die Sortenreinheit und damit die Qualität rezyklierter Stoffe beeinträchtigt werden. Teilweise kann dies zwar durch einen sehr hohen Energieaufwand kompensiert werden, aber es ist grundsätzlich unvermeidlich.

Damit werden Metalle *verbraucht* und *nicht gebraucht* (Reller und Dießenbacher 2014). Obwohl Metalle prinzipiell nach ihrer Nutzung noch immer vorhanden sind und in diesem Sinn nicht verbraucht werden können, sind sie durch diese Art der Dissipation verloren. Praktisch verbraucht!

Nehmen wir ein einfaches Fallbeispiel: In Windkraftanlagen der heutigen Größenordnungen von einigen MW werden nennenswerte Mengen an Metallen wie Neodym eingesetzt. Könnte man bspw. durch Hinzufügen von einigen anderen Metallen in geringsten Mengen die erforderliche Menge an Neodym um die Hälfte reduzieren, würde die Ressourceneffizienz um fast 50 % gesteigert werden. Möglicherweise wäre jedoch die sortenreine Rezyklierung des Neodyms nach der Erstnutzung der Windkraftanlage erschwert oder gar verunmöglicht. Die große Menge an erforderlichem Neodym ist geradezu ein Vorteil, da das Depot bekannt ist und die große Menge und die Größe des zu rezyklierenden Produkts eine Erfassung (Sammlung) und eine anschließende Rezyklierung vergleichsweise lohnend macht. Tatsächlich ist die Steigerung der Ressourceneffizienz in digitalen Geräten, Sensoren, dem Internet der Dinge genau durch diese Art Dissipation gekennzeichnet, metaphorisch umschrieben wird die erhöhte Ressourceneffizienz dadurch erkauft.

It's the dissipation, stupid!

So könnte man den Wahlspruch von Bill Clinton aus seinem ersten Wahlkampf im Jahr 1992 bezogen auf die ungeheure Dynamik der Dissipation von Metallen abwandeln. Oder anders formuliert:

Die Beachtung der stofflichen Thermodynamik heißt, klug zu wirtschaften lernen!

1.6 Große Transformation – Metalle und gesellschaftliches Naturverhältnis

Die Fokussierung auf kritische Metalle lenkt, wie ausgeführt, die Aufmerksamkeit auf die umfassende Frage: Kritisch für wen, wann und wo? Die Auseinandersetzung mit dieser Frage ergibt ein breites Set an Kriterien für Kritikalität – von der Sicherung der Primärversorgung mit Metallen für einen bestimmten Zeitraum und eine bestimmte geografische Einheit bis hin zur Einbeziehung aller heute lebenden Akteure und aller folgenden Generationen.

Damit wird der Umgang mit Metallen in den übergeordneten Zusammenhang der in den 2010er-Jahren beginnenden Großen Transformation von der fossilnuklearen Nichtnachhaltigkeit hin zu einer postfossilen nachhaltigen Entwicklung eingeordnet (zur „Entdeckung der Nachhaltigkeit", Grober 2010). Das Konzept der Großen Transformation geht auf das Buch von Karl Polanyi *The Great Transformation* (Polanyi 1978 [Orig. 1944]) zurück. In diesem analysiert er die epochale Herausbildung der Marktgesellschaft in der industriellen Revolution. Dieser Prozess umfasste eine Veränderung des Verhältnisses zwischen Gesellschaft und Natur durch die Veränderung der sozialen Formen des Stoffwechsels mit der Natur. Maßgeblich dabei waren die Konstituierung der von Polanyi so genannten fiktiven Waren Arbeitskraft, Geld und Boden für ihre In-Wert-Setzung als Ressourcen. Boden steht bei ihm als Kürzel für das umfassende Zur-Ware-Machen der Elemente der Natur, in der Ökonomik heute als Naturkapital bezeichnet. Große Transformation meint also einen sozialökologischen Wandel, der grundlegende Strukturen gesellschaftlicher Prozesse verändert.

Im deutschen Sprachraum wurde die anstehende Große Transformation durch das Gutachten des WBGU (2011) in einer interessierten Öffentlichkeit zum Thema gemacht. Erste Publikationen zum Ressourcenschutz als Bestandteil der Großen Transformation liegen vor (z. B. Angrick 2013).

Die Energiewende ist ein grundlegender Baustein dieser Großen Transformation. Die bisher noch nicht vergleichbar im Blickpunkt der Politik und Öffentlichkeit stehende Stoffwende ist ein weiterer, ebenso grundlegender Baustein. Vorläufer dazu gab es in den 1990er-Jahren, als die Enquete-Kommission des Deutschen Bundestags „Schutz des Menschen und der Umwelt" nachhaltiges Stoffstrommanagement und nachhaltige Stoffpolitik behandelte. Dabei standen Chemikalien im Mittelpunkt. Metalle wurden vorrangig unter dem Blickwinkel der Human- und Ökotoxizität von Schwermetallen behandelt, noch nicht jedoch systematisch alle Metalle (EK-Kommission 1994).

Bei der anstehenden Stoffwende geht es vereinfacht formuliert darum, den gesellschaftlichen Stoffwechsel mit der Natur zu verstehen und zu beachten. Dies bedeutet: Wir erleben in diesen Jahren den Anfang vom Ende des Business-as-usual, der bisherigen Art mit Ressourcen verschwenderisch umzugehen und damit zugleich, entsprechend der Naturgesetze, planetare Grenzen (Rockström et al. 2009a, 2009b) zu überschreiten.

Ein nachhaltiger Umgang mit Metallen ist ein Teil der Stoffwende. Wie ausgeführt war die Sicherung der Primärrohstoffsicherung für ein Land wie Deutschland zum Einstieg in die neue Ressourcendebatte der 2000er- und beginnenden 2010er-Jahre hilfreich. Wenn man das Konzept „Kritikalität von Metallen" umfassend versteht, dann lenkt dies den Blick darauf, dass in der Großen Transformation die Verteilungsfrage von Anfang an einzubeziehen ist. Ein Rohstoffimperialismus, bei dem Kritikalität *ausschließlich* als Versorgungssicherheit strategischer Metalle für die Industrien der früh industrialisierten Länder definiert wird, entspricht in diesem Sinn nicht dem umfassenden Kritikalitätskonzept einer nachhaltigen Entwicklung. Letzteres fordert: Enkeltauglich und für alle Länder der Erde tauglich! Damit die Kluft zwischen Nord und Süd, die Kluft innerhalb der Gesellschaften geschlossen werden kann.

Die Weichen sind dafür heute zu stellen: In der Energiewende als einem Bestandteil der Großen Transformation ist die Nutzung der Atomkraft rasch an ein Ende zu bringen. Ebenso ist es essenziell, dass die nichtnachhaltige Nutzung von fossilen, nichterneuerbaren Ressourcen wie Kohle, Erdöl und Erdgas in der Großen Transformation geordnet und zügig zurückgefahren wird. Dies wird nach derzeitigem Wissen auch großen Einfluss auf unseren Umgang mit Metallen haben, den es nachhaltig zu gestalten gilt – sonst wird auch die Energiewende enorm erschwert.

Der derzeitige Umgang mit Metallen ist ebenfalls nichtnachhaltig. Gemessen an den Regeln einer strengen Nachhaltigkeit dürften Metalle überhaupt nicht mehr neu im Bergbau gewonnen werden. Gemäß den Regeln einer schwachen Nachhaltigkeit dürften Metalle noch für eine Übergangszeit neu gewonnen werden (SRU 2012, s. Kap. 2; Held et al. 2000; Gleich et al. 2006; Bradshaw und Hamacher 2012).

Aber es ist offenkundig: Wir erleben seit den 1980er-Jahren geradezu eine Explosion in der Funktionalisierung von Metallen. Dies ist Voraussetzung für die Digitalisierung und die sich dadurch entwickelnden Möglichkeiten einer zunehmend vernetzten Welt. Ebenso sind sie die stoffliche Voraussetzung für die Energiewende. Die Nutzung nahezu aller stabilen Metalle des Periodensystems ist wichtiger denn je. Ohne Metalle wird es nicht gehen.

Daraus folgt: Für die Große Transformation sind *Regeln für einen nachhaltigen Umgang mit Metallen* zu erarbeiten, die Orientierung geben können. Dabei ist die Gültigkeit der Thermodynamik für Stoffe von Anfang an ebenso zu beachten wie die Unterschiedlichkeit der Metalle hinsichtlich ihrer Verteilung, Zugänglichkeit und ihrer Funktion. Ökologische und soziale Fragen sind vergleichbar von Anfang an zu beachten. Und ebenso ist in Zukunft tatsächlich mit Metallen zu wirtschaften, d. h. die Verschwendung von Metallressourcen ist zu beenden.

1.7 Stoffliche Voraussetzungen der Energiewende – energetische Voraussetzungen der Stoffwende

Windenergie, Fotovoltaik, Energiespeicherung, Smart Grids, Leuchtsysteme, Elektrifizierung des motorisierten Straßenpersonenverkehrs – seltene Erden und andere Metalle sind eine wichtige Voraussetzung für den gelingenden Übergang ins postfossile Zeitalter. Damit ist das Augenmerk in der Energiewende zusätzlich zum Klimaschutz verstärkt auch auf die Ressourcen und damit die stofflichen Voraussetzungen der Energiewende zu lenken.

In der sich entwickelnden Energiewende dominiert aktuell die Auseinandersetzung der Interessen der bisher dominanten Akteure mit den Interessen neuer Mitspieler. Pfadabhängig wird das bisher vorherrschende mentale Modell (Denzau und North 1994) von reichlichen und billigen Energien in die neue Welt der Energie, Stoffe, Materialien und Produkte übertragen gemäß dem Motto: „Die Energiekosten müssen niedrig bleiben". Tatsächlich widerspricht dies nicht nur eklatant der naturwissenschaftlichen, sondern auch der wirtschaftlichen Logik: Damit Preise ihre Steuerungswirkung entfalten können, brauchen sie ein entsprechendes marktliches Umfeld. Wenn auf niedrige Energiekosten gesetzt wird, widerspricht dies den gleichzeitig deklarierten Zielen der Erhöhung der Energieeffizienz und des Energiesparens.

Demgegenüber wird in diesem Buch das Augenmerk auf eine neue, herausfordernde Aufgabe in der Großen Transformation gelenkt: den nachhaltigen Umgang mit Metallen als grundlegenden Teil der stofflichen Voraussetzungen der Energiewende. Es gilt ein resilientes, robustes Energiesystem aufzubauen, das dauerhaft zukunftsverträglich, enkel- bzw. enkelinnentauglich ist. Damit wird klar: Nicht etwa nur Seltenerdmetalle sondern auch Basismetalle wie Kupfer, Halbmetalle und andere Elemente sind von Anfang der Großen Transformation an unter Nachhaltigkeitsgesichtspunkten zu nutzen.

Die stofflichen Voraussetzungen der Energiewende sind das eine. Das andere sind die energetischen Voraussetzungen der Stoffwende. Nur selten wird beachtet, dass für den Erzbergbau, Transport und die Verarbeitung der Erze im großen Stil nichterneuerbare, fossile Energie eingesetzt wird (SRU 2012, Ziff. 111). Beide Teile sind thermodynamisch wie Schloss und Schlüssel, sie gehören zusammen. Metalle sind essenziell als stoffliche Voraussetzungen der Energiewende. Energie ist erforderlich, um die Metalle aus der Primärproduktion zu gewinnen und mit guter Sortenreinheit aus genutzten Beständen wiederzugewinnen (Steinbach und Wellmer 2010; Bardi 2013).

Kurz gefasst: Die großen fossilen Lagerstätten, etwa die großen Erdölfelder wie Al Ghawar in Saudi-Arabien und Cantarell im Golf von Mexiko, wurden zuerst ausgebeutet. Im Zeitablauf nimmt der EROEI, der *energy return on energy invested* (Bardi 2014), ab. Je Einheit gefördertes Erdöl steht damit tendenziell ein geringer werdender Anteil an Nutzenergie zur Verfügung. Zusätzlich steigt tendenziell der erforderliche Aufwand je Menge geförderter Erze, da der Metallgehalt der Erze (Konzentration) abnimmt. Bei einer sich tendenziell ebenfalls verschlechternden Zugänglichkeit der Minen steigt der erforderliche Energieaufwand zusätzlich. Gleiches gilt für das Recycling immer komplexerer und vielfältigerer Produkte.

Je weiter die Große Transformation vorankommt, umso stärker ist die energetische Basis vollständig auf erneuerbare Energien umzustellen. Die Substitution des Einsatzes schwerster, mit fossilem Diesel angetriebener Transporter im Bergbau erfordert eine weitergehende Elektrifizierung. Herausfordernde Aufgaben in mittlerer Sicht, die frühzeitig vorzubereiten sind, um einen Übergang ohne gravierende Krisen hinzubekommen.

Die stofflichen Voraussetzungen der Energiewende und die energetischen Voraussetzungen der Stoffwende sind in den Gesamtzusammenhang der Großen Transformation und ihrer weiteren Bausteine einzubetten: etwa der Landwirtschafts- und Ernährungswende sowie der Verkehrs- bzw. Mobilitätswende (Held und Schindler 2012).

Dabei geht es zugleich um eine grundlegende Veränderung der gesellschaftlichen Formen des Stoffwechsels mit der Natur, in vergleichbarer Dimension und Tragweite, wie dies im Fall des epochalen Wandels in der Großen Transformation der industriellen Revolution und der Etablierung der Marktgesellschaft der Fall war.

1.8 Zusammenfassung: Grundmaxime für Metallnutzung

Seit den 2000er- und beginnenden 2010er-Jahren gibt es eine Renaissance der Ressourcenpolitik. Kritische Metalle spielen dabei erfreulicherweise die ihnen zukommende wichtige Rolle. Trotz aller Erfolge im Umgang mit Abfällen und Reststoffen bei den großen Mengenströmen ist die Dynamik der Dissipation vieler Metalle ungebrochen. Damit werden kumulativ Jahr für Jahr vergleichsweise leichter förderbare Minen nicht klug genutzt. Beispielsweise gibt es bisher nahezu kein Recycling von Seltenerdmetallen und anderen kritischen Metallen. Vielmehr werden die Metalle dissipiert und damit verbraucht. Je länger dies anhält, desto schwieriger wird die Große Transformation von einer fossil geprägten Nichtnachhaltigkeit hin zu einer postfossilen nachhaltigen Entwicklung auf einem relativ hohen Niveau von Technologie und Produktivität. Und das dauerhaft verfügbare Potenzial an Metallen wird weiter begrenzt.

Das Kritikalitätskonzept hat das Augenmerk auf die Versorgungssicherheit gelenkt. Ein umfassend verstandenes Konzept von Kritikalität bezieht mit der Fragestellung: Kritisch für wen, wo und wann? alle Akteure ein und öffnet den Blick noch weiter. Ein nachhaltiger Umgang mit Metallen als Teil der Stoffwende in der Großen Transformation bedeutet, die Thermodynamik für Stoffe *von Anfang an* zu beachten. Dazu ist der in der Ressourcenpolitik bisher beliebte, aber irreführende Indikator der statischen Reichweite an Metallreserven beiseitezulegen. Stattdessen sind Regeln für einen nachhaltigen Umgang mit Metallen zu erarbeiten. Dazu sind grundlegende Parameter wie die Entwicklung der Konzentration der Erze und Zugänglichkeit der Minen, Unterschiedlichkeit der Metalle hinsichtlich ihrer Häufigkeitsverteilung etc. ebenso zu beachten wie soziale und ökonomische Rahmenbedingungen einzubeziehen sind.

Ressourceneffizienz ist ein wichtiges Ziel. Dabei ist jedoch zu beachten, dass durch weitergehende Stoffvermischung bzw. Stoffreduzierung Recycling verhindert bzw. die Sortenreinheit deutlich verringert werden kann. Reller und Dießenbacher (2014, S. 111) nennen dies den „tertiären Rebound-Effekt".

Daraus lassen sich unterschiedliche konkrete Schritte ableiten: Depotbildung von Metallen, Kataster als Wissensspeicher, Verbesserung der Verfahren zur Rückholbarkeit von bisher nicht bzw. nur mit extrem hohem Aufwand rückholbaren Metallen, dissipationsvermeidendes Design und Reduzierung eines verschwenderischen, knappe Ressourcen verbrauchenden Konsumverhaltens etc. Dazu ist ein angemessenes institutionelles Setting zu schaffen (Wäger et al. 2012, S. 305 ff.). Ebenso ist darauf zu achten, bisher in der Evolution weitgehend inerte Metalllagerstätten nicht so zu mobilisieren, dass dadurch Ökosysteme und menschliche Gesundheit in Mitleidenschaft gezogen werden. Es geht um einen grundlegenden Wandel des gesellschaftlichen Stoffwechsels mit der Natur.

Wir haben unser einführendes Kapitel mit den unkonventionellen Metalldepots auf dem Meeresgrund und den damit verbundenen Hoffnungen auf einen Tiefseebergbau begonnen. Die Anstrengungen sollten nicht darauf gerichtet werden, sich die letzten Winkel der Erde anzueignen und damit großflächig in bisher wenig berührte Ökosysteme der Erde einzugreifen. Vielmehr weist die Analyse als Grundorientierung für einen nachhaltigen Umgang mit Metallen in eine andere Richtung:

Kritische Metalle nicht länger im großen Stil verbrauchen, sondern sie klug gebrauchen.

Literatur

Angrick M (2013) Ressourcenschutz. Bausteine für eine Große Transformation Ökologie und Wirtschaftsforschung, Bd. 93. Metropolis, Marburg

Bardi U (2013) Der geplünderte Planet. Die Zukunft des Menschen im Zeitalter schwindender Ressourcen. Oekom, München

Bardi U (2014) The mineral question: How energy and technology will determine the future of mining. Frontiers in Energy Research 2, Article 9. DOI

BDI – Bundesverband der Deutschen Industrie (2014) Die Chancen des Tiefseebergbaus für Deutschlands Rolle im Wettbewerb um Rohstoffe. Positionspapier. BDI, Berlin

Bradshaw AM, Hamacher T (2012) Nonregenerative natural resources in a sustainable system of energy supply. ChemSusChem 5:550–562

Burchardt H-J, Dietz K, Öhlschläger R (Hrsg) (2013) Umwelt und Entwicklung im 21. Jahrhundert. Impulse und Analysen aus Lateinamerika. Nomos, Baden-Baden

Denzau AT, North DC (1994) Shared mental models: Ideologies and institutions. Kyklos 47:3–31

EK-Kommission – Enquete-Kommission Schutz des Menschen und der Umwelt des Deutschen Bundestages (Hrsg) (1994) Die Industriegesellschaft gestalten. Perspektiven für einen nachhaltigen Umgang mit Stoff- und Materialströmen. Economica, Bonn

EU Com (2010) Critical raw materials for the EU. Report of the Ad-hoc Working Group on defining critical raw materials. EU Commission Enterprise and Industry, Brussels

Exner A, Lauk C, Zittel W (2014) Sold futures? The global availability of metals and economic growth at the peripheries: Distribution and regulation in a degrowth perspective. Antipode: 1–18. doi:10.1111/anti.12107

von Gleich A, Ayres RU, Gößling-Reisemann S (2006) Sustainable Metals Management. Securing our future – steps towards a closed loop economy. Springer, Dordrecht

Grober U (2010) Die Entdeckung der Nachhaltigkeit. Kulturgeschichte eines Begriffs. Kunstmann, München

Gunn G (Hrsg) (2014) Critical metals handbook. Wiley, Chichester

Held M (2016) Große Transformation von der fossilen Nichtnachhaltigkeit zur postfossilen nachhaltigen Entwicklung. Jahrbuch 15 Normative und institutionelle Grundfragen der Ökonomik. Metropolis, Marburg (in Vorbereitung)

Held M, Schindler J et al (2012) Verkehrswende – wann geht's richtig los? In: Leitschuh H (Hrsg) Wende überall? Von Vorreitern, Nachzüglern und Sitzenbleibern. Jahrbuch Ökologie 2013. Hirzel, Stuttgart, S 38–48

Held M, Hofmeister S, Kümmerer K, Schmid B (2000) Auf dem Weg von der Durchflußökoomie zur nachhaltigen Stoffwirtschaft. Ein Vorschlag zur Weiterentwicklung der grundlegenden Regeln. GAIA 9:257–266

Kaiser R (2014) ProgRess II – Das deutsche Ressourceneffizienzprogramm 2016. uwf 22:115–123. doi:10.1007/s00550-014-0321-8

König W (1997) Einführung in die „Propyläen Technikgeschichte". In: Hägermann D, Schneider H (Hrsg) Propyläen Technik Geschichte 1. Landbau und Handwerk. Propyläen, Berlin, S 11–16 (5 Bde.; Einzelbände haben verschiedene Hrsg)

Moss RL, Tzimas E, Willis P, Arendorf J, Tercero Espinoza L et al (2013) Critical metals in the path towards the decarbonisation of the EU energy sector. Assessing rare metals as supply-chain bottlenecks in low-carbon energy technologies. JRC Scientific and Policy Reports, Report EUR 25994 EN. Joint Research Centre, Ispra

Oekom – Verein für ökologische Kommunikation (Hrsg) (2013) Lateinamerika. Zwischen Ressourcenausbeutung und „gutem Leben". Oekom, München

Özkaynak B, Rodriguez-Labajos B, Aydin CI, Yanez I, Garibay C (2015) Towards environmental justice success in mining conflicts: An empirical investigation. EJOL Report 14

Polanyi K (1978) The Great Transformation. Politische und ökonomische Ursprünge von Gesellschaften und Wirtschaftssystemen. Suhrkamp, Frankfurt (Orig. 1944)

Reller A (2013) Ressourcenstrategie oder die Suche nach der tellurischen Balance. In: Reller A, Marschall L, Meißner S, Schmidt C (Hrsg) Ressourcenstrategien. Eine Einführung in den nachhaltigen Umgang mit Ressourcen. Wissenschaftliche Buchgesellschaft, Darmstadt, S 211–219

Reller A, Dießenbacher J (2014) Reichen die Ressourcen für unseren Lebensstil? Wie Ressourcenstrategie vom Stoffverbrauch zum Stoffgebrauch führt. In: von Hauff M (Hrsg) Nachhaltige Entwicklung. Aus der Perspektive verschiedener Disziplinen. Nomos, Baden-Baden, S 91–118

Rockström J et al (2009a) A safe operating space for humanity. Nature 46:472–475

Rockström J et al (2009b) Planetary boundaries: Exploring the safe operating space for humanity. Ecology and Society 14:32

SATW – Schweizerische Akademie der Technischen Wissenschaften (2010) Seltene Metalle. Rohstoffe für Zukunftstechnologien SATW-Schrift, Bd. 41. Zürich

SRU – Sachverständigenrat für Umweltfragen (2012) Umweltgutachten 2012. Verantwortung in einer begrenzten Welt. Erich Schmidt Verlag, Berlin

Steinbach V, Wellmer F-W (2010) Consumption and use of non-renewable mineral and energy raw materials from an economic geology point of view. Sustainability 2:1408–1430. doi:10.3390/su2051408

Wäger PA, Lang DJ, Wittmer D, Bleischwitz R, Hagelüken C (2012) Towards a more sustainable use of scarce metals. A Review on intervention options along the metals life cycle. GAIA 21:300–309

WBGU (2011) Welt im Wandel. Gesellschaftsvertrag für eine Große Transformation, Hauptgutachten. Wissenschaftlicher Beirat der Bundesregierung Globale Umweltveränderungen, Berlin

Wiedicke M, Kuhn T, Rühlemann C, Schwarz-Schampera U, Vink A (2012) Marine mineralische Rohstoffe der Tiefsee – Chance und Herausforderung Commodity Top News, Bd. 40. Deutsche Rohstoffagentur der Bundesanstalt für Geowissenschaften und Rohstoffe, Hannover

World Ocean Review (2014) Rohstoffe aus dem Meer – Chancen und Risiken. maribus, Hamburg

Zepf V, Reller A, Rennie C, Ashfield M, Simmons J, BP (2014) Materials critical to the energy industry. An introduction, 2. Aufl. BP, London

Zilla C (2015) Ressourcen, Regierungen und Rechte. Die Debatte um den Bergbau in Lateinamerika. SWP Studie. Stiftung Wissenschaft und Politik, Berlin, S 1 (Januar 2015)

Zittel W, Exner A (2011) Bunte Metalle oder die Rückkehr des Bergbaus. In: Exner A, Fleissner P, Kranzl L, Zittel W (Hrsg) Kämpfe um Land. Gutes Leben im post-fossilen Zeitalter. Mandelbaum, Wien, S 109–129

Teil I
Grundlagen und Blickrichtungen

Kritikalität und Positionalität: Was ist kritisch für wen – und weshalb?

2

Rainer Walz, Miriam Bodenheimer und Carsten Gandenberger

2.1 Einführung

Eine Einstufung von Ressourcen als „kritisch" ist ein gesellschaftliches Konstrukt, das – im Sinne der Begriffsdefinition von Positionalität – auf einer Bewertung der Beziehung des Menschen zu seiner belebten und unbelebten Umwelt beruht. Eine solche Einschätzung bleibt allerdings nicht auf der Bewertungsebene stehen, sondern findet ihren Ausdruck auch in der Umsetzung in Routinen und Vorgehensweisen zum Umgang mit den als kritisch definierten Rohstoffen.

Entsprechend der jeweiligen Aspekte, die in die Bewertung von Ressourcen als kritisch einbezogen werden, kann sich das, was als kritisch angesehen wird, je nach Akteur unterscheiden. In diesem Kapitel gehen wir den Gründen für eine unterschiedliche Positionalität nach und wollen folgende Fragen beantworten: Was ist für wen kritisch? Welche Begründungszusammenhänge liegen der jeweiligen Einschätzung zugrunde?

Hierzu gehen wir wie folgt vor: Zunächst ordnen wir die Bedingungen für gesellschaftliche Bewertungen in die Logik politischer Diskurse über eine Große Transformation ein (s. Abschn. 2.2). Danach arbeiten wir in einem weiteren Abschnitt fünf Begründungszusammenhänge heraus, die grundlegend für die Positionalität unterschiedlicher Akteure sind (s. Abschn. 2.3). Daran anschließend skizzieren wir für drei Beispiele, wie diese Begründungszusammenhänge bereits beginnen, Eingang in die instrumentelle Umsetzung zu finden (s. Abschn. 2.4). Zum Schluss erfolgen eine Zusammenfassung und ein Ausblick über künftige Entwicklungen (s. Abschn. 2.5).

R. Walz (✉) · M. Bodenheimer · C. Gandenberger
Kompetenzzentrum für Nachhaltigkeit und Infrastruktursysteme, ISI – Fraunhofer Institut für System- und Innovationsforschung
Karlsruhe, Deutschland
email: Rainer.Walz@isi.fraunhofer.de

© Springer-Verlag Berlin Heidelberg 2016
A. Exner et al. (Hrsg.), *Kritische Metalle in der Großen Transformation*,
DOI 10.1007/978-3-662-44839-7_2

2.2 Konzeptionelle Grundlagen

Die Positionierung einzelner Gruppen im gesellschaftlichen Spannungsfeld folgt auch beim Thema „kritische Rohstoffe" dem Muster, das für andere gesellschaftliche Diskurse gilt. Sie finden in politischen Arenen statt, die durch eine Multiakteurskonstellation und ein Mehrebenensystem geprägt sind (Newell et al. 2012). Politische Akteure im engeren Sinne (Parlamente, Regierungen), aber auch weitere staatliche Organe wie Gerichte oder die Verwaltung sind wesentliche Bestandteile des Systems. Die entsprechenden Diskurse werden aber auch durch zahlreiche Interessengruppen und Akteure der Zivilgesellschaft geprägt. Wissenschaftliche Erkenntnisse spielen hierbei ebenso eine Rolle wie die vielfältigen Medien, die einzelne Argumente aufnehmen und an die Akteure rückkoppeln. Das Mehrebenensystem ist gerade bei Rohstoffen dadurch charakterisiert, dass sich nicht nur regionale und nationale, sondern auch internationale Ebenen und die zugehörigen internationalen Regime miteinander verschränken (Poulton et al. 2013).

Entsprechend dem in den Politikwissenschaften diskutierten *policy cycle* lassen sich unterschiedliche Phasen der Diskurse unterscheiden (Howlett und Ramesh 1995). Die Problemidentifikation und das Agenda Setting stehen am Anfang im Vordergrund, gefolgt von Diskursen über Instrumente, ihre Implementierung und die Evaluierung. Eine Bewertung von Rohstoffen als kritisch setzt voraus, dass sie als problembehaftet eingeschätzt werden (Problemidentifikation) und dieses Problem für so gravierend gehalten wird, dass es als gesellschaftlich vordringlich eingestuft wird (Agenda Setting). Diese Einschätzungen unterliegen dem Wechselspiel aus der Binnenrationalität der jeweiligen Akteure und den unterschiedlichen situativen Kontextfaktoren. Gleichzeitig beeinflussen viele Megatrends die Positionalität. Einschätzungen zum Fortgang der Globalisierung, zur weltwirtschaftlichen Dynamik und zu den Aufholprozessen schnell wachsender Ökonomien, die Entwicklung der Weltbevölkerung, aber auch Weltszenarien über neue geopolitische Muster wirken alle auch auf die Bewertung der Kritikalität ein. Eine Einschätzung der Kritikalität einzelner Rohstoffe ist damit immer auch implizit mit Einschätzungen dieser jeweiligen Megatrends verbunden, die ja auch ganz maßgebliche Treiber für die Diskussion über Postwachstum und die Notwendigkeit einer Großen Transformation sind. Die Positionalität einzelner Akteure ergibt sich dabei nicht nur aus ihrer isolierten Beurteilung der vielfältigen Faktoren, sondern erfolgt unter gegenseitiger Beeinflussung in der Multiakteurskonstellation. Dabei kommt es auch zu einer Verknüpfung einzelner Begründungszusammenhänge.

Aus der Vielzahl der einzelnen Aspekte sehen wir fünf unterschiedliche Begründungszusammenhänge als konstituierend für die Beurteilung von Rohstoffen als kritisch an, nämlich:

- naturwissenschaftlich-technische Charakteristika, die sich auf die Verfügbarkeit und Bedeutung der Rohstoffe auswirken,
- den Nexus von Rohstoffen und Umweltbelastung,
- wirtschaftliche Begründungszusammenhänge, die sich auf Marktungleichgewichte und Preise sowie industrie- und innovationspolitische Interessen beziehen,

- entwicklungspolitische Begründungszusammenhänge, die die Lebensbedingungen sozial benachteiligter Bevölkerungsgruppen in den Entwicklungsländern, aber auch die ökonomischen Entwicklungsstrategien der entsprechenden Länder aufgreifen sowie
- außenpolitische Begründungszusammenhänge, die auf politische Instabilitäten und Entstaatlichungsprozesse rekurrieren.

Im folgenden Abschnitt werden diese Begründungszusammenhänge näher beleuchtet. Gleichzeitig skizzieren wir die Schlussfolgerungen im Hinblick auf die Frage: Welche Rohstoffe werden entsprechend dieser Begründungszusammenhänge als kritisch angesehen? Daran anschließend gehen wir anhand von drei Beispielen – formalisierte Kritikalitätskonzeptionen, Life-Cycle-Assessment (LCA) sowie Einführung von Zertifizierungssystemen – darauf ein, wie diese Begründungszusammenhänge bereits Eingang in die Phasen der Instrumentendiskussion und Implementierung gefunden haben.

2.3 Begründungszusammenhänge

2.3.1 Naturwissenschaftlich-technische Charakteristika

Mit den *Grenzen des Wachstums* des Club of Rome (Meadows et al. 1972) sind geologisch bedingte Grenzen der Verfügbarkeit von Ressourcen ins öffentliche Bewusstsein gelangt. Im Zuge der Diskussion um Peak Oil wurde diese Argumentation in jüngster Zeit wieder aufgenommen und auch auf nichtenergetische mineralische Rohstoffe übertragen. Die zentralen Kritikpunkte am Zugang des Club-of-Rome-Berichts, wonach technologischen und ökonomischen Einflussfaktoren zu wenig Rechnung getragen werde, werden aber auch gegen die Peak-Minerals-Hypothese ins Feld geführt. Im Vergleich zu temporären Marktungleichgewichten werden den geologisch bedingten absoluten Knappheiten in der gegenwärtigen Diskussion vielfach eine geringere Rolle als Verursacher von potenziellen Versorgungsengpässen zugesprochen (vgl. Poulton et al. 2013; Graedel et al. 2014). Allerdings werden sinkende Erzkonzentrationsgrade konstatiert, die langfristig zu steigenden Kosten führen dürften (Humphreys 2014).

Marktungleichgewichte werden vor allem für Metalle befürchtet, denen aufgrund naturwissenschaftlich-technischer Charakteristika und daraus folgender Materialeigenschaften eine hohe Bedeutung für den technischen Wandel zukommt. Gestiegenen Nutzeranforderungen können Produkte häufig nur durch einen speziellen Materialmix gerecht werden: Wurden beispielsweise in den 1980er-Jahren zwölf Elemente des Periodensystems in einem Computerchip verbaut, sind es aktuell über 45 Elemente (NRC 2008). Aufgrund ihrer spezifischen Eigenschaften sind viele Rohstoffe in ihren Anwendungsfeldern nicht oder nur unter Inkaufnahme von Einbußen bei der Funktionalität des Produkts substituierbar. Ihre Bedeutung für die Kritikalitätseinstufung erhalten Rohstoffe dadurch, dass die mit ihnen erreichbaren Funktionen für vielfältige Anwendungen, darunter zahlreiche Zukunftstechnologien, als zentral angesehen werden. In einer Untersuchung des Fraunhofer ISI zusammen mit dem Institut für Zukunftstechnologien und Technologiebewertung (IZT) untersuchten Angerer et al. (2009) 32 Einzeltechnologien. Als kritische Rohstoffe, die aufgrund des technologischen Wandels und der von ihnen dabei zu erfüllenden Funktionen von einem besonders starken Nachfrageanstieg durch neue Zukunftstechnologien betroffen sein könnten, werden z. B. Gallium, Indium, Scandium, Germanium und Neodym genannt (Marscheider-Weidemann et al. 2011).

2.3.2 Umweltbelastungen

Die Umweltbelastungen durch den Ressourcenverbrauch stehen in engem Zusammenhang mit der Wachstumsdiskussion und der weltweit zunehmenden Bevölkerung. Zunehmende materielle Produktion führt ceteris paribus zu steigendem Bedarf an Rohstoffen. Die Gewinnung und Aufbereitung von Rohstoffen ist aber mit erheblichen Eingriffen in den Naturhaushalt verbunden, aus denen Folgen für die biologische Vielfalt resultieren. Umweltbelastungen durch Emissionen von Schadstoffen in Wasser, Boden und Luft können sowohl beim Betrieb der Minen als auch durch die abgelagerten Abfälle entstehen. Die Deposition von Abraum und Bergbauabfällen hat in der Vergangenheit stetig zugenommen, ihr Volumen hat sich allein in den letzten 30 Jahren verzehnfacht (Poulton et al. 2013). Dabei spielt es eine wichtige Rolle, dass einzelne Erze mit anderen unerwünschten Schadstoffen vergesellschaftet sind. Ein prominentes Beispiel hierfür sind die seltenen Erden, deren Lagerstätten meistens auch Thorium enthalten. Durch die Gewinnung der Metalle besteht damit die Gefahr, dass radioaktive Stoffe in den Abraum und die Abwässer gelangen. Die Umweltbelastungen durch Bergbau sind weltweit so gravierend, dass in dem neuesten Bericht des Blacksmith Institute (2013) unter den zehn Orten mit den größten Umweltproblemen auch drei (Kabwe, Sambia; Kalimantan, Indonesien; Norilsk, Russland) dem Bergbau- und Hüttensektor zuzuordnen sind.

Umweltbelastungen entstehen auch bei der Herstellung der Grundstoffe aus den Rohstoffen und der Weiterverarbeitung der Grundstoffe zu Produkten. Mit der Methodik der Lebenszyklusanalyse (LCA) lassen sich die auf die Produktnutzung entfallenden Umweltentlastungen entlang der Wertschöpfungskette summarisch betrachten. Gerade im Hinblick auf die Energiewende kommt hier auch einer Reduktion des Bedarfs an – mit großen Stoffströmen verbundenen – energieintensiven Werkstoffen hohe Bedeutung zu, da hierdurch ein wesentlicher Treiber des Energieverbrauchs in der Grundstoffindustrie vermindert werden kann (vgl. Jochem et al. 2004).

In einer engeren Interpretation von Kritikalität wird die Umweltdimension aber auch im Hinblick auf die Verfügbarkeit von Metallen thematisiert. Die Begründung lässt sich dahingehend zusammenfassen, dass erhebliche Umweltprobleme bei der Rohstoffförderung auch die Verfügbarkeit der entsprechenden Rohstoffe einschränken. Zudem wirken Tendenzen wie die sinkenden Erzgehalte darauf hin, dass die Beschränkungen durch die Umweltprobleme eher noch an Bedeutung gewinnen werden (Mudd 2010). Zwar bestehen erhebliche technische Potenziale, die Umweltauswirkungen zu reduzieren (Humphreys

2001), wie sie etwa auch die EU in einem entsprechenden Merkblatt zur „Besten verfügbaren Technologie" festgehalten hat (EU Com 2004). Allerdings weisen Poulton et al. (2013) auf die erheblichen Zusatzkosten hin, die wiederum die Erschließung dieser Ressourcen weniger attraktiv machen und damit ihre Verfügbarkeit reduzieren.

Probleme mit Umweltbelastungen führt auch das deutsche Umweltbundesamt (2010) explizit als Kriterium für die Kritikalitätsbetrachtung von Rohstoffen auf. Aus diesen Gründen wird vorgeschlagen, auch Gold und Silber (hoher Anteil an Abraum, Freisetzung von Quecksilber und Cyaniden im Kleinbergbau), Zinn (hohes Produktionsvolumen) und Phosphor (Cadmiumgehalt in Phosphaterzen) in die Liste kritischer Rohstoffe aufzunehmen.

Mit der Diskussion um die Energiewende ist ein weiterer Nexus zwischen Umweltbelastung und Rohstoffverbrauch in den Vordergrund gerückt: Zentrale Technologien der Energiewende wie Windkraft, Fotovoltaik, aber auch Energiespeicher, Beleuchtungstechnologien sowie die Elektromobilität führen zu einem Mehrbedarf an Rohstoffen, die als kritisch angesehen werden. Die von Hendrix (2012) diesbezüglich aufgeführten Rohstoffe reichen von Indium, Gallium und Tellur (PV) über Lithium, Nickel, Kobalt und Mangan (Energiespeichertechnologien) bis hin zu Terbium, Cer, Europium und Yttrium (Beleuchtungstechnologien) sowie Neodym und Dysprosium (Permanentmagnete). Inzwischen deuten erste Szenarienabschätzungen darauf hin, dass insbesondere die Nachfrage nach Dysprosium deutlich steigen dürfte. Hintergrund hierfür sind die besonderen Anforderungen, die an die Temperaturbeständigkeit von Permanentmagneten gestellt werden und die die Materialsubstitution beschränken. Selbst bei einer gleichzeitigen Einführung von Recyclingtechnologien (Hagelüken 2014) würde die Nachfrage nach Primärmaterial noch erheblich zunehmen (Hoenderdaal et al. 2013).

2.3.3 Wirtschaftliche Aspekte

Einige Rohstoffmärkte sind durch eine hohe Konzentration der Förderung auf wenige Unternehmen gekennzeichnet (übergreifend zu den wirtschaftlich relevanten geologischen Grundlagen s. Gocht 1983). Dies kann zur Entstehung von marktbeherrschenden Stellungen führen und die Importabhängigkeit aus den Ländern begünstigen, in denen diese Unternehmen Minen betreiben. Die Durchführung von Bergbauprojekten ist insbesondere in der Anfangsphase mit hohen Risiken behaftet und sehr kapitalintensiv. Trotz Verbesserungen in den Prospektionsmethoden verbleiben erhebliche Risiken hinsichtlich Ergiebigkeit und Kosten von neu zu erschließenden Minen. Zudem fällt ein großer Teil der Erschließungskosten einer neuen Lagerstätte meist weit vor Produktionsbeginn an, wie etwa die Kosten für die Exploration und die Errichtung von Produktions- und Transportinfrastrukturen. Die Vorlaufzeiten, die für die Eröffnung einer neuen Mine benötigt werden, betragen nach Tiess (2009) 10 bis 20 Jahre. Cuddington und Jerett (2008, S. 544) fassen gar zusammen: „Where exploration is successful, there is an average of 27,5 years from initial spending to cash flow generation". Gleichzeitig weisen viele der Investitionen in die

Bergbauprojekte einen unwiderruflichen Charakter auf. Das heißt, sie können bei Aufgabe des Projektes nicht für andere Verwendungszwecke genutzt werden; einmal getätigt, werden sie zu „versunkenen Kosten". Newcomer müssen also nicht nur für lange Zeit ihre Investitionen vorfinanzieren, sondern auch damit rechnen, dass etablierte Betreiber selbst bei hartem Preiswettbewerb so lange nicht aus dem Markt ausscheiden, wie sie noch die variablen Kosten decken können. Lange Vorlaufzeiten und der „versunkene" Charakter der Investitionen bilden Markteintrittsbarrieren. Daraus resultieren drei unterschiedliche Begründungen, warum ein Rohstoff aus wirschaftlicher Sicht als kritisch eingestuft werden kann:

- Bei raschen Nachfragesteigerungen, die z. B. durch technologische Trends oder die wirtschaftliche Entwicklung in den schnell wachsenden Ökonomien ausgelöst werden können, kann das Angebot nur langfristig reagieren. Es entstehen temporäre Marktungleichgewichte, die die Versorgung mit den betreffenden Metallen als kritisch erscheinen lassen. Hierbei wirken Versorgungsengpässe auch auf die nachgelagerten Wertschöpfungsketten weiter und können damit erhebliche wirtschaftliche Bedeutung erlangen.
- Die starken Preisschwankungen, die auf vielen Rohstoffmärkten beobachtet werden können, sind auch eine Folge dieser Anpassungsstörungen und können wiederum selbst Fehlentscheidungen der Marktteilnehmer nach sich ziehen. Derivative Finanzprodukte könnten zwar einerseits die Abhängigkeit von kurzfristigen Preisschwankungen abmildern, andererseits können die Finanzmärkte auch spekulativen Preisschwankungen Vorschub leisten und zu einer Abkopplung der Märkte von den realen Nachfragebedingungen führen. Rohstoffe sind dann kritisch, weil es keine verlässlichen Preissignale gibt, die die Knappheiten anzeigen.
- Die Markteintrittsbarrieren können Vermachtungen der Märkte begünstigen, die die Anbieter ausnutzen, um Monopolrenten abzuschöpfen. Rohstoffe werden in dieser Argumentation als kritisch erachtet, weil die Märkte zu überhöhten Preisen im Vergleich zu einem funktionierenden Markt führen. Hierbei kann diese marktmachtbedingte Preissteigerung umso höher ausfallen, je höher die Barrieren für eine Substitution des Metalls – und damit je geringer die Nachfrageelastizitäten – sind. Die oben aufgeführten naturwissenschaftlich-technischen Charakteristika einzelner Rohstoffe verstärken damit den hier geschilderten Begründungszusammenhang.

Auch bei einem marktmachtbedingten erhöhten Preis ist der Anteil einiger Metalle an den Produktionskosten wegen der sehr geringen Verwendungsmengen noch immer gering. In Kombination mit einem hohen Staatseinfluss auf die Rohstoffmärkte wird hier allerdings in den rohstoffimportierenden Ländern eine andere Marktverzerrung befürchtet. Exportbeschränkungen zum Erschweren des Zugangs ausländischer Nachfrager zum Metallmarkt könnten von den rohstoffproduzierenden Ländern dazu genutzt werden, um auch die nachgelagerten Gütermärkte zu monopolisieren. Gerade aus industriepolitischen Gründen könnte dies eine Strategie sein, um den Aufbau einer heimischen Güterindustrie zu begünstigen. Die Bestrebungen rohstoffproduzierender Länder, größere Teile der Wertschöpfungskette in ihrem eigenen Land anzusiedeln, führen beispielsweise zu Befürchtungen, dass die Rohstoffverfügbarkeit für inländische Firmen negativ beeinträchtigt werden könnte. China wird exemplarisch angeführt, welches in Bezug auf seltene Erden „eine möglichst umfangreiche heimische industrielle Wertschöpfung und die Maximierung der Beschäftigungsgewinne" anstrebt (Hilpert und Kröger 2011, S. 163). Dies rückt die Frage nach Versorgungsrisiken bei der bestehenden Abhängigkeit von Importen aus China (vgl. Wall 2014) nochmals verstärkt in den Vordergrund. Aus Sicht der traditionellen Industriestaaten werden die Metalle also kritisch, weil die Kombination von Marktmacht und Staatseinfluss bei schwer substituierbaren Metallen die heimische Wettbewerbsfähigkeit auf wichtigen Gütermärkten beeinträchtigen könnte. Aus Sicht der rohstoffproduzierenden Länder können die schwer substituierbaren Metalle als wichtig angesehen werden, da sie die Chance zu einer Diversifizierung entlang der nachfolgenden Wertschöpfungskette eröffnen. Allerdings spielen diese Kritikalitätsüberlegungen für Länder ohne industriepolitische Interessen an den betroffenen Wertschöpfungsketten keine Rolle. Damit wird zugleich deutlich, dass die Kritikalität sehr stark von den Interessen und dem Blickwinkel einzelner Länder abhängt und nicht objektiv gegeben ist.

2.3.4   Entwicklungspolitische Aspekte

Aus entwicklungspolitischer Perspektive ergibt sich die Kritikalität von Rohstoffen im Wesentlichen aus den Effekten, die mit ihrem Abbau in Entwicklungsländern verbunden sind. Diese können sowohl auf der sozialen und gesellschaftlichen als auch auf der makroökonomischen Ebene auftreten. Die Extraktion von Metallen ist häufig mit schwierigen Lebens- und Arbeitsbedingungen für die lokale Bevölkerung verbunden (Jennings et al. 1999; Wagner et al. 2007). Dies gilt vor allem für den Kleinbergbau, der besonders für Tantal, Gold, Kobalt, Zinn und Wolfram zur Weltproduktion beiträgt und durch prekäre Arbeitsverhältnisse geprägt ist (Hilson 2012; Buxton 2013). Auch kann der Bedarf an Rohstoffen von Industrie- und Schwellenländern in vielen Fällen zu *land-grabbing* und Zwangsumsiedlungen führen, aber auch Nutzungskonflikte zwischen Bergbau und Landwirtschaft z. B. bezüglich der Wassernutzung hervorrufen, die zur Nahrungsknappheit beitragen. Ebenfalls problematisch ist die Finanzierung von Konflikten durch den Verkauf von leicht „plünderbaren" Rohstoffen, bei denen bereits geringe Mengen einen hohen monetären Wert aufweisen. Auch wenn der Kausalzusammenhang zwischen Rohstoffen und innerstaatlichen Konflikten noch nicht eindeutig geklärt ist (vgl. Ross 2004; Brunnschweiler und Bulte 2009), so ist das Thema doch in den letzten Jahren vor allem durch die Situation in der Demokratischen Republik Kongo stärker ins öffentliche Bewusstsein gedrungen. Dies treibt wiederum politische (z. B. „Dodd-Frank Act"; „EU Transparency Directive") und zivilgesellschaftliche (z. B. „Extractive Industries Transparency Initiative" – EITI) Ansätze voran. Vor allem sind die sog. Konfliktmineralien betroffen; als solche werden in diesem Kontext Tantal, Zinn, Gold und Wolfram definiert.

Auf gesamtwirtschaftlicher Ebene ist auch die Auswirkung von Rohstoffreichtum auf das Entwicklungspotenzial eines Landes ein wichtiger Aspekt. Zahlreiche empirische Studien thematisieren die Existenz des sog. „Ressourcenfluchs" (*resource curse*). Ausgangspunkt ist die Wahrnehmung, dass manche rohstoffreiche Länder ein langsameres wirtschaftliches Wachstum erzielen als rohstoffarme Länder. Dafür gibt es zwei dominante Erklärungsansätze (Sachs und Warner 2001; Mehlum et al. 2006): Ein starker Anstieg im realen Wechselkurs löst Crowding-out-Effekte aus, die verhindern, dass sich exportorientierte Industrien entwickeln. Der zweite Ansatz sieht ein selbstverstärkendes Wechselspiel zwischen mangelhaft ausgeprägter *governance* und dem Ressourcenreichtum als eine wichtige Ursache. Allerdings sind diese Effekte nicht zwangsläufig, wie die Beispiele von Chile, Kanada oder Australien zeigen. Auch sind die Kausalitäten zwischen *governance* und Ressourcenreichtum nicht eindeutig: Führt Ressourcenreichtum zu schwachen Institutionen? Oder sind es gerade schwache Institutionen, die eine Betonung bergbaulicher Aktivitäten begünstigen (Brunnschweiler und Bulte 2009)? Aufgrund der uneinheitlichen empirischen Evidenz ist zunehmend die Frage in den Vordergrund gerückt, welche Faktoren dafür sorgen, dass einige Staaten ihren Ressourcenreichtum für erfolgreiche Entwicklungsprozesse nutzen, während andere unter einem „Ressourcenfluch" leiden (van der Ploeg 2011). Boschini et al. (2013, S. 31) weisen darauf hin, dass der Ressourcenfluch dabei auch von der Art der Ressourcen (Mineralien oder Metalle) abhängt: „countries rich in ores and metals are indeed the ones with the largest negative effects from the resource, but they are also the ones where institutional quality really makes a difference for the outcome". Festzuhalten bleibt, dass die Qualität politischer Institutionen, aber auch die Bedeutung der Rohstoffversorgung für die eigene Grundstoffindustrie sowie die Einnahmenpotenziale aus eigenen Rohstoffvorräten dafür sorgen, dass – quasi als Pendant zur Thematik Versorgungssicherheit in den OECD-Ländern – eine Thematisierung des Staatseinflusses auf den Bergbau in den Entwicklungs- und Schwellenländern erfolgt (Humphreys 2014).

Die entwicklungspolitische Perspektive wird vor allem von den betroffenen Bevölkerungen und Regierungen rohstoffreicher Länder vertreten. Trotz aller Differenzen in ihren Perspektiven weisen sie ähnliche Narrative auf: Sie sehen die Welt geprägt durch strukturelle Ungleichheiten, die über die Ausbeutung der wirtschaftlich schwächsten Bevölkerungsteile bzw. durch die Benachteiligung der Länder des Südens gegenüber dem Norden zu starken Verteilungsungerechtigkeiten führen und Entwicklungshemmnisse aufbauen. Entsprechend argumentieren NGOs, also *non-governmental organizations*, dass Großunternehmen und ihre Abnehmer in Industrieländern Mitverantwortung tragen für die Konditionen, die am Anfang der Wertschöpfungskette bestehen. In diesem Begründungszusammenhang manifestieren sich in der Kritikalität einzelner Rohstoffe also vor allem strukturell ungleiche Lebensbedingungen. Metalle fügen sich in dieses Interpretationsmuster besonders gut ein, weil sich der Rohstoffreichtum in den Ländern des Südens besonders augenfällig mit der Herkunft von multinationalen Unternehmen aus dem Norden kontrastieren lässt bzw. weil der Kleinbergbau vielfach das Muster einer benachteiligten, von den Eliten ausgebeuteten Bevölkerung widerspiegelt.

2.3.5 Außenpolitische Aspekte

Die Debatte über strategische oder kritische Rohstoffe durchläuft seit dem Zweiten Weltkrieg Wellen der politischen Aufmerksamkeit. Aufmerksamkeitsspitzen sind typischerweise die Folge politischer Konflikte oder einer angespannten Situation auf den Rohstoffmärkten. Die letzte Aufmerksamkeitsspitze vor der gegenwärtigen Debatte wurde vom Ende der 1970er-Jahre bis ca. Mitte der 1980er-Jahre durchlaufen, als ein starker Anstieg der Rohstoffpreise zwischen 1978 und 1980 sowie der Eintritt der beiden ehemaligen portugiesischen Kolonien Mosambik und Angola in die sowjetische Einflusssphäre dafür sorgten, dass in den USA und Europa zahlreiche Untersuchungen zur Kritikalität der Rohstoffversorgung angestellt wurden (Jacobson et al. 1988; Humphreys 2005). Im Vordergrund standen hierbei die sog. strategischen Ressourcen, die entsprechend ihrer Bedeutung für militärische Zielsetzungen definiert wurden.

Die heutige außenpolitisch geprägte Rohstoffdebatte rückt die steigende globale Nachfragekonkurrenz um Rohstoffe und die oben beschriebenen Wettbewerbsbeschränkungen in den Vordergrund. Sie können auch zu politischen Spannungen und Konflikten führen, insbesondere zwischen Schwellenländern, die auf den Rohstoffmärkten sowohl als gewichtige Anbieter als auch als Nachfrager auftreten (z. B. China, Brasilien, Russland) und den Industrieländern. Da sich die globale Produktion vieler kritischer Rohstoffe zu großen Teilen auf Schwellen- und Entwicklungsländer konzentriert, ist aus dieser Perspektive auch die politische Instabilität einiger ärmerer Länder als Kritikalitätsfaktor zu werten. So waren Rohstoffe z. B. 2012 für 81 der 396 aufgeführten Konflikte verantwortlich, davon mehr als die Hälfte in Afrika und Südamerika; 14 der 81 Rohstoffkonflikte wurden als Konflikte mit hoher Intensität eingestuft, womit knapp ein Drittel aller Hoch-Intensitäts-Konflikte durch Rohstoffe ausgelöst wurden (Heidelberger Institut für Internationale Konfliktforschung 2012). Auch aus der Perspektive der Konfliktforschung werden Rohstoffe also wegen ihres Potenzials für Destabilisierungen und daraus folgende Konflikte als kritisch angesehen, ohne dass sich allerdings ein eindeutiges Muster hinsichtlich der dabei beteiligten Rohstoffe zeigt.

Hinsichtlich der Mehrebenensystematik stellt sich auch die Frage: Wie geht man damit um, dass Probleme auf den globalen Rohstoffmärkten noch immer mit nationalen Rohstoffpolitiken adressiert werden? Im Zuge der Globalisierung sind sowohl der Abbau und Handel mit Rohstoffen als auch deren Verarbeitung zu technologischen Endprodukten zunehmend internationalisiert worden. Rohstoffpolitik wird jedoch nach wie vor größtenteils auf nationaler Ebene bestimmt. Somit sind am nationalen Eigeninteresse orientierte Handlungen wie das Aushandeln von Exklusivverträgen, die Anlage strategischer Rohstofflager oder die Einführung von Exportquoten keine Seltenheit, was wiederum zunehmend zu außenpolitischen und wirtschaftlichen Konflikten führt. Die Problematiken werden teils als Indiz dafür gesehen, dass die aktuelle Rohstoffgovernance „den neuen Markt- und Wettbewerbsbedingungen des 21. Jahrhunderts nicht mehr genügt" (Hilpert und Mildner 2013, S. 13) und es einer kooperativeren, transnationaleren Lösung bedarf. Wie diese aussehen sollte, ist noch unklar. Allerdings wird festgehalten, dass ein institutionelles *mismatch* zwischen Marktebene und Politikebene besteht, das zur Kritikalität der Rohstoffversorgung beiträgt.

2.4 Institutionalisierung der Kritikalität in Bewertungsschemata

2.4.1 Kritikalitätskonzeptionen

In den vergangenen Jahren wurden zahlreiche Studien vorgelegt, die sich mit der Messung der Rohstoffkritikalität aus der Perspektive einer konkreten Region (Bundesland, Staat, Staatenverbund) oder eines Unternehmens auseinandersetzen (vgl. Poulton et al. 2013; Graedel et al. 2014). Ziel dieser Studien ist es, aus der Vielzahl der benötigten Rohstoffe diejenigen zu bestimmen, die ökonomisch bedeutsam sind und deren Versorgungssituation als unsicher wahrgenommen wird. Die Logik, aber auch Abgrenzungsprobleme, die einer Umsetzung der oben skizzierten Begründungszusammenhänge in Kritikalitätskonzeptionen unterliegen, wird auch aus einer näheren Betrachtung der Vorgehensweise der EU Raw Materials Group 2010 deutlich, die 41 Rohstoffe auf ihre Kritikalität für die Europäische Union untersuchte (EU COM 2010).

Von der Raw Materials Group wird ein Rohstoff als kritisch angesehen, wenn das Versorgungsrisiko hoch und die wirtschaftlichen Folgen einer Versorgungsstörung als gravierend angesehen werden. Damit spielen wirtschaftlich-technische Begründungszusammenhänge eine wichtige Rolle. Das Versorgungsrisiko wurde von der Arbeitsgruppe auf drei unterschiedlichen Ebenen betrachtet. Es wurde zwischen geologischer, technischer und geopolitisch-wirtschaftlicher Verfügbarkeit unterschieden. Hierbei folgte die Arbeitsgruppe der Annahme, dass das Versorgungsrisiko nicht primär von der absoluten geologischen Verfügbarkeit beeinflusst wird, sondern eher von der ungleichmäßigen Verteilung der bekannten Rohstoffvorkommen sowie ökonomischen und politischen Aspekten. Bei der Abschätzung des Versorgungsrisikos wurden folgende Faktoren herangezogen:

- Konzentration der Förderung auf Länderebene,
- Qualität der Regierungsführung in den Förderländern,
- Anteil des Recyclings am heutigen Rohstoffbedarf,
- Möglichkeit zur Substitution.

Diese vier Elemente wurden zusammengeführt, um einen Index für das Versorgungsrisiko zu berechnen, mit dessen Hilfe alle betrachteten Rohstoffe möglichst transparent miteinander verglichen werden können.

Bei der Bewertung der Kritikalität muss neben dem Versorgungsrisiko auch der wirtschaftlichen Bedeutung des Rohstoffs Rechnung getragen werden. Hier behilft sich der Ansatz damit, Megasektoren zu betrachten, die eine weite Interpretation des Begriffs der

Wertschöpfungskette darstellen. Für diese Sektoren werden dann Kenngrößen erstellt, in die die jeweiligen Anteile am Rohstoffverbrauch und am BIP einfließen.

Damit wird deutlich, dass der Kritikalitätsansatz Indikatoren verwendet, die sich auf naturwissenschaftlich-technische und wirtschaftliche Aspekte, aber auch auf Entwicklungsmöglichkeiten beziehen. Da Versorgungsengpässe auch aus ökologischen Risiken resultieren können, z. B. wenn eine Mine aufgrund ökologischer Bedenken geschlossen werden muss, wurde zusätzlich ein Umweltrisikofaktor berechnet, der aber nicht – wie etwa bei Graedel et al. (2012) – standardmäßig in die Bestimmung der Kritikalität einfließt.

Unter den von der EU nach der entsprechenden Logik herausgearbeiteten und als kritisch erklärten Rohstoffen, deren wirtschaftliche Bedeutung und Versorgungsrisiko über vordefinierten Schwellenwerten liegen, sind hauptsächlich Metalle vertreten, nämlich die Seltenerdmetalle, die Platin-Gruppen-Metalle (Ruthenium, Rhodium, Palladium, Osmium, Iridium, Platin), Niob, Wolfram, Germanium, Magnesium, Gallium, Indium, Antimon, Beryllium, Tantal und Kobalt.

Entsprechende Listen von kritischen Metallen dürfen nicht darüber hinwegtäuschen, dass eine solche Bewertung immer nur vorläufig ist. Kleine Änderungen in den Indikatorwerten können zum Über- oder Unterschreiten der Schwellenwerte führen. Kritikalität ist also graduell und verändert sich im Zeitablauf. Entsprechend sind die Zeitskalen zu beachten, die den Kritikalitätseinschätzungen zugrunde liegen. Die meisten Kritikalitätseinschätzungen beziehen sich auf die heutige Situation. Eine der großen Herausforderungen der Kritikalitätskonzeptionen liegt darin, entsprechende Abschätzungen über die zukünftige Kritikalität vorzunehmen. In Anlehnung an die Erfahrungen zur Projektion von Klimaschutz werden hier Methodenkombinationen erforderlich sein, die zur Entwicklung denkbarer Zukunftsszenarien auf Basis einer Kombination von systemdynamischen Stoffflussmodellen mit wirtschaftlichen Simulationsmodellen und Methoden des *foresight* führen. Aber selbst wenn dies für eine mittelfristige Perspektive gelingen sollte, ist zu bedenken, dass die entsprechenden Szenarien keine exakte Prognose, sondern nur denkbare, in sich plausible Zukunftsentwicklungen widerspiegeln. Erschwerend kommt hinzu, dass die langfristige Entwicklung der Kritikalität ungewiss bleibt. Auch wenn der Verbrauch von Metallen heute und in der absehbaren Zukunft aus dem Blickwinkel der Kritikalität unbedenklich erscheinen mag, kann nicht ausgeschlossen werden, dass gerade dieser Verbrauch in der weiteren Zukunft die Kritikalität der entsprechenden Metalle verstärken kann.

2.4.2   Life-Cycle-Assessment

Life-Cycle-Assessment (LCA) ist eine etablierte und mit eigenem ISO-Standard ausgestattete Methode zur Analyse der Umweltwirkungen entlang des Lebensweges von Produkten oder Prozessen. Zunächst erfolgt in der Sachbilanz eine Inventarisierung der Umweltwirkungen. Daran anschließend kommt es zur Wirkungsabschätzung und der nachfolgenden Auswertung (vgl. Klöpffer und Grahl 2009).

Entsprechend der Bedeutung der Gewinnung und Veredlung von Rohstoffen für die Emissionen sind in den entsprechenden Standardmodulen und Datenbanken auch zahlreiche Prozesse der Metallgewinnung abgebildet. So finden sich z. B. in der vom Umweltbundesamt geförderten Datenbank „Prozessorientierte Basisdaten für Umweltmanagement-Instrumente (ProBas)" neben unterschiedlichen Massenmetallen z. T. auch Angaben zu einzelnen „kritischen" Metallen. Die Aufstellung der Sachbilanz wird durch die sog. Allokationsproblematik erschwert. Bei der Allokation wird die Umweltwirkung von Kuppelprodukten eines Prozesses entsprechend den Allokationsregeln auf die einzelnen Outputs verteilt. Dies ist gerade für die kritischen Metalle von Bedeutung, die aufgrund ihrer Vergesellschaftung mit anderen Metallen als Nebenprodukt anfallen. Wenn hier die Aufteilung der Umweltwirkungen einerseits entsprechend der Masse der Outputs erfolgt, wird den kritischen Metallen auch nur eine sehr kleine Umweltbelastung zugerechnet. Erfolgt die Allokation entsprechend dem Wert des Outputs, kommt es andererseits zu ganz erheblichen Schwankungen entsprechend der Preisvolatilitäten. Weitere Schwierigkeiten bestehen bei der Wirkbilanzierung der toxischen Wirkungen des Bergbaus, da gerade die Charakterisierung der Wirkungen bei dieser Wirkungskategorie mit erheblichen Unsicherheiten verbunden ist.

Im LCA wird in der Sachbilanz auch die Ressourcenbeanspruchung berücksichtigt. Allerdings werden in der Wirkungsabschätzung bisher nur fossile Ressourcen standardmäßig hinsichtlich ihrer Verfügbarkeit bewertet. Eine methodische Debatte über die Frage, ob die Ressourcenverfügbarkeit nicht auch für weitere Rohstoffe bewertet werden soll, hat jedoch bereits begonnen. In der Literatur finden sich verschiedene Ansätze, die sich z. T. auf die statische Verfügbarkeit der einzelnen Rohstoffe beziehen (Margni und Curran 2012). Allerdings besteht hier das Grundproblem, dass durch den Begriff der Kritikalität gerade ja auch sozio-ökonomische Faktoren der Verfügbarkeit und der wirtschaftlichen Bedeutung angesprochen werden, die sich bisher nicht in der Logik der stärker naturwissenschaftlich geprägten Wirkungsabschätzung finden.

Die Methodik des Social-Life-Cycle-Assessments (S-LCA) stellt im Gegensatz zum klassischen LCA eindeutig die entwicklungspolitische Perspektive in den Vordergrund. Im Jahr 2009 vom Umweltprogramm der Vereinten Nationen (UNEP) entwickelt, definieren die „Guidelines for Social Life Cycle Assessment of Products" (Benoît und Mazijn 2010) und die darauffolgenden „Methodological Sheets for Subcategories in S-LCA" (Benoît Norris et al. 2013) zum ersten Mal ein formalisiertes Vorgehen, um zusätzlich zu den umweltrelevanten Überlegungen eines klassischen LCAs auch soziale Kriterien einzubeziehen. Diese beziehen sich auf fünf Akteurskategorien – Arbeitende, lokale Bevölkerung, Gesellschaft, Konsumenten und weitere Akteure der Wertschöpfungskette – die jeweils in Subkategorien aufgeteilt werden (Benoît und Mazijn 2010). Aus diesen Subkategorien ergeben sich wiederum konkrete Indikatoren, die zur Durchführung des S-LCAs herangezogen werden.

Erste Anwendungen der Methodik wurden etwa von Ciroth und Franze (2011) sowie von Ekener-Petersen und Moberg (2013) beschrieben. In beiden Beiträgen wird darauf hingewiesen, dass es oft schwierig ist, die erforderlichen Daten zu erhalten, vor allem in

Bezug auf Themen wie z. B. Arbeitsbedingungen. Außerdem können viele der Indikatoren nur mittels qualitativer Daten beschrieben werden. Die Subjektivität der Einschätzungen, die auch bei den herkömmlichen LCAs auftritt, fällt damit bei S-LCAs noch mehr ins Auge. Darüber hinaus ist auch die Aggregation qualitativer Merkmale wesentlich schwieriger als im Falle von quantitativen Daten. Auch wenn die Methodik noch als „immature and insufficiently robust" beschrieben wird (Ekener-Petersen und Moberg 2013), so sind sich die Autoren doch einig, dass der Ansatz sinnvoll ist und es sich lohnt, ihn weiter auszubauen und zu verbessern.

2.4.3 Zertifizierung

In den letzten Jahren werden im Rohstoffsektor vermehrt Zertifizierungssysteme eingeführt. Zertifizierungen sind eine Form der privaten, nichtstaatlichen *governance*, die v. a. in Bereichen mit schwacher Regierungsführung als sinnvoller Ersatz für die Durchsetzbarkeit von Mindeststandards eingesetzt werden können (Pattberg 2006). Üblicherweise werden von einer Zertifizierungsorganisation bestimmte Sozial- und Umweltstandards für den Verlauf der Wertschöpfungskette festgelegt, deren Einhaltung zur Auszeichnung von Unternehmen oder Rohstoffen mit dem entsprechenden Zertifikat führt. Somit weisen Rohstoffzertifizierungen inhaltliche Bezüge zu den umwelt- und entwicklungspolitischen Begründungszusammenhängen der Kritikalität auf, nehmen aber keinen expliziten Bezug auf ein Kritikalitätskonzept. Da die verwendeten Standards nicht vereinheitlicht und dadurch immer durch normative Entscheidungen gekennzeichnet sind, ist es bei der Zertifizierung wichtig, die zugrunde gelegten Kriterien genau zu überprüfen, bevor man sie als Gütesiegel akzeptiert.

Die meisten Rohstoffzertifizierungen basieren auf dem System der physischen Rückverfolgbarkeit, was bedeutet, dass zertifizierte Rohstoffe von nichtzertifizierten Rohstoffen physisch getrennt gehalten werden müssen. Es kann zwischen vier Standardtypen unterschieden werden:

• Chain-of-Custody-Standards: Diese leisten einen Nachweis über die Herkunft und darauffolgende Sorgfaltskette.
• Issue-based-Standards: Deren Nachweis bezieht sich auf eine bestimmte Problematik, wie etwa der „International Cyanide Management Code" für den Gold-Sektor oder die „Extractive Industries Transparency Initiative" (EITI) für den Bergbau allgemein.
• Risk-Management-Standards: Diese schreiben eine breite Spanne an sozialen und umweltrelevanten *best practices* vor, so beispielsweise die „OECD-Leitsätze für Multinationale Unternehmen".
• Nachhaltigkeitsstandards: Diese versuchen, sowohl Risiken einzudämmen als auch den Rohstoffreichtum optimal für die Entwicklung des entsprechenden Landes zu nutzen (z. B. „Fairtrade Gold" und „Fairmined Standard for Gold", beide im Kleinbergbaubereich).

Zukünftig soll es auch für den industriellen Bergbau einen Nachhaltigkeitsstandard geben, der durch die „Initiative for Responsible Mining Assurance" zertifiziert werden soll. Auch einige der Standards, die nicht speziell für den Rohstoffsektor entwickelt wurden, können hier angewandt werden. So beinhalten beispielsweise der ISO 14001-Standard oder der „Eco Management and Audit Scheme" (EMAS) der EU Aspekte, die auch für die Umweltproblematiken des Rohstoffabbaus und des -recyclings relevant sind. Im sozialen Bereich ist hier der „Social Accountability International Standard – SA 8000" zu nennen, der Arbeitsbedingungen und weitere soziale Aspekte in Anlehnung an die Normen der Internationalen Arbeitsorganisation zertifiziert.

Manche der Standards schaffen konkrete Anreize für Bergbaubeschäftigte, wie z. B. die zwei Goldstandards aus dem Kleinbergbausektor, „Fairtrade Gold" und „Fairmined Gold", welche den von ihnen zertifizierten Minen zusätzlich zum normalen Einkaufspreis noch eine weitere finanzielle Prämie auszahlen, die in erster Linie für kommunale Entwicklungsarbeit gedacht ist. Inwieweit dieser Ansatz erfolgreich zu den erhofften Veränderungen beitragen kann, wird kontrovers diskutiert (Hilson 2008, 2014; Childs 2010). Mit der Einführung entsprechender Zertifizierungssysteme wird auch ein positiver Effekt auf die gute Regierungsführung erhofft. Erste Auswertungen hinsichtlich der „Extractive Industries Transparency Initiative" (Corrigan 2014) ergeben aber ein gemischtes Bild: Während in einigen Teilbereichen ein positiver Einfluss ausgemacht wird, zeigen sich hinsichtlich politischer Stabilität und Korruption nur geringe Wirkungen.

Im Zusammenhang mit den Zertifizierungssystemen kommt es auch zu unterstützenden staatlichen Regelungen. Hier ist z. B. der US-amerikanische „Dodd-Frank Act" aufzuführen. Er verpflichtet börsennotierte Unternehmen im Rohstoffsektor dazu, ihre Zahlungsströme an Regierungen zu veröffentlichen. Des Weiteren verlangt er von allen börsennotierten Firmen Nachweise, dass die für ihre Produkte verwendeten Rohstoffe nicht aus Konfliktzonen der Demokratischen Republik Kongo oder ihren Nachbarländern stammen. Auf EU-Ebene gibt es mittlerweile ähnliche Gesetze bzw. Gesetzesentwürfe. Anzuführen sind die überarbeitete „EU Accounting and Transparency Directives" (EU Com 2013) sowie der Verordnungsentwurf für eine „verantwortungsvolle Handelsstrategie für Mineralien aus Konfliktgebieten" (EU Com 2014), der sich durch seinen globalen Ansatz von dem US-amerikanischen Gesetz unterscheidet. Einen solchen Nachweis zu „konfliktfreien" Rohstoffen strebt z. B. die deutsche Bundesanstalt für Geowissenschaften und Rohstoffe (BGR, Hannover) mit ihrem Vorhaben der zertifizierten Handelsketten an, in dem einzelne Minen in Ruanda und der DR Kongo nach Erfüllung bestimmter Standards als konfliktfrei zertifiziert werden.

2.5 Schlussfolgerungen

Die vorangegangene Analyse hat aufgezeigt, dass es mehrere Begründungszusammenhänge für die Definition kritischer Metalle gibt. Dabei unterscheiden wir fünf Begründungszusammenhänge, die von unterschiedlichen Akteuren aufgenommen werden und zu teilweise unterschiedlichen Abgrenzungen führen, welche Metalle jeweils als „kritisch" angesehen werden:

- Aus naturwissenschaftlich-technischer Sicht werden Metalle nach ihren Funktionen beurteilt. Insbesondere Metalle mit spezifischen Funktionseigenschaften, deren Verbrauch durch Zukunftstechnologien sehr stark ansteigen könnte, geraten aus diesem Blickwinkel in den Fokus. Beispiele sind Gallium, Indium, Scandium, Germanium oder Neodym.

- Aus dem Begründungszusammenhang Umweltbelastung heraus betrachtet ist der Metallverbrauch per se kritisch, da er entlang der Wertschöpfungsketten zu Umweltbelastungen führt, die gerade auch bei der Förderung der Rohstoffe erheblich sein können. Aus Sicht der Energiewende gilt dies insbesondere für energieintensive Werkstoffe, die ein ganz erheblicher Treiber des industriellen Energieverbrauchs und damit verbundener CO_2-Emissionen sind. Aber auch Gold und Silber (Abraum, Freisetzung von Quecksilber und Cyaniden), Zinn (hohes Produktionsvolumen) und Phosphor (Cadmium und weitere unerwünschte Begleitprodukte in den Erzen) rücken in den Fokus. Umweltgründe sind aber auch ein Treiber für die Nachfrage nach den Metallen, die für Energiewendetechnologien von besonderer Bedeutung sind. Die Palette der genannten Metalle reicht hier von Indium, Gallium und Tellur über Lithium, Nickel, Kobalt und Mangan bis hin zu Terbium, Cer, Europium und Yttrium sowie Neodym und Dysprosium.

- Im Rahmen wirtschaftlicher Begründungszusammenhänge der traditionellen rohstoffimportierenden Industrieländer werden jene Metalle als kritisch eingestuft, die aufgrund spezifischer Funktionen schwer zu substituieren sind und bei denen die Angebotssituation zudem durch Marktmacht und Staatseinfluss gekennzeichnet sind. Unter diesen Bedingungen sind die Rohstoffmärkte besonders anfällig für Vermachtungen, die auch auf die nachgelagerten Wertschöpfungsketten übertragen und dort als Instrument der Industriepolitik der rohstoffproduzierenden Länder eingesetzt werden könnten.

- Aus entwicklungspolitischer Sicht wird in Rohstoffvorräten prinzipiell eine Chance für die ökonomische Entwicklung von Entwicklungsländern gesehen, vorausgesetzt sie sind in der Lage den „Ressourcenfluch" zu vermeiden. Allerdings lässt sich hieraus aber keine eindeutige Auswahl der Metalle als kritisch ableiten. Legt man den Fokus auf die Lebens- und Arbeitsbedingungen der Bevölkerung in den Entwicklungsländern, treten insbesondere der Kleinbergbau und damit vor allem die Metalle Gold, Kobalt, Zinn und Wolfram ins Rampenlicht.

- Aus außenpolitischer Sicht ist die hohe Anzahl von Konflikten anzuführen, in deren Kontext Ressourcen eine Rolle spielen. Neben den innerstaatlichen Konfliktmineralien Tantal, Zinn, Gold und Wolfram können internationale Konflikte prinzipiell in Bezug auf alle wertvollen Metalllager entstehen. Entsprechend wird das Fehlen einer internationalen Rohstoffgovernance als wichtiges kritisches Querschnittsproblem thematisiert.

Insgesamt zeigt sich also, dass die von den unterschiedlichen Begründungszusammenhängen in den Vordergrund gerückten Metalle zwar nicht identisch sind, es aber doch erhebliche Schnittmengen gibt. Technische Begründungszusammenhänge, die auf spezifische Funktionen abheben, sind zugleich eine wichtige Voraussetzung für die wirtschaftlichen Begründungszusammenhänge. Unter den diesbezüglich genannten finden sich z. T. auch diejenigen, die aus Umweltgründen als kritisch eingestuft bzw. im Kleinbergbau gewonnen werden.

Eine Verankerung des Rohstoffthemas in der Politik kann nur dann erfolgreich sein, wenn die Themen dauerhaft im Prozess des Agenda Settings positioniert werden. Institutionalisierte Bewertungsschemata können hier einen wichtigen Beitrag leisten. Mit den Kritikalitätskonzeptionen, der Diskussion um die Ergänzung der LCAs um weitere Aspekte des Ressourcenverbrauchs und der Erweiterung um soziale Sachverhalte sowie dem Aufbau von Zertifizierungssystemen sind hier erste Schritte einer entsprechenden Institutionalisierung erfolgt.

Allerdings sind diese Ansätze bisher noch zu sehr auf einzelne Begründungszusammenhänge ausgerichtet. Eine Integration der verschiedenen Begründungszusammenhänge zu einem geschlossenen Leitbild steht noch aus. Aus der Logik politischer Prozesse und Diskurse ist zu erwarten, dass kritische Rohstoffe gerade dann eine aussichtsreiche Position im Agenda Setting erreichen können, wenn es einen gleichgerichteten Nexus gibt. Hier scheinen die Bedingungen günstig zu sein, um die Strategie der Ressourceneffizienz zum Kern eines solchen Leitbilds zu machen. Wichtige Akteure, die den Zusammenhang von Rohstoffen und Umweltbelastung thematisieren, sind im Bereich der Umweltverbände und der Umweltverwaltung zu finden. Aus der Betrachtung der Umweltwirkungen folgen zwei strategische Schlussfolgerungen: Erstens ist es erforderlich, die Umweltverträglichkeit des Bergbaus zu steigern. Zweitens sollte den unterschiedlichen Strategien der Ressourceneffizienz und Materialsubstitution bereits in frühen Innovationsphasen hohe Bedeutung zugemessen werden. Angesichts der starken Preisschwankungen, der hohen Konzentration der Rohstoffproduktion auf einige Länder sowie der zu beobachtenden Exportbeschränkungen haben Unternehmen und Wirtschaftsverbände Erwartungen an die Rohstoffpolitik formuliert. Schwerpunktthemen sind neben dem Kampf gegen Handels und Wettbewerbsbeschränkungen auch die Förderung von Rohstoff- bzw. Materialeffizienz und Recycling. Schließlich könnten hier auch Labeling und Zertifizierungen in Bezug auf die ökologische und soziale Verträglichkeit der Wertschöpfungsketten für Güterproduzenten von Interesse sein, weil dadurch Skandalisierungen der eigenen Produkte vermieden und gegebenenfalls ein Differenzierungsmerkmal gegenüber Wettbewerbern geschaffen werden kann.

Allerdings gibt es noch zahlreiche Unwägbarkeiten. Unklar bleibt, wie eine noch ausstehende Integration der Veränderung von Konsummustern in das anzustrebende Leitbild mit den unterschiedlichen Interessen der Akteure kompatibel gemacht werden könnte. Auch könnte ein temporäres Absinken der Preise für Rohstoffe das Interesse der Wirtschaftsakteure am Thema abflauen lassen. Offen bleibt auch, welche Folgen die Integration der entwicklungspolitischen Perspektive nach sich ziehen wird. Hier wäre es etwa wenig zielführend, wenn eine Thematisierung sozialer Problemlagen mit dem Instrumentarium der sozialen LCAs oder der Zertifizierung nicht zu Verbesserungen in den Lebensbedingungen, sondern zu Ausweichreaktionen führen würde, die die Nachfrage nach Metallen aus dem Kleinbergbau nach unten schrauben und damit die Existenzgrundlage der davon abhängenden Bevölkerungsteile gefährden würde. Schließlich hängt die Positionalität kritischer Metalle auch ganz wesentlich von der künftigen Entwicklung der Weltlage ab (vgl. National Intelligence Council 2012). Das oben skizzierte Leitbild wäre sicherlich eher mit einer Entwicklung kompatibel, bei der gemeinsam getragene Verantwortung zur Herausbildung einer *global governance* führt. Umgekehrt wäre in einem multipolaren Weltszenario, das die Etablierung neuer, hinsichtlich der Berücksichtigung von Interessen nur nach innen ausgerichteter Blöcke beschreibt, die Plausibilität eines solchen Leitbilds geringer und die Definition dessen, was dann als kritisch angesehen würde, sicherlich deutlich anders.

Ein zentrales Problem der Bestimmung von Kritikalität bleibt der Umgang mit den Unsicherheiten der künftigen Entwicklung. Zwar können Szenarien, unterstützt durch Simulationen und Methoden des *foresight*, in sich plausible Zukunftsentwicklungen widerspiegeln. Aber je länger der Zeithorizont der Betrachtung in die Zukunft reicht, desto spekulativer werden die Aussagen. Auch über den Umgang mit potenziell kritischen Metallen muss damit notwendigerweise unter den Bedingungen von Unsicherheit entschieden werden. Damit sind kritische Metalle ein Anwendungsfall für den Safe-Minimum-Standard, „wie er von Ciriacy-Wantrup (1952) postuliert und durch Bishop (1978, 1993) in die Nachhaltigkeitsdiskussion eingebracht wurde. Danach ist bei Vorliegen von Irreversibilitäten und Unsicherheiten nach der Regel ‚conserve, unless the social costs of doing so are unacceptably large' zu verfahren" (Walz 2009, S. 192).

Damit bleibt festzuhalten: Das, was als kritisch angesehen wird, hängt immer auch von der Betrachtungsperspektive und vom gewählten Zeithorizont inklusive der impliziten oder expliziten Zukunftserwartungen der Subjekte ab. Kritikalität ist damit untrennbar mit subjektiven Elementen behaftet und stellt kein statisches, sondern einem dem Wandel der Zeit unterworfenes Konzept dar.

Literatur

Angerer G, Erdmann L, Marscheider-Weidemann F, Scharp M, Lüllmann A, Handke V, Marwede M (2009) Rohstoffe für Zukunftstechnologien, Einfluss des branchenspezifischen Rohstoffbedarfs in rohstoffintensiven Zukunftstechnologien auf die zukünftige Rohstoffnachfrage. IRB, Stuttgart

Benoît C, Mazijn BM (Hrsg) (2010) Guidelines for social life cycle assessment of products. UNEP. http://www.unep.org/publications/search/pub_details_s.asp?ID=4102. Zugegriffen: 24.02.2014

Benoît Norris C, Traverso M, Valdivia S, Vickery-Niederman G, Franze J, Azuero L, Ciroth A, Mazijn BM, Aulisio D (2013) The methodological sheets for subcategories in Social Life Cycle Assessment (S-LCA). UNEP. http://www.lifecycleinitiative.org/wp-content/uploads/2013/11/S-LCA_methodological_sheets_11.11.13.pdf. Zugegriffen: 24.02.2014

Bishop R (1978) Endangered species and uncertainty: The economics of a safe minimum standard. American Journal of Agricultural Economics 60:10–18

Bishop R (1993) Economic efficiency, sustainability, and biodiversity. Ambio 22:69–73

Blacksmith Institute (2013) The world's worst 2013: The top ten toxic threats. http://www.worstpolluted.org/2013-report.html. Zugegriffen: 26.02.2014

Boschini A, Petersson J, Roine J (2013) The resource curse and its potential reversal. World Development 43:19–41

Brunnschweiler CN, Bulte EH (2009) Natural resources and violent conflict: Resource abundance, dependence, and the onset of civil wars. Oxford Economic Papers 61:651–674

Buxton A (2013) Responding to the challenge of artisanal and small-scale mining. How can knowledge networks help? IIED Sustainable Markets Paper. IIED, London

Childs J (2010) 'Fair trade' gold: A key to alleviating mercury pollution in sub-Saharan Africa? International Journal of Environment and Pollution 41:259–271

Ciriacy-Wantrup SV (1952) Resource conservation: Economics and politics. University of California Press, Berkeley CA

Ciroth A, Franze J (2011) LCA of an ecolabeled notebook: Consideration of social and environmental impacts along the entire life cycle. GreenDeltaTC, Berlin

Corrigan CC (2014) Breaking the resource curse: Transparency in the natural resource sector and the extractive industries transparency initiative. Resources Policy 40:17–30

Cuddington JT, Jerrett D (2008) Super cycles in real metals prices? IMF Staff Papers 55:541–565

Ekener-Petersen E, Moberg A (2013) Potential hotspots identified by Social LCA–Part 2: Reflections on a study of a complex product. The International Journal of Life Cycle Assessment 18(1):144–154

EU Com (2004) Best available techniques. Reference document on management of tailings and waste-rock in mining activities, Report of Directorate General, JRC-IPTS, July 2004. Sevilla

EU Com (2010) Critical raw materials for the EU. Report of the Ad-hoc Working Group on defining critical raw materials. Brüssel

EU Com (2013) New disclosure requirements for the extractive industry and loggers of primary forests in the Accounting (and Transparency) Directives (Country by Country Reporting) – frequently asked questions. Memo, Brüssel

EU Com (2014) EU schlägt verantwortungsvolle Handelsstrategie für Mineralien aus Konfliktgebieten vor. Press Release, Brüssel

Gocht W (1983) Wirtschaftsgeologie und Rohstoffpolitik. Untersuchung, Erschließung, Bewertung, Verteilung und Nutzung mineralischer Rohstoffe. Springer, Berlin

Graedel TE, Barr R, Chandler C (2012) Methodology of metal criticality. Environmental Science and Technology 46:1063–1070

Graedel TE, Guss G, Tercero EL (2014) Metal resources and criticality. In: Gunn G (Hrsg) Critical metals handbook. Wiley, Chichester, S 1–19

Hagelüken C (2014) Recycling of (critical) metals. In: Gunn G (Hrsg) Critical metals handbook. Wiley, Chichester, S 41–69

Heidelberger Institut für Internationale Konfliktforschung (2012) Conflict Barometer 2012. http://hiik.de/en/konfliktbarometer/pdf/ConflictBarometer_2012.pdf. Zugegriffen: 24.02.2014

Hendrix LE (2012) Competition for strategic materials. Geopolitics of cleaner energy series. Center for Strategic & International Studies, Washington DC

Hilpert HG, Kröger AE (2011) Seltene Erden – die Vitamine der Industrie. In: Mildner SA (Hrsg) Konfliktrisiko Rohstoffe. SWP Studie S 5, Februar 2011. Stiftung Wissenschaft und Politik, Berlin, S 159–167

Hilpert HG, Mildner SA (2013) Einleitung: Globale Rohstoffmärkte – Nationale Rohstoffpolitiken. In: Hilpert HG, Mildner SA (Hrsg) Nationale Alleingänge oder Internationale Kooperation? Stiftung Wissenschaft und Politik, Berlin, S 11–17

Hilson G (2008) 'Fair trade gold': Antecedents, prospects and challenges. Geoforum 39:386–400

Hilson G (2012) Poverty traps in small-scale mining communities: The case of Sub-Saharan Africa. Canadian Journal of Development Studies 33:180–197

Hilson G (2014) 'Constructing' ethical mineral supply chains in Sub-Saharan Africa: The case of Malawian fair trade rubies. Development and Change 45:53–78

Hoenderdaal S, Tercero Espinoza L, Marscheider-Weidemann F, Graus W (2013) Can a dysprosium shortage threaten green energy technologies? Energy 49:344–355

Howlett M, Ramesh M (1995) Studying public policy: Policy cycles and policy subsystems. Oxford University Press, Toronto

Humphreys D (2001) Sustainable development: Can the mining industry afford it? Resources Policy 27:1–7

Humphreys D (2014) The mining industry and the supply of critical minerals. In: Gunn G (Hrsg) Critical metals handbook. Wiley, Chichester, S 20–40

Humphreys M (2005) Natural resources, conflict, and conflict resolution. Uncovering the mechanisms. Journal of Conflict Resolution 49:508–537

Jacobson DM, Turner RK, Challis AAL (1988) A reassessment of the strategic materials question. Resources Policy 14:74–84

Jennings N et al (1999) Social and labour issues in small-scale mines: Report for discussion at the Tripartite Meeting on Social and Labour Issues in Small-scale Mines. ILO, Geneva

Jochem E et al (2004) Werkstoffeffizienz. Einsparpotenziale bei Herstellung und Verwendung energieintensiver Grundstoffe. IRB, Stuttgart

Klöpffer W, Grahl B (2009) Ökobilanz (LCA). Ein Leitfaden für Ausbildung und Beruf. Wiley-VCH, Weinheim

Margni A, Curran MA (2012) Life cycle impact assessment. In: Curran MA (Hrsg) Life cycle assessment handbook. Wiley, Hoboken, S 67–103

Marscheider-Weidemann F, Tercero Espinoza L, Angerer G (2011) Rohstoffe für Zukunftstechnologien. In: Thomé-Kozmiensky KJ, Goldmann D (Hrsg) Recycling und Rohstoffe, Bd. 4. TK Verlag, Neuruppin, S 87–95

Meadows D, Meadows D, Zahn E, Milling P (1972) Die Grenzen des Wachstums. Deutsche Verlagsanstalt, Stuttgart

Mehlum H, Moene K, Torvik R (2006) Institutions and the resource curse. The Economic Journal 116:1–20

Mudd G (2010) The environmental sustainability of mining in Australia: Key mega-trends and looming constraints. Resources Policy 35:98–115

National Intelligence Council (2012) Global trends 2013: Alternative worlds. Report of National Intelligence Council, Washington DC

Newell P, Pattberg P, Schroeder H (2012) Multiactor governance and the environment. Annu Rev Environ Resour 37:365–387

NRC – National Research Council of the National Academies (2008) Minerals, critical minerals and the U.S. economy. Report of National Intelligence Council, Washington DC

Pattberg P (2006) Private governance and the South: Lessons from global forest politics. Third World Quarterly 27:579–593

van der Ploeg F (2011) Natural resources: Curse or blessing? Journal of Economic Literature 49:366–420

Poulton MM, Jagers SC, Linde S, Van Zyl D, Danielson LJ, Matti S (2013) State of the world's nonfuel mineral resources: Supply, demand, and socio-institutional fundamentals. Annu Rev Environ Resour 38:345–371

Ross ML (2004) How do natural resources influence civil war? Evidence from thirteen cases. International Organization 58:35–68

Sachs JD, Warner A (2001) The curse of natural resources. European Economic Review 45:827–838

Tiess G (2009) Rohstoffpolitik in Europa. Bedarf, Ziele, Ansätze. Springer, Wien

Tilton JE (2002) On borrowed time? Assessing the threat of mineral depletion. Report of Resources for the Future, Washington DC

Umweltbundesamt (2010) Policy area: Defining critical raw materials Statement of Federal Environment Agency Germany, Dessau Rosslau, September 9, 2010.

Wagner MG, Franken NM, Melcher F, Vasters J (2007) Zertifizierte Handelsketten im Bereich mineralischer Rohstoffe. Bundesanstalt für Geowissenschaften, Hannover

Wall F (2014) Rare earth elements. In: Gunn G (Hrsg) Critical metals handbook. Wiley, Chichester, S 312–339

Walz R (2009) Ethische Herausforderungen für Umweltökonomen. In: Maring M (Hrsg) Verantwortung in Technik und Ökonomie. Universitätsverlag Karlsruhe, Karlsruhe, S 185–206

Gutes Leben am Rande eines schwarzen Lochs – Entwicklungsextraktivismus, informeller Kleinbergbau und die solidarische Ökonomie

3

Elmar Altvater

3.1 Einleitung

Kann die Ausbeutung von mineralischen, energetischen und landwirtschaftlichen Roh-stoffen eine Strategie für die Zukunft sein und den Weg in eine solidarische Ökonomie, in das „gute Leben" weisen? Eine dumme Frage, sie wäre einem Zeitgenossen in vorin-dustrieller Zeit kaum in den Sinn gekommen. Denn der Lebensunterhalt, die Subsistenz, hing selbstverständlich von der Gewinnung der Lebensmittel durch Jagen und Sammeln und von der Arbeit in der Landwirtschaft und vom Bergbau zur Gewinnung von Bau- und Rohstoffen für die Behausung und für Werkzeuge ab. Das war in der Vergangenheit des vorindustriellen Zeitgenossen so, das war auch in seiner Gegenwart nicht anders, und dürfte auch in der Zukunft so bleiben. Basta.

Seit der fossilindustriellen Revolution in der zweiten Hälfte des 18. Jahrhunderts aber erhält das für vorindustrielle Menschen Unvorstellbare eine neue Perspektive. „Der Wohl-stand der Nationen" (Smith 1976 [Orig. 1776]), das „gute Leben" der Menschen, die Ent-wicklung der Individuen verlangen die Produktion von Industriegütern. Nun erscheinen auch Ökonomen auf der Bildfläche und sie haben auf die dumme Frage zwar intelligente und überraschende Antworten, die freilich den Nachteil haben, komplex, widersprüchlich, ja unversöhnlich zu sein.

Die einen antworten nämlich auf die Frage mit einem klaren Nein. Rohstoffe wer-den zwar für die industrielle Produktion benötigt, der Reichtum der Nationen aber wird in Manufakturen und Industriebetrieben arbeitsteilig und marktvermittelt produziert. Für die Rohstoffproduzenten bleiben allenfalls die Brosamen der Ausbeute aus den Erzminen oder den landwirtschaftlichen Plantagen. Sie können sich auf einen anerkannten Kron-zeugen berufen, nämlich auf Friedrich List, für den der Reichtum der Nationen in der

E. Altvater (✉)
Berlin, Deutschland
email: elmar@gmxpro.net

© Springer-Verlag Berlin Heidelberg 2016
A. Exner et al. (Hrsg.), *Kritische Metalle in der Großen Transformation*,
DOI 10.1007/978-3-662-44839-7_3

Fähigkeit begründet liegt, die Produktivkräfte im Schutze von tarifären und nichttarifären Handelshemmnissen gegen bereits überlegene Konkurrenten zu entwickeln (List 1982 [Orig. 1841]). Sie können auch auf die Wirtschaftsgeschichte und Autoren wie Colin Clark (1940) und Jean Fourastié (1954) verweisen, die eine aufsteigende Entwicklung vom primären Sektor der Rohstoffextraktion zum „sekundären" Sektor der industriellen Produktion und zum tertiären Sektor der Dienstleistungen und der Wissensgesellschaft erkennen wollen. Der Glaube hat Nahrung aus den Erfahrungen des finanzialisierten Kapitalismus der vergangenen Jahrzehnte erhalten, in denen weniger mit Rohstoffextraktion und industrieller Produktion als mit zumeist spekulativen finanziellen Arbitragegeschäften hohe Renditen und daher auch hohe wirtschaftliche Wachstumsraten erzielt werden konnten – und ebenso dramatische Abstürze und Zusammenbrüche erlebt werden mussten. Mit der Extraktion von Rohstoffen ist also kaum etwas zu verdienen und kein Staat zu machen, lautet die erste Antwort.

Linke Regierungen in Bolivien, Ecuador, Venezuela und Brasilien hingegen werden auf die „dumme Frage" eher mit einem eindeutigen „Ja sicher" antworten. Die Extraktion von Rohstoffen führt nicht mehr wie in früheren Zeiten in die ökonomische und dann auch politische Abhängigkeit, sie ist vielmehr eine Möglichkeit, die ökonomische und soziale Entwicklung zu stützen, sofern sie in eine politische Entwicklungsstrategie eingebettet ist, die als „Neoextraktivismus" bezeichnet wird. Rohstoffextraktion kann dann ein Mittel sein, das angestrebte „gute Leben" für alle zu verwirklichen. In Ecuador und Bolivien hat das „gute Leben" Verfassungsrang und die solidarische Ökonomie hat auf der politischen Agenda der linken Regierungen Lateinamerikas höchste Priorität. Die Bildung von Genossenschaften wird gefördert, soziale Selbsthilfeprojekte werden in sog. Brutkästen (*incubadoras*) hochgepäppelt und dann unterstützt, der Kampf gegen Hunger und Armut wird nicht nur rhetorisch, sondern mit konkreten politischen Eingriffen in die Verteilung von Einkommen und Vermögen geführt. Die Einnahmen aus Rohstoffexporten werden zur wirtschaftlichen Entwicklung auch in Richtung „postextraktivistischer" Strukturen einer Industrie- und Wissensgesellschaft umgelenkt. So oder ähnlich lauten zumindest die programmatischen Aussagen der linken Regierungen Lateinamerikas, die neoextraktivistische Strategien verfolgen.

Das ist alles andere als die Fortsetzung kolonialer Ressourcenplünderung, die nur für die industrielle Entwicklung in den kapitalistischen Metropolen gut war. Das ist, wie der bolivianische Vizepräsident Álvaro García Linera ausführt, „Entwicklungsextraktivismus" (Linera 2013). Der Ressourcenreichtum wird, nachdem er auf dem Weltmarkt zu Devisen gemacht worden ist, in die Entwicklung einer modernen industriellen und postindustriellen Ökonomie investiert – gerade um die Abhängigkeit von der Rohstoffextraktion zu überwinden. Dass dies möglich ist, haben Saudi-Arabien oder einige Golf-Scheichtümer gezeigt, deren Einnahmen zum großen Teil nicht mehr aus Ölexporten, sondern von Renditen aus Kapitalanlagen und dem Export von Dienstleistungen (Tourismus, Medien, Flugverkehr etc.) stammen. Also müsste es auch möglich sein, die Bedingungen für das angestrebte *buen vivir* (das „gute, das erfüllte Leben") in einer sozial ausgeglichenen Gesellschaft und im Einklang mit den Naturbedingungen zu schaffen. Der Silberberg von Potosí (der Cerro Rico), das Symbol des geplünderten Naturreichtums Lateinamerikas, füllt nicht mehr die Schatzkammern der spanischen Herrscher und finanziert nicht mehr auf Umwegen die ursprüngliche Akkumulation des britischen Kapitals. Er dient dazu, das Land (in diesem Fall Bolivien) auf eigene Beine zu stellen. Die Kräfte des Fortschritts würden gestärkt – gegen Konservative im Innern und gegen mächtige ökonomische Kräfte, die multinationalen Unternehmen und die global operierenden Banken auf dem Weltmarkt, gegen die imperialen Mächte. Das ist eine optimistische Antwort auf die „dumme Frage".

3.2 Rohstoffreichtum mit Risiken und Nebenwirkungen

„Unter Extraktivismus", so schreibt Maristella Svampa (2012, S. 14), „ist jenes Akkumulationsmodell zu verstehen, das auf einer übermäßigen Ausbeutung immer knapper werdender, meist nicht erneuerbarer, natürlicher Ressourcen beruht, sowie auf der Ausdehnung dieses Prozesses auch auf Territorien, die bislang als ‚unproduktiv' galten." Sie werden aus dem unproduktiven Zustand in den der „Produktivität" befördert, sie werden also „in Wert gesetzt". Inwertsetzung von Rohstoffreserven durch deren Plünderung ist eine Methode, die in großem Stil und während vieler Jahrhunderte praktiziert wurde und wird und viele rohstoffreiche Länder wenig entwickelt und verarmt zurückgelassen hat. Und mehr noch: Der Rohstoffreichtum ist ein öffentliches oder ein Gemeinschafts-, ein Allmendegut. Im Zuge der Extraktion wird daraus „Naturkapital", über das die Eigentümer verfügen und alle anderen nicht. Rohstoffreserven, eine Ölquelle oder bebaubares Land werden angeeignet, mit Eigentumstiteln versehen, die verhindern, dass sie frei zugänglich sind. Auf diese Weise (im Wortsinn) „eigentümlich" gewordene Naturressourcen werden zu „Naturkapital", das sich verwerten muss. Die Inwertsetzung der Natur findet einen Abschluss in der Verwertung von Kapital. Das neu gebildete Kapital etabliert oder stärkt ein gesellschaftliches Verhältnis, in dem die einen über einen Zuwachs des Reichtums verfügen, die anderen davon aber – als NichteigentümerInnen der in Wert gesetzten Natur – ausgeschlossen sind. Sie müssen sich als Lohnabhängige verdingen, in den Rohstoffminen, auf den Großplantagen, in den mit dem Rohstoffboom entstehenden urbanen Ballungsgebieten. Die Arbeits- und Lebensbedingungen sind in aller Regel informell (vgl. dazu Altvater und Mahnkopf 2002) und häufig prekär und künden von anderem als von Fortschritt auf dem Weg ins „gute Leben". Das Recht auf Aneignung erlaubt die Akkumulation von Reichtum auf der einen mit der Folge der Zunahme von Armut auf der anderen Seite. Das ist keine gute Grundlage für eine ökonomisch und sozial ausgeglichene, für eine solidarische Entwicklung, für das gute und erfüllte Leben.

Auf unregulierten Märkten kommt noch hinzu, dass Rohstoffe, die nicht im Land selbst verarbeitet, sondern als Massengüter exportiert werden, in aller Regel eine Aufwertung der Währung zur Folge haben. Importierte Industrieprodukte werden dann billiger und die heimischen verarbeitenden Wirtschaftszweige verlieren an Wettbewerbsfähigkeit. Im ungünstigsten Fall werden sie vom Markt verdrängt. Devisen zur Bezahlung der

Importe können dann nur noch mit Rohstoffexporten verdient werden, und das führt unweigerlich in monostrukturelle Abhängigkeit und zum Verlust der Souveränität (vgl. die klassische Analyse von Harold Innis 1995 für Kanada; Gudynas 2013 für Lateinamerika; auch Bruckmann 2011, S. 197; Übersicht zu Dependenztheorien Boeckh 1993). Auf dem inneren Markt ist der Sog der Rohstoffe so groß, dass Arbeitskräfte wegen höherer Löhne und Anlage suchendes Kapital wegen höherer Profitraten in den Rohstoffsektor gelenkt werden und wirtschaftliche Entwicklung durch Industrialisierung nicht zustande kommen kann. Die Investitionen in den Industriesektoren lohnen sich nicht. Die Strategie des Neo- oder Entwicklungsextraktivismus ist zum Scheitern verurteilt.

Auf dem Weltmarkt haben sich die Austauschverhältnisse zwischen Rohstoffen und Industriegütern (*terms of trade*) säkular für die Rohstoffanbieter verschlechtert, und zwar – unter Berücksichtigung zyklischer Schwankungen – im Verlauf des gesamten 20. Jahrhunderts. In vielen Fällen ist die Ausbeutung des Rohstoffreichtums nichts anderes als Plünderung und Verwandlung der reichen Rohstofflager (hier: Lateinamerikas) in den „Wohlstand der Nationen" der metropolitanen Kolonialmächte aus Europa oder Nordamerika. Zu den „in Wert gesetzten", d. h. in Waren verwandelten und auf dem Weltmarkt verkauften mineralischen Rohstoffen sind sehr bald auch agrarische und forstwirtschaftliche Produkte wie Korn, Fleisch, Nüsse und pharmazeutische Pflanzen sowie Kautschuk und natürlich tropisches Edelholz hinzugekommen. Seit dem Beginn des Ölzeitalters sind auch die Ölländer vom *oil curse* (vom „Fluch des Öls") betroffen, in Lateinamerika in erster Linie Venezuela, Mexiko und Ecuador (zu Venezuela s. Burchardt 2005). Der Ölreichtum füllte bei der Vermarktung auf dem Weltmarkt zwar die Kassen der Ölkonzerne, konnte aber nicht in Wohlstand für die Bevölkerung umgesetzt werden: Zurück blieben eine ölverseuchte Umwelt, Mondlandschaften, wo einst artenreiche Regenwälder wuchsen, kontaminiertes Gelände, auf dem Menschen, wenn sie dort leben müssen, krank werden – ein schwarzes Loch. Das schrieb der brasilianische Autor Euclides da Cunha schon zu Beginn des 20. Jahrhunderts über die Eisenerzminen von Minas Gerais in seiner großen Erzählung über den Krieg im Sertão (da Cunha 1994 [Orig. 1902]). Der weltgrößte Kupfertagebau in Chuquicamata in der chilenischen Atacama-Wüste in 2800 m Höhe besteht aus einem 1250 m tiefem Loch, das 3,5 km breit und 4,5 km lang ist (vgl. Burghardt 2013). Und die „blühenden Landschaften" der lateinamerikanischen Tropen oder Hochgebirge werden in eintönige und langweilige Plantagen zur Warenproduktion von Zuckerrohr, Orangen oder Soja verwandelt.

Dass Minengesellschaften zur Plünderung mineralischer Rohstoffe oder Großgrundbesitzer beim plantagenförmigen Anbau landwirtschaftlicher Rohstoffe politische und militärische Macht einsetzen, manchmal brutale Gewalt ausüben und immer Geld zur kleinen und großen Korruption (*petty and grand corruption*) spielen lassen können, ist eine Erfahrung in allen Rohstoffländern. Auch die Staatseinnahmen (Steuern und Royalties) stammen zu einem sehr großen Teil aus dem Rohstoffsektor, der zumeist von großen transnationalen Konzernen und Finanzinstituten beherrscht wird. Große Öl- und Bergbaukonzerne verhalten sich dann wie ein Staat im Staate. Beispiele sind die mexikanische Pemex, die venezolanische PDVSA oder die brasilianische Petrobras und die großen Minengesellschaften, die zeitweise einflussreicher als ihre Regierungen waren. Die Abhängigkeit der Politik von ökonomischer Macht ist ein sicheres Einfallstor für Korruption und andere Formen von *bad governance*, die dann zum Hindernis einer gesellschaftlichen Modernisierung wird. Das war während der lateinamerikanischen Militärdiktaturen in den 1960er- bis 1980er-Jahren das ökonomische Fundament des von Guillermo O'Donnell (1979) beschriebenen „bürokratisch-autoritären Staates".

Inzwischen sind auch nichtkonventionelle Agrarprodukte wie Blumen, tropische Früchte, exotische Tiere, moderne pharmazeutische Produkte im Angebot. In jüngster Zeit richtet sich die Nachfrage auch auf Seltenerdmetalle, ohne die eine grüne Ökonomie der Zukunft nicht funktionieren könnte. Davon gibt es in Lateinamerika genug, darunter Lithium, das in den Salzseen der Anden (Salares) von Bolivien bis Argentinien und Chile gefördert wird (s. Kap. 10). Aus Lithium werden die Batterien der Elektromobilität gebaut. Das Öl geht aus. Dies wohl wissend investieren die ölreichen und zugleich finanziell flüssigen Vereinigten Arabischen Emirate in Daimler-Elektroautos, die aber nur laufen, wenn Lithium-Ionen-Batterien zur Verfügung stehen. Das ist die Chance für Lateinamerikas Neoextraktivismus (vgl. Emcke und Uchatius 2010).

Allerdings ist die Lithium-Extraktion nicht die einzige Perspektive neoextraktivistischer Strategien. Der erneuerbare Treibstoff wird auch aus Biomasse gewonnen, aus Zuckerrohr, Soja, Mais, Palmöl etc. Für den Anbau der Energiepflanzen wird sehr viel Land benötigt, das sich inzwischen die großen Konzerne in großem Stil aneignen: *landgrabbing* und *accumulation by dispossession*. Das funktioniert nur, so Gudynas (2013) und viele andere (Exner 2013; Fritz 2009), auf nichtdemokratische, häufig gewaltsame Weise, mit Hilfe politischen, polizeilichen und militärischen Zwangs. Um diese Form der Extraktion schärfer zu kennzeichnen, verwendet Gudynas den Begriff der *extrahección*. Das ist ein rücksichtsloser Extraktivismus, durch den die Natur und gesellschaftliche Systeme zerstört werden. Man kann die Ressourcen aus ihrer Umwelt entfernen und auf entfernte Märkte zur Verwertung exportieren (*extracción*). Man kann aber auch die natürliche Umwelt (durch deren Zerstörung) entfernen, um die in Wert zu setzende Ressource am Ort frei von störendem Beiwerk ausbeuten zu können (*extrahección*). Das sind also verschiedene Formen der Inwertsetzung von natürlichen Ressourcen (vgl. systematisch dazu Altvater und Mahnkopf 2004, S. 124 ff.).

3.3   In- und Unwertsetzung

Inwertsetzung heißt immer, dass natürliche Ressourcen aus Naturräumen in die Welt der Werte transponiert und in die inzwischen globalisierten Prozesse der Verwertung einbezogen werden. Doch dabei kann sich der Naturraum als ein gegenüber der ökonomischen Inwertsetzung höchst widerständiges soziales und ökologisches Feld herausstellen. Auf diesem sprießen einerseits immer neue Mythen von enormen Reichtümern eines Eldorado und stellen sich andererseits die in Wert gesetzten Naturreichtümer immer wieder (für die Inwertsetzer frustrierend) als Unwerte heraus. Die Inwertsetzung endet als Unwertsetzung, wenn mineralische und energetische Rohstoffe aus der Erdkruste gefördert werden und nur ein schwarzes Loch, tote Stollen und einstürzende Hohlräume von dem einstigen Ressourcenreichtum zeugen. Wenn agrarische Rohstoffe angebaut werden müssen, ist Konkurrenz um die Fläche unausweichlich. Wenn diese zum Nutzungskonflikt ausartet, ist es nicht gewährleistet, dass der Inwertsetzungszyklus erfolgreich mit der Verwandlung der in Wert gesetzten Ressourcen in Geld abgeschlossen werden kann.

Ein faszinierendes Beispiel ist der Kautschukboom in Amazonien zu Beginn des 20. Jahrhunderts, weil die prekäre Artikulation von industriell-fordistischer Arbeitsteilung in einer entwickelten Produktionsökonomie und Inwertsetzung durch Rohstoffausbeutung in einer wenig entwickelten Extraktionsökonomie besonders deutlich hervortritt. Der Kautschuk sollte nicht mehr wie seit Jahrhunderten von Kautschuksammlern (*seringueiros*) von den vereinzelt im Wald stehenden Kautschukbäumen gezapft, sondern in rationeller Plantagenwirtschaft erzeugt werden. Also schuf Henry Ford in Amazonien am Ostufer des Rio Tapajós, etwa 150 km von Santarém flussaufwärts eine Plantage, auf der Kautschuk mit „fordistischer Rationalität" für die Produktion von Reifen für die fordistisch am Fließband in Detroit produzierten Ford-Automobile gewonnen werden sollte (vgl. dazu die ausführliche Darstellung von Grandin 2009).

Fordlândia, wie die fordistische Enklave in Amazonien getauft wurde, wird paradigmatisch für einen fast zwei Jahrzehnte währenden Konflikt zwischen ökonomischer, fordistischer Effizienz und ökologischer, amazonischer Redundanz. Die Effizienz wird vor allem betriebswirtschaftlich verstanden. Der Kautschuk aus Fordlândia wird zu administrierten Verrechnungspreisen, nicht zu Weltmarktpreisen geliefert. Das war betriebswirtschaftlich rational, weil höhere Profite erzielt werden konnten. Doch haben bei der Übertragung der fordistischen Betriebsweise und ihrer Prinzipien in den amazonischen Naturraum Ford und seine Ingenieure nicht berücksichtigt, dass auch eine ökonomisch rationelle Monokultur gleich welcher landwirtschaftlicher Produkte sowohl für die Arbeitskraft als auch für die Natur schädlich ist. Das zeigt sich auch in Fordlândia. Eduardo Sguiglia (2002) beschreibt, dass und wie die angeheuerten indigenen Arbeitskräfte aus den fordistisch geplanten Arbeitsverhältnissen fliehen, so wie sie es schon in der gesamten Kolonialgeschichte getan haben, wenn sie sich der gnadenlosen Rationalität europäischer Welteroberer entziehen mussten, um überleben zu können. Davon zeugen die vielen Aufstände, die Bildung von Republiken der geflüchteten Sklaven oder indigenen Einwohner (*quilombos*), die sich manchmal eine geraume Zeit gegen die private und die staatliche Gewalt behaupten können.

Also wurden in Fordlândia die indigenen Arbeitskräfte gegen Afroamerikaner aus der Karibik ausgetauscht. Sie konnten zwar die Stellen der entflohenen indigenen Arbeitskräfte einnehmen. Doch konnten die Afroamerikaner sich weder mit dem amazonischen Klima noch mit dem fordistischen Arbeitsregime anfreunden (vgl. Grandin 2009, S. 4). Obendrein waren die monokulturellen Kautschukplantagen gegen Schädlingsbefall nicht widerstandsfähig; die Kautschukerträge blieben hinter den Erwartungen und Planungen weit zurück. Die regelmäßige und mengenmäßig ausreichende Versorgung der US-Fabriken Henry Fords mit Kautschuk wurde also nicht besser. Die Aufgabe der ökologischen und sozialen Redundanz zugunsten einer abstrakt kalkulierten Effizienzstrategie endete in einem Debakel. Am Schluss obsiegte der Regenwald gegen die plantagenförmige Massenproduktion. Weder *extracción* noch *extrahección* hatten gegen den Urwald eine Chance, so sehr sie ihn auch plantagenförmig in die rationale Ordnung des Fordismus zu zwingen versuchten.

Eine nicht naturgemäße, sondern der industriellen Logik folgende Plantagenwirtschaft verlangt auch industrielle, nicht den sozialen Traditionen von Arbeit und Leben in einer bestimmten Umwelt angepasste Arbeitsbeziehungen, die passiven und aktiven Widerstand auslösen, wenn sie nicht gar tödlich sind. Eine solidarische Ökonomie und die Beachtung der Bedingungen von „gutem Leben" wären wohl auch effizienter gewesen als eine industrialisierte Plantagenwirtschaft im Dienst fordistischer Automobilproduktion.

3.4 Neoextraktivismus

Auch im 21. Jahrhundert ist der Rohstoffreichtum die Grundlage der ökonomischen Entwicklungsstrategien vieler Länder in Lateinamerika, Afrika und Asien (zu den Naturressourcen in Lateinamerika und in der Karibik vgl. Sinnott et al. 2011). Das liegt zu einem guten Teil daran, dass sich im Unterschied zum 20. Jahrhundert die *terms of trade* (die realen Austauschverhältnisse) zwischen Rohstoffen und Industriewaren zugunsten der Rohstoffproduzenten verändert haben. Dies ist einem strukturellen Wandel geschuldet, also nicht bloß konjunkturelle und daher vorübergehende Erscheinung. Denn erstens steigt die Nachfrage nach Rohstoffen, weil im Zuge der ökonomischen Globalisierung auch ressourcenintensive Lebensstile und Produktionsmuster globalisiert werden und neuindustrialisierte, bevölkerungsreiche Länder wie China, Indien und Brasilien als Nachfrager auftreten. Die Nachfragekurve steigt also, während die Angebotskurve der gleichen Rohstoffe zurückbleibt. Denn viele Rohstofflager gehen bereits zur Neige, auch wenn immer wieder neue Reserven gefunden werden. Doch insgesamt muss davon ausgegangen werden, dass der Höhepunkt (*peak*) der Rohstoffförderung erreicht und bei einer ganzen Reihe von Stoffen überschritten ist. Die sich öffnende Lücke zwischen Nachfrage und Angebot hat unweigerlich einen tendenziellen Anstieg der Rohstoffpreise zur Folge.

Zwar ist die Macht der Rohstoffunternehmen groß, doch die Regierungen vieler Rohstoffländer sind inzwischen selbstbewusster geworden. Im Unterschied zum traditionellen Extraktivismus werden nun die (Devisen-)Einnahmen nicht von den Konzernen eingestrichen, sondern für sozialpolitische Zwecke umverteilt. Mindestlöhne werden eingeführt, die Alterssicherung wird verbessert, die Schulbildung gefördert, Universitäten werden errichtet, Nachbarschafts- und Stadtteilgruppen finanziert, Genossenschaften auf dem Lande subventioniert, öffentliche Dienste wiederbelebt, privatisierte öffentliche Güter rekommunalisiert oder nationalisiert (vgl. FDCL und Rosa-Luxemburg-Stiftung 2012). Neoextraktivismus lohnt sich, die Extraktion von mineralischen und energetischen Rohstoffen und der Anbau agrarischer Produkte scheinen sich aus einem Fluch in einen Segen gewandelt zu haben.

Der Rohstoffreichtum wird aber auch zur Finanzierung von *grandes eventos*, z. B. der Fußballweltmeisterschaft in Brasilien 2014 oder der Olympischen Spiele in Rio de Janeiro im Jahre 2016 umgeleitet. Für soziale Projekte, für den Ausbau des unterfinanzierten Bildungssystems oder für die Gesundheit fehlt dann trotz des Rohstoffreichtums das Geld. Dafür müssten noch mehr Rohstoffe extrahiert und auf dem Weltmarkt verkauft werden, oder die Preise müssen erhöht werden. Dies dürfte aber nur unter besonderen Bedingungen möglich sein, oder die Mittel für die sozialen Projekte, die das Aushängeschild des Neoextraktivismus sind, werden gekürzt oder die Großereignisse werden kleiner zugeschnitten. Dann besteht aber die Gefahr, dass die Balance von „Brot und Spielen" gestört wird und die Bedingungen des sozialen Konsenses in der Gesellschaft erodieren.

Ob eine neoextraktivistische Strategie also entwicklungspolitische Spielräume weitet, hängt nicht nur von den Preissteigerungen der Rohstoffe, der Kursentwicklung von Währungen, den Zinssätzen auf globalisierten Finanzmärkten ab, sondern auch von der Verteilung der Einkommen und Vermögen und von der Gestaltung des gesellschaftlichen Verhältnisses der Menschen zur Natur.

Bei der Transformation von Energien und Stoffen im Produktionsprozess entstehen nicht nur nützliche Gebrauchswerte, die sich als Waren auf dem Weltmarkt zu Geld machen lassen, zumal wenn hohe Preise erzielt werden können. Bei steigenden realen Austauschverhältnissen fällt die Finanzierung der nationalen Entwicklung leichter. Wenn dies linke Regierungen steuern können, werden auch soziale Projekte, die Minderung der Armut (in Brasilien z. B. das Programm der Lula-Regierung *fome zero* – null Hunger), mehr Bildung und ein verbessertes Gesundheitssystem zum Entwicklungsprogramm gehören. Aber auch dem Mangel ist Rechnung zu tragen. An die Stelle der fossilen Energieträger müssen, wenn diese zur Mangelware werden, erneuerbare Agroenergien treten – bevor sich herausstellt, dass die im fossilen Zeitalter ausgebildeten ökonomischen, sozialen und politischen Strukturen und Verhältnisse mit dem Wechsel der Energiequelle auch geändert werden müssen. Dem Mangel kann also in den Strukturen der fossilen Welt nicht einfach begegnet werden. Ein „grüner Kapitalismus" oder „grünes Wachstum" können als Versuche interpretiert werden, nur die Energiequellen auszutauschen und Effizienzverbesserungen zu realisieren, nicht aber die sozialen und politischen Transformationen von Produktions- und Lebensweisen einzuleiten, die für eine Energie- und Rohstoffwende notwendig sind. Ist der „Sozialismus des 21. Jahrhunderts" daher nicht möglicherweise mehr als eine Idee, nämlich eine Notwendigkeit, der man sich auf die Dauer nicht entziehen kann? Ist es angesichts der naturgesetzlichen Begrenztheit aller Rohstoffe und angesichts der ökologischen und daher auch sozialen Begleiterscheinungen, ein linkes, auf lange Sicht konzipiertes Sozialismusprojekt, auf neoextraktivistischen Strategien zu gründen? Ist so das „gute Leben" (*buen vivir*) erreichbar? Die Frage ist nicht nur berechtigt, sie ist notwendig, und sie wird in Lateinamerika von vielen WissenschaftlerInnen, sozialen Bewegungen und PolitikerInnen gestellt.

3.5   Informeller Kleinbergbau folgt maschinell ausgebeuteten Minen

Man kann eine Zeitlang aus dem Vollen schöpfen, aber unvermeidlich schwindet mit der Ausbeutung der Minen, der Erschöpfung der Böden und der Degradierung der Gewässer die Basis der neoextraktivistischen Strategie dahin – vielleicht nicht in Monaten und Jahren, aber doch in Jahrzehnten. Spätestens die nachfolgenden Generationen werden diese Erfahrung machen und müssen auf den Neoextraktivismus pfeifen, weil nichts mehr da ist, das extrahiert werden könnte. Deshalb ist es erstens entscheidend, dass in der Zeit der Ausbeutung der Bodenschätze alles getan wird, um eine neue, nichtextraktivistische Basis der wirtschaftlichen Entwicklung zu errichten. Das ist die Herausforderung, auf die Álvaro García Linera verweist.

Es ist aber auch das Schicksal von Rohstoffen, entropisch gemischt als Abfall, Abluft, Abwasser in den Sphären des Planeten Erde zu landen: das CO_2 in der Atmosphäre, das Plastik tonnenweise in den Ozeanen, viel Abfall auf den Straßen der *global cities* und die Masse des Abraums bei der Rohstoffextraktion in den Flüssen, Seen und Wäldern und manchmal am Rand der Siedlungen in den Rohstoffländern selbst.

An diesem globalisierten Prozess der nutzlosen, ja schädlichen Diffusion bzw. Dissipation der Begleitprodukte der Extraktion sind nicht nur die Extraktionsökonomien, sondern mehr noch die metropolitanen Produktionsökonomien und das global operierende Finanzkapital beteiligt, das mit Entwicklung und Handel von Wertpapieren die Richtung der Akkumulation auch von Extraktionsökonomien bestimmt. Deshalb der Aufschrei: nachhaltig soll die Extraktion erfolgen. Doch leichter gesagt als getan, und ohne einen Paradigmenwechsel in den Kernländern des globalisierten Kapitalismus lässt sich da wenig erreichen.

Rohstoffextraktion ist der typische Fall von Kuppelproduktion, d. h., bei der Gewinnung von Rohstoffen entstehen immer mehrere Erzeugnisse. Ihre Resultate werden mit der Eisenbahn oder auf schweren Lastwagen zum nächsten Hafen transportiert. Sie sind aber auch in Gestalt von Abraumhalden, Schlammseen, abgetragener Waldbedeckung, weggesprengten Bergkuppen, als schwarze Löcher also, zu besichtigen. Sie liefern die Bilder des Entropieanstiegs, die Gesetze der thermodynamischen Physik formulieren die theoretische Begründung: Es ist physikalisch unmöglich, nur Gold, Eisen, Bauxit oder Lithium zu extrahieren, nur Petroleum zu pumpen oder Mais anzubauen. Es wird immer auch Abraum und Abfall produziert und zumeist werden chemische Veränderungen an der natürlichen Umwelt vorgenommen, sodass ein toxischer Mix entsteht. Beim Goldwaschen wird Quecksilber eingesetzt, die Bauxitextraktion und die Erzeugung von Aluminium hinterlassen giftigen Rotschlamm, beim Fracking von Gas und Öl wird ein Cocktail von chemischen Substanzen in Boden und Gewässer injiziert. Auch Treibhausgase entstehen bei dem zur Extraktion notwendigen Energieeinsatz.

Man kann aus einem Aquarium Fischsuppe machen, doch aus Fischsuppe kein Aquarium, heißt es in einem polnischen Sprichwort. Der Extraktivismus funktioniert nur in eine Richtung, als Strategie ist er Wegweiser auf einer Einbahnstraße. Und diese wird schmaler und holpriger und sie führt steil aufwärts auf einen *peak everything*, je länger man ihr folgt.

Allerdings gibt es einen Ausweg. Der „geplünderte Planet", wie der für den Club of Rome von Ugo Bardi verfasste Report (Bardi 2013) überschrieben ist, wird erneut zum Gegenstand moderner Rohstoffextraktion, sozusagen in einem Secondhand-Extraktivismus. Das ist eigentlich nichts Besonderes. In den Zeiten der Not, nach dem Krieg, wurden die bereits großflächig abgeernteten Felder auch hierzulande „gestoppelt", d. h. höchst arbeitsintensiv nochmals nachgeerntet, zumeist von Frauen, um die hungrigen Mäuler ihrer Kinder mit den Resten der Ernte zu füttern. Die Erntemaschinen hatten den Acker verlassen, sogar die Pferdewagen waren abgezogen. Das Feld war frei für buddelnde Hände, häufig auch für Kinderhände.

Heute werden viele Minen zwar maschinell ausgebeutet, aber nicht leer hinterlassen. Für große Bergbaukonzerne ist die saubere Hinterlassenschaft einer Mine viel zu teuer. Das ist die Chance für den „Kleinbergbau". Der Cerro Rico von Potosí in Bolivien ist schon mehrmals in seiner Geschichte umgegraben worden, und in Carajás im brasilianischen Pará hat die *pequena mineração* Konjunktur. Das sind Hinweise darauf, dass die Prognose des Club of Rome einigermaßen realistisch ist: Nach dem Ende der „konventionellen" Ressourcen werden die verlassenen Bergwerke und Müllhalden auf nichtkonventionelle Weise nach übrig gelassenen Ressourcen durchwühlt. Die Bergleute der Zukunft, das sind die MüllsammlerInnen von heute. Der Neoextraktivismus bekommt nun auf einmal eine ganz neue, entwicklungsstrategisch relevante Bedeutung.

Hier kommt unvermeidlich die soziale Frage zur Geltung. Denn die Arbeitsverhältnisse in der nichtkonventionellen Extraktion sind in aller Regel ebenfalls „nichtkonventionell". In den Kleinbergwerken sind sie zumeist informell, sie sind prekär: Leiharbeit, Subkontrakte, gewerkschaftsfrei, scheinselbständig, ungeschützt. Der Neoextraktivismus unter den Bedingungen von *peak everything* wirft viele ökologische Fragen auf, die unbedingt Beachtung finden müssen: die Energiekrise, die Versorgung mit seltenen Erden und anderen Metallen, die Verschmutzung, insbesondere der drohende Klimakollaps.

Doch befinden sich ebenso viele soziale Fragen auf der Agenda. Denn der Neoextraktivismus folgt einer Entwicklungsbahn, die mit der Ressourcenausbeutung nicht nur die Natur, sondern auch die sozialen Verhältnisse, die Arbeitsbedingungen verändert, und zwar in aller Regel nicht zum Besseren. Die Ressourcenausbeutung und die damit unweigerlich einhergehende Umweltverschmutzung haben also soziale Begleiterscheinungen, die in einer neoextraktivistischen Strategie berücksichtigt werden müssen, wenn das „gute Leben" als Ziel nicht aus dem Blickfeld geraten soll.

3.6 Das „gute Leben" in solidarischer Ökonomie

Das Konzept des „guten Lebens" könnte eine Antwort auf die Unzulänglichkeiten sein, die auch eine neoextraktivistische Strategie kennzeichnen, wie vor allem Gudynas (2013) und Svampa (2012) feststellen. Im „guten Leben" geht es um Solidarität und Kooperation gegen die Konkurrenz des Marktes im gesellschaftlichen Zusammenleben. *Sumak kawsay*, das „gute Leben" in „Vielfalt und Eintracht mit der Natur" (so in der Präambel der ecuadorianischen Verfassung von 2008; s. Cortez 2012), ist ein Versuch, die Plünderung des Ressourcenreichtums des Kontinents, die Ausbeutung der Menschen, die Respektlosigkeit gegenüber den indigenen Traditionen, die Missachtung der politischen Souveränität durch die imperialistischen Mächte in den vergangenen Jahrhunderten bis in unsere Tage zu beenden. Die Natur wird als eigenständige Rechtsperson verstanden. Das ist ein Bruch mit der abendländischen Tradition, in der die Menschen sich die Natur untertan machen. Das *buen vivir* ist also umfassender als das „gute Leben" bei Aristoteles (vgl. die Interpretation von Fatheuer 2011).

Dieses Verständnis von Mensch und Natur hat praktische Auswirkungen. Die Natur ist als Rechtssubjekt kein Produktionsfaktor wie in der Tradition der ökonomischen Theorien. Sie kann daher nicht als „Naturkapital" missverstanden werden. Die Rechte beispielsweise von Unternehmen an der Ausbeutung von Ressourcen enden gemäß der Verfassung des *buen vivir* an den Rechten der Natur – jedenfalls im Prinzip. Dieses Verständnis des Mensch-Natur-Verhältnisses überschreitet das rationalistisch geprägte und dann im Kapitalismus in globalisierter Praxis realisierte Modell der Herrschaft über die Natur, der ununterbrochenen Inwertsetzung von Naturressourcen, der Verwandlung von Naturreichtümern aller Menschen in die individualisierbaren und in Geld gemessenen und auf dem Markt transferierbaren ökonomischen Wohlstand Einzelner (Easterlin 1998), die damit glücklich werden können – oder auch nicht.

Die Natur mit ihren Rechten, die man ja als Begrenzungen des menschlichen Handelns interpretieren kann, muss respektiert werden. Die Grenzen des Umweltraums, die *planetary boundaries*, der zu große ökologische Fußabdruck lassen keine andere Wahl. Die Gesetze der Evolution oder die thermodynamischen Hauptsätze, die Mengenbeschränkungen bei erschöpflichen Ressourcen oder die Schwellenwerte für toxische Substanzen sind wie Fallgruben, in die man unweigerlich gerät, wenn die Bedingungen des *buen vivir* nicht eingehalten werden. Das „gute Leben" gibt es nicht in einem utopischen Schlaraffenland, es wird nicht erst in einem sphärischen Nirwana Wirklichkeit, das würde nämlich nie geschehen. Es ist vielmehr ein Modus des rationalen Umgangs mit natürlichen, gesellschaftlichen, ökonomischen und kulturellen Restriktionen. In der kapitalistischen Erwerbsgesellschaft wird der rationale Umgang als Respektierung der aus Knappheit abgeleiteten ökonomischen Marktgesetze definiert, und dies auf den Begriff gebracht zu haben, ist die Leistung der modernen Ökonomie seit den Klassikern der politischen Ökonomie. Die für das „gute Leben" unverzichtbaren moralischen Ressourcen von Ökonomie und Gesellschaft werden nur gering geschätzt oder gänzlich missachtet. Diese Arroganz gegenüber der Natur hat den „ökologischen Fußabdruck" überdimensional wachsen lassen.

Nach der *bonanza* der jahrhundertelangen Rohstoffplünderung, der Vermüllung des Planeten und aufgrund der Erfahrungen der Unwertsetzung ist *buen vivir* eine Form des sozialökologischen und daher mündigen, aufgeklärten Umgangs mit dem selbst zu verantwortenden Mangel. Dabei sind einige lateinamerikanische Gesellschaften weiter als der Rest der Welt.

Literatur

Altvater E, Mahnkopf B (2002) Globalisierung der Unsicherheit – Arbeit im Schatten, schmutziges Geld und informelle Politik. Westfälisches Dampfboot, Münster

Altvater E, Mahnkopf B (2004) Grenzen der Globalisierung. Ökonomie, Politik, Ökologie in der Weltgesellschaft, 6. Aufl. Westfälisches Dampfboot, Münster

Bardi U (2013) Der geplünderte Planet. Die Zukunft des Menschen im Zeitalter schwindender Ressourcen. Oekom, München

Boeckh A (1993) Dependencia-Theorien. In: Nohlen D (Hrsg) Lexikon Dritte Welt. Vollständig überarbeitete Neuausgabe. Rowohlt Taschenbuch, Reinbek

Bruckmann M (2011) Recursos naturais e a geopolítica da integração sul-americana. In: Viana AR, Barros PS, Calixtre AB (Hrsg) Governança Global e Integração da América do Sul. IPEA, Brasília, S 197–246

Burchardt HJ (2005) Die Wirtschaftspolitik des Bolivarianismo – Von der holländischen zur venezolanischen Krankheit? In: Sevilla R, Boeckh A (Hrsg) Venezuela: Die bolivarische Republik. Horlemann, Bad Honeff, S 173–189

Burghardt P (2013) Schätze, die zum Teufel gehen. Süddeutsche Zeitung 25.1.2013

Clark C (1940) The conditions of economic progress. Macmillan, London

Cortez D, Wagner H (2012) Zur Genealogie des „indigenen ‚Guten Lebens'" („Sumak Kawsay") in Ecuador. In: Gabriel L, Berger H (Hrsg) Lateinamerikas Demokratien im Umbruch. Mandelbaum, Wien, S 167–200

da Cunha E (1994) Krieg im Sertão. Suhrkamp, Frankfurt am Main (Orig. 1902)

Easterlin RA (1998) Growth triumphant. The twenty-first century in historical perspective. Chicago University Press, Ann Arbor

Emcke C, Uchatius W (2010) Der Schatz im Salzsee. Zeit Online. www.zeit.de (Erstellt: 25. 05. 2010). Zugegriffen: 25.11.2014

Exner A (2013) The new land grab at the frontiers of the fossil energy regime. In: Exner A, Zittel W, Fleissner P, Kranzl L (Hrsg) Land and resource scarcity. Capitalism, struggle and well-being in a world without fossil fuels. Routledge, London, S 119–162

Fatheuer T (2011) Buen Vivir. Eine kurze Einführung in Lateinamerikas neue Konzepte zum guten Leben und zu den Rechten der Natur Ökologie, Bd. 17. Heinrich Böll Stiftung, Berlin

FDCL – Forschungs- und Dokumentationszentrum Chile-Lateinamerika, Rosa-Luxemburg-Stiftung (2012) Forschungs- und Dokumentationszentrum Chile-Lateinamerika: Der Neue Extraktivismus. Eine Debatte über die Grenzen des Rohstoffmodells in Lateinamerika. FDCL-Verlag, Berlin

Fourastié J (1954) Die große Hoffnung des 20. Jahrhunderts. Bund-Verlag, Köln

Fritz T (2009) Peak Soil. Die globale Jagd nach Land. FDCL-Verlag, Berlin

Grandin G (2009) Fordlândia – The rise and fall of Henry Ford's forgotten jungle city. Icon Books, New York

Gudynas E (2013) Extracciones, extractivismos y extrahecciones. Un marco conceptual sobre la apropiación de recursos naturales. Centro Latino Americano de Ecologia Social, Observatorio del desarrollo, Nr. 18, Febrero 2013

Innis H (1995) Staples, markets, and cultural change: Selected essays Innis Centenary Series. McGIll-Queen's University Press, Montreal (Daniel D (Hrsg))

Linera ÁG (2013) Once again on so-called „extractivism". Monthly Review Online 2013. (Deutsch: Der sogenannte Extraktivismus. Sand im Getriebe 104. http://www.attac.de/uploads/media/sig_ 104.pdf. Zugegriffen 25.11.2014). mrzine.monthlyreview. org/2013/gl290413.html. Zugegriffen: 25.11.2014

List F (1982) Das nationale System der Politischen Ökonomie. Akademie-Verlag, Berlin (Orig. 1841)

Marx K (1970) Das Kapital, Erster Band Marx-Engels-Werke, Bd. 23. Dietz Verlag, Berlin (Orig. 1867)

O'Donnell, Guillermo (1979) Tensions in the bureaucratic-authoritarian state and the question of democracy. In: Collier D (Hrsg) The new authoritarianism in Latin America. Princeton University Press, Princeton

Sguiglia E (2002) Fordlândia. Die abenteuerliche Geschichte von Henry Fords Kampf um den Kautschuk und seine Stadt am Amazonas. Europa Verlag, Hamburg

Sinnott E, Nash J, de la Torre A (2011) Natural resources in Latin America and the Caribbean: Beyond booms and busts? The World Bank, Washington DC

Smith A (1976) An inquiry into the nature and causes of the wealth of nations. Reprint. The University of Michigan Press, Chicago (Orig. 1776)

Svampa M (2012) Bergbau und Neo-Extraktivismus in Lateinamerika. In: FDCL – Forschungs- und Dokumentationszentrum Chile-Lateinamerika (Hrsg) Der Neue Extraktivismus. Eine Debatte über die Grenzen des Rohstoffmodells in Lateinamerika. FDCL-Verlag, Berlin, S 14–21

Konzentration, Funktionalität und Dissipation – Grundkategorien zum Verständnis der Verfügbarkeit metallischer Rohstoffe

4

Klaus Kümmerer

4.1 Einführung

Metalle und Halbmetalle sind von größter Bedeutung für die Energiewende, aber auch für die Ressourcenwende; damit sind sie für alle industriellen Bereiche von strategischer Bedeutung. Eine wichtige Gruppe von strategischen Metallen für die Energiewende sind die Seltenerdmetalle. Die 14 Elemente der Lanthanoide, also die auf Lanthan in seiner Periode folgenden Elemente, gehören dazu; manchmal werden zusätzlich Scandium, Yttrium und Lanthan zu den Seltenerdmetallen gezählt. Nach ihrer Atommasse werden sie in leichtere und schwere Seltene Erden eingeteilt. Letztere sind für die neuen Technologien der Energiewende und der Kommunikation von größerer Bedeutung, sie kommen jedoch gleichzeitig weniger häufig vor. Bis vor 25 Jahren waren sie selbst in der akademischen Welt ein sehr exotisches Thema. Sogar den meisten Chemikern war außer ihrer Existenz im Periodensystem und ihren Elementsymbolen kaum etwas über sie bekannt. In der universitären Lehre kamen sie so gut wie nicht vor, lediglich einige wenige Übergangsmetalle wie die Platingruppenelemente oder Nickel in ihrer Rolle als Katalysatoren in organischen Reaktionen oder als metallorganische Verbindungen fanden Beachtung. Die Seltenerdmetalle galten wiederum teilweise als ziemlich exotisch und waren von rein akademischem Interesse.

Erst mit ihrer zunehmenden Nutzung in den letzten Jahren kamen die Metalle der Seltenen Erden und ihre exotisch anmutenden Namen mehr ins öffentliche Bewusstsein. Seltenerdmetalle leisten einen erheblichen Beitrag zur Energiewende z. B. als Bestandteile von Photovoltaikzellen, starken Permanentmagneten und alternativen Antrieben (Elektromobilität, Wasserstoffökonomie) wie auch für moderne Beleuchtungsmittel (z. B. LED –

K. Kümmerer (✉)
Faculty for Sustainability, Leuphana University Lüneburg
Lüneburg, Deutschland
email: klaus.kuemmerer@uni.leuphana.de

© Springer-Verlag Berlin Heidelberg 2016
A. Exner et al. (Hrsg.), *Kritische Metalle in der Großen Transformation*,
DOI 10.1007/978-3-662-44839-7_4

light emitting diode) oder die für Smart Grids benötigte Hochleistungselektronik (etwa Steuerungselektronik). Darüber hinaus sind sie auch in anderen Hochtechnologieanwendungen zum Einsparen von Energie (z. B. bei der chemischen Katalyse) von grundlegender Bedeutung wie auch in gänzlich anderen, zentralen Anwendungsbereichen von Hochtechnologien (z. B. Kommunikationstechnik, Lasertechnologie, neue Werkstoffe und Materialien sowie Medizintechnik).

Eine der wesentlichen Grundvoraussetzungen für das Gelingen der Energiewende ist die Verfügbarkeit und Sicherung von dafür benötigten strategischen oder knappen Ressourcen, namentlich der strategischen Metalle und Halbmetalle. Dazu ist es notwendig, die Spielarten von Seltenheit und Knappheit zu verstehen. Bezüglich Vorkommen und Ausbeutbarkeit sind dafür die Begriffe Reserven und Ressourcen maßgeblich. Die Konzentration eines gewünschten Inhaltsstoffs entscheidet wesentlich über den Wert und die Gewinnbarkeit des Rohstoffes. Neben ihrer Verfügbarkeit und Konzentration im Allgemeinen sind es die spezifischen Funktionen, die bestimmte Elemente für die Energiewende so bedeutend machen. Aufgrund der vielfältigen Nutzung und spezifischen Funktionen der Metalle und Halbmetalle sind Nutzungskonkurrenzen und Flaschenhälse der Verfügbarkeiten zu erwarten. Dies führt zu Bemühungen, diese Rohstoffe möglichst effizient zu nutzen. Von zentraler Bedeutung für das Verständnis dieser Zusammenhänge sind aus Rohstoffsicht u. a. die Grundkategorien Konzentration, Funktion und Dissipation.

Ziel des Beitrags ist es, die Bedeutung dieser *Grundkategorien* für das Gelingen der Energiewende und der ebenso notwendigen Stoffwende genauer zu betrachten:

1. *Konzentration:* der Gehalt eines Metalls in einem Erz oder Produkt,
2. *Funktion:* eine spezifische Eigenschaft, die ein Metall oder eine seiner Verbindungen bereitstellt und weshalb es genutzt wird, und
3. *Dissipation:* die mehr oder wenige gleichmäßige Verteilung von Stoffen in der Technosphäre und/oder der Umwelt infolge ihrer Gewinnung, ihres Gebrauchs und ihres weiteren Lebenswegs.

Zunächst wird als Fallbeispiel LED erläutert (s. Abschn. 4.2). Dieses Beispiel wurde u. a. gewählt, um darauf aufmerksam zu machen, dass die Problematik weit über die übliche Diskussion zu Windrädern und Photovoltaik hinausgeht. Daran schließen sich generelle Überlegungen zur Verfügbarkeit von Rohstoffen anhand der Grundkategorien Seltenheit, Ressourcen und Reserven an (s. Abschn. 4.3). Anschließend wird die Grundkategorie Konzentration näher beleuchtet (s. Abschn. 4.4), um im folgenden Abschnitt die Funktion und Funktionalität von Metallen detaillierter zu betrachten (s. Abschn. 4.5). Anschließend wird die bisher in der Ressourcendiskussion bzw. spezifisch in der Debatte um kritische Metalle (Gunn 2014) nicht genügend beachtete Grundkategorie Dissipation ausführlich behandelt (s. Abschn. 4.6). Daraus wird abschließend die Perspektive eines dissipativ klugen Stoffstrommanagement-Designs für minimale Dissipation abgeleitet (s. Abschn. 4.7).

Zum Teil werden zur Illustration der Grundkategorien vor allem zu Beginn dieses Kapitels Beispiele von Stoffen und Materialien verwendet, die auf den ersten Blick nicht in direktem Zusammenhang mit den für die Energiewende benötigten Stoffen und Materialien zu stehen scheinen, um Aspekte von genereller Bedeutung – über die Energiewende hinaus – für eine Stoffwende anzusprechen. Im weiteren Verlauf fokussiert der Beitrag dann zunehmend auf die für die Energiewende zentralen Metalle und Produkte, um deren spezifischere Herausforderungen und Probleme zu demonstrieren.

4.2 Fallbeispiel LED

In LEDs ist das zentrale Bauelement der Halbleiterkristall, der Strom direkt in Licht umwandelt. Ein typischer Halbleiter besteht beispielsweise aus Galliumnitrid, Galliumarsenid oder Indiumgalliumnitrid. Gallium kommt in Form von Galliummineralen nur selten und sonst nur als Beimischung vor. Die Gewinnung von Gallium ist sehr energie- und arbeitsaufwendig, die Vorräte sind begrenzt. Ähnliches gilt für Cer (ein Seltenerdmetall) und Yttrium, die ebenfalls in LEDs verwendet werden. Indium zählt zu den knappsten Rohstoffen überhaupt. Das benötigte elektronische Vorschaltgerät enthält ebenfalls einige der strategischen Metalle und Halbmetalle.

LEDs senden Licht einer eng begrenzten Farbe aus. Zwar kann weißes Licht durch Kombination der drei Farben rot, grün und blau erzeugt werden, aber für die Beleuchtung mit weißem Licht werden meist blaue LEDs mit einer davor befindlichen Schicht eines ebenfalls Licht aussendenden Stoffes („Leuchtstoff") kombiniert. Interessanterweise wurde der Nobelpreis für Physik im Jahr 2014 nicht für die Entwicklung des eigentlichen Prinzips der LED vergeben, sondern für die Entwicklung von blau leuchtenden LEDs. Diese werden in Kombination mit Leuchtstoffen, die Teile des blauen Lichts in andere Farben umwandeln, zusammen mit diesem ausgesendet und ergeben in der Summe weißes Licht. Damit wurde erst die umfassende Anwendung von LEDs möglich, die ihnen und damit den dabei verwendeten strategischen Halbmetallen und Seltenerdmetallen eine zentrale Rolle für die Energiewende zuweist. Aufgrund ihrer leichten Verfügbarkeit und ihrer Kleinheit werden LEDs zunehmend in vielen (neuen) Bereichen in immer größerem Umfang eingesetzt, sodass dadurch zumindest ein Teil der Energieeinsparung wieder verloren geht und gleichzeitig der Bedarf an bestimmten strategischen Rohstoffen steigt. Es können wahrscheinlich aufgrund der stark begrenzten Indiumvorräte nicht so viele LEDs produziert werden, wie sie für eine globale Beleuchtungsrevolution notwendig wären.

Bedingt durch die Bauweise der LED kann das Licht stärker durch Linsen gebündelt werden. Dies ist für Anwendungen vorteilhaft, bei denen keine volle Ausleuchtung notwendig ist. Im Vergleich zu einer herkömmlichen Glühbirne sind LEDs u. a. aufgrund dieser Gerichtetheit des Lichts sehr viel effizienter. Da der Halbleiterkristall dennoch nur einen Teil der elektrischen Leistung in Licht umsetzt, entsteht auch bei LEDs Wärme. Aufgrund konstruktiver Gegebenheiten wird die entstehende Wärme jedoch nicht hauptsächlich an der leuchtenden Oberfläche produziert, sondern im Sockel. Deshalb erscheinen LEDs den Anwendern sehr viel energieeffizienter als herkömmliche Energiesparlampen. Die Lichtausbeute ist stark von der Lichtfarbe abhängig. Bei warmweißen LEDs liegt sie deutlich unter der von kaltweißen. Weiße Leuchtdioden können wie Energiesparlampen derzeit nur 20–25 % des Stroms in Licht umwandeln (Leuchtstoffröhren erreichen etwa das Doppelte). Der Rest fällt als Wärme an. Aus theoretischen Gründen ist beim doppelten des derzeitigen Wertes eine Grenze erreicht, es können also maximal nur Lichtausbeutewerte wie bei guten Leuchtstoffröhren erreicht werden. Mit dem ausschließlich auf Energieeffizienz gerichteten Blick schneidet eine einzelne LED im Vergleich zu einer Energiesparlampe sehr gut ab. Ein genauerer Blick ist jedoch notwendig. Eine hohe Temperatur führt bei LEDs unmittelbar zur Absenkung des Wirkungsgrads und langfristig zur Verkürzung der Lebensdauer. Dies ist ein wesentlicher Nachteil gegenüber Glühlampen.

Die Bauweise der LED und ihr grundlegendes Funktionsprinzip bedingen, dass in der LED strategische Metalle und Halbmetalle auf kleinstem Raum in z. T. sehr geringer Konzentration miteinander und mit anderen Materialien (Kunststoffe, Keramik, Glas etc.) vermischt sind. Zum Teil ist deshalb ein Recycling nicht mehr möglich bzw. lohnenswert. Unklar ist daher, ob so kleine Bauteile wie LEDs am Ende ihres Lebens überhaupt in wirtschaftlich lohnendem Umfang gesammelt und dem Recycling zugeführt werden können. Falls nicht, gehen die wertvollen und seltenen Metalle und Halbmetalle verloren. Einige Halbleiterkristalle wie z. B. Galliumarsenid sind giftig und umweltgefährlich; sie sollten also möglichst vollständig am Ende ihres Lebens vom Eintritt in die Umwelt ferngehalten werden.

Das Beispiel demonstriert nahezu idealtypisch, welche Rolle und Folgen die *Konzentration* eines bestimmten strategischen (Halb-)Metalls (z. B. Gallium, Cer, Yttrium) im Rahmen seiner Gewinnung und Anwendung, aber auch für seine Rezyklierbarkeit und *Dissipation* haben: Sie werden

a) mühsam unter großem Einsatz von Energie und anderen Materialien und Chemikalien gewonnen,
b) angereichert,
c) dann aber wieder systematisch verdünnt, um ihre *spezifische Funktion* erfüllen zu können, um
d) am Ende des Lebens des Produktes dissipiert zu werden.

Es ist die spezifische Funktion, die ein Element so einzigartig und begehrt („selten") macht – im Fall der LED die Bestandteile des Halbleiterkristalls und des Leuchtstoffs. Dabei sind die spezifische Zusammensetzung und Konzentration einzelner enthaltener Elemente sowie die genaue chemische Spezies (Oxidationszahl, Art der Verbindung) zentral.

4.3   Seltenheit

4.3.1   Lagerstätten

Die Menge an Rohstoffen bzw. ihren Ausgangsstoffen (z. B. Erze) ist endlich und Rohstoffe sind nicht beliebig verfügbar. Auf diese Endlichkeit wurde schon vor einigen Jahrzehnten hingewiesen (Club of Rome 1972; Council on Environmental Quality und US-Außenministerium 1980), wobei zu dieser Zeit Seltene Erden und sog. strategische Metalle noch kein Ressourcenthema waren. An der Endlichkeit ändert auch die Tatsache nichts, dass seitdem immer wieder Ressourcen und Reserven aufgefunden wurden. Die grundsätzliche Begrenztheit ergibt sich schon aus dem endlichen Volumen der Erde, das natürlich nicht vollständig nutzbar ist, sondern nur zu einem kleinen Bruchteil, nämlich lediglich Teile der obersten dünnen Schicht von derzeit maximal 2–3 km Stärke. Meist sind es derzeit maximal 1000–1500 m (Tagebau und Untertagebau an Land, *onshore*), bei einer Förderung vom Meeresboden auf hoher See (*offshore*) oder unter diesem kommt die Meerestiefe noch hinzu, bisher auch nur in Ausnahmefällen mehr als 1500 m. Auf den ersten Blick scheint es also noch viel Raum zu geben, der potenziell für die Gewinnung von Rohstoffen ausgebeutet werden könnte.

Mit dem in den letzten Jahren gewachsenen Bewusstsein der Knappheit der Lagerstätten an Land gelangen zunehmend Tiefseelagerstätten in den Fokus. Entgegen der landläufigen Vorstellung ist der Meeresboden mitnichten mit strategischen Rohstoffen übersät. Daher ist nicht klar, inwieweit hier die Vorstellung von großen Lagerstätten wie bei Öl oder Gas, die z. T. über Jahrzehnte ausgebeutet werden können, auch generell auf die Lagerstätten der strategischen Metalle bzw. spezifisch für die einzelnen Elemente oder Elementgruppen zutrifft. Die Rohstoffe kommen aufgrund ihrer chemischen Eigenschaften geologisch bedingt nur an bestimmten spezifischen Stellen der Meere (z. B. Papua Neuguinea) vor. Neben den Seltenen Erden am Meeresboden vorkommende Metalle sind Kobalt, aber auch Kupfer, Gold, Zink, Molybdän, Wismut, Antimon, Tellur und Indium. Die Tiefseevorkommen sind ähnlich wie die an Land nicht unendlich groß und werden von Experten nicht als elegante Lösung der Knappheit strategischer Metalle betrachtet: „Die Tonnagen der Massivsulfidvorkommen der Tiefsee sind insgesamt allerdings meist deutlich kleiner als diejenigen von vergleichbaren Erzlagerstätten an Land. Es ist daher nicht davon auszugehen, dass der marine Bergbau auf Massivsulfide einen entscheidenden Einfluss auf die weltweite Rohstoffversorgung hat, er wird allenfalls einen Beitrag zur Versorgungssicherheit leisten können." (Geomar o. J.).

Für das Vorkommen von Seltenen Erden in Tiefsee „schlämmen" werden Tiefen von 4000–6000 m angegeben (Yamazaki et al. 2014). Mangan und Massivsulfide etwa kommen meist in 5000 m Tiefe vor, andere in noch größerer Tiefe (Geomar o. J.). Die Seltenerdmetalle kommen in Schichten zwischen 5 und 80 m Mächtigkeit in 0–100 m Tiefe unter dem Tiefseemeeresboden vor (Yamazaki et al. 2014). Im Vergleich zum Abbau von Erzen in einer offenen Mine an Land sind für einen Abbau unter den Meeren erhebliche zusätzliche Herausforderungen zu meistern. Massivsulfide gelten als noch am leichtesten abbaubar.

Nicht zuletzt die Katastrophe der Ölplattform Deepwater Horizon (ca. 1300 m Wassertiefe) hat demonstriert, dass es schon bei der Offshore-Erdölförderung erhebliche Risiken gibt. Mit zunehmender Tiefe, aus der Rohstoffe gewonnen werden, steigen technischer und ökonomischer Aufwand sowie die Risiken. Dies schränkt die Art und Menge gewinnbarer Erze weiter ein. Es muss nicht nur in völliger Dunkelheit, sondern auch unter extremen Drücken von 500 bar oder mehr gearbeitet werden. Salzwasser ist hoch korrosiv – welcher Anteil der ggf. geförderten (strategischen) Metalle dabei für die Herstellung einer entsprechend widerstandsfähigen Ausrüstung notwendig ist, ist unbekannt. Ebenso ist deren Lebensdauer unter den gegebenen extremen Bedingungen (Druck, Korrosion, mechanische Beanspruchung durch die Gesteine) unbekannt, was wiederum für den *return of investment* und damit die ökonomische Förderbarkeit von entscheidender Bedeutung ist. Die meisten Erfahrungen zur Offshore-Förderung beruhen auf der Förderung von Erdöl und Gas. Dies sind zwei Rohstoffe, die als Gase oder Flüssigkeiten leicht an die Oberfläche transportiert werden können. Sie haben also einen geringen Transportwiderstand. Im Gegensatz dazu haben Feststoffe oder Schlämme, wie sie zur Gewinnung der Metalle gefördert werden müssen, einen sehr viel höheren Transportwiderstand als Öl und Gas. Wie die Förderung für diese Feststoffe (in welcher Korngröße?) aussehen soll, z. B. welche Technik dafür zu entwickeln ist, ob die bekannten Werkstoffe dafür ausreichen, ist noch völlig offen. Hinzu kommt, dass der Anteil an erwünschten Inhaltsstoffen bei Öl und Gas an der insgesamt geförderten Masse hoch ist und nicht nur wenige Prozent oder deutlich weniger ausmacht.

Als typische Gehalte der Vorkommen aus der Tiefsee werden auf einer nur eingeschränkt vorhandenen Datenbasis bis zu 20 kg Zink/t, 0,5 kg Kupfer/t, bei Silber jedoch nur 39 g/t und bei Gold 0,5 g/t angegeben (Zahlenangaben aus: Geomar o. J.). Für Seltenerdmetalle wird an anderer Stelle zwischen 600 g/t bis 2,25 kg/t angegeben (Yamazaki et al. 2014). Welche wirklichen Reserven sich hinter diesen Zahlen verbergen, ist aus mehreren Gründen jedoch sehr unsicher. Im Falle des Kupfers beispielsweise werden in anderen Quellen auch Werte von bis zu 250 kg/t Erz genannt. Der Marktwert einzelner Vorkommen wird oft als im Milliarden-Euro-Bereich oder mehr *geschätzt.* Über die Unsicherheiten solcher Angaben und über zu erwartende Aufwendungen und ggf. ökologische Folgen finden sich allgemein weit weniger oder gar keine Angaben. Welche der derzeit *vermuteten* Ressourcen wirklich zu Reserven werden können (s. Abschn. 4.3.2), und damit wirklich ausgebeutet werden können, ist derzeit nicht absehbar. Sicher ist hingegen, dass mit den zunehmenden Herausforderungen geologischer und technischer Art auch die ökonomischen Grenzen näher kommen. Basierend auf den oben genannten Gehalten, haben Yamazaki et al. (2014) abgeschätzt, dass sich ein konventioneller hydraulischer Abbau wegen der geringen Gehalte an Seltenerdmetallen im Tiefsee„schlamm" kaum lohnen würde.

Einer eher kurzzeitigen Nutzung von strategischen Metallen stehen wahrscheinlich sehr langfristige Auswirkungen der „bergmännischen" Tätigkeit und der Abfallmaterialien gegenüber. Dies zeigten nicht nur die Öltankerunfälle der Vergangenheit und die Folgen der

Gewinnung von Kerogen im nördlichen Kanada, sondern ist in viel größerem Maße für die submarine Gewinnung von metallischen Rohstoffen aufgrund der dort sehr viel langsamer ablaufenden ökosystemaren Vorgänge zu erwarten. Kenntnisse hierüber liegen nicht einmal auf organismischer Ebene vor. Dies wäre aber für eine solide Risikoabschätzung unabdingbar. Es ist zu erwarten, dass die Physiologie der unter hohen Drücken in der Tiefe lebenden Organismen eine andere ist als die der unter niederen Drücken an der Oberfläche lebenden. Aber nur diese stehen für Untersuchungen zur Verfügung. Organismenbezogene und ökosystemare Aussagen lassen sich so kaum bzw. gar nicht gewinnen. Dies betrifft auch die Toxizität am Meeresboden vorhandener und durch die menschlichen Aktivitäten mobilisierter sowie neu eingebrachter chemischer Stoffe. Kenntnisse über mögliche Synergien toxischer Wirkungen aus der Interaktion dieser Stressoren mit hohen Drücken sind ebenfalls nicht vorhanden. Bekannt ist allerdings, dass chemische Reaktionen und damit wohl auch die Physiologie der Organismen stark vom Druck abhängen können (Mestre et al. 2013). Daraus lässt sich schon erahnen, was hier ein bergmännischer Abbau für die Tiefsee bedeuten würde. Zwar sind Schutzgebiete vorgesehen, aber es ist zu erwarten, dass z. B. aufgewirbeltes Material lange in der Schwebe bleibt und auch bei geringen Strömungen weit verfrachtet werden kann. Konkrete Erfahrungen und Zahlen hierzu fehlen.

Es spricht also vieles dafür, dass der Tiefseebergbau aus verschiedenen Gründen nicht die Lösung der Knappheit an seltenen und strategischen Metallen darstellt, wie sie für die Energiewende in großem Stil benötigt werden.

4.3.2 Ressourcen und Reserven

Die Knappheit von Rohstoffen impliziert, dass mehr benötigt wird, als in der Gegenwart oder antizipiert in der Zukunft zur Verfügung steht. Daher bestimmen die Kenntnisse über (mögliche) Vorräte im Vergleich zur (erwarteten) Nachfrage mit, ob ein Rohstoff als knapp empfunden wird bzw. ob er wirklich knapp ist. Mehr oder weniger sichere Kenntnisse (Reserven) werden, je weiter sie in die Zukunft reichen sollen, zu immer unsicheren Kenntnissen (Ressourcen), ja zu Vermutungen und oft wenig begründeten Erwartungen (Spekulationen) (USGS 1973), die letztlich aber auch den „wahr"genommenen Grad an Knappheit mitbedingen (s. Abb. 4.1). Da mit dem erwarteten Gehalt und der ggf. leichten Ausbeutbarkeit der Wert einer Ressource steigt, sind hier Spekulationen über Größe und Zugänglichkeit Tür und Tor geöffnet. Diese müssen im Nachhinein oft drastisch nach unten korrigiert werden, wenn sich der Erkenntnisstand verbessert oder sich die erste Euphorie verflüchtigt hat. Nach derzeitigem Kenntnisstand kann man oft lediglich von Ressourcen oder besser noch angenommenen oder vermuteten Ressourcen sprechen, insbesondere, was den Tiefseebergbau anbelangt. Viele vermeintlich konkrete Angaben beruhen eher auf Spekulation denn auf realer Datenbasis, was sich nicht zuletzt daran zeigt, dass einzelne Angaben weit auseinanderliegen wie z. B. zu Metallgehalten (s. Abschn. 4.3.1) oder Zeithorizonten des (Tiefsee-)Abbaus oder der statischen Reichweite einzelner Elemente.

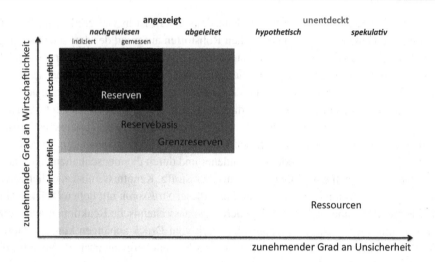

Abb. 4.1 Ressourcen und Reserven. (USGS 1973; verändert nach Zepf et al. 2014)

Genauere Kenntnisse hat man hingegen von „Reserven", wenngleich auch hier noch viele Unwägbarkeiten eine Rolle spielen können (USGS 1973). Die zu den Reserven beitragenden Lagerstätten erfüllen die spezifischen physikalischen und chemischen Mindestkriterien für die gegenwärtigen Bergbau- und Produktionspraktiken hinsichtlich Gehalt, Qualität und Mächtigkeit, sodass sie unter gegenwärtigen technischen und ökonomischen Bedingungen gefördert werden können. Aber auch Reserven können noch mit erheblichen Unsicherheiten und Risiken behaftet sein. Ändert sich der Kenntnisstand über Art und Umfang von (vermuteten) Lagerstätten, die technischen Entwicklungen oder der Preis für Rohstoffe, führt dies zur Umverteilung zwischen den einzelnen Kategorien. Nicht zuletzt (geo-)politische und ökonomische Interessen legen es manchmal nahe, aus Ressourcen Reserven zu machen.

Aktuelle Beispiele hierfür sind die vor der Küste Brasiliens in der Tiefsee vermuteten Ölvorkommen, die vom brasilianischen Staat deutlich günstiger an ein Unternehmen verkauft werden mussten als ursprünglich gedacht, und die Neubewertung der Phosphatvorkommen durch Marokko, die die Reserven auf einen Schlag mehr als verdoppelte (Phosphor wird u. a. in Lithium-Ionen-Batterien benötigt). Werden Rohstoffe knapper und damit teurer, können zum einen Vorkommen genutzt werden, die zuvor nicht genutzt wurden, weil es sich nicht rechnete. So sind auch die Überlegungen zu verstehen, alte Minen wieder in Betrieb zu nehmen oder den Abraum früheren Abbaus (*tailings*) aufzuarbeiten. Zum anderen können technische Alternativen entwickelt werden, die die Nachfrage verringern (etwa Ersatz von klassischen LEDs durch organische Leuchtdioden (OLEDs)), die keine Seltenerdmetalle mehr benötigen. Allerdings ist aufgrund der zu verwendenden organischen Materialien jetzt schon absehbar, dass OLEDs eine kürzere Lebensdauer haben werden und auch die LEDs nicht in allen Bereichen werden ersetzt werden können.

Geht infolge einer Wirtschaftskrise der Bedarf an Rohstoffen zurück, wird einerseits die Förderung vielfach zu teuer – aus Reserven wird dann eine Reservebasis. Andererseits können weitere neue Produkte auch eine schon knappe Ressource benötigen, ein bereits etabliertes Produkt kann noch erfolgreicher werden bzw. in größerem Umfang nachgefragt werden. Oder es werden bessere Qualitäten für eine bestimmte Anwendung gebraucht, um die (Energie-)Effizienz einer bestimmten Technologie zu erhöhen oder Zeit zu sparen (z. B. hochreines Kupfer für bestimmte Anwendungen). In der Regel werden die am leichtesten zugänglichen Lagerstätten höchster Qualität (in puncto Konzentration und Reinheit) zuerst ausgebeutet, dann erst die anderen. Fast immer sinkt daher die Qualität einer Reserve mit der Zeitdauer ihrer Ausbeutung. Wenn das Maximum der Förderrate erreicht ist, fällt sie wieder ab. Idealtypisch ist dies der Fall, wenn die Hälfte des Vorrates gefördert ist (s. Abb. 4.2). Da aber mit zunehmender Ausbeutung die Qualität meist sinkt, hat dies gewöhnlich auch ein deutlich schnelleres Fallen der Förderrate zur Folge, u. a. deshalb, weil zunehmend mehr Erz ggf. mit entsprechend größerem Aufwand gefördert werden muss, um die gleiche Menge an Rohstoff zu erhalten. Die Kurve ist also in der Praxis nicht symmetrisch. Dabei ist von besonderer Bedeutung, dass diese Zusammenhänge nicht zuletzt aus thermodynamischen Gründen nicht linear sind.

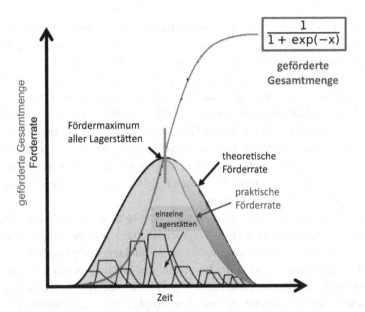

Abb. 4.2 Förderkurven (Hubbert-Kurve) in Analogie zur Erdölförderung. Die *schwarzen Kurven* unter der Förderratenkurve stellen die Förderraten einzelner Lagerstätten mit unterschiedlichen, lokal bedingten Förderraten dar. Diese summieren sich zur idealtypischen *großen schwarzen Glockenkurve* und der globalen Gesamtförderung auf. Die *Kurve der Gesamtförderung* ist eine logistische Kurve und gibt ein normales dynamisches Wachstum wieder. (Verändert nach Wikipedia 2014a)

Dies zeigt, dass Knappheit bzw. Seltenheit eine kontextbezogene Eigenschaft von Ressourcen, Reserven und einzelnen Stoffen ist. Die Knappheit oder Seltenheit eines Rohstoffs wird ebenso zu unterschiedlichen Zeiten von verschiedenen Faktoren einzeln oder in unterschiedlichen Kombinationen bestimmt. Letztlich lassen sich die Kategorien der Seltenheit auf folgende Frage zurückführen: *Selten für wen, wo, wofür, wann und wie lange?*

4.4 Konzentration

4.4.1 Zugänglichkeit

Ein Rohstoff kann im Durchschnitt in vergleichsweise geringer Konzentration in der Erdkruste vorkommen und zugleich kann er an bestimmten Orten in hohen Konzentrationen vorkommen. Auch ein Grund für die Seltenheit eines Rohstoffs neben anderen kann seine Zugänglichkeit sein. Diese wird grundlegend von seiner Konzentration an einem oder mehreren spezifischen Orten bestimmt. Sie kann über weitere Kategorien systematisiert werden:

1. *Geografie:* Geologische oder geografische Randbedingungen können die Zugänglichkeit ebenfalls erschweren (z. B. Vorkommen in der Tiefsee oder im Hochgebirge) und somit die Verfügbarkeit verringern bzw. die Seltenheit erhöhen.
2. *Geopolitik:* Eine Folge der geografisch ungleichen Verteilung unterschiedlicher Rohstoffe kann sein, dass trotz grundsätzlich leichter Zugänglichkeit (Lagerstätte und Technologie vorhanden, ökonomisch sinnvoll, Lagerstätte an Land etc.) der Eigentümer nicht bereit ist, den Rohstoff Dritten zugänglich zu machen oder an sie zu verkaufen. Gründe hierfür können machtpolitischer Art sein, also um politischen Druck auszuüben, aber auch entwicklungspolitischer Art, indem die Wertschöpfung und der Aufbau des Know-hows im eigenen Land bleiben sollen. Dann ist der Rohstoff aus (geo-)politischen Gründen selten.
3. *Art des Vorkommens:* Viele der seltenen Metalle kommen aufgrund ihrer ähnlichen chemischen Eigenschaften in Vergesellschaftung mit anderen vor (beispielhaft s. Abb. 4.3), z. T. auch in unterschiedlichen Verbindungen. Bestimmt ein anderes als das gerade gewünschte Metall die Förderrate und ist diese gering (z. B. aus ökonomischen Gründen), ist das gewünschte Metall selten. Beispielsweise ist Lanthan ein Bestandteil von Monazitsand, der auch Cerphosphat und andere leichte Seltenerdmetalle enthält. Diese Vorkommen dienten früher fast ausschließlich der Gewinnung von Cer.
4. *Technologie:* Ist eine geeignete (effiziente) Technologie vorhanden, kann ein Metall gewonnen werden. Ist dies nicht der Fall, muss sie erst ggf. mit großem Aufwand entwickelt werden oder es kann evtl. gar keine entwickelt werden, um einen Rohstoff in der vorliegenden Konzentration zu gewinnen. In diesen Fällen wird der Rohstoff

Abb. 4.3 Gewinnung und „Mit"gewinnung verschiedener Metalle und Halbmetalle (PGM: Platingruppenmetalle Ruthenium, Rhodium, Palladium, Osmium, Iridium, Platin). (SATW 2010)

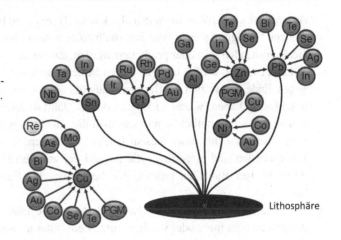

Lithosphäre

ebenfalls nur in geringem Umfang oder gar nicht verfügbar sein. Dabei ist zu beachten, dass es bezüglich der Entwicklung neuer Technologien sowohl physikalisch-chemische Grenzen gibt, die von Element zu Element und Art des Vorkommens unterschiedlich sein können, als auch aus ökonomischen Gründen nicht beliebig viele Technologien entwickelt werden können.

5. *Transportwiderstand:* Metallerze enthalten nur zu einem sehr geringen Anteil in mehr oder weniger niedriger Konzentration den gewünschten Rohstoff. Sie sind zudem als Feststoffe nur mit hohem Aufwand zu transportieren. Außerdem muss der gewünschte Rohstoff mit hohem Material- und Energieaufwand erst daraus gewonnen und angereichert werden. Ein nicht unerheblicher Teil an Energie wird für die mechanische Zerkleinerung der Mineralien benötigt, um die Inhaltsstoffe einem chemischen Aufschluss zugänglich zu machen. Ist der Gehalt an gewünschtem Inhaltsstoff geringer, muss nicht nur mehr Erz gefördert werden, es muss auch mehr gemahlen und extrahiert werden. Eine rein energetische Betrachtung ist dabei zu eng, da die Entropieproduktion dann nicht beachtet würde und größere Mengen an zuvor ebenfalls herzustellenden Hilfsstoffen benötigt werden und mehr Abfälle anfallen. Im Gegensatz dazu lässt sich z. B. Erdöl als Flüssigkeit vergleichsweise leicht fördern. Als Flüssigkeit ist es leicht und auch wegen seiner hohen Energiedichte relativ ökonomisch zu transportieren. Insbesondere bei der Tiefseegewinnung von Metallen ist von einem hohen Transportwiderstand auszugehen.

6. *Physische Zugänglichkeit:* Trotz Vorkommens in hoher Konzentration kann ein erwünschter Rohstoff evtl. aus verschiedenen Gründen nicht gewonnen werden. Welche Rolle die physische Zugänglichkeit bei der Tiefseegewinnung von Metallen letztendlich wirklich spielen wird, lässt sich derzeit nicht einschätzen. Bisher steht nur die Technologie für Probebohrungen zur Verfügung, aber nicht die Technologie für den Abbau und für den Transport der abgebauten Minerale, die ja auch an die Oberfläche geholt werden müssen.

7. *Anzahl von identischen Einheiten:* Es kann z. B. nur eine bestimmte Anzahl von Minen zur Verfügung stehen oder innerhalb eines bestimmten Zeitraums ein bestimmtes Gerät vorhanden sein oder produziert werden, das für die Ausbeutung einer Mine wesentlich ist. Da die USA und Australien Minen zur Gewinnung von Seltenerdmetallen gegen Ende des letzten Jahrhunderts aus ökonomischen und Umweltschutzgründen geschlossen haben, waren zu Beginn des 21. Jahrhunderts weniger förderfähige Minen vorhanden. Letztlich kann man auch die zur Verfügung stehende Zahl von Atomen eines Elements unter diesem Blickwinkel sehen. Je spezifischer die benötigten Eigenschaften und je geringer die Anzahl der zur Verfügung stehenden Atome ist, desto weniger Einheiten gibt es, die die gewünschte Funktionalität erbringen können.

8. *Zeit:* Die Zugänglichkeit eines Rohstoffs kann eine Funktion der Zeit sein. Sowohl Zeitpunkte oder mehr oder weniger kurze Zeitfenster als auch größere Zeitskalen können hierbei von Bedeutung sein. Durch den Zeitpunkt, die Häufigkeit und Dauer der Nachfrage nach einem bestimmten Rohstoff wird bestimmt, ob sich die Primärgewinnung in einer Mine oder die Sekundärgewinnung in einer Recyclinganlage lohnt. Aber auch die Zeit, die nötig ist, ein effizienteres oder neues (Teil-)Verfahren für die Gewinnung der Rohstoffe generell oder für die vorliegende Konzentration in einem Erz oder Abfallstrom zu entwickeln, stellt oft eine Barriere dar. Die Zeit, die notwendig ist, um ein Vorkommen zu erschließen (z. B. technisch, wirtschaftlich, Berücksichtigung sozialer Belange) bestimmt ebenso die Verfügbarkeit mit. In manchen Fällen sind hier Zeitskalen von 20 Jahren und mehr einzuberechnen. So brauchte es einige Zeit, bis die in den 1990er-Jahren geschlossenen Minen in den USA wieder in Betrieb genommen werden konnten, nachdem China den Export entsprechender Erze und Metalle gedrosselt hatte.

9. *Ökonomie:* Wenn die Kosten für Erschließung und Gewinnung im Vergleich zu den ggf. zu erzielenden Gewinnen zu hoch sind, wird der Rohstoff ebenfalls selten bleiben oder werden (wenn z. B. leicht auszubeutende Vorräte zu Ende gehen). Viele Technologiemetalle und Halbmetalle, die für die Energiewende benötigt werden, sind nur in niedrigerer Konzentration im Vergleich zu einem Hauptmetall in den Erzen als „Begleitstoffe" vorhanden. Sie werden daher in der Regel nur mit dem Hauptmetall gewonnen. Dies bedingt, dass bestimmte Metalle aus Konzentrationsgründen ökonomisch selten sind oder werden, wenn die Gewinnung der Hauptmetalle, z. B. weil sie in Produkten durch andere ersetzt wurden, zurückgefahren wird. Metallische Rohstoffe müssen aus dem Untergrund gefördert und vom dem sie umgebenden oder mit ihm vermischten wertlosen Material abgetrennt werden („taubes Gestein" im Falle von Erzen). Sind die Konzentrationen der gewünschten Stoffe zu gering, kann ein Vorkommen, z. B. weil kein genügend effizientes Verfahren zur Verfügung steht, nicht ausgebeutet werden. Ähnlich ist es, wenn zu viel wertloses Material gehandhabt werden muss und der energetische ebenso wie der technische und damit der ökonomische Aufwand zu hoch ist.

4.4.2 Bindungsform und Spezies

Die Unterscheidung chemischer Elemente beruht auf ihren unterschiedlichen Eigenschaften. Dies schließt auch mit ein, dass sie in jeweils spezifischen Formen (Spezies) auftreten in Verbindungen mit jeweils neuen, aber eben immer noch für das Element spezifischen Eigenschaften. Die Elemente sind ja gerade auch deshalb Elemente, da sie sich in ihren jeweils spezifischen Eigenschaften unterscheiden. Analoges gilt für ihre Verbindungen.

Die Seltenerdmetalle haben ihren Namen nicht wegen ihrer absolut großen Seltenheit, sondern weil sie als Oxide vorkommen: „Erden" ist ein alter Begriff für Oxide (etwa Tonerde: Aluminiumoxid, das in Tonen vorkommt). Wegen ihrer sehr ähnlichen Eigenschaften waren sie mit den zur Zeit ihrer Entdeckung zur Verfügung stehenden Kenntnissen und Methoden nur schwer daraus rein gewinnbar. Daher wurden sie als „selten" bezeichnet. Allerdings sind sie auch mit heutigen Methoden nur sehr viel aufwendiger voneinander zu trennen als andere Metalle. Dabei kann es insbesondere bei den Seltenerdmetallen und den Übergangsmetallen vorkommen, dass das gleiche Element in gleicher Oxidationsstufe aber mit unterschiedlichen Partnern vorkommt oder auch mit unterschiedlichen Partnern in unterschiedlicher Oxidationsstufe. Dies macht wiederum ihre Gewinnung als reine Metalle sehr aufwendig. Dies demonstriert idealtypisch, dass nicht nur das Element, sondern auch seine Bindungsformen, d. h. die Oxidationsstufe (Spezies) und die Bindungspartner und Begleitelemente für die Gewinnbarkeit und Reindarstellung der Metalle von großer Bedeutung sind. Nur in der Oxidationsstufe Null (elementares Vorkommen) haben die Metalle ihre metallischen Eigenschaften wie z. B. elektrische Leitfähigkeit. Für das Vorkommen und die Anreicherung von Metallen wie auch anderer Elemente in langen geologischen Zeiträumen waren genau diese spezifischen Eigenschaften der Metalle und ihrer Verbindungen (z. B. Wasserlöslichkeit, Mischbarkeit) von zentraler Bedeutung.

Die strategischen Metalle kommen in nennenswerten Mengen fast ausschließlich nicht metallisch vor, sondern in jeweils spezifischen Oxidationsstufen zusammen mit anderen Elementen. Diese haben ihrerseits wiederum spezifische Oxidationsstufen als Bestandteile bestimmter Minerale. Erst diese Mischung konstituiert das jeweilige Gestein und Mineral mit seinen spezifischen Eigenschaften. In natürlichen Vorkommen können auch unterschiedliche Minerale miteinander vermengt sein, die Seltenerdmetalle enthalten. Scandium kommt in mehreren hundert Mineralien in geringer Menge vor (Horovitz et al. 1975). Es stellt sozusagen immer eine Verunreinigung in anderen Seltenerdmetallmineralen dar. In der meist einmaligen Kombination aus Element und Oxidationsstufe ergeben sich die spezifischen Eigenschaften, die dafür verantwortlich sind, dass u. a. die allermeisten strategischen Metalle gerade nicht gleichmäßig verteilt vorkommen, sondern in einer erhöhten Konzentration an bestimmten Orten und geologischen Schichten, also unterschiedlicher Tiefe. Dies ist für ihre Gewinnbarkeit ebenfalls von großer Bedeutung. Mit anderen Worten: Die Gesamtvorräte eines Elements oder strategischen Metalls sind nur die halbe Wahrheit. Vielmehr müssen dazu auch seine Bindungsformen berücksichtigt werden.

Nicht nur bei den Seltenerdmetallen gibt es große Ähnlichkeiten, sondern auch bei anderen Metallen wie den Metallen einer Hauptgruppe (Alkalimetalle wie Natrium oder Kalium, Erdalkalimetalle wie Magnesium oder Kalzium) oder die Nebengruppenmetalle insgesamt. Manchmal sind aber die Metalle nicht nur einer Gruppe im Periodensystem, sondern auch Metalle aus mehreren Gruppen in einer Periode (etwa Actiniden oder Lanthaniden) einander ähnlicher als die einer Gruppe oder sie werden aufgrund ihrer chemisch-technischen Eigenschaften über die Systematik des Atombaus hinweg als eigene (Unter-)Gruppe zusammengefasst wie z. B. die Platingruppenmetalle (PGM). Oft fallen insbesondere bei den Nebengruppenmetallen auch bei der Gewinnung solche ähnlichen Metalle bzw. die jeweiligen Gruppen zunächst zusammen an (s. Abb. 4.3). Daher kommen die wenigsten strategischen Metalle alleine in einem Erz oder einer Lagerstätte vor, sondern sie sind gewöhnlich vergesellschaftet und können deshalb meist auch nicht alleine gewonnen werden. Rhenium wird mit Molybdän gewonnen, dieses wiederum mit Kupfer. Da Kupfer das Massenmetall ist, bestimmt seine Gewinnung meist die verfügbaren Mengen und Preise für Molybdän und dieses wiederum die entsprechenden Größen für Rhenium. Analoges gilt auch für die Platinmetalle und Nickel.

4.4.3 Seltenheit

Manche Seltenerdmetalle sind in der Tat selten im Sinne von nur wenigen Vorkommen mit genügend hohem Erzgehalt. Dies ist allerdings ein eher seltener Fall. Wirklich selten sind nach derzeitigem Kenntnisstand nur wenige Elemente, so z. B. Promethium (das seltenste der Seltenerdmetalle, es ist radioaktiv mit einer vergleichsweise kurzen Halbwertszeit) oder Thulium (Gewinnung aus Monazit), das zweitseltenste und damit das seltenste stabile. Manche Seltenerdmetalle sind in absoluter Menge betrachtet häufiger als Blei, Gold oder Platin. Nur haben sie in unserer Wahrnehmung nicht den entsprechenden Stellenwert, da sie nicht als Schmuckmetall, gediegen oder in einer weit verbreiteten Anwendung wie etwa Platin im Platinkatalysator, Zahnimplantaten oder Medikamenten verwendet werden. Scandium hingegen ist deshalb selten, weil es keine wirkliche Lagestätte gibt, d. h. es mehr oder weniger gleichverteilt überall vorkommt, jedoch in sehr niedriger Konzentration. Ein genauerer Blick zeigt, dass viele der Seltenen Erden in der Erdkruste häufiger (Orte) und insgesamt in größeren Mengen vorhanden sind als viele uns bekanntere Metalle wie etwa Gold, allerdings eben in viel niedrigerer Konzentration und vergesellschaftet. Deshalb ist eine Gewinnung sehr viel schwieriger und aufwendiger. Gold ist zwar vor allem bekannt als Schmuckmetall, es ist aber auch als Hochtechnologiemetall in der Elektronik von Bedeutung. Es kommt als eines der wenigen Metalle in größerem Ausmaß gediegen vor, also in nahezu 100-prozentiger Reinheit in elementarer Form. Wegen seines Vorkommens in gediegener Form, aber auch aufgrund seiner Farbe war es in der Menschheitsgeschichte frühzeitig leicht aufzufinden. Es ist gut verform- und bearbeitbar, bei gleichzeitig großer Stabilität an Luft und gegenüber anderen Stoffen. Aufgelöst, d. h. oxidiert werden kann es nur unter drastischen Bedingungen, die in seiner normalen Gebrauchssphäre nicht vorkommen.

In jedem Fall steigt mit zunehmend benötigtem Reinheitsgrad der Energieaufwand zum Erreichen dieses Reinheitsgrads – und zwar nicht linear, sondern exponentiell. Dies macht hochreine Metalle sehr teuer und vergleichsweise selten. Zudem führt es zu Emissionen und einem hohen Energiebedarf und in der Folge zu einer vergleichsweise großen Entropieproduktion. Interessant wäre es daher, schon im Vorfeld zu wissen, wo der Umschlagpunkt liegt, ab wann also mehr Energie benötigt wird für die Gewinnung der Technologiemetalle als dadurch später dann regenerativ gewonnen werden kann, wo also der Kompensationspunkt des *energy return on energy invested* liegt (EROEI; s. Kap. 16).

Zu Beginn ihres Lebenslaufs steht bei den Rohstoffen eine durch einmalige geologische Vorgänge innerhalb langer Zeiträume langsame und niederentropische Anreicherung. Die Konzentration wird dann durch die gezielte Förderung und Aufarbeitung durch anthropogene Aktivitäten weiter gesteigert. Allerdings geschieht dies in energieintensiven, schnellen und damit viel Entropie produzierenden Prozessen. Unter dem Gesichtspunkt der Effizienz wird dann versucht, mit möglichst geringen Mengen eines Rohstoffs die spezifischen Eigenschaften des Rohstoffs in einem Prozess (z. B. Katalyse), einem Material, einem (elektronischen) Baustein oder komplexen Produkt zu erreichen. Die (Durch-) Mischung verschiedener Elemente in verschiedenen Oxidationsstufen in verschiedenen Materialien erfolgt auf den unterschiedlichsten Raumskalen. Es beginnt auf der atomaren Ebene (z. B. Dotierung von Halbleitern und anderen Materialien, Gewürzmetalle) zur Erzeugung mikroelektronischer Bauteile (Transistoren), die wiederum auf der nächsten Ebene in verschiedenen Bauteilen (z. B. Platinen) und komplexen Produkten Verwendung finden. Diese bestehen ihrerseits aus vielen unterschiedlichen Materialien. Die Zumischung von strategischen Metallen in geringen Mengen bzw. in niedriger Konzentration klingt eher beruhigend – es werden Rohstoffe gespart. Die auf den ersten Blick nicht nur an der Funktion orientierte, sondern auch vom Gedanken der Effizienz positiv wahrgenommene Vorgehensweise resultiert aber in einer Verdünnung dieser Stoffe. *Was vorher mühsam angereichert wurde, wird in kürzester Zeit wieder verdünnt und vermischt.* Aus Gründen der Energieverfügbarkeit wird man bei dem Versuch späterer Wiederanreicherung zunehmend an Grenzen stoßen.

4.5 Funktion

Normalerweise ist ein bestimmtes chemisches Element oder seine Verbindung nicht einfach per se begehrt, sondern die Funktionen, wegen deren es genutzt wird, machen es wertvoll und begehrt. Da diese Funktionen oft sehr spezifisch sind, können sie nur selten 1:1 von anderen Elementen erbracht werden. Die erwünschte Eigenschaft oder spezifische Funktion, z. B. Gold als Schmuckmetall (für Metalle untypische Farbe!) oder als beständige Wertanlage, Kupfer wegen seiner sehr guten elektrischen Leitfähigkeit und Verformbarkeit, Neodym in Eisenbornitrid für die magnetischen Eigenschaften, ist der

Grund, diese Rohstoffe zu nutzen: gezielt für bestimmte Produkte und Anwendungen. Manchmal können sie für bestimmte Anwendungen und Funktionen durch andere ersetzt werden, z. B. Gold als Schmuckmetall durch Platin und dieses wiederum in Katalysatoren durch Rhodium oder Iridium. In anderen Anwendungen sind diese Metalle trotz aller Ähnlichkeiten nicht substituierbar. So kann Platin z. B. nicht in allen spezifischen Prozessen als Katalysator durch Rhodium oder Iridium ersetzt werden. Dies ist auch leicht verständlich – eine vollständige Substituierbarkeit würde ja vollständig gleiche Eigenschaften voraussetzen, dann wäre es aber dasselbe Element oder dieselbe Verbindung. Aufgrund dieser mehr oder weniger unterschiedlich stark ausgeprägten spezifischen Eigenschaften (magnetische, elektrische, färbende, katalytische Eigenschaften etc.) sind die Seltenerdmetalle also knapp. Durch ihre große Ähnlichkeit können bestimmte Seltenerdmetalle oder PGM häufig auch nur durch ähnliche Elemente ersetzt werden, die aber wiederum der gleichen Problematik unterliegen. Es droht also eine Art Circulus vitiosus. In manchen Anwendungen (starke Dauermagnete) lässt sich beispielsweise Neodym durch Dysprosium ersetzen; dieses gehört aber auch zu den Seltenen Erden und ist ebenfalls ein kritisches Metall. Gleiches gilt für die PGM: Platin kann in manchen Anwendungen wie z. B. Katalysatoren durch Rhodium und Iridium ersetzt werden, diese sind aber ebenso knapp.

Für viele Anwendungen sind bestimmte Eigenschaften und damit bestimmte, meist andere als in Lagerstätten vorkommende Oxidationsstufen notwendig. Gadolinium (III) beispielsweise hat ein sehr hohes magnetisches Moment, weshalb es in der Kernspintomografie als Kontrastmittel Verwendung findet und in die Umwelt eingetragen wird (Kümmerer und Helmers 2000). Die Mischungen und Konzentrationen der einzelnen Elemente und ihrer verschiedenen Spezies in den modernen Materialien und Produkten sind oft ganz andere, als sie in der Natur und in Lagerstätten anzutreffen sind. Zum Teil kommen sie in der Natur so gar nicht vor (z. B. Neodym in Eisenbornitrid als Material für sehr starke Magnete). Insofern ist die Nutzung der Metalle nicht nur hinsichtlich der einzelnen Elemente begrenzt, sondern zusätzlich noch über die verschiedenen Spezies der einzelnen Elemente! Die Nutzung verschiedener Spezies erschwert aber auch ihr Recycling und ihre Rückholbarkeit zusätzlich oder macht es ganz unmöglich.

Moderne Materialien und Produkte zeichnen sich ganz generell durch eine zunehmende Vielfalt an Bestandteilen aus, die auf atomarer und molekularer Ebene miteinander vermischt sind – man denke nur an die elektronischen Bauteile oder die sog. Hochleistungswerkstoffe und Kunststoffe. Insbesondere die strategischen, kritischen und seltenen Metalle und Halbmetalle werden oft im einzelnen Produkt nur in sehr geringen Mengen benötigt, um die entsprechenden Eigenschaften eines Materials hervorzubringen, wie etwa einige Legierungsbestandteile in Stahl für Festigkeit, Elastizität etc. Dies gilt aber auch bei den für die Energiewende benötigten Materialien und Produkten. Ein Beispiel für diese *Funktionalisierung* ist die Herstellung von LEDs durch die Dotierung von Indium oder Gallium mit anderen Elementen, aber auch viele andere der oben genannten Produkte. Dabei kann das Fehlen eines solchen Metalls ganze Wertschöpfungsketten unterbrechen, wenn dadurch die Fertigung eines wichtigen Bausteins in der Produktionskette verhindert wird, obwohl es ggf. nur in kleinsten Mengen in einem Produkt benötigt wird. Solche

(Halb-)Metalle werden daher manchmal auch „Gewürzmetalle" (A. Reller) genannt. Insbesondere bei Produkten wie Brennstoffzellen, Dünnschicht-Fotovoltaik oder Hybridfahrzeugen können Engpässe dieser Metalle den Ausbau der Fertigung begrenzen. Dies ist ein zentraler Unterschied zwischen den Übergangsmetallen, Seltenerdmetallen und Halbmetallen wie Indium und Gallium im Vergleich zur Verwendung von Massenmetallen wie z. B. Kupfer, Eisen, Chrom, Nickel, Zink oder Aluminium, die fast ausschließlich in einer Spezies (z. B. Aluminium und Kupfer elementar, Oxidationsstufe Null) in großen Mengen verwendet werden und bei denen andere Oxidationsstufen wegen der damit einhergehenden Materialschäden (insbesondere Rost) und Funktionsverlusten wie auch Giftigkeit wie z. B. Nickel (II) und Chrom (VI) oder Grünspan (Kupfer) sowie Mobilität der resultierenden Ionen in der Umwelt und Nahrungskette unerwünscht sind.

4.6 Dissipation

4.6.1 Grundlagen

Dissipation kommt aus dem Lateinischen und bedeutet „Zerstreuung". Im naturwissenschaftlich-technischen Kontext ist sie bekannt als Dissipation von Energie. Damit ist der Teil an Energie gemeint, der bei Energieumwandlungen unwiederbringlich für eine weitere Nutzung verloren ist. Grundlage zum Verständnis der Unvermeidbarkeit der Dissipation von Energie ist die Thermodynamik. Sie sagt uns, dass es grundsätzlich nicht ohne Verluste geht. Ursprünglich ist die Thermodynamik entwickelt worden, um die energetischen Verhältnisse bei Dampfmaschinen besser zu verstehen: Wie viel der hineingesteckten thermischen Energie kann man als mechanische Arbeit wiedergewinnen? Es konnte gezeigt werden, dass der Wirkungsgrad immer (sehr viel) kleiner als 1 ist, es also immer Verluste gibt. Die Verluste zeigen sich als Entropie, z. B. Wärme, die nicht weiter genutzt werden kann. Vereinfacht und kurz zusammengefasst lassen sich die drei Hauptsätze der Thermodynamik wie folgt formulieren:

1. Man kann nicht gewinnen, nur unentschieden spielen.
2. Man kann nur am absoluten Nullpunkt unentschieden spielen.
3. Man kann den absoluten Nullpunkt nie erreichen.

Es hat sich gezeigt, dass diese Sätze immer und überall gelten. Sie können zwar kurzzeitig unter Aufbringen von sehr viel Energie und gleichzeitiger Produktion von sehr viel Entropie (an anderer Stelle) vermeintlich umgangen werden, aber eben nicht auf Dauer. Am Ende ist immer ein entropischer Preis zu bezahlen, der umso höher ist, je weiter man vom Gleichgewicht entfernt ist. Energetisch verteilt sich ein Teil der Energie in nicht mehr nutzbarer Form, sie dissipiert.

Gleiches kann man von Stoffen sagen, wenn sie so verwendet bzw. verteilt werden, dass sie anschließend aus technischen oder ökonomischen Gründen nicht mehr wiedergewonnen werden können. Die Dissipation von Stoffen ist also grundsätzlich unvermeidlich und tritt entlang des gesamten Lebenswegs von Stoffen, Materialien und Produkten auf. Der Grad und Umfang der Dissipation hängt aber von der Art der Stoffmischungen ab. Dissipation kann in der Mischung mit anderen Stoff- und Produktströmen bestehen, aber auch ihr Übergang in Abfälle, eine (gleichmäßige) Verteilung z. T. als einzelne Atome oder Moleküle etwa in Gewässer und Böden oder über die Atmosphäre ist möglich. Die Dissipation führt nicht nur zum Verlust der wertvollen, zuvor mühsam gewonnenen Stoffe, sondern erniedrigt auch die Qualität des aufnehmenden Mediums oder Stoff- und Materialstroms. Dissipation von wertvollen Rohstoffen und Materialien ist eine Form der Entropie. Ihr Ausmaß hängt von der Entfernung eines Prozesses vom thermodynamischen Gleichgewicht ab. Das heißt, je größer und je komplexer (intensiver) und je variabler die Stoffströme in ihrer Zusammensetzung sowie in Raum und Zeit sind, desto größer ist der Verlust, der mit ihnen unvermeidlich einhergeht. Je schneller wir die Stoffe durch unsere Volkswirtschaften durchsetzen, desto größer ist der relative Anteil und damit die absolute Menge, die wir unwiederbringlich verlieren – teilweise sogar mit weiteren Folgen, wenn etwa seltene Metalle in die Umwelt (und die Nahrungsketten) eingetragen werden und dort ggf. eine toxische Wirkung entfalten.

Stoff und Energie sind seit Beginn der Erdgeschichte, ja sogar der des Universums, zwei unauflöslich miteinander verbundene Kategorien. Von der Sonne strömt laufend solare Energie zur Erde. Dieser laufende Energiezufluss ermöglicht, neben der Erdwärme, letztlich alles Leben und die damit verbundenen Aktivitäten – auch unsere heutigen industriellen. Auch fossile Energie ist letztlich nur von außen zugeführte und gespeicherte Energie. Durch den uns laufend erreichenden solaren Energiezufluss steht langfristig grundsätzlich genügend Energie zur Verfügung. Energetisch betrachtet ist die Erde ein offenes System. Im Gegensatz dazu ist sie stofflich ein nahezu abgeschlossenes System – es gibt (fast) keinen Nachschub von außen! Und wenn, dann ist dies nur in geologischen Zeiträumen merkbar im Sinne der Zufuhr von Materie. Mit Hilfe der zugeführten Energie von außen, lassen sich aus Kohlendioxid prinzipiell organische Moleküle und Materialien aufbauen. Für Metalle geht das grundsätzlich nicht, sie lassen sich weder aus anderen, einfacheren (leichteren) Elementen synthetisieren noch werden sie von außen, also z. B. der Sonne nachgeliefert. In ihrem Fall hat daher ihr begrenztes Vorkommen auf der Erde noch eine viel grundsätzlichere Bedeutung als die Energieknappheit. Damit ist die Stoffwende noch herausfordernder als die Energiewende. Aber auch die Energiewende wird von der grundsätzlichen Begrenztheit der Verfügbarkeit von Metallen maßgeblich beeinflusst. Von größtem Interesse ist daher an dieser Stelle der Zusammenhang von Stoffen für die Energiewende und von Energie für die Stoffwende. Die energetisch bedingte Entropieproduktion können wir in gewissen Grenzen durch die laufend dem System zugeführte Energie „kompensieren". Die Verminderung entropischer Dissipation der Metalle ist demgegenüber sehr viel schwieriger zu erreichen.

4.6.2 Stoffe, Materialien, Produkte – und ihr Verbleib

Die Umwandlung von Stoffen ineinander benötigt Energie oder setzt Energie frei. Seit etwa 200 Jahren steht dafür die Chemie als Wissenschaft, aber auch als Technologie der Nutzung, Umwandlung und Neugestaltung von Stoffen und Materialien. Fossile Energieträger wie Kohle und Öl dienten und dienen sowohl als Energiequelle als auch als Quelle für Rohstoffe für neue Produkte. Dazu gehören auch Materialien und Produkte für die Energiewende wie beispielsweise Materialien zur Wärmedämmung und Leichtbauwerkstoffe für Automobile. Insgesamt gibt es eine starke Zunahme von Materialien mit spezifischen Funktionen hinsichtlich Art und Menge, die auf einer spezifischen Zusammensetzung und spezifischen Inhaltsstoffen beruhen. Gleichzeitig gibt es auf allen Ebenen einen starken Trend zur Miniaturisierung von Komponenten als ein (ökonomisches Mittel) zur zunehmend spezifischen Funktionalisierung und Individualisierung von Materialien und Produkten. Dies zeigt sich nicht nur in immer kürzeren Innovationszyklen, sondern auch immer geringeren Stückzahlen – auch im Bereich der für die Energiewende benötigten Materialien und Produkte. Zunehmend werden auch Komponenten beobachtet, die das Recycling erschweren (Fendel und Kempkes 2014).

In jüngster Zeit werden auch zunehmend neuartige Materialien und Produkte hergestellt, die als unabdingbar für das Gelingen der Energiewende angesehen werden. Diese Materialien und Produkte zeichnen sich ebenso durch immer spezifischere Eigenschaften für immer spezifischere Funktionalitäten aus. Einher geht damit oft aber auch eine zunehmend komplexere Zusammensetzung (Durchmischung) auf atomarer und molekularer Ebene zur gezielten Modulation der Grundeigenschaften der Hauptbestandteile, um die jeweils gewollte Funktionalität möglichst gut erhalten zu können. Aber auch auf Ebene der Bausteine kommt es zunehmend zu komplexen Durchmischungen verschiedener Bausteine und damit der Materialien und Elemente, die oft unlösbar miteinander verbunden sind bzw. nur unter Zerstörung des ganzen Produktes oder Materials wieder getrennt werden können, und auch dann nicht immer. Insgesamt werden immer mehr Elemente des Periodensystems genutzt (s. Kap. 6). Dies betrifft vor allem bestimmte Metalle (Übergangsmetalle, Lanthaniden und Actiniden, aber auch Hauptgruppenmetalle wie Lithium oder Halbmetalle wie Gallium oder Indium oder gar Phosphor in Lithium-Batterien). Mit anderen Worten: Die Zusammensetzung von Produkten wird auf allen Ebenen immer vielfältiger und komplexer. Damit wird die Trennung und Wiedergewinnung der Bestandteile ebenfalls immer herausfordernder und sowohl in stofflicher als auch in energetischer Hinsicht immer aufwendiger.

Organische Stoffe können im Gegensatz zu Metallen und Halbmetallen sowie anderen anorganischen Stoffen grundsätzlich wieder abgebaut werden. Bei einem Abbau entstehen neue Moleküle mit anderen Eigenschaften. Sind die Zeitskalen ihres Abbaus sehr viel länger, werden sie als persistent betrachtet. Über tausende oder zehntausende von Jahren werden jedoch organische Moleküle letztlich zu anderen organischen Molekülen bzw. zu Kohlendioxid und Wasser abgebaut werden (Weisman 2012). Organische Moleküle werden, über den gesamten Stoff- und Produktlebenszyklus betrachtet, hergestellt, gebraucht und letztlich verbraucht. Elemente wie z. B. die strategischen Metalle und Halbmetalle hingegen können zwar ihre chemische Erscheinungsform und damit auch ihre Eigenschaften und Bindungspartner ändern (z. B. Oxidationsstufe, Spezies), letztlich sind sie aber nicht abbaubar und bleiben somit, wenn auch verdünnt, erhalten: Sie werden *nicht verbraucht, sondern gebraucht* und bleiben grundsätzlich erhalten. Sie können im Gegensatz zu organischen Materialien auch nicht synthetisch hergestellt werden und sind damit von vornherein in ihrer Verfügbarkeit begrenzt.

Aus Rohstoffsicht bedeutet dies: Wenn sie nicht wiedergewonnen und wieder genutzt werden können, dann werden sie ebenfalls *verbraucht*.

4.6.3 Unvermeidbare und vermeidbare Dissipation

Dissipation ist zu einem gewissen Grad unvermeidbar, egal ob ein Rohstoff aus seiner natürlichen Lagerstätte oder durch Recycling gewonnen wird. Kein technischer Prozess oder Vorgang ist zu 100 % perfekt. Einzelne Verfahren und Vorgehensweisen können sich aber sehr wohl unterscheiden.

In der vorindustriellen Vergangenheit waren die Prozesse und Tätigkeiten der von der Menschheit durchgeführten Stoffumwandlungen meist lokal begrenzt. Mit der zunehmenden Industrialisierung, bei der u. a. die Chemie ein wesentlicher Treiber war, wurde auch der dafür genutzte Raum größer und damit auch die Verteilung der Produkte. Die mit ihrem Gebrauch einhergehende unbeabsichtigte Verteilung von Bestandteilen nahm damit auch in Raum und Zeit zu. Dies lässt sich gut am Beispiel von Blei veranschaulichen: der Bleigehalt in menschlichen Knochen und in Eisbohrkernen stieg mit der zunehmenden Nutzung des Bleis zunächst lokal und dann global kontinuierlich an (s. Abb. 4.4).

In der Vergangenheit gingen diese Stoffumwandlungen in den sog. entwickelten Ländern mit einer starken Verschmutzung der Umwelt einher. Dies ist zwischenzeitlich in

Abb. 4.4 Bleigehalte in menschlichen Knochen (lokale Verteilung) und Eisbohrkernen (globale Verteilung). (Daten aus Grupe 1991; eigene Darstellung)

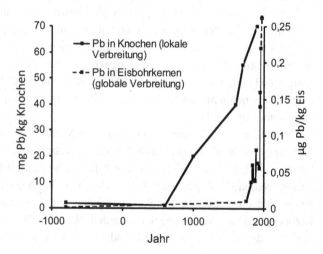

deutlich geringerem Ausmaß der Fall, wohl aber nach wie vor in großem Stil in vielen anderen Ländern, in denen die Rohstoffe gewonnen oder die Produkte hergestellt oder entsorgt werden, die wir nutzen. In diesen Ländern wie auch bei uns treten zunehmend die Produkte nach ihrem Gebrauch aus unterschiedlichen Gründen ins Zentrum der Problematik, auch was ihre Verwertung zur Gewinnung wertvoller Bestandteile wie z. B. einiger weniger strategischer Metalle in Elektronik- und Computerschrott anbelangt. Dies geschieht bei uns durch Hightech-Recycling, in den weniger entwickelten Ländern Afrikas oder Asiens durch Lowtech-Recycling. Letzteres geht mit einer enormen Gesundheits- und Umweltbelastung einher, aber auch mit hohen Verlusten wertvoller Rohstoffe. In beiden Fällen werden nur vergleichsweise wenige strategische Rohstoffe wiedergewonnen. Im Fall von Hightech-„Recycling" aufgrund ökonomischer Randbedingungen, im Fall des Lowtech-„Recyclings" aufgrund fehlender Technologie. In beiden Fällen sind die nicht wiedergewonnenen Inhaltsstoffe meist unwiederbringlich verloren, also verbraucht.

Aus thermodynamischen Gründen sind Verluste hinsichtlich Menge und Qualität beim Handhaben aller Stoffe und Materialien unvermeidlich. Dies beginnt mit dem Abbau von Erzen. Keine Rohstoffquelle kann vollständig ausgebeutet werden, vielmehr wird sie im Laufe der Ausbeutung degradiert. Kleinere Verluste an den gewünschten Rohstoffen sind aber auch durch Verluste beim Abbau und beim Transport möglich, etwa durch Verwehung von Stäuben mit dem Wind und beim Reinigen von Transportgefäßen. Die Verluste beim Transport mögen im Einzelfall geringe Verluste sein. Bei großen geförderten und transportierten Gesamtmengen, insbesondere aus mehreren kleineren Lagerstätten, sind sie aber nicht vernachlässigbar und führen z. B. im Falle der Metalle auch zu einer Kontamination der Umwelt. Beim Transport von Öl kommt es zwar ebenfalls zu Belastungen der Umwelt durch Leckagen und während des Baus von Pipelines oder beim Lkw-gebundenen Transport (Unfälle, auslaufendes Öl, Zerstörung von nicht für solche Transporte ausgelegte Straßen etc.). Im Gegensatz zu den strategischen Metallen können Ölverunreinigungen jedoch durch natürlichen Abbau des Öls im Laufe der Zeit wieder aus der Umwelt verschwinden und stellen dann zumindest keine Gefahr mehr dar.

Mineralische Erze müssen nach der Förderung nach sehr energieintensivem Zerkleinern mühsam mit Säure oder anderen Chemikalien auf- bzw. herausgelöst werden. Daran schließen sich viele stoff- und energieintensive Verfahrensschritte an, die wiederum weitere Entropiezunahmen zur Folge haben. Ein Beispiel: Mit der Gewinnung von Neodym aus Erzen ist ein hoher energetischer Aufwand verbunden (neben dem Mahlen vor allem durch die Gewinnung und Verwendung von flüssigem Kalzium und von Fluor). Von diesem wissen wir nicht, ob er nicht zusammen mit den vielen verschiedenen konkurrierenden Anwendungen von Neodym in der Gewinnung erneuerbarer Energie zu energetischen Negativsalden und zu ressourcenseitigen, unüberwindlichen Flaschenhälsen führt. Wegen der Vergesellschaftung mit dem primär zu fördernden Metall werden weitere Metalle gefördert. Im günstigsten Fall sind es Elemente, die ebenfalls von technischem Interesse sind. Bei der Rohstoffgewinnung findet bei manchen strategischen Metallen neben der Entropieproduktion durch Energieeinsatz aber eine weitere Form der Dissipation statt mit

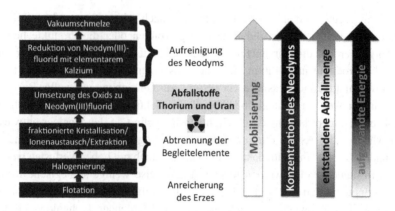

Abb. 4.5 Nach der Gewinnung des Erzes muss es in mehreren Schritten energieaufwendig gewonnen und weiter aufgereinigt werden (das energieintensive mechanische Zerkleinern des Erzes ist nicht dargestellt). Die Gewinnung der benötigten Hilfsstoffe bedarf weiterer Energie. Mit der Aufreinigung steigt die Abfallmenge und es werden kritische Begleitelemente wie radioaktives Thorium und Uran mobilisiert, die zuvor, geogen bedingt, nicht mobil waren. (Eigene Darstellung)

weitreichenden Konsequenzen. Bei der Gewinnung von Neodym z. B. wird damit das mit ihm vergesellschaftete radioaktive Thorium gefördert und mobilisiert (s. Abb. 4.5).

In der Lagerstätte hingegen war das radioaktive Thorium immobil und hatte sich über geologische Zeiträume zusammen mit Neodym angereichert. Durch seine Immobilität war eine Belastung der uns zugänglichen Umwelt und von uns selbst wie auch eine weitere Verbreitung nicht möglich. Nach der Förderung hingegen ist es im Vergleich dazu hoch mobil geworden und kann leicht dissipieren. Man kann hier von Co-Dissipation sprechen. Im ungünstigen Fall werden dadurch Elemente aus den Tiefen der Erde ans Tageslicht geholt, die besser in der Tiefe geblieben wären. Ihr Management verursacht weitere Kosten, Gefährdungen und bedarf Energie.

Auch bei der weiteren Raffination zum Rohmaterial, dem Herstellen des primären Produkts und seiner Weiterverarbeitung treten dissipative Verluste auf (Abfälle beim Schmelzen und Gießen bzw. Anteile geringerer Qualität eines Metalls, aber auch bei der Montage etwa von Kupferleitungen durch die Bearbeitung am Ort der Verwendung in Form von Metallspänen). Dies ist unvermeidlich auch in der Gebrauchsphase. Im Vergleich der insgesamt genutzten Metallmenge sind dies kleine Mengen, z. T. aber mit großer Wirkung, da schon geringe Konzentrationen ausreichen, um z. B. Klärschlamm oder Nahrungsmittel unbrauchbar bzw. zum Sondermüll zu machen oder Sedimente in Flüssen zu belasten. Wenn die strategischen Metalle in die Umwelt gelangen, so können ihre toxischen Eigenschaften ihre weitere Verwendung einschränken oder sogar für bestimmte Anwendungsbereiche ganz ausschließen. Klassische Beispiele von Metallen dafür sind Cadmium in anorganischen Farben (Cadmiumsulfid) oder Chrom als Chrom (VI), nicht zuletzt weil sie sich in Klärschlamm anreichern und bei dessen Verwendung als Dünger in die Umwelt und die Nahrungskette gelangen können. Sie verhindern zusammen mit anderen Schadstoffen zunehmend die Verwendung dieses wertvollen Düngers und tragen dadurch zur Verknappung von Phosphor bei, der auch für die Energiewende benötigt würde.[1] Seltenerdmetalle können zwischenzeitlich ebenfalls schon in erhöhter Konzentration aufgrund menschlicher Aktivitäten in Klärschlamm und Umwelt (Rhein) nachgewiesen werden (Kümmerer und Helmers 2000; Kulaksiz und Bau 2011): Gadolinium (Emission ca. 500–1000 kg/Jahr in deutsche Gewässer) infolge seiner Verwendung in der Kernspintomographie sowie Lanthan (Emission ca. 1,5 t/Jahr in den Rhein) aus der Herstellung und Verwendung als Katalysator für den Crack-Prozess (Weiterverarbeitung von Erdöl).

4.6.4   Dissipation durch Ressourceneffizienz – künstliche Verknappung durch gezielte Verdünnung

Neben der Erschließung weiterer Lagerstätten (von oft geringerer Qualität) wurden und werden seit kurzem große Anstrengungen unternommen, die Effizienz der Gewinnung und Nutzung von Rohstoffen zu steigern, die strategische Metalle enthalten. Inwieweit sich die Effizienz bei der Gewinnung sowie bei der Nutzung noch steigern lässt, ist unklar, zumal jede weitere Aufreinigung zusätzlicher Anstrengungen technologischer, energetischer und ökonomischer Art bedarf. Denn zur Gewinnung und weiteren Aufreinigung von Metallen wird nicht nur Energie benötigt, sondern sind auch Hilfsstoffe notwendig, deren Herstellung wiederum Energie benötigt und Entropie erzeugt. Bei der Herstellung der Metalle und der Hilfsstoffe entstehen z. T. unerwünschte Stoffe, die in Umwelt und Nahrungskette gelangen werden. Für die vereinfacht als Abfälle oder Nebenprodukte bezeichneten resultierenden Materialien sind Komplexität der Zusammensetzung und teilweise enthaltene hochtoxische Stoffe mit hoher Mobilität typische Kennzeichen. Mit den heute zur Verfügung stehenden Technologien und Verfahren können Stoffströme verarbeitet werden, die vor ca. 10 Jahren auf den Markt gekommen sind. Häufig sind jedoch die Innovationszyklen und damit die Änderung der Zusammensetzung sehr viel schneller (z. B. LEDs, Kommunikation, Elektronik generell, Photovoltaik), mit der Folge, dass wertvolle Metalle einerseits unwiederbringlich verloren gehen. Andererseits mindern aber auch die in geringer Konzentration vorhandenen Bestandteile die Qualität der in größerem Umfang vorhandenen (z. B. Kupfer). Dies hat wiederum einen höheren Energiebedarf bei der Wiedergewinnung durch zusätzliche Aufreinigung oder bei der Nutzung (z. B. durch schlechtere elektrische Leitfähigkeit) zur Folge.

Geleitet vom Effizienzgedanken werden seltene Metalle in Produkten in immer geringerer Konzentration eingesetzt. Dies hat zur Folge, dass sie dort in immer geringerer Konzentration vorliegen und die Gefahr besteht, dass sie dann entweder aus ökonomischen oder aus technischen Gründen nicht mehr wieder gewinnbar sind. Letztlich stellen

---

[1] Mit der Verwendung von Phosphat als Dünger, das kaum substituierbar ist, werden zunehmend aufgrund knapper werdender Vorräte und damit sinkender Qualität auch Schwermetalle und Uran in die Umwelt eingetragen (intendierte Co-Dissipation). Diese können wie der Phosphor selbst nicht mehr zurückgeholt werden.

wir durch diese Verdünnung in Materialien und Produkten auf ähnliche Weise wieder her, was vor der Gewinnung für manche der Metalle der Fall war: Sie kommen verdünnt durch Vergesellschaftung mit ähnlichen und unähnlichen Elementen in Verbindungen vor. Unter diesem Aspekt ist es eben nicht nur eine Randnotiz, dass in den letzten Jahrzehnten und vor allem in den letzten Jahren nicht nur einige wenige unterschiedliche Metalle in hochkomplexen Produkten auf atomarer Ebene vermischt werden. Vielmehr stellt die Tatsache, dass zwischenzeitlich fast das gesamte Periodensystem zur Herstellung komplexer Materialien genutzt wird, nichts anderes als eine beabsichtigte und gezielte Verdünnung von zuvor mit viel Energieaufwand in möglichst hoher Reinheit gewonnenen wertvollen Metallen und anderer Materialien dar. Auch die Verteilung auf viele unterschiedliche Produkte mit unterschiedlichen Eigenschaften und unterschiedlicher Verbreitung und Rückholbarkeit stellt eine Verdünnung dar. Beide führen dazu: *Die Dissipation wertvoller Rohstoffe nimmt zu.*

Da diese Rohstoffe wegen ihrer Bedeutung in Kombination mit ihrer begrenzten Verfügbarkeit teuer sind, wird versucht, sie immer effizienter einzusetzen, d. h. in immer geringerer Konzentration und Menge im einzelnen Produkt. Hier tut sich die *Effizienzfalle erster Ordnung* auf: Betrachtet man den Gesamtstoff- und Produktstrom solcher Produkte, kann man feststellen, dass durch diese Effizienzsteigerung die Produkte billiger herzustellen und zu verkaufen sind als ohne diese Steigerung. Insgesamt betrachtet führt also diese Effizienzsteigerung nicht notwendig zu einer Schonung der Vorräte, sondern kann im Gegenteil ihr Aufbrauchen sogar noch beschleunigen (Rebound-Effekt). Durch die enorme Stoff- und Produktvielfalt werden sowohl hinsichtlich Art als auch Menge und chemischer Bindungsformen der Elemente und Moleküle sehr komplexe Stoffströme erzeugt, die ihre Steuerung und das Recycling vor enorme Probleme stellen. In manchen Fällen sind chemisch-technische, energie- und materialaufwendige Wiedergewinnungsverfahren bekannt oder können entwickelt werden, in anderen Fällen dagegen nicht. Aber auch wenn eine weitgehende Wiedergewinnung technisch möglich ist oder wird, bedarf sie eines umso höheren Energieeinsatzes und Investitionen mit der Folge zunehmender Entropieproduktion, je komplexer die Produkte, Stoffe und Materialien sind. Damit kann eine Wiedergewinnung ab einem bestimmten Punkt aus technischen und/oder ökonomischen Gründen nicht (mehr) durchgeführt werden.

4.6.5 Dissipation in und mit Produkten

„Produkte – Die Hauptemissionen der Chemischen Industrie", so begann Eberhard Weise (1991) seinen Aufsatz zu „Grundsätzliche[n] Überlegungen zu Verbreitung und Verbleib von Gebrauchsstoffen (use pattern)". Mit anderen Worten: Zumindest in den entwickelten Industriestaaten sind nicht mehr die unbeabsichtigten Emissionen (Abwasser und Abluft aus der Produktion), sondern die Produkte selbst die Hauptemissionen der Industrie. Mit den Produkten werden ihre Bestandteile, z. B. die strategischen Metalle, die vorher einerseits in geologisch langen Zeiträumen und anschließend kurzfristig technisch unter großem Energieaufwand meist in hoher Qualität (Reinheit) mühsam angereichert wurden, wieder mit anderen Stoffen gemischt und vermischt, also wieder verdünnt. Im Rahmen einer globalen Wirtschaft und entsprechenden Stoff- und Materialströmen, die aus der Verteilung der Produkte resultieren, werden sie mit unterschiedlichsten Produkten in unterschiedlichen Zeitskalen weiter verteilt und weiter vermischt. Nach ihrer Nutzung werden sie nochmals mit anderen Produkten vermischt, was sowohl für die Wiedergewinnung der enthaltenen Materialien und Stoffe als auch für die anderen Materialien und Stoffe zu Verlusten oder Qualitätseinbußen führt. Die vielfältigen Produkte werden spätestens am Ende ihres Lebenszyklus miteinander auf der makroskopischen Ebene mit anderen Produkten und Abfällen vermischt. Eine solche Durchmischung kann in einem vergleichsweise eng umgrenzten Raum stattfinden (innerhalb eines Unternehmens), aber auch auf regionaler oder gar globaler Ebene – je nach den involvierten Stoff-, Produkt- und Abfallströmen. Aber auch unterschiedlichste Zeitskalen z. B. in Form von Produktlebens- und Nutzungsdauer, Innovations- und Marktzyklen sind zu beachten. Auch der Grad der Reinheit und die Zugänglichkeit eines Elements (in Produkten, aber auch bezüglich des Sammelns von Produkten für das Recycling und die der Machbarkeit des Recyclings selbst) wird sich je nach Lebenswegstation unterscheiden.

Ein Beispiel sind RFIDs (*radio frequency identification and detection*). RFIDs ermöglichen die automatische und berührungslose Identifizierung und Lokalisierung von Objekten (leblose und lebende) mit Hilfe elektromagnetischer Wellen (Radiowellen). Sie befinden sich in vielen Produkten, seit neuestem auch in Textilien, werden zum Bestandsmanagement im Handel und in der Logistik in großem Stil verwendet oder befinden sich in Chipkarten oder auslesbaren Ausweisen, wie sie 2010 in Deutschland eingeführt wurden. Die Produktverfolgung und -identifizierung könnte auch für die Abfallwirtschaft und damit das Materialstrommanagement hilfreich sein.

RFIDs enthalten u. a. in geringen Mengen Silber, da es ein hervorragender elektrischer Leiter ist, der – ähnlich wie Gold – beständig gegen Oxidation ist. Allein in Wikipedia (2014b) werden 19 verschiedene Anwendungsbereiche für RFID genannt. Angesichts der Knappheit von Silber und vielfältigen anderen Anwendungen ist allerdings fraglich, ob der damit einhergehende Nachfragezuwachs lange Zeit zu realisieren ist. Ebenso ist fraglich, ob der Ersatz von Zinn-Indiumoxid in OLEDs durch Silber wirklich eine tragfähige Lösung ist. Ob metallfreie Lösungen (Kyrylyuk et al. 2011) diese Funktion generell übernehmen können und sich auch technisch umsetzen lassen, ist ebenfalls noch offen. All die dabei mitschwingenden Erwartungen an ihre sich später ergebende Realisierbarkeit bestimmen die Wahrnehmung ihrer Knappheit mit. Einerseits können auf Verpackungen aufgebrachte RFID-Tags nicht so gut recycelt werden (wenn sie denn dafür überhaupt erfasst werden). Andererseits kann sortenreines Verpackungsmaterial wie Altglas, Altpapier oder Kunststoff durch die schwierig abzutrennenden RFID-Chips bzw. die enthaltenen Metalle verunreinigt werden. Kostbare Metalle gehen mit RFID-Chips diffus auf Deponien und in Müllverbrennungsanlagen verloren. Zwar enthält ein einzelner RFID-Chip nur eine geringe Menge an Metallen, eine entsprechend große Anzahl von Chips führt aber unweigerlich zu einer merkbaren Rohstoffdissipation am Ende ihres Lebenszyklus innerhalb kurzer Zeit: Dies ist zumindest im Grundsatz kein Betriebsunfall, sondern aus ökonomischen und thermodynamischen Gründen unvermeidlich.

Ein weiteres Beispiel ist die Verwendung von Platin und anderer Platinmetalle wie Rhodium oder Palladium in den Abgaskatalysatoren von Fahrzeugen. Es ist eine andere Art von Anwendung in und von Produkten, die aber wie im vorigen Beispiel auch eine unvermeidliche Dissipation wertvoller Ressourcen im Sinne eines unwiederbringlichen Verlusts zur Folge hat. Während ihres Betriebs verlieren die Abgaskatalysatoren diese katalytisch wirksamen Metalle bzw. ihre Oxide in feinst verteilter Form in die Umwelt. Dies konnte schon bald nach der Einführung des Abgaskatalysators für benzingetriebene Pkw durch Messungen an Straßenrändern belegt werden (Helmers et al. 1994, 1998). Reste von Metallkatalysatoren finden sich generell häufig in den damit hergestellten Produkten, Kunststoffen oder künstlichem Stickstoffdünger (Beispiele: Platin in synthetischem Stickstoffdünger aus der katalytischen Oxidation von Ammoniak, Neodym aus Herstellung von Hochleistungsreifen, die Energie sparen).

Für Art und Ausmaß der dissipativen Verluste ist ebenfalls von Bedeutung, welche Aufbereitungs- und Trennprozesse mit welcher Trennschärfe und resultierender Rohstoffqualität für welche Material- und Stoffströme zur Anwendung kommen. In welche Art Matrix die Spurenbestandteile eingebettet sind, ist bei einem Kunststoff anders als beispielsweise bei einem mineralischen Werkstoff wie Eisenbornitrid. Aus Ersterem können Metalle ggf. durch Verbrennung des Kunststoffs wiedergewonnen werden, was allerdings aus Sicht der organischen Chemie wiederum eine Rohstoffverschwendung erster Güte ist. Bei Letzterem ist dies nicht so einfach möglich. Vielmehr muss hier mit viel Energie erst einmal gemahlen werden, um die gewünschten Metalle wiedergewinnen zu können. Verluste und weitere Entropieproduktion sind aber in beiden Fällen unvermeidlich. So kann es etwa passieren, dass zwar wieder hochreines Kupfer gewonnen werden kann, dass aber an anderer Stelle die Beimengungen in die Schlacke gehen und daraus nur aufwendig, wenn überhaupt wiedergewonnen werden können. Manche können sich mit Kupfer auch untrennbar vermischen und sind somit nicht nur selbst verloren, sondern sie verringern damit zusätzlich die Menge an qualitativ hochwertigem Kupfer. Kupfer niedrigerer Qualität hat u. a. eine schlechtere elektrische Leitfähigkeit, was sich in energetischen Verlusten bei der Stromleitung mit Hilfe solcher Materialien zeigt.

Die Dissipation bzw. die Entropie kann zwar über eine gewisse Zeit in einem gewissen Umfang begrenzt werden, insbesondere, wenn es sich um sortenreine Produkt-, Material- und Stoffströme handelt, deren Herstellung und Management aber wiederum Energie kostet, die an anderer Stelle zur Entropiezunahme führt. Das Ausmaß der Dissipation hängt also von vielen verschiedenen Parametern ab, sie ist aber zu einem gewissen Grad grundsätzlich unvermeidbar.

4.6.6 Effizienzfallen und die Grenzen des Recyclings

Neben der Ressourceneffizienz wird Recycling als Leitbild und Problemlösung ins Feld geführt, um die Herausforderung der Rohstoffknappheit zu lösen. Die strategischen Metalle für die Energiewende sind daher meist in geringer Konzentration, aber gleichzeitig in vielen unterschiedlichen Produkten vorhanden. In den modernen Hochtechnologieprodukten wird eine Vielzahl von chemischen Elementen (als unterschiedliche Spezies) und Materialien unterschiedlicher Art und Menge auf unterschiedlichen Raumskalen (atomar, Material, Bauteil, Produkte) kombiniert und mit anderen vermischt, um ein Produkt wie etwa eine LED, eine Photovoltaikzelle, einen Sensor oder ein Mobiltelefon zu konstituieren. Sind die Eigenschaften der einzelnen Metallspezies wie bei den Seltenerdmetallen und ihren Verbindungen sehr ähnlich, durchmischen sie sich auch bei der Aufbereitung von Abfällen auf atomarer Ebene. Beispielsweise finden sich ganz bestimmte Elemente miteinander vergesellschaftet in bestimmten Schlacken oder Fraktionen der metallurgischen Prozesse als Verbindungen wieder, aus denen sie kaum wiedergewonnen oder entfernt werden können. Sie müssen vorher möglichst passend vollständig getrennt werden, um bestimmte Metalle beim Recycling nicht zu verlieren, da sie sich sonst in Stoffströmen innerhalb des metallurgischen Prozesses wiederfinden, aus denen sie sich kaum mehr wiedergewinnen lassen.

Im metallurgischen Recycling sind der Prozess selbst wie auch die Art und Zusammensetzung des zu recycelnden Materials die entscheidenden Größen, die über die chemischen Eigenschaften (z. B. der in den Materialien enthaltenen Stoffe und ihrer Bindungsform wie auch die dadurch vorgegebenen energetischen Randbedingungen) untrennbar miteinander verbunden sind. Sie entscheiden über den Energieaufwand, den Grad der Wiedergewinnung und die Reinheit der Produkte, z. B. der Metalle. Die chemischen und energetischen Gegebenheiten der Materialien und Prozesse bestimmen aber auch Art und Umfang der Entropieproduktion sowie die Art und Menge der entstehenden Abfälle und Abwärme und der grundsätzlichen entropischen und dissipativen Verluste, die ggf. auftreten, wenn die Anreicherung einzelner Bestandteile mit einer Verdünnung und weiterer Durchmischung anderer gekoppelt sind. Daher ist es für eine Verminderung der stofflichen Dissipation und der entropischen Verluste insgesamt notwendig, dass sowohl die Produkte, die recycelt werden sollen, als auch die sie auf den verschiedenen Ebenen (z. B. Atom, Molekül, Material) ausmachenden Bausteine möglichst sortenrein und leicht trennbar sind.

Es gilt: Je geringer aufgrund des Trends zur zunehmenden Vergesellschaftung verschiedener Stoffe auf kleinstem Raum in gering(st)er Konzentration in Hochleistungsprodukten die Stoffkonzentration und je höher ihre Vielfalt ist, desto weniger wird ein Recycling möglich sein. Dies ist die *Effizienzfalle zweiter Ordnung*. Dies zeigt sich exemplarisch daran, dass derzeit längst nicht alle Metalle z. B. aus Elektroschrott wiedergewonnen werden, sondern im Wesentlichen nur die Schnittmenge aus den wertvollsten, den in großer Menge vorhandenen und am leichtesten wiedergewinnbaren (hier sind Konzentration und chemische Eigenschaften entscheidend). Aus diesem Grund wird es immer zu Verlusten kommen. Je feiner die strategischen Metalle in den Produkten verteilt und je komplexer die Produkte und die Abfallströme sind, desto höher werden diese unwiederbringlichen Verluste sein.

Insgesamt lässt sich festhalten: Die zuvor in meist nicht unerheblichen Konzentrationen über lange geologische Zeiträume aufkonzentrierten Rohstoffe werden innerhalb kürzester Zeit gleichmäßig „über den Planeten" verstreut – nachdem

a) zuvor viel Energie und andere Rohstoffe verwendet wurden, um sie für die Anwendung stark aufzukonzentrieren,
b) um sie dann in Produkten wieder zu verdünnen und
c) mit diesen letztlich wieder „fein" zu verteilen.

Recycling hat also ganz klare Grenzen und Voraussetzungen. Für die Nutzung strategischer, kritischer und seltener Rohstoffe ist es deshalb entscheidend, die Bedeutung dieser Grenzen zu erkennen und zu beachten.

Infolge der Globalisierung unterliegen die anthropogen induzierten Stoffströme räumlich und/oder zeitlich, aber auch, was ihre qualitative und quantitative Zusammensetzung anbelangt, einer zunehmenden Dynamik. Im Vergleich zu geologischen und evolutionären Zeitskalen unterliegen sie enorm schnellen Änderungen. Um die Stoffströme in Gang zu halten und auch um sie gezielt zu steuern (Stoff- und Materialstrommanagement), wird Energie benötigt, und zwar umso mehr, je größer, komplexer und dynamischer sie sind. Beim „Zurückholen" nicht mehr genutzter Produkte für eine Wiedergewinnung von wertvollen und knappen Inhaltstoffen ist die Sammelquote zu beachten. 100 % werden nie erreichbar sein. Typischerweise liegen Sammelquoten etwa für Handys oder Kühlschränke bei deutlich weniger als den für 2016 angestrebten 45 % der in den letzten drei Jahren in den Verkehr gebrachten Geräte (Friege et al. 2014). Was ist für ausgediente Photovoltaikzellen in der Zukunft zu erwarten? Letztlich kommt es auf die Gesamtrückgewinnungsrate an – wenn z. B. 50 % der Produkte für ein Recycling wieder eingesammelt werden können und daraus je Verfahrensschritt 50 % eines Metalls wiedergewonnen werden, und drei Verfahrensschritte notwendig sind, wurden im Endeffekt lediglich 6,25 % wiedergewonnen! Dabei ist zu beachten, dass für die Wiedergewinnung wertvoller Metalle, die in geringer Konzentration in Elektronikschrott enthalten sind, ganz andere Sammellogistiken notwendig sind, als die, die wir für Kunststoffe, Papier oder Haushaltselektrogeräte kennen.

Durch die immer kürzer werdenden Produktlebenszyklen einerseits und die zunehmende materialseitige Komplexität der Produkte andererseits entstehen immer neue Anforderungen in immer kürzerer Zeit an immer neue Wiedergewinnungs- und Sammellogistiken. Damit werden aber auch die möglichen Amortisierungs- und technologischen Anpassungszeiten immer kürzer. Deshalb wird ihre Entwicklung nicht nur schwieriger, sondern unterbleibt mit immer größerer Wahrscheinlichkeit ganz. Eine globalisierte, hoch durchsatzorientierte, material- und energieintensive Industrie mit kurzen Produktlebenszeiten ist weit vom thermodynamischen Gleichgewicht entfernt. Dies führt zu hoher Entropieproduktion. Zuviel an Effizienz führt also gerade zum Gegenteil des ursprünglich gewünschten Effekts. Gleichwohl bedeutet dies nicht, dass man sich nicht um Ressourceneffizienz kümmern sollte. Vielmehr geht es darum, deren Optimum unter den Bedingungen des Gesamtlebenslaufs von Produkten im Gesamtsystem auszuloten, was auch ökonomische und gesellschaftliche Aspekte mit einschließt. Die Verluste werden umso größer sein, je größer, variabler und komplexer die Produktströme in Raum und Zeit sind.

Beim Recycling müssen enorme Anstrengungen unternommen werden, um einen möglichst hohen Anteil an Produkten und Stoffen zu erfassen. Das, was erfasst wird, ist oft bis auf die molekulare oder gar atomare Ebene hinunter so heterogen, dass größere Verluste an den unterschiedlichsten Stellen des vermeintlichen Kreislaufs unvermeidlich sind. Die Situation wird dadurch verschärft, dass die einzelnen Metalle ja nicht immer in elementarer, d. h. metallischer Form vorliegen, sondern oft auch in unterschiedlichen Verbindungen mit unterschiedlichen Oxidationsstufen und Eigenschaften. Je reiner wir die Materialien haben möchten, desto überproportional mehr Energie müssen wir einsetzen. Recycling kann kurzzeitig und für einen kleineren Teil an Materialien die Qualität halten oder sogar verbessern. Aber generell ist ein echtes Re-Cycling oder gar ein Up-Cycling nicht möglich, sondern auf längere Sicht wird es immer zu einem Down-Cycling kommen. Eine Gesamtbetrachtung zeigt ganz klar, dass Recycling nur in bestimmten Grenzen die Lösung bestehender Rohstoffprobleme sein kann. Je komplexer die Produkte in ihrer chemischen Zusammensetzung werden, und dies sind vor allem Hightech-Produkte auch der Energiewende, desto früher sind diese Grenzen erreicht.

Insgesamt bleibt also festzuhalten: *Ressourceneffizienz und Recycling sind zwar wichtig, aber sie taugen nicht als alleinige Prinzipien.* Vielmehr sind element- und materialspezifische wie auch produktspezifische Eigenheiten zu beachten, die den Raum aufspannen, innerhalb dessen möglichst hohe Ressourceneffizienz erreicht werden kann und/oder Recycling sinnvoll ist und außerhalb dessen Effizienz und Recycling ihrem ursprünglichen Ziel der Rohstoffersparnis kurz- und langfristig zuwider laufen – mit enormen Folgekosten. In manchen Fällen sind chemisch-technische, energie- und materialaufwendige Wiedergewinnungsverfahren bekannt oder können entwickelt werden, in anderen dagegen nicht. Aber auch wenn eine weitgehende Wiedergewinnung technisch möglich ist oder wird, bedarf sie eines umso höheren Energieeinsatzes und umso größerer Investitionen, je komplexer die Produkte, Stoffe und Materialien sind. Ab einem bestimmten Punkt wird eine Wiedergewinnung nicht (mehr) durchgeführt (werden).

4.6.7 Dissipation, Prasserei und haushälterisches Wirtschaften

Die vorherigen Ausführungen zeigen: Jenseits einer gewissen Grenze der Konzentration einerseits und der Vielfalt (ähnlicher Stoffe) in einem Produkt andererseits ist die Wiedergewinnung (Recycling) ökonomisch und technisch sinnlos oder gar unmöglich. Wenn sich aber wertvolle und seltene Rohstoffe nicht mehr zurückgewinnen lassen, bedeutet das nichts anderes, als dass sie mit den Produkten über die Märkte fein verteilt werden und unwiederbringlich verloren sind. Wir dissipieren wertvolle Rohstoffe in kürzester Zeit. Dieser Mechanismus gewinnt mit zunehmender Effizienz bzw. Wirksamkeit von Nebenbestandteilen in komplexen Materialien an Bedeutung. Mit anderen Worten: Die Dissipation ist zunehmend nicht nur unbeabsichtigte Nebenwirkung, sondern im Gegenteil eine logische Folge der bestimmungsgemäßen Verwendung. Hinzu kommt der Reboundeffekt. Letztlich kann dadurch mehr Rohstoff verbraucht und unwiederbringlich dissipiert werden als ohne die „Optimierung". So betrachtet gehen wir mit den Ressourcen gerade nicht ökonomisch, also nicht haushälterisch um, sondern ganz im Gegenteil! Die englischen Bedeutungen von *dissipation* (u. a. Prasserei, Vergeudung, Verschleuderung) beschreiben unseren derzeitigen Umgang mit Rohstoffen sehr viel besser als die deutsche Bedeutung „Zerstreuung". Wobei in einem anderen Sinne eine gewisse Großzügigkeit, was die in einzelnen Produkten enthaltenen Stoffmengen und -konzentrationen einzelner Stoffe anbelangt, durchaus hilfreich wäre. Denn dann wären sie aus ökonomischen und chemisch-technischen Gründen leichter wiederzugewinnen.

4.6.8 Flaschenhälse und Zielkonflikte – wer hat Anspruch auf das „letzte" Gramm?

Es kommt immer häufiger vor, dass ein und dasselbe Element in immer mehr verschiedenen Produkten verwendet wird. Das ist das Pendant dazu, dass in einem Produkt immer mehr verschiedene Elemente gleichzeitig und am gleichen Ort vorkommen. Auch diese Entwicklungen haben enorme Konsequenzen. Dies soll im Folgenden am Beispiel von Platin und Neodym aufgezeigt werden.

Die katalytische Wirkung von Platin ist bei zentralen industriellen Prozessen von grundlegender Bedeutung, z. B. bei der Erdölweiterverarbeitung zu Kraftstoffen durch *platforming*, bei der Salpetersäure- und Nitratherstellung (beides wichtige Basischemikalien u. a. für die Arzneimittelherstellung, als Kunstdünger zentral für die Welternährung) nach dem Ostwald-Verfahren sowie als Katalysator in vielen organisch-chemischen Synthesen. Diese sind ein wichtiger Baustein für die nachhaltige Chemie, da durch katalytische Reaktionen sowohl die Menge der anfallenden Abfälle reduziert als auch Energie eingespart werden kann. In solchen Fällen einer räumlich und technologisch eng umgrenzten Anwendung innerhalb einer Branche können die Recyclingquoten sehr hoch sein. Darüber hinaus ist aber Platin in vielen anderen Bereichen von großer Bedeutung, etwa in der chemischen Technologie (Verwendung für Schalen, Tiegel, Filterhalter, da Platin von Königswasser nicht angegriffen wird, für Elektroden in der Elektrolyse, Brennstoffzellen, Zündkerzen). Wird Platin als Katalysator in Autos verwendet, also räumlich und zeitlich entgrenzt und auf große Produktstückzahlen verteilt, ist ein vergleichsweise großer dissipativer Verlust die Folge, wie sich nicht zuletzt an erhöhten Gehalten z. B. von Platin an Straßenrändern zeigt (Helmers et al. 1998). Hinzu kommt, dass Altfahrzeuge oft gar nicht dem Abwracken und Recycling zugeführt werden, sondern auf unterschiedlichen Wegen in das Ausland für eine weitere Nutzung exportiert werden. Weitere, noch größere Dissipation ist die Folge: Einerseits findet in diesen Ländern meist kein Recycling statt, andererseits wird es immer weniger effizient, aufwendiger und weniger lohnend, wenn die räumliche und zeitliche Verteilung von Abgaskatalysatoren unterschiedlichen Alters und damit ihre Vielfalt zunimmt. Platin aus Zündkerzen ist verloren, ebenso Platin als wichtiger Bestandteil einiger Zytostatika – es wird ins Abwasser ausgeschieden und dissipiert vollständig.

Auch bei der Verwendung von Neodym gibt es direkt konkurrierende Anwendungen, die für die Energiewende von zentraler Bedeutung sind. Als Bestandteil starker Dauermagnete ist es ebenso essenziell für Kernspintomographen in der Medizin wie für Linearmotoren und Maschinen zur effizienten Metallbearbeitung (CNC-Maschinen). Solche Magnete sind Bestandteil hochwertiger Lautsprecher und Kopfhörer, werden für den Antrieb von Elektro- und Hybridfahrzeugen (getriebelose Radnabenmotoren bei Fahrrädern, Pkw und Versehrtenfahrzeuge etc.) genutzt. Mikro-, Schritt- und Servomotoren können in Fahrzeugen einerseits Gewicht sparen. Sie führen aber andererseits auch zur vermehrten Verwendung solcher Motoren in Autos z. B. zur Elektrifizierung von Abläufen, die früher manuell getätigt wurden (elektrische Fensterheber, Sitzeinstellung etc.). Die Angaben darüber, wie viel Neodym für die einzelnen Anwendungsbereiche gebraucht wird, sind unklar. Es wird z. B. geschätzt, dass pro Elektroauto zwischen 0,5 und 1 kg Nd benötigt wird. Für eine Million Fahrzeuge bedeutet dies einen Bedarf von 1000 t. Die Weltjahresproduktion von Neodym lag 2006 bei 7600 t.

Neodymoxide und andere Neodym-Verbindungen werden beispielsweise für Hochleistungsgeräte in der optischen Industrie (optische Gläser mit scharfen Absorptionsbanden für Kalibrationszwecke), zum Färben von Emaille, für Porzellanfarben, zum Entfärben von (eisenhaltigem) Glas und für Sonnenschutzglas benötigt; einen weiteren Einsatzbereich finden sie neben Yttrium als Bestandteil des NdYAG-Lasers, der sich durch vielfältige Anwendungsmöglichkeiten (u. a. Metallbearbeitung, Werkstoffprüfung, verbesserte Zündung in Automotoren etc.) auszeichnet. Bariumnitrat, das mit Neodymoxid dotiert ist (also gezielt mit geringen Mengen Neodymoxid versetzt wurde), wird als Dielektrikum zur Erhöhung der Speicherkapazität von Kondensatoren genutzt. Dies ist ebenfalls für die Energiewende von Bedeutung. Als Katalysator findet Neodym Verwendung in der großtechnischen chemischen Synthese einer bestimmten Art von Polybutadienkautschuk (Nd-PBR) als Bestandteil von Hochleistungsreifen, die Material und Energie einsparen. In synthetischen Feuersteinen ist Neodym vergesellschaftet mit Cer vorhanden und beide gehen mit jedem Einwegfeuerzeug verloren.

Insgesamt stellt diese hier an zwei Beispielen demonstrierte Vielfalt der Verwendung strategischer Metalle nicht nur eine Herausforderung für das Recycling dar. Vielmehr tun sich bei zunehmender Verknappung der entsprechenden Stoffe auch enorme Zielkonflikte technologischer, ökonomischer und gesellschaftlicher Art auf.

4.7 Dissipativ kluges Stoffstrommanagement –
Design für minimale Dissipation

Die in diesem Beitrag aufgeführten Überlegungen zeigen: Die Energiewende wird nicht gelingen, wenn wir nur unter anderem Vorzeichen („erneuerbare Energie") weiter mit unseren energetischen und nichtenergetischen Ressourcen, die dafür benötigt werden, so umgehen wie bisher – nämlich nicht nachhaltig. Ressourceneffizienz ist dafür wichtig, aber genauso wichtig ist ein Verstehen und Beachten der Grundkategorien Konzentration, Funktion und Dissipation.

Über Art (stoffliche Zusammensetzung, Art der Produkte) und Umfang (Stoffkonzentrationen, Stoffmengen) sowie ihre zeitliche und räumliche Variabilität können wir zwar die dissipativen Verluste nicht völlig verhindern, aber verringern. Dissipativ minimierte Stoff- und Materialströme sind

- stofflich möglichst homogen,
- räumlich und zeitlich begrenzt,
- erlauben es, die konstituierenden Produkte am Ende der Nutzungsphase leicht und vollständig zu erfassen und sortenrein wiederzugewinnen,
- besitzen eine niedrige Materialkreislaufintensität und
- sind auf verbundene Kreisläufe abgestimmt.

Insbesondere müssen wir in jeder Phase der Planung (*design*) von gutartigen (*benign*) Produkten die Wiedergewinnung schon möglichst früh in interdisziplinärer Zusammenarbeit planen. Idealerweise geschieht dies so, dass diejenigen, die Produkte planen, diese später auch wieder aufarbeiten oder ggf. wieder- und weiter verwenden. Sie müssen auch die Nutzer einbeziehen, um einerseits deren Erwartungen besser zu kennen und um andererseits ihnen ggf. auch klarzumachen, wo die dissipativen Kosten zu hoch sind. Dabei ist auf zeitliche Versetzungen zu achten – Produkte, die heute neu auf den Markt kommen, werden je nach Produktlebensdauer schon nach einem Jahr oder erst Jahre später zu Abfall. Verschiedene Produkt- und Bausteingenerationen vermischen sich so und erschweren die Wiedergewinnung wertvoller Bestandteile. Materialien aus früheren Mülldeponien wiederzugewinnen, scheint reizvoll, scheitert aber nicht nur an der ungezielten Vermischung und Einlagerung vieler verschiedener Stoffe, Materialien und Produkte, sondern auch daran, dass die in Deponien früher abgelagerten Produkte die jetzt benötigten knappen Rohstoffe gar nicht enthalten oder nur in sehr geringer Menge.

Insbesondere dauerhafte Materialien wie z. B. Metalle und ihre Verbindungen sollten zuallererst weiter- und wiederverwendet werden. Sie sollten also gebraucht und nicht verbraucht werden. Insofern geeignete Recyclingverfahren noch nicht verfügbar sind, ist es wichtig, Depots anzulegen, um entsprechende Rohstoffe später wiedergewinnen zu können, wenn geeignete und effiziente Verfahren vorhanden sind. Wie bei diesen Depots ist es auch bei unbeabsichtigter Dissipation von Produkten, Materialien oder Inhaltsstoffen zentral zu wissen, wo man sie wiederfinden kann, wenn man sie sucht. Wir müssen also versuchen, im wahrsten Sinne des Wortes von der Substanz zu leben.

Literatur

Clube of Rome (1972) Die Grenzen des Wachstums. Bericht des Club of Rome zur Lage der Menschheit. Aus dem Amerikanischen von Hans-Dieter Heck. Deutsche Verlags-Anstalt, Stuttgart

Council on Environmental Quality, US-Außenministerium (Hrsg) (1980) Global 2000. Der Bericht an den Präsidenten. 2001 Verlag, Frankfurt a.M.

Fendel A, Kempkes G (2014) Die veränderte Welt des Metallrecyclings – Steigende Vielfalt der Funktionswerkstoffe – Entropie und Dissipation in Schrotten. uwf UmweltWirtschaftsForum 22:207–212

Friege H, Oberdörfer M, Günther M (2014) Vergleich von Sammelsystemen für Elektrogeräte in Europa. Müll und Abfall 4/2014:208–215

Geomar (o J) Geomar Forschungszentrum (Kiel): Massivsulfide – Rohstoffe aus der Tiefsee. http://www.geomar.de/fileadmin/content/service/presse/public-pubs/brosch_rohstoffe_final.pdf. Zugegriffen: 11.11.2014

Grupe G (1991) Anthropogene Schwermetallkonzentrationen in menschlichen Skelettfunden. UWSF-Zeitschrift Umweltchemie und Ökotoxikologie 3:226–229

Gunn G (Hrsg) (2014) Critical Metals Handbook. John Wiley & Sons, Chichester

Helmers E, Mergel N, Barchet R (1994) Platin in Klärschlammasche und an Gräsern. UWSF-Zeitschrift Umweltchemie und Ökotoxikologie 6:130–134

Helmers E, Schwarzer M, Schuster M (1998) Comparison of palladium and platinum in environmental matrices: Palladium pollution by automobile emissions? ESPR – Environmental Science & Pollutant Research 5:44–50

Horovitz CT, Gschneidner KA, Melson GA, Youngblood DH, Schock HH (Hrsg) (1975) Scandium. Its occurrence, chemistry physics, metallurgy, biology and technology. Academic Press, London

Kulaksiz S, Bau M (2011) Rare earth elements in the Rhine River, Germany: First case of anthropogenic lanthanum as a dissolved microcontaminant in the hydrosphere. Environment International 37:973–979

Kümmerer K, Helmers E (2000) Hospital effluents as a source of Gadolinium in the aquatic environment. Environmental Science and Technology 34:573–577

Kyrylyuk AV, Hermant MC, Schilling T, Klumperman B, Koning CE, van der Schoot P (2011) Controlling electrical percolation in multicomponent carbon nanotube dispersions. Nature Nanotechnology 6:364–369

Mestre NC, Calado R, Soares AMVM (2013) Exploitation of deep-sea resources: The urgent need to understand the role of high pressure in the toxicity of chemical pollutants to deep-sea organisms. Environmental Pollution 185:369–371

SATW – Schweizerische Akademie der Technischen Wissenschaften (2010) Seltene Metalle. Rohstoffe für Zukunftstechnologien. SATW Schrift, Bd. 41. Zürich

USGS – U.S. Geological Survey (1973) Principles of the Mineral resource classification system of the U.S. Bureau of Mines and U.S. Geological Survey. Bulletin 1450-A. http://pubs.usgs.gov/bul/1450a/report.pdf. Zugegriffen: 11.11.2014

Weise E (1991) Grundsätzliche Überlegungen zu Verbreitung und Verbleib von Gebrauchsstoffen (use pattern). In: Held M (Hrsg) Leitbilder der Chemiepolitik. Stoffökologische Perspektiven der Industriegesellschaft. Campus, Frankfurt, S 55–64

Weisman A (2012) Die Welt ohne uns. Reise über eine unbevölkerte Erde. Piper, München

Wikipedia (2014a) Hubbert-Kurve. http://de.wikipedia.org/wiki/Hubbert-Kurve. Zugegriffen: 24.11.2014

Wikipedia (2014b) RFID. http://de.wikipedia.org/wiki/RFID. Zugegriffen: 24.11.2014

Yamazaki T, Nakatani N, Yamamoto Y, Arai R (2014) Preliminary economic evaluation of deep-sea REE mud mining San Francisco, 8–13 June 2014. Proceedings of the International Conference on Offshore Mechanics and Arctic Engineering – OMAE, Bd. 7.

Zepf V, Reller A, Rennie C, Ashfield M, Simmons J (2014) Materials critical to the energy industry. An introduction, 2. Aufl. BP, London

Die geologische Verfügbarkeit von Metallen am Beispiel Kupfer

5

Werner Zittel

5.1 Einführung

Seit der Jahrtausendwende steigt der Verbrauch vieler Metalle in bis dahin ungeahnter Weise und erreicht fast unbeeindruckt durch die Krisenjahre 2008 ff. jährlich einen neuen Höchststand. Neue KonsumentInnen aus Asien treiben die Nachfrage nach oben. Auch wenn gegenüber 1990 nur für wenige Metalle (Se, Tl, Hg, Ag) die Metallpreise inflationsbereinigt um mehr als 300 % anstiegen (Kelly et al. 2013), so rückt doch die Versorgungssicherheit mit Metallen in den Fokus von Industrie und Politik. Auf regionaler, nationaler, europäischer und UN-Ebene wurden entsprechende Gremien eingerichtet.

In diesem Kapitel werden am Beispiel von Kupfer wesentliche Aspekte der Metallnutzung und -verfügbarkeit diskutiert. Dieses Kapitel gliedert sich in vier Teile. Zunächst werden kurz die wichtigsten Initiativen beschrieben und grundsätzliche Muster der Verfügbarkeit skizziert (s. Abschn. 5.2). Diesem schließt sich ein historischer Abriss der Bergbaugeschichte an, wobei der Fokus auf wenige ausgewählte Beispiele gelegt wird (s. Abschn. 5.3). Im folgenden Abschnitt werden für Kupfer aktuelle Förderstatistiken und Verknappungsindikatoren diskutiert (s. Abschn. 5.4). Im nächsten Abschnitt wird der gesellschaftliche Kupfergebrauch mit Zahlen belegt und die Relevanz von Recycling aufgezeigt (s. Abschn. 5.5). Der Beitrag schließt mit einer Zusammenfassung ab (s. Abschn. 5.6).

W. Zittel (✉)
Ludwig-Bölkow-Systemtechnik GmbH
Ottobrunn, Deutschland
email: werner.zittel@lbst.de

© Springer-Verlag Berlin Heidelberg 2016
A. Exner et al. (Hrsg.), *Kritische Metalle in der Großen Transformation*,
DOI 10.1007/978-3-662-44839-7_5

5.2 Reserven und Ressourcen –
wie prognostiziert man Knappheiten?

Seit 2008 untersucht die europäische Rohstoffinitiative wesentliche Verfügbarkeitsaspekte von Metallen aus der Perspektive der Wirtschaft. Gemäß den dort definierten Kriterien wird die Verfügbarkeit von 14 Metallen in der kommenden Dekade als kritisch angesehen – Kupfer ist nicht unter diesen Metallen (Com 2008).

Auch auf deutscher Ebene wird das Problem adressiert, wobei man neben einer Effizienzsteigerung und verbessertem Zugang zu den Weltmärkten auch auf günstigere Abbaubedingungen in Deutschland setzt. Wenn der Bundesverband der Deutschen Industrie die Ausweisung von Naturschutzgebieten mit „ausreichend vorhandene Lagerstätten werden auf diese Weise künstlich verknappt und dauerhaft der Gewinnung entzogen" kommentiert, so sind künftige Konflikte zwischen Bodennutzung und Belangen des Umweltschutzes unschwer zu erahnen (BDI 2010, S. 4).

Auf Weltebene bündelt das International Panel on Resource Management das Thema. Neben der geologischen Verfügbarkeit werden vor allem Recyclingpotenziale analysiert (UNEP 2010).

Der Versuch, die künftige Verfügbarkeit von Metallen vorherzusagen, ist nicht neu. Das bis heute gängigste Muster von Vorhersage folgt der Einteilung von Metallen in Reserven und Ressourcen nach festgelegten Regeln gemäß geologischer und ökonomischer Kriterien (McKelvey 1960). Mag es noch vertretbar sein, Reserven als den Teil der Ressourcen zu definieren, der durch Bohrungen nachgewiesen und nach aktuellem technischem Stand auch ökonomisch gewinnbar ist, so ist die Aussagekraft von Ressourcen doch sehr begrenzt, da hier viele spekulative Elemente eingehen. Auf dieser Basis lässt sich ein stetes Reservewachstum dadurch begründen, dass neue Funde getätigt werden, höhere Preise und Innovationen die Grenze des ökonomisch Gewinnbaren verschieben und dadurch stetig Ressourcen in Reserven übergeführt werden. So mögen Reserven zwar einen Verfügbarkeitsindikator darstellen, dieser allein ist jedoch unzureichend, potenzielle Versorgungsprobleme zu identifizieren.

So versuchten Geologen vor mehr als 50 Jahren, aus empirischen Daten der Verringerung der Erzgehalte auf die Erschöpfung einer individuellen Lagerstätte und in Summe auf weltweite Trends zu schließen (Lasky 1950). Musgrove entwickelte einen Formalismus, um aus der Verteilungsfunktion des Erzgehaltes der Förderung und deren Mengen Zukunftsszenarien zu entwickeln (Musgrove 1965, 1971). Chapman stellte eine vereinfachte Formel zur Berechnung der noch förderbaren Metallmenge auf:

$$\log(Q) = c - m \cdot \log(g). \tag{5.1}$$

Dabei dienen die kumulierte Fördermenge (Q) und der Erzgehalt der letzten Jahresförderung (g) als Basis (Chapman und Roberts 1983). Die empirischen Konstanten (c) und (m) werden aus historischen Zeitreihen ermittelt.

Die Analyse der Lagerstättenverteilung hinsichtlich des Metallgehaltes wurde von Ahrens (1953) entwickelt, wobei er eine Normalverteilung annahm, deren Maximum bei der durchschnittlichen Konzentration des Metalls in der Erdkruste liegt. Auch wenn dieses Modell die Verhältnisse sehr vereinfacht, so dient seine modifizierte Version nach Skinner (1976) bis heute als Referenz. Hier wird berücksichtigt, dass – neben der einer Normalverteilung folgenden Konzentration im Gestein – Lagerstätten ja erst durch geologische Prozesse zu abbauwürdiger Konzentration angereichert wurden. Dies wird am besten durch eine binodale Verteilung beschrieben. Das Hauptmaximum liegt bei der Durchschnittskonzentration des Metalls in der Erdkruste. Das zweite, kleinere Maximum liegt bei Lagerstätten mit hoher Erzkonzentration, d. h. den abbauwürdigen Vorkommen.

Seit einigen Jahren gibt es auch Versuche, mit komplexen Rechenmodellen aus der geologischen Entstehungsgeschichte von Lagerstätten deren Qualität und Menge zu berechnen und so die maximal verfügbare Ressourcenmenge zu quantifizieren (Wilkinson und Kesler 2007).

Dem offensichtlichen Muster „vom Einfachen zum Schwierigen" folgend, bedingt technischer Fortschritt, dass Erze mit immer geringerer Konzentration gefördert werden konnten. Oft – wenn auch nicht immer – bestand dieser Fortschritt darin, menschliche Arbeit durch den Einsatz von Technik zu ersetzen und so die Arbeitsproduktivität zu erhöhen. Solange hierdurch ein Kostenvorteil erzielt werden kann, ist die Attraktivität für arbeitssparende Investitionen groß genug. Da ein geringerer Erzgehalt jedoch auch den Abbau größerer Mengen tauben Gesteins erfordert, steigt der Energieaufwand, wenn dies nicht durch neue Fördertechniken kompensiert werden kann. Höhere Gesteinsbewegungen, die oft genug auch mit höherem Wasseraufwand zur Flotation oder Säureaufwand zum Herauswaschen des Erzes verbunden sind, führen zudem zu zunehmenden Umweltauswirkungen.

So erlauben steigende Preise und technologische Innovationen, ehemals nicht gewinnbare Ressourcen zu wirtschaftlichen Bedingungen abzubauen. Dem stehen steigender Energieaufwand und zunehmende Umweltbeeinträchtigung gegenüber. Bereits in den 1970er-Jahren gab es den Versuch, diese Effekte zu quantifizieren (Council on Environmental Quality und US-Außenministerium 1980; Chapman und Roberts 1983). Hier hat sich insbesondere die Bilanzierung des Exergiegehaltes als eine Standardmethode etabliert, die damals entwickelt wurde. Eine systematische Analyse des steigenden Energieaufwands bei sinkender Erzkonzentration veröffentlichten Hall et al. (1986).

Unstrittig werden die Förderbedingungen mit zunehmender Erschöpfung der hochprozentigen Erze schwieriger. Diese generelle Tendenz wird freilich unterbrochen durch den Fund neuer hochprozentiger Erzvorkommen innerhalb einer bestehenden Mine oder in neuen Regionen. Ebenso unstrittig sorgt technischer Fortschritt in Kombination mit neuen Investitionen für einen Ausgleich, sodass oft die Auffassung vertreten wird, auf absehbare Zeit seien keine geologisch bedingten Verknappungsprobleme zu erwarten und dies gelte für fast alle Bodenschätze (Tilton und Lagos 2007). Unberücksichtigt bleiben bei dieser Sicht jedoch die zunehmenden Umwelteinwirkungen, die zusammen mit dem steigenden Energieverbrauch Grenzen der Förderung setzen, die weit unter den Grenzen der geologischen Verfügbarkeit liegen können (Prior et al. 2010; Gordon et al. 2007).

So argumentiert André Diederen (2010) in einer kritischen Analyse, dass bis zur Jahrhundertmitte vermutlich bei *fast allen* Metallen eine kritische Grenze der Verfügbarkeit erreicht wird. Diese Grenze resultiert aus dem Zusammenspiel zweier Dynamiken: einerseits dem für viele Metalle zunehmenden Verbrauch und andererseits dem durch die Tendenz zur geringeren Erzkonzentration in den noch verfügbaren Lagerstätten zunehmenden Aufwand. Jedoch unterscheidet Diederen „Elemente der Hoffnung": Diese Metalle sind dann vermutlich noch in ausreichendem Maße verfügbar, wenn auch zu anderen Förderbedingungen.

Konkret umfassen die „Elemente der Hoffnung" die sieben Metalle Silizium, Aluminium, Eisen, Kalzium, Natrium, Kalium und Magnesium sowie die Nichtmetalle Wasserstoff, Kohlenstoff, Stickstoff, Sauerstoff, Phosphor und Schwefel. Deren Konzentration in der Erdkruste liegt über 1 % und deren Verteilungskurve folgt im Wesentlichen einer Normalverteilung um die Durchschnittskonzentration in der Erdkruste. Bei der Durchschnittskonzentration findet sich auch der größte Anteil. Mit zunehmender und abnehmender Konzentration fällt die Häufigkeit sehr stark ab. Diese Metalle können nach Versiegen der ergiebigsten Lagerstätten mit evolutionär steigendem Förderaufwand immer noch in ausreichendem Maße erschlossen werden.

Die übrigen Metalle, bei denen Verknappungstendenzen zu erwarten sind, umfassen alle anderen Metalle. Bei diesen muss mit einer Verknappung innerhalb der kommenden 50 Jahre gerechnet werden. Metalle mit deutlich weniger als 1 % Anteil in der Erdkruste zeigen eine sog. binodale Verteilungskurve (Skinner 1976): Neben der glockenkurvenähnlichen Normalverteilungsfunktion um die Durchschnittskonzentration gibt es ein zweites Häufigkeitsmaximum bei deutlich höherer Konzentration, aber auf wesentlich niedrigerem Niveau, das die Häufigkeit der in Lagerstätten angereicherten Mengen spiegelt. Die beiden Häufigkeitsverteilungen für „Elemente der Hoffnung" und „seltene Elemente" werden idealtypisch wiedergegeben (s. Abb. 5.1). Hier können mit steigendem Aufwand zwar niedrigkonzentrierte Erze erschlossen werden. Doch diese werden nicht in ausreichendem Maße verfügbar sein.

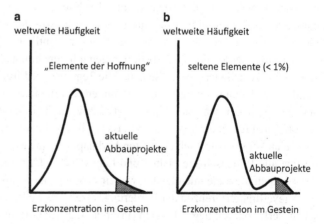

Abb. 5.1 Typische Verteilungsfunktion häufiger (**a**) und seltener (**b**) Metalle in der Erdkruste. (Nach Skinner 1976)

Diese geologischen Aspekte zeigen sehr reale Auswirkungen in der Ökonomie, wie am Beispiel der USA zu erkennen ist. Der Abbau fast aller metallischen Bodenschätze erreichte dort um 1978 das Maximum. Seitdem ist die Förderung deutlich gefallen. Für die fossilen Ressourcen Erdöl und Erdgas war das regionale Fördermaximum bereits 1970 erreicht (Erdöl USA *lower 48 states*). Anschließend musste man zunehmend Öl importieren. Dies führte zu einem Abhängigkeitsrisiko, das erstmals 1973 sichtbar wurde. Neben den hohen, durch den Vietnamkrieg verursachten Staatsausgaben mag dies zusätzlichen Druck aufgebaut haben, sodass um 1971 das Bretton-Woods-System zur Währungsstabilisierung aufgegeben und der Verfall des Dollar eingeleitet wurden (Ganser 2012). Mit dem Fördermaximum der metallischen Rohstoffe wiederum fällt zeitlich das Maximum der Geldumlaufgeschwindigkeit des Dollar in den USA zusammen, wenn man dieses über das Verhältnis des Bruttoinlandsprodukts zur Geldmenge M3 definiert (eigene Berechnung auf Basis von Daten der US-Zentralbank: Fed 2013).

5.3 Beispiel Kupferförderung – historischer Längsschnitt

Über die gesamte Geschichte hinweg, von der Stellung Griechenlands und der Bedeutung seiner Silbermine Laurion über das Römische Reich, das mittelalterliche Habsburgerreich, das Kolonialzeitalter bis zur nachfolgenden industriellen Revolution entschied der Zugang zu Metallen über Reichtum oder Armut einer Region. Dies soll in Ansätzen am Beispiel der Kupferförderung im folgenden historischen Abriss skizziert werden.

Kupfer und Blei zählen zu den ältesten *Gebrauchsmetallen* der Menschheitsgeschichte (Gold als Material für Schmuck wurde noch früher genutzt). Der Anfang der Kupferbearbeitung wird auf die Zeit um 7000 v. Chr. im anatolischen Cayönü datiert (von Schnurbein 2009, S. 87). Von dort breitete sich die Nutzung von Kupfer innerhalb eines Jahrtausends zwischen 4500 und 3500 v. Chr. über den Donauraum bis an die Nordsee und nochmals 1000 Jahre später auf die britischen Inseln aus. Parallel dazu entwickelte sich der Kupferbergbau von Griechenland ausgehend (4500 v. Chr.) entlang der Inseln und der Küstenregionen des Mittelmeers nach Südspanien (3200 v. Chr.) (von Schnurbein 2009), wo bereits von den Phöniziern die Mine Rio Tinto erschlossen wurde. Der Name Kupfer ist vermutlich auf den Abbau auf der Insel Zypern zurückzuführen. Anhand von Schlacken schätzt man die dortige Förderung im Altertum kumuliert auf etwa 200.000 Tonnen, wobei die sulfidischen Erze Verunreinigungen enthielten, die das Metall härter und damit für Rüstungen und Waffen brauchbarer machten (Cowen 2001). Bronze mit einem hohen Kupferanteil (> 85 %), Zinn und Spuren anderer Metalle (v. a. Arsen) war wegen seiner Festigkeit im Altertum wichtigstes Material für Rüstungen.

So wie die Silberminen im attischen Laurion Basis der athenischen Macht waren, so bildeten die Gold-, Silber- und Kupferbergwerke vor allem in Spanien die Basis des römischen Weltreiches. Bereits in der Frühzeit manifestierten sich der Zugang zu den Metallressourcen und die damit mögliche Beherrschung durch Technik als Garanten für politische und wirtschaftliche Macht, die mit dem Nachlassen der regionalen Ressourcen oft auch einen Niedergang erfuhr. So kann man den Untergang des Weströmischen Reiches neben zusätzlichen Ursachen mit dem Verfall der Minenproduktion erklären. Im Unterschied dazu hatte Ostrom bis zu seinem Untergang (1453) Zugang zu ergiebigen Lagerstätten (Bardi 2013).

Eine europäische Hochkultur entwickelte sich erst wieder unter Karl dem Großen mit dem Zugang zu den frühen mittelalterlichen Silberminen bei Aachen, in den Vogesen und im Schwarzwald. Um die Jahrtausendwende begann eine Blütezeit des mittelalterlichen Bergbaus. Diese begründete den Reichtum der Städte Goslar und Freiberg, wobei primär die Silbergewinnung im Vordergrund stand. In dieser Zeit entwickelte sich auch das Bergrecht (Bergregal), das im Grundsatz heute noch die gesetzliche Grundlage für eine Nutzung bildet – die Erschließung einer Lagerstätte wurde damit vor anderen Interessen begünstigt. So ließ sich Kaiser Friedrich I. im Jahr 1158 das Silber- und Salzregal bestätigen, das ihm Abgaben und Vorkaufsrechte sicherte. In der Folge wurde es in der Goldenen Bulle Kaiser Karls IV. 1356 auf andere Metalle ausgedehnt und den Landesfürsten übertragen (Suhling 1983).

Der Kupferbedarf Mitteleuropas übertraf in dieser Phase die heimische Produktion bei Weitem, sodass deutsche Unternehmen und Fachkräfte sich am Aufbau der schwedischen Kupfermine Kopparberget bei Falun sowie von Minen in Italien (Massa Marittima) und in Oberungarn (Neusohl) beteiligten. Doch die Erschöpfung der oberflächennahen Abbaugebiete und Probleme der Wasserhaltung, die in dieser innovationsarmen Zeit nicht gelöst werden konnten, sorgten für den Niedergang um das Jahr 1400. In dieser Phase war die Technik des Bergbaus nicht über das Niveau der Antike hinausgekommen (Suhling 1983).

Die zweite Blütezeit des Bergbaus zu Beginn der Renaissance soll am Beispiel des damals weltgrößten Kupfer- und Silberbergwerks Falkenstein bei Schwaz in Tirol mit bis zu 10.000 Beschäftigten skizziert werden (Bartels et al. 2006), da dessen Entwicklungsgeschichte im Kern vielen Abläufen bis heute ähnelt.

Innerhalb weniger Jahrzehnte wuchs Schwaz von einer Gemeinde mit einigen 100 Einwohnern zu der nach Wien zweitgrößten Stadt des Habsburgerreiches und verschwand ebenso rasch wieder in der Bedeutungslosigkeit, bis es an der Schwelle zum 20. Jahrhundert wieder den Status einer Stadt erlangte. Der damit verbundene Wandel des gesellschaftlichen Stoffwechsels innerhalb kürzester Zeit bedeutete vielfältige logistische, soziale und ökologische Veränderungen, die es noch in einer systematischen Gesamtbetrachtung aufzuarbeiten gilt. An dieser Stelle ist nur eine Skizze möglich.

Es können im Raum Schwaz bereits bronzezeitliche oberflächennahe Aktivitäten nachgewiesen werden, doch erst im Mittelalter wurden die Vorkommen entdeckt, die zu Beginn des 15. Jahrhunderts in großem Maßstab ausgebeutet wurden. Anfangs trieben lokale Akteure den Abbau voran. Doch schon bald erforderte der kapitalintensive Schachtbau größere Investitionen, die überregionale Unternehmer anzogen. Dies bedingte auch eine detaillierte Bergordnung, die in kollegialem Diskurs mit Vertretern von bis zu 42 eigenständigen Gewerken ausgearbeitet wurde. Beispielsweise wurde auf Sozialstandards (u. a. eine 8-Stunden-Schicht und großzügige Feiertagsregelungen) ebenso geachtet wie auf Umweltbelange (Verbot der Anhäufung von Halden).

Die Landesfürsten verschuldeten sich zur Finanzierung ihres Lebensstils und gewährten den Gläubigern (vor allem den Fuggern) neben großzügigen Zinszahlungen die Tilgung über eine Verpfändung der Silbererträge des Schwazer Bergwerks zu Vorzugskonditionen. Zudem wurde die Silberförderung Basis der Münzprägung. Von der Nachfrage getrieben stieg die Förderung an und erreichte 1483 einen ersten Höhepunkt, der 1523 nochmals leicht übertroffen wurde. Diese Förderausweitung wird auf eine technologische Innovation, den sog. „Tiroler Abdarrprozess", zurückgeführt (Bartels et al. 2006, S. 677 ff.). Damit wurde eine effizientere Abtrennung des Silbers vom Kupfer ermöglicht und ein Produktivitätsvorteil erreicht, der die Silberausbeute bei konstanter Fördermenge erhöhte. Silberhaltiges Kupfer wird mit Blei verschmolzen. Dabei verbindet sich das Silber mit Blei und kann so vom Kupfer abgetrennt werden. In weiteren Schritten wird es dann wieder unter Ausnutzung der unterschiedlichen Schmelztemperaturen vom Blei abgetrennt. Der einsetzende Förderrückgang konnte ab 1515 nochmals durch den Bau eines kostspieligen Tiefbaustollens umgekehrt werden. Doch ab 1524 trat ein stetiger Förderrückgang ein (s. Abb. 5.2). Die Habsburger hatten bis dahin große Schulden vorrangig bei Jakob Fugger angehäuft, dem sie als Sicherheit das Schwazer Silber zu Vorzugskonditionen überließen. Durch die Zahlungsunfähigkeit eines Großgewerken (dies entspricht im heutigen Sprachgebrauch einem Gesellschafter) wurde dessen Hauptgläubiger Fugger 1522 wichtigster Anteilseigner in Schwaz. Niemand hatte das Fördermaximum von 1523 vorausgesehen bzw. als solches erkannt. Erschwerten Förderbedingungen begegnete man durch die Zusammenlegung von Gewerken. Die Familienunternehmen der frühen Phase lebten in dieser Zeit den alten Erträgen vertrauend über ihre Verhältnisse, die letzten von ihnen (Tänzl und Stöckl) mussten 1552 Konkurs anmelden. Um ihren Gewinn zu halten, reduzierten die Großunternehmen Sozialstandards und Lohnzahlungen; dies trug zu Knappenaufständen bei. Letztlich mussten die Fugger – die als alleinige Gewerken

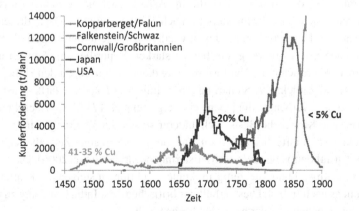

Abb. 5.2 In ihrer Zeit jeweils größte Kupferproduzenten 1450–1900; Chile, das von 1850–1880 weltgrößter Produzent war, wird aufgrund unvollständiger Daten nicht berücksichtigt. (Eigene Zusammenstellung aus verschiedenen, teils im Text genannten Quellen)

verblieben –, das unrentabel gewordene Bergwerk 1657 den Habsburgern unentgeltlich überlassen. Dieser Entwicklung waren soziale Unruhen und stetige Ausgabensteigerungen aufgrund der schlechter werdenden Profitabilität vorausgegangen. Der Landesfürst wiederum engagierte sich – wie auch viele andere Landesherren in den Bergbauregionen dieser Zeit – im unrentabel gewordenen Bergbau der sozialen Stabilität wegen. Technische Verbesserungen (Tiefbaustollen, als Weltwunder gepriesenes Wasserrad und in der Spätphase Sprengungen) erforderten große Investitionen. Diese erfolgten nach Überschreiten des Förderhöhepunktes, verschlechterten daher die Rentabilität und konnten den Verfall nicht aufhalten. Zudem wurden die neu entdeckten Silberminen in Bolivien, Mexiko und Peru (v. a. 1545 die bis heute weltgrößte Lagerstätte Cerro Rico in Potosí im heutigen Bolivien; 1548 Guanajuato in Mexiko, vgl. Pohl 2005, S. 183 f.; Kellenbenz 1977, S. 321; Braudel 1986, S. 377) zur preissenkenden Konkurrenz, die in Schwaz keinen wirtschaftlichen Betrieb mehr zuließen. Die Erzkonzentration des Koppelproduktes Silber wurde zu gering für eine rentable Ausbeute.

Auch andernorts in Europa schlitterte der Bergbau zur selben Zeit wie in Schwaz in eine tiefe Krise, die neben äußeren Ursachen (Importe aus Übersee, Kriege, Krankheiten) bei tiefer werdenden Stollen vor allem durch das eindringende Wasser und die längeren Transportwege bedingt waren.

Zu Beginn des 17. Jahrhunderts stieg das nordschwedische Falun zum größten europäischen Bergwerk auf, nachdem niederländische Waffenhändler und Gewehrproduzenten in das dortige schwedische Bergwerk Kopparberget investierten. Wegen des enormen Holzbedarfs zur Verhüttung waren dort günstige Voraussetzungen gegeben (Niemann 2009). Um 1650 war Falun Europas größtes Kupferbergwerk, das etwa zwei Drittel zur Förderung beitrug. Doch auch hier ging die Förderung bald wieder zurück (Kellenbenz 1977). Im dänisch-schwedischen Krieg 1658 verhängte Schweden ein Kupferexportverbot, wovon der Export von schwedischem Kupfer nach Amsterdam maßgeblich betroffen war. Dies führte wiederum dazu, dass die im Asienhandel aktive niederländische Ostindienkompanie (VOC) die Kupferimporte nach Europa steigerte. Basis dieser Importe war die japanische Kupferförderung. Japan wiederum steigerte den Export als Ersatz für die nachlassende Silberförderung, die bereits starken Exportbeschränkungen unterworfen war. Um 1700 erreichte die Kupferförderung dann auch in Japan den Höhepunkt und ging anschließend zurück. Zur Sicherung des heimischen Kupferbedarfs – insbesondere zur Münzprägung – verhängte die japanische Regierung ab 1715 Exportbeschränkungen. Da das japanische Kupfer die Basis auch anderer asiatischer Währungen in China, Thailand und Indien war, führte dies zu Krisen, und dies gerade in einer Zeit, als sich in Europa Großbritannien auf den Weg zur Industrialisierung begab (Shimada 2006). Die Förderausweitungen in Cornwall und kurzzeitig in Anglesy führten zu steigenden Kupferexporten Großbritanniens nach Indien. Dies verhalf der britischen East India Company zu entscheidenden Vorteilen gegenüber der niederländischen VOC.

Die Förderung in Cornwall, dem weit vor Anglesy größten Abbaugebiet in England, wurde anfangs durch die steigende Nachfrage aus der Rüstung angesichts der Kriege von 1689–1697 und 1702–1713 angetrieben, durch die neuen Dampfpumpen ermöglicht und die Aufhebung des königlichen Bergbaumonopols in England unterstützt. Dies schuf die Voraussetzungen des Booms. Der eigentliche Förderanstieg zwischen 1729 und 1785 wurde jedoch vor allem durch die zivile heimische Nachfrage nach Gebrauchsgegenständen und die zunehmenden Exporte nach Asien bewirkt (Roberts 1957). Angesichts des schnellen Förderwachstums, das alles Bisherige in den Schatten stellte (s. Abb. 5.2) wurde hier um 1840 das Fördermaximum erreicht. Anschließend erfolgte ein abrupter Förderrückgang: Betrug der Anteil Großbritanniens an der Weltkupferförderung zur Zeit des Höhepunkts etwa 40 %, so wurde das Vereinigte Königreich bereits 1850 von Chile und 1860 von den USA überholt. 1880 hatte Großbritannien nur noch 2 % Förderanteil, wohingegen die Förderung in den USA bis 1900 auf 300.000 t bzw. 60 % der Weltförderung anstieg.

Technische Neuerungen führten zwar zu steigender Produktivität und rasch steigenden Fördermengen in den jeweiligen Regionen, aber auch zu ebenso rascher Erschöpfung der Vorräte. Diese Tendenz erzwang weitere technische Innovationen, sollte die Förderung nicht vollständig eingestellt werden. Betrug die Kupferkonzentration zu Anfang des 15. Jahrhunderts noch 35–40 % (Schwaz), so sank sie zu Beginn der modernen Förderung in Cornwall auf 20 %, fiel zur Zeit des Förderhöhepunkts in dieser Region auf 10 % und sank gegen Ende des 19. Jahrhunderts schließlich auf unter 5 %. Investoren aus dem Vereinigten Königreich engagierten sich in der Kupferproduktion von Chile. Dieses löste in der Folge bereits um 1850 Großbritannien für kurze Zeit als Weltmarktführer ab (Allosso 2007).

Die Kolonialstaaten am Ende des 19. Jahrhunderts betrachteten zunehmend Südamerika und Afrika als Rohstofflieferanten. Diese Entwicklung hatte weitreichende soziale und politische Folgen bis hin zum Ersten Weltkrieg, der aus der zunehmenden nationalstaatlichen Konkurrenz resultierte, die bereits im Wettlauf um die Aneignung ausländischer Territorien sichtbar geworden war. In Rhodesien wurde die Kupferförderung 1906 und im Kongo 1911 aufgenommen (Humphreys 2010). Dadurch wurde schnell die kostspielige Förderung in Europa ersetzt, das an reichhaltigen Erzen verarmt war.

5.4   Die künftige Verfügbarkeit von Kupfer

Folgende Tendenzen dominieren die Förderdynamik des Metallabbaus:

- die durch wachsende Investitionen und technische Innovation getriebene Produktivitätssteigerung;
- die geringer werdende Erzkonzentration;
- dies bewirkt einen zunehmend größeren technischen Aufwand, einen zunehmenden Energieeinsatz und eine höhere Umweltbelastung.

Dies wird im Folgenden an unserem Beispiel Kupfer gezeigt. Stand die Suche nach gediegenem Kupfer per Zufallsfund am Anfang des Bergbaus, so wurden im Altertum gezielt hochprozentige oxidische und später – mithilfe besserer Verhüttungstechniken bei höheren Temperaturen – auch sulfidische Erze geschürft. Daher waren im Mittelalter und in der Renaissance Erze mit einem Metallgehalt von 30–40 % typisch, während dieser gegen Ende des 19. Jahrhunderts in den neuen Minen Amerikas im Schnitt nur mehr um 20 % lag. Dem langfristigen Trend folgend sank die Erzkonzentration in den letzten Jahrzehnten stetig. Diese Entwicklung sei an einigen Länderbeispielen illustriert (s. Abb. 5.3).

1. In den USA verringerte sich der Erzgehalt von 3 % zu Beginn des 20. Jahrhunderts – mit einer einzigen Unterbrechung in den 1930er-Jahren – auf 1 % um 1950. Heute liegt die durchschnittliche Konzentration in den USA bei 0,5–0,6 %. In Kanada fiel der Kupfergehalt von 2,5 % um 1930 auf heute 0,5 % oder weniger (Mudd et al. 2013).
2. Die chilenischen Kupferminen hatten in der ersten Exportphase um 1830 Erzgehalte von mehr als 60 % (z. B. Tamaya). Gegen Ende des 19. Jahrhunderts waren die hochprozentigen Vorräte erschöpft. Die von 1850 bis 1880 andauernde Dominanz des chilenischen Kupfers auf dem Weltmarkt wurde durch die USA gebrochen, als die Förderung drastisch zurückging. Eine Revitalisierung der Kupferförderung erfolgte in Chile erst, als man fähig war, mittels der aus Großbritannien übernommenen Flotationstechnik niedrigprozentige Erze profitabel zu fördern: um 1920 in El Teniente (2,12 %) und Chuquicamata (2,5 %). Ab 1990 wurde die Förderung nochmals deutlich ausgeweitet. Bis 2003 war der Kupfergehalt auf 1,1 % gefallen. 2012 betrug er weniger als 0,9 %.
3. In Australien lag der Kupfergehalt um 1880 bei fast 20 %. Er fiel dann innerhalb weniger Jahre deutlich ab. Bis etwa 1990 blieb er bei ca. 2 %. Seit dieser Zeit geht er jedoch wieder zurück und liegt heute bei 0,7–0,8 % (Mudd et al. 2013).
4. Weltweit liegt die Kupferkonzentration der Fördermengen bei etwa 0,6 % (eigene Aktualisierung auf Basis der Daten in Mudd et al. 2013).

Da mit neuen Technologien niedrigprozentige Kupfererze rentabel gefördert werden konnten, wurden neue Ressourcen erschließbar. So wuchsen auch die Reserven. Betrugen diese 1970 ca. 300 Mio. t (Meadows et al. 1972), so wuchsen sie bis 2012 auf 680 Mio. t an, obwohl sich der Verbrauch in dieser Zeit fast verdreifachte. Offensichtlich werden Endlichkeitsprobleme durch den technischen Fortschritt weit in die Zukunft verschoben. Dies darf aber nicht darüber hinwegtäuschen, dass die leicht erschließbaren hochprozentigen Vorräte eben nicht mehr verfügbar sind.

Kesler und Wilkinson (2008) versuchten daher, aus einer geologischen Top-down-Analyse die Entwicklung von Kupferlagerstätten zu modellieren. Sie kommen zum Ergebnis, dass maximal etwa 170 Mrd. t Kupfer in porphyrischen und 300 Mrd. t Kupfer insgesamt angereichert in Lagerstätten gebunden sein könnten. Mudd et al. (2013) errechneten in einem Bottom-up-Ansatz unter Berücksichtigung aller bekannten Kupferlagerstätten, dass in diesen mindestens 1780 Mio. t enthalten sein müssten, wobei die unter heutigen ökonomischen und technischen Bedingungen gewinnbaren Reserven mit 680 Mio. t angegeben werden.

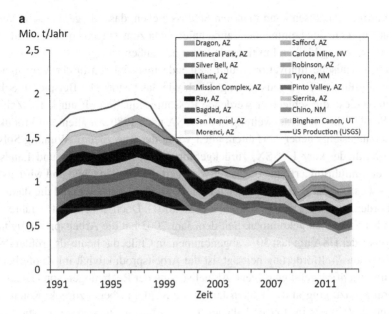

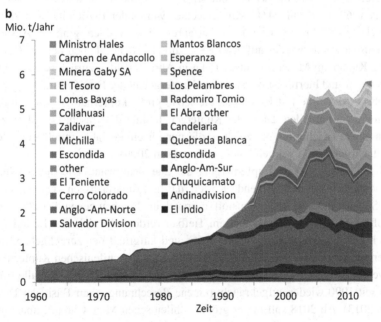

Abb. 5.3 Analyse der Kupferförderung **a** in den USA, **b** in Chile. (Aktualisiert nach Zittel 2013)

Aus derartigen Analysen kann man den Schluss ziehen, dass die geologische Verfügbarkeit von Kupfer in den kommenden Jahrzehnten nicht zum Tragen kommen wird. Doch bei dieser Betrachtung bleiben limitierende Parameter außen vor.

So waren technische Innovationen und steigende Investitionen in der Vergangenheit Voraussetzung für eine Förderausweitung. Doch wie das historische Beispiel in Schwaz zeigt, konnten diese die schlechter werdende Ressourcenqualität oft nur kurze Zeit ausgleichen. So wird die Förderausweitung in den USA nach 1980 vor allem auf Produktivitätsgewinne angesichts neuer Verfahren, allen voran der sog. Electro-Winning-Solvent-Extraction-Methode, kurz EW-SX, zurückgeführt (Bartos 2002; Tilton und Landsberg 1997). Deren Einführung erfolgte etwas zeitverzögert um 1990 in Chile und wird als eine wesentliche Ursache für den dort verzeichneten Produktivitätsanstieg und die damit verbundene Förderausweitung gesehen (Garcia et al. 2001). Doch in den letzten Jahren sind diese Trends ins Stocken gekommen. Seit dem Jahr 2003 hat die Arbeitsproduktivität im Kupferbergbau der USA um fast 30 % abgenommen. In Chile, das heute als größter Produzent mit 30 % zur Weltförderung beiträgt, ist die Arbeitsproduktivität im Kupferbergbau seit 2004 um fast 40 % gefallen (eigene Aktualisierung der Rechnungen von Garcia et al. 2001). Parallel dazu ging in den letzten Jahren die Kupferausbeute zurück: Konnten um 1900 nur etwa 60 % des im Erz enthaltenen Kupfers gewonnen werden, so stieg dieser Anteil bis 1960–1969 auf 94 %. Mit schlechter werdender Erzqualität und zunehmendem Druck, kostengünstige Extraktionsverfahren zu verwenden, ging die Ausbeute bis zur Jahrtausendwende wieder auf etwa 85 % zurück. Heute bleiben bei der Gewinnung von 85 kg Kupfer im Mittel also etwa 15 kg in Abraumhalden zurück (Gerst 2008). Ein wesentlicher Grund hierfür ist der sinkende Kupfergehalt der Erze (Vieira et al. 2012).

Im Jahr 1981 wurde mit Escondida die letzte große kupferhaltige Mine in den chilenischen Anden gefunden. Doch der Kupfergehalt sinkt dort rasch. Die Mine zeigt inzwischen starke Erschöpfungsanzeichen, die nur für einige Jahre durch technologische Fortschritte kompensiert werden konnten (Finlayson 2009).

Deutlich gestiegen ist im Kupferbergbau der Energieaufwand. Die Bereitstellung von Energie verursacht schnell steigende Kosten, da die Primärenergien knapper und teurer werden. So stieg in Chile der Brennstoffverbrauch im Tagebau gegenüber 2004 um 80 % von 5 auf 8 GJ/t, der Stromverbrauch im Tiefbau verdoppelte sich von 1,2 auf 2,3 GJ/t. Zusätzlich mit der Ausweitung des Tiefbaus und aufgrund der zurückgehenden Tagebauförderung stieg damit der Gesamtenergieverbrauch der chilenischen Kupferförderung (inklusive der Raffination) seit 2005 von 17 GJ/t auf 24 GJ/t. Damit sind alle Effizienzgewinne seit 1990 wieder aufgebraucht (eigene Berechnungen auf Basis der Daten von Cochilco 2013). Ab 2018 soll in der größten chilenischen Mine Chuquicamata mit dem Tiefbau begonnen werden (Arellano 2009). Damit wird die Produktivität weiter sinken.

Der zunehmende Übergang zum EW-SX-Verfahren ist eine Ursache für den steigenden Stromverbrauch. Bei diesem Verfahren wird das Erz in wässriger Lösung mit Schwefel angereichert (*leaching*) und das Kupfer mittels Elektrolyse an der Kathode abgeschieden. Zudem steigt für den Leaching-Prozess auch der Bedarf an Schwefelsäure. Aktuelle Zahlen aus Goldminen zeigen, dass einerseits der geringere Erzgehalt und andererseits

steigende Brennstoffkosten die spezifischen Dieselkosten als Teil der gesamten Energiekosten je Unze Feingold von 2010 auf 2013 verdoppelt haben (Bardi 2014). Ähnliche
Trends zeigen sich im Kupfertagebau, wobei hier vor allem der Stromverbrauch im Vordergrund steht.

Heute stellt der Energiebedarf für die Förderung, Konzentration und Raffination sowie
für die Schwefelsäureherstellung eine große Herausforderung an die Minen in Chile dar,
die meist in wasserarmen ariden Gegenden im Norden liegen.

Fasst man diese Trends zusammen, so ist die Arbeitsproduktivität in den größten Kup-
ferförderregionen deutlich gesunken, der Energieaufwand gestiegen, die Förderung stagniert in Chile und in den USA fällt sie bereits seit Jahrzehnten. Auch in Südafrika und
Indonesien ist sie in den letzten Jahren deutlich zurückgegangen. Dies wird gerade noch
ausgeglichen durch eine Förderausweitung in Peru und vor allem in China.

Die genannten Indikatoren liefern zusammen mit der Preisentwicklung in Relation zur
Förderung und Nachfrage Hinweise auf die Erschöpfungsdynamik. Im Resümee bleibt
die qualitative Aussage: Die Förderung steuert auf einen Höhepunkt zu, der neben der
Zugänglichkeit der Reserven auch durch ökologische und ökonomische Randbedingungen
bestimmt wird. Abbildung 5.4 zeigt das Förderprofil wichtiger bereits genannter Staaten.

Eine aktuelle Simulationsrechnung, in der als Grundlage geologische Parameter und
historische Förderprofile analysiert wurden, kommt zu folgender Einschätzung: Mit
großer Wahrscheinlichkeit wird das weltweite Kupferfördermaximum zwischen 2030 und
2040 erreicht (vgl. auch Northey et al. 2014). Abbildung 5.5 wurde mit Datenbasis 2008
erstellt und zeigt ein nach Einschätzung des Autors nicht unwahrscheinliches Förderprofil,
wenn steigende Energieaufwendungen und Umweltauswirkungen die Rentabilität neuer
Projekte senken und damit entsprechende Investitionen verzögert werden. China und Peru
sind die einzigen Länder, die in den letzten Jahren die Förderung deutlich ausgeweitet
haben. Alle anderen haben in Summe die Förderung gegenüber 2000 deutlich reduziert.

Abb. 5.4 Förderrückgang
von Kupfer in Indonesien,
Südafrika, Kanada und Europa.
(Zittel 2010)

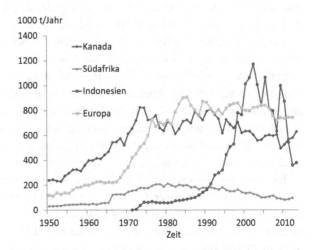

Abb. 5.5 Minenförderung von
Kupfer ab 1930 bis jetzt und
Förderszenario von Kupfer
bis 2100. (Historische Daten
USGS 2010; Szenario: Zittel
2013)

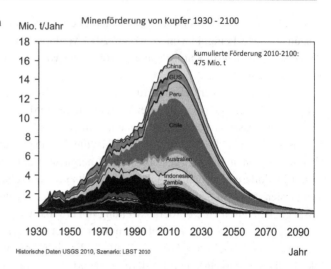

Jüngste Bestrebungen, Kupfer vom Meeresboden nutzbar zu machen, müssen aus heutiger Sicht noch sehr vorsichtig betrachtet werden. Zwar sind dort die Erzgehalte etwas höher (z. B. in Manganknollen 1,1 %, Kuhn 2011), allerdings sind Förderaufwand und Investitionsbedarf ungleich größer als bei konventioneller Förderung auf dem Festland. Auf absehbare Zeit werden diese Bemühungen keinen Einfluss auf die mengenmäßige Verfügbarkeit von Kupfer haben.

5.5 Die Verwendung von Kupfer

Kupfer ist das älteste Gebrauchsmetall der Geschichte. Waffentechnische Entwicklungen waren oft Treiber einer Qualitätsverbesserung der Kupferverarbeitung. So blieb Bronze von der Frühzeit bis ins Mittelalter und die Renaissance wichtiges Basismaterial für Rüstungen, gehärtete Waffenspitzen und Kanonen. Aber auch in zivilen Bereichen waren Kupfergeräte bis in die frühe Neuzeit unentbehrlich. Technische und wissenschaftliche Apparaturen während der industriellen Revolution wurden oft aus Messing, einer Kupfer-Zink-Legierung, gefertigt. Aber auch Gebrauchsgegenstände des täglichen Lebens waren häufig aus Kupfer gefertigt. Seit der Nutzbarmachung der Elektrizität entwickelte sich jedoch ein ganz neues Anwendungsspektrum mit erheblichem Kupferbedarf. So wurde Kupfer von seiner Entdeckung bis heute zu einem der wichtigsten Metalle, das auch in modernen Gesellschaften unentbehrlich erscheint.

Im Japan der 1960er- und 1970er-Jahre wurden etwa 70 % des Kupfers in der elektrotechnischen Industrie verwendet. In den USA wird Kupfer heute in folgenden Bereichen nachgefragt: Gebäudebereich 45 %, Elektronik und elektrische Produkte 23 %, Verkehrstechnik 12 %, Verbrauchsprodukte 12 % und Industrie 8 %. Weltweit wird Kupfer zu je 30 % im Gebäudebereich und in Gebrauchsgegenständen, zu 15 % in Infrastrukturen, zu

13 % in verkehrstechnischen Produkten und zu 12 % in der Industrie verwendet (ICSG 2013).

Etwa 50 TWh/a Strom (TWh/a steht für: Terrawattstunden/Jahr; 1 Terrawattstunde entspricht 1 TWh = 1 Mrd. kWh) werden in Europa von Eisenbahnen benötigt. Hierfür werden in Mitteleuropa etwa 25 t Kupfer je km Eisenbahnstrecke für Fahrdrähte benötigt. In einigen Staaten gibt es noch ca. 100.000 km Niederspannungsgleichstrom-Eisenbahnnetze mit 1,5–3 kV (Kilo-Volt; z. B. Niederlande). Mit einer Erhöhung des Leitungsquerschnittes könnte man die Verluste reduzieren und Strom einsparen. So zeigen Rechnungen, dass bei einer Verstärkung der Fahrdrähte um 95.000 t Kupfer in Europa etwa 240 GWh/a Strom eingespart werden könnten (Groeman 2000; GWh/a steht für: Gigawattstunden/Jahr; 1 Gigawattstunde entspricht 1 Mio. kWh). Allerdings erfordert die Produktion dieser Kupfermenge bei 30 kWh/kg etwa 2800 GWh an Strom, beziehungsweise 15 % dieses Wertes, wenn das verwendete Kupfer vollständig aus Altmetall rezykliert würde (Krüger et al. 1995).

Moderne Züge enthalten etwa 2–4 t Kupfer. In einem konventionellen Pkw sind etwa 20–25 kg Kupfer enthalten, wobei Hybridfahrzeuge eher 35 kg und Elektrofahrzeuge bis 50 kg enthalten. In einem typischen Einfamilienhaus werden etwa 200 kg Kupfer in Hausinstallationen, Stromleitungen, Dachrinnen und so weiter gebunden. Künftige Smart Buildings mit einer Überwachung des häuslichen Stoffflusses erfordern weitere 30–35 kg Kupfer je Gebäude (Arellano 2009).

Rechnet man diese Mengen hoch, so werden heute in den USA etwa 250 kg Kupfer je Einwohner genutzt (Ayres et al. 2002), in China liegt die Kupfernutzung je Einwohner bei 35–40 kg. Der weltweite Kupfergebrauch liegt bei etwa 360 Mio. t, dies entspricht einem Durchschnittswert von 50 kg pro Person (Glöser et al. 2013). Da manche Produkte eine Lebensdauer von weit über 50 Jahren haben, ist der jährliche Verbrauch pro Kopf an neuem Kupfer jedoch deutlich geringer: In den USA liegt er bei 5,6 kg/a, in Deutschland bei 18 kg/a, in China bei 4,3 kg/a. Weltweit liegt der Durchschnittsverbrauch bei 2,8 kg pro Einwohner bzw. absolut bei 20 Mio. t im Jahr 2012. Die Differenz zur Minenproduktion von ca. 16 Mio. t wird aus Altmetall wiedergewonnen.

Die weltweite Strominfrastruktur benötigt jährlich zur Erzeugung und Verteilung von 18.800 TWh Strom/a etwa 100.000 t Kupfer. Regenerative Energietechnologien sind wesentlich materialintensiver (UNEP 2013). So werden für ein PV-Modul auf Siliziumbasis etwa 0,8 kg/kW benötigt. Berücksichtigt man die gesamten Systemaufwendungen (Aufständerung, Verkabelung, Wechselrichter etc.), so steigt der Kupferverbrauch auf 10 kg/kW. Ein solarthermisches Kraftwerk benötigt etwa 0,7 kg/kW, bei Windenergiegeneratoren sind es ca. 2 kg/kW, ein Wechselspannungs-Hochspannungskabel benötigt 3 kg/km und ein Hochspannungsgleichstromkabel um die 10 kg/km. Solaranlagen zur Warmwasserbereitung benötigen etwa 5 kg/kW, wenn 1 m^2 mit 0,7 kW Wärmeerzeugungsleistung gleichgesetzt wird (Schriefl et al. 2013; ICSG 2013). Zusätzlich zu Kupfer werden für diese Technologien noch weitere Metalle benötigt, allen voran Nickel, Eisen, Aluminium, und in geringeren Mengen auch seltene Metalle, auf die hier nicht weiter eingegangen wird.

Eine Szenarioberechnung macht deutlich: Ein vollständiger Übergang zu einer Stromerzeugung ausschließlich mit regenerativen Energien erfordert deutlich größere Mengen an
Kupfer und anderen Metallen als heute. Dies zeigt eine Berechnung auf heutiger technischer Basis für das Jahr 2007. Würde man den globalen Stromverbrauch des Jahres 2007
ausschließlich mit erneuerbaren Energien decken, ergäbe sich demnach ein etwa um den
Faktor 20 höherer jährlicher Kupferverbrauch. Dies würde den für die Stromerzeugung
notwendigen globalen Kupferbedarf auf 2 Mio. t pro Jahr anheben. Für andere Metalle ist
der Anstieg absolut noch größer, so wird bspw. der Nickelbedarf dann auf 3,6 Mio. t pro
Jahr geschätzt (Faktor 5 gegenüber heute) (Kleijn und van der Voet 2010; UNEP 2013).

Diese Überlegungen zeigen: Konventionelle Energietechniken können nicht einfach
durch neue Techniken substituiert werden. Wenn damit nicht auch andere Strukturen,
ein effizienterer Umgang und insbesondere ein weniger verbrauchsintensiver Lebensstil
verbunden werden, dann wird man schnell an Verfügbarkeitsgrenzen stoßen. Auch wenn
Kupfer in derzeit üblichen Zeithorizonten nicht als kritisch betrachtet wird, so ist die Fortschreibung bisheriger Verwendungstrends nicht nachhaltig.

So werden heute etwa 5 % der weltweiten Kupferproduktion für die Stromerzeugung
investiert, bei einer 100 % auf erneuerbaren basierenden Stromversorgung wären es eher
20 % (UNEP 2013), wenn die Kupferproduktion auf heutigem Niveau von ca. 20 Mio. t
pro Jahr bliebe. Unter der Annahme, dass der weltweite Durchschnittsverbrauch an Kupfer
von 2,8 kg pro Kopf bis 2050 auf 5 kg pro Kopf anstiege, so müssten bei dann vielleicht
9 Mrd. Menschen etwa 45 Mio. t Kupfer jährlich produziert werden. Das wäre mehr als
eine Verdoppelung der heutigen Produktion.

Würde die Durchschnittsmenge an Kupfer, die in Beständen genutzt wird, bis 2050 auf
150 kg pro Kopf ansteigen – dies entspricht etwa 60 % des Wertes der USA oder fünfmal dem heutigen chinesischen bzw. dreimal dem Weltdurchschnittswert –, so stiege die
bis dahin insgesamt in Beständen akkumulierte Kupfermenge auf ca. 1,3 Mrd. t. Bis Ende 2012 wurden seit dem Altertum etwa 560 Mio. t Kupfer gefördert, wovon noch etwa
360 Mio. t im Gebrauch sind. Auch wenn die Reserveangaben mit Unsicherheiten behaftet sind, so ist doch instruktiv, dass die Kupferreserven Ende 2012 bei 680 Mio. t lagen.
Diese Zahlenbeispiele in Kombination mit Verfügbarkeitsanalysen verdeutlichen, dass das
Verbrauchswachstum bald an sein Ende kommen muss – möglicherweise bereits in diesem Jahrzehnt – und es immer schwieriger werden wird, die benötigten Kupfermengen
bereitzustellen.

Verstärkte Anstrengungen zum Recycling werden daher immer wichtiger werden.
Doch auch dies wird einen weiter steigenden Verbrauch nicht mehr lange speisen können. Im Jahr 2012 betrug die Minenproduktion etwa 16,2 Mio. t. Mit 3,8 Mio. t aus der
Altmetallverwertung wurden insgesamt 19,7 Mio. t raffiniert, wobei etwa 0,35 Mio. t an
Schmelzverlusten verloren gingen (s. Abb. 5.6 Kreislauf der Kupferförderung). Da jedoch
zusätzlich etwa 5,6 Mio. t Altmetall direkt der Erzeugung von Vorprodukten zugeführt
wurden, betrug der Anteil des Sekundärkupfers an der weltweiten Kupferbereitstellung
etwa 37 % (*recycling input rate*, RIR). Aus anderer Sicht beträgt der Anteil des Kupfers,
das aus Altmetall der Wiederverwertung zugeführt wird, die *end of life collection rate*,

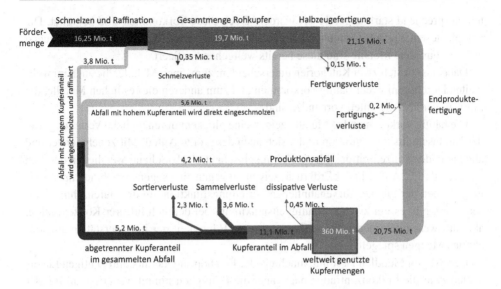

Abb. 5.6 Kreislauf der globalen Förderung, Aufbereitung, Nutzung und Rezyklierung von Kupfer; die Daten gelten für das Jahr 2012. (Glöser et al. 2013)

67 %. Die letztlich vom gesamten Altmetall in den Kreislauf eingespeiste Kupfermenge, die *overall recycling efficiency rate*, beträgt 61 % (ICSG 2013; Glöser et al. 2013).

Die größten Verluste treten beim Sammeln von Altkupfer (3,6 Mio. t pro Jahr) und beim Sortieren des Kupfers (2,3 Mio. t) auf. Auf fast allen Stufen der Kupferverwertung sind dissipative Verluste unvermeidlich, die sich insgesamt auf über 1 Mio. t pro Jahr addieren. Bereits in der Mine geht Kupfer während der Abtrennung und Aufbereitung des Primärkupfers verloren. Diese Verluste, die über viele Jahrhunderte durch verbesserte Abbauverfahren und Abtrenntechniken immer geringer wurden, steigen, wie bereits beschrieben, in den letzten Jahrzehnten wieder an.

5.6 Zusammenfassung

Die Nutzung der Metalle war eine essenzielle Voraussetzung für die Entwicklung der Menschheit. Heute findet die Metallnutzung auf noch nie dagewesenem Niveau statt. Moderne Technologien mit ihren optimierten Eigenschaften erfordern die ausreichende Verfügbarkeit einer steigenden Anzahl von Metallen, die teilweise nur in feinsten Spuren vorhanden sind.

In der Natur kommen Elemente in unterschiedlichster Konzentration vor: Silizium ist mit über 30 % Anteil in der Erdkruste am häufigsten, Indium mit 60 Teilen je Milliarden Teile (*parts per billion*, ppb) extrem selten. Deren technische Nutzung ist mit vertretbarem Aufwand nur möglich, wenn diese Elemente im Verlauf der Erdgeschichte in Lagerstätten entsprechend stark angereichert wurden. Doch diese Vorkommen sind begrenzt. Die am leichtesten zugänglichen und am höchsten konzentrierten Vorkommen wurden zuerst genutzt. Für viele Metalle sind diese bereits weitgehend entleert.

Dabei lassen sich zwei Kategorien unterscheiden: zum einen Metalle, die auch im weltweiten Durchschnitt sehr häufig vorkommen und zum anderen die restlichen Metalle, die mit weniger als 1 % Anteil vorhanden sind.

Die häufig vorkommenden Metalle zeigen eine glockenkurvenähnliche Verteilung. Bei der Durchschnittskonzentration findet sich auch der größte Anteil. Mit zunehmender und abnehmender Konzentration fällt die Häufigkeit sehr stark ab. Seltene Metalle mit deutlich weniger als 1 % Anteil in der Erdkruste zeigen hingegen eine sogenannte binodale Verteilung: Neben der glockenkurvenähnlichen Verteilungsfunktion um die Durchschnittskonzentration gibt es ein zweites Häufigkeitsmaximum bei deutlich höherer Konzentration, aber auf wesentlich niedrigerem Niveau, das die Häufigkeit der in Lagerstätten angereicherten Mengen spiegelt.

Bei ersteren Metallen lässt mit zunehmender Erschöpfung der hochprozentigen Lagerstätten zwar die Erzkonzentration nach, aber die Häufigkeit nimmt weiterhin zu. Bei der zweiten Gruppe nimmt mit abnehmender Erzkonzentration auch die Häufigkeit ab, bevor sie dann erst bei ein, zwei Größenordnungen geringerer Konzentration zur Durchschnittskonzentration hin deutlich ansteigt. Dieses Muster bildet die Basis für die Definition der „Elemente der Hoffnung" (Diederen 2010): Dies sind vor allem die sieben Metalle mit mehr als 1 % Anteil in der Erdkruste. Diese können nach Versiegen der ergiebigsten Lagerstätten mit evolutionär steigendem Förderaufwand immer noch in ausreichendem Maße erschlossen werden. Die technisch erschließbaren hochkonzentrierten Vorkommen der sonstigen Elemente werden dagegen in den kommenden Jahrzehnten vermutlich fast vollständig geplündert sein. Hier können mit steigendem Aufwand zwar niedrigkonzentrierte Erze erschlossen werden. Doch diese werden nicht in ausreichendem Maße verfügbar sein. Sie werden knapp und teuer werden. Steigender technischer Aufwand kann hier die schwindenden hochprozentigen Erze nicht ersetzen. Bei jahrzehntelanger Nutzung auf heutigem oder gar noch steigendem Niveau werden um 2050 fast alle leicht zugänglichen und hochkonzentrierten Lagerstätten geplündert sein.

In diesem Kapitel lag der Schwerpunkt der Ausführungen auf dem Metall Kupfer. Das hat mehrere Gründe:

Als ältestem und wichtigstem Gebrauchsmetall hat Kupfer eine hohe geschichtliche Bedeutung. Es war aber nicht nur in einer frühen Phase der Menschheitsgeschichte wichtig, sondern im Gegenteil, von der Jungsteinzeit (Kupfer als erstes Metall zur Herstellung von Waffen und Gebrauchsgeräten) über das Altertum (Kupfer als wichtigstes Legierungsmetall für die härtere Bronze) bis in die frühe Neuzeit war es Basis für Waffentechnik, alltägliche Gebrauchsgegenstände, Kirchenglocken und in späterer Zeit v. a. bedeutsam als Bestandteil von Messing für technische und industrielle Apparate. Die beginnende Elektrifizierung im 19. Jahrhundert nutzte Kupfer als eine wichtige technische Voraussetzung (z. B. Stromleiter, Transformatoren). Diese Dominanz und das Anwendungsspektrum verbreiterten sich im 20. Jahrhundert nochmals von der einfachen Haustechnik bis zur Hochtechnologie. Auch heute noch spielt es beim Übergang zu erneuerbaren Energien eine dominierende Rolle.

Die historische Aufarbeitung der Erschließungsgeschichte zeigt anschaulich den Lebenszyklus der Metallerschließung und die Abhängigkeit der jeweiligen Gesellschaft: Mit dem Auffinden und Erschließen eines neuen Vorkommens ging eine große Prosperität der jeweiligen Region einher. Die zunehmende Erschöpfung der Lagerstätten zeigt ebenso die Kehrseite dieser Entwicklung. Steigender Aufwand und steigende Erschließungskosten fallen mit der Aufweichung anfangs großzügiger sozialer und umweltrelevanter Standards fast parallel zum Nachlassen der Ergiebigkeit zusammen. Oft genug wurden diese Zeichen ignoriert oder nicht verstanden, sodass die ehemals mächtigen wirtschaftlichen und politischen Akteure begannen, über ihre Verhältnisse zu leben. Dem folgte ein jähes Ende der Prosperität der Region, wenn dort nicht vorausschauend agiert wurde.

Kupfer gehört mit einer Häufigkeit von 0,0035 % zu den eher seltenen Metallen, deren Verfügbarkeit in den kommenden Jahrzehnten kritisch zu sehen ist. Das wird in vielen Übersichten und Studien zu kritischen Metallen oft übersehen, in denen die ausreichende künftige Verfügbarkeit von Kupfer meist a priori unterstellt wird.

Dabei ist Kupfer ein unverzichtbares Basismetall in der großen Transformation der Energiewirtschaft hin zu erneuerbaren Energien. Insbesondere die zunehmende Elektrifizierung basiert auch auf einem steigenden Kupferbedarf. Eine Förderausweitung bei geringer werdender Erzkonzentration erfordert überproportional steigende technische, energetische und finanzielle Aufwendungen. Es ist heute keineswegs geklärt, ob dies unter den gegebenen Randbedingungen möglich sein wird.

Aus diesem Beispiel lässt sich folgern, dass wir die Kategorie der „kritischen Metalle" umfassender verstehen müssen. Wir sollten deren Rolle bereits frühzeitig kritisch berücksichtigen. Neben einer Steigerung der Ressourceneffizienz kommt es gleichermaßen auf robuste Ressourcenstrategien (Resilienz) an. Recycling und Substitutionsmöglichkeiten im wirtschaftlichen, politischen und wissenschaftlich-technischen Kontext müssen wesentlich stärker berücksichtigt werden als heute.

Diese Forderung geht weit über das Beispiel Kupfer hinaus. Welchen Sinn macht es beispielsweise, neue Materialien mit optimalen Eigenschaften zu erforschen, deren massenhafter Einsatz in den nachfolgenden Jahrzehnten aber an der kostengünstigen Verfügbarkeit der entsprechenden Basismaterialien scheitern wird? Daher ist ein abschließendes Plädoyer dieses Kapitels: Der Zusammenhang der Massenverfügbarkeit neuer Technologien mit der umweltverträglichen Verfügbarkeit der entsprechenden Basismaterialien in einigen Jahrzehnten ist bereits heute in den Forschungsplänen als Auswahlkriterium hinreichend zu adressieren.

Literatur

Ahrens LH (1953) A fundamental law of geochemistry. Nature 172:1148

Allosso D (2007) Chile, copper, and history: The influence of copper on intraelite struggles in Chilean history. Dissertation, Minnesota State University

Arellano JP (2009) Megatrends in the copper industry. Vortrag auf der Codelco Quartalsberichterstattung, 21. Oktober

Ayres RU, Ayres LW, Rade I (2002) The life cycle of copper, its co-products and by-products Mining, Minerals, and Sustainable Development, Bd. 24. International Institute for Environment and Development und World Business Council for Sustainable Development, London

Bardi U (2013) Der geplünderte Planet. Oekom, München

Bardi U (2014) Cassandra's legacy – the problem with mining. http://cassandralegacy.blogspot.de/2014/01/extracted-problem-with (Erstellt: 29. Januar 2014). Zugegriffen: 30.01.2014

Bartels C, Bingener A, Slotta R (2006) Der Bergbau bei Schwaz in Tirol im mittleren 16. Jahrhundert Das Schwazer Bergbuch, Bd. III. Deutsches Bergbau Museum, Bochum

Bartos PJ (2002) SX-EW copper and the technology cycle. Resources Policy 28:85–94

BDI (2010) Für eine strategische und ganzheitliche Rohstoffpolitik. Bundesverband der deutschen Industrie. BDI-Drucksache Nr 432, Berlin

Braudel F (1986) Der Handel Sozialgeschichte des 15.–18. Jahrhunderts, Bd. II. Kindler, München

Chapman PF, Roberts F (1983) Metal Resources and Energy. Butterworth Scientific, London

Cochilco (2013) Anuario de estadísticas del cobre y otros minerals – Yearbook 1993–2012: Copper and other Mineral Statistics. Comision chilena del cobre, Santiago de Chile

Com (2008) The raw materials initiative – meeting our critical needs for growth and jobs in Europe. In: Commission of The European Communities (Hrsg) Communication from the Commission to the European Parliament and the Council. SEC (2008) 2741. http://eur-lex.europa.eu/LexUriServ/LexUriServ.do?uri=COM:2008:0699:FIN:EN:PDF. Zugegriffen: 30.01.2014

Council of Environmental Quality, US-Außenministerium (Hrsg) (1980) Global 2000. Der Bericht an den Präsidenten. Zweitausendeins, Frankfurt am Main

Cowen R (2001) Exploiting the earth. John Hopkins University Press, Baltimore MD. http://mygeologypage.ucdavis.edu/cowen/~GEL115/index.html. Zugegriffen: 30.01.2014

Diederen A (2010) Global resource depletion – managed austerity and the elements of hope. Eburon, Delft

Fed (2013) Datenbasis von „Money Zero Maturity". http://research.stlouisfed.org/fred2/series/MZM/downloaddata?cid=30. Zugegriffen: 20.02.2014

Finlayson E (2009) The evolving context for global mineral exploration. Vortrag auf der Konferenz Mines and Money, London, 1. Dezember

Ganser D (2012) Europa im Erdölrausch – Die Folgen einer gefährlichen Abhängigkeit. Orell Füssli, Zürich

Garcia P, Knights PF, Tilton J (2001) Labor productivity and comparative advantage in mining: The copper industry in Chile. Resources Policy 27:97–105

Gerst MD (2008) Revisiting the cumulative grade-tonnage relationship for major copper ore types. Economic Geology 103:615–628

Glöser S, Soulier M, Espinoza LAT (2013) Dynamic analysis of global copper flows: Global stocks, postconsumer material flows, recycling indicators, and uncertainty evaluation. Environmental Science & Technology 47:6564–6572

Gordon RB, Bertram M, Graedel TE (2007) On the sustainability of metal supplies: A response to Tilton and Lagos. Resources Policy 32:24–28

Groeman JF (2000) Optimal reduction of energy losses in catenary wires for DC railway systems. KEMA/The European Copper Institute, Brüssel

Hall CAS, Cleveland CJ, Kaufmann R (1986) Energy and resource quality: The ecology of the economic process. Wiley Interscience, New York

Humphreys D (2010) Minerals: Industry history and fault lines of conflict. Polinares Consortium, working paper 4, September

ICSG (2013) The world copper factbook 2013. International Copper Study Group. www.icsg.org. Zugegriffen: 22.02.2014

Kellenbenz H (1977) Schwerpunkte der Kupferproduktion und des Kupferhandels in Europa 1500–1650. Böhlau, Köln

Kelly TD, Mathos Grecia R (2013) Historical statistics for mineral and material commodities in the United States. USGS Data Series 140, 2013 version. http://minerals.usgs.gov/ds/2005/140/. Zugegriffen: 31.01.2014

Kesler SE, Wilkinson BH (2008) Earth's copper resources estimated from tectonic diffusion of porphyry copper deposits. Geology 36:255–258

Kleijn R, van der Voet E (2010) Resource constraints in a hydrogen economy based on renewable energy sources: An exploration. Renewable and Sustainable Energy Reviews 14:2784–2795

Krüger J et al (1995) Institut für Metallhüttenwesen und Elektrometallurgie der RWTH Aachen: Sachbilanz einer Ökobilanz der Kupfererzeugung und -verarbeitung. Metall 49(4):5–6

Kuhn T (2011) Manganknollen aus dem deutschen Lizenzgebiet im Ostpazifik: Eine alternative Rohstoffquelle für Mn, Cu, Ni, Mo und Li? Vortrag am 23. Februar 2011 bei der Bundesanstalt für Geowissenschaften und Rohstoffe. http://www.geozentrum-hannover.de/DE/Gemeinsames/Nachrichten/Veranstaltungen/2011/Vortragsreihe_Berlin_2011/2011/Vortragsreihe_Berlin_2011/2011-02-23_abstract.html. Zugegriffen: 13.03.2014

Lasky SG (1950) How tonnage and grade relationships help predict ore reserves. Engineering and Mining Journal 151:81–85

McKelvey VE (1960) Relation of reserves of the elements to their crustal abundance. American Journal of Science 258A:234–241

Meadows D, Meadows D, Zahn E, Milling P (1972) Die Grenzen des Wachstums. Deutsche Verlagsanstalt, Stuttgart

Mudd GM, Weng Z, Jowitt SM (2013) A detailed assessment of global Cu resources, trends and endowments. Economic Ecology 108:1163–1183

Musgrove PA (1965) Lead – grade tonnage relation. Mining magazine 112:249–251

Musgrove PA (1971) The distribution of metal resources (tests and implications of the exponential grade-size relationship). Council on Economics, American Institute for Mining, Metallurgical, and Petroleum Engineers Proceedings, S 349–417

Niemann HW (2009) Europäische Wirtschaftsgeschichte vom Mittelalter bis heute. Wissenschaftliche Buchgesellschaft, Darmstadt

Northey S, Mohr S, Mudd GM, Weng Z, Giurco D (2014) Modelling future copper grade decline based on a detailed assessment of copper resources and mining. Resources, Conservation and Recycling 83:190–201

Pohl W (2005) Mineralische und Energie-Rohstoffe. E. Schweizerbart'sche Verlagsbuchhandlung, Stuttgart

Prior T, Giurco D, Mudd G, Mason L, Behrisch J (2010) Resource depletion, peak minerals and the implications for sustainable resource management. Vortragsmanuskript vorgetragen auf der International Society for Ecological Economics (ISEE) Biennial Conference, Oldenburg/Bremen, 22.–25. August

Roberts RO (1957) Copper and economic growth in Great Britain, 1729–1784. National Library of Wales Journal X/1:65–74

von Schnurbein S (2009) Atlas der Vorgeschichte, Hg. Siegmar von Schnurbein. Konrad Theiss Verlag, Stuttgart

Schriefl E, Bruckner M, Haider A, Windhaber M (2013) Metallbedarf von Erneuerbare-Energie-Technologien. Progress-Report 2. In: Feasible Futures for the Common Good. Wien. http://www.umweltbuero-klagenfurt.at/feasiblefutures/wp-content/uploads/FFProgressReport2_final_22072013_endversion.pdf. Zugegriffen: 29.03.2015

Shimada R (2006) The intra-Asian trade in Japanese copper by the Dutch East India Company during the eighteenth century. Brill, Leiden

Skinner BJ (1976) A second iron age ahead? American Scientist 64:258–269

Suhling L (1983) Aufschließen, Gewinnen und Fördern – Geschichte des Bergbaus. Rowohlt, Reinbek

Tilton J, Lagos G (2007) Assessing the long-run availability of copper. Resources Policy 32:19–23

Tilton JE, Landsberg HH (1997) Innovation, productivity growth, and the survival of the U.S. copper industry Diskussionspapier, Bd. 97-41. Resources for the Future, Washington DC

UNEP (2010) United Nations Environmental Program. International Resource Panel. http://www.unep.org/resourcepanel/new/default.aspx. Zugegriffen: 29.03.2015

USGS (2010) Commodity Statistics and Information. http://minerals.usgs.gov/minerals/pubs/commodity/. Zugegriffen: 15.11.2015

van der Voet E, Salminen R, Eckelman M, Mudd G, Norgate T, Hischier R (2013) Environmental risks and Challenges of anthropogenic metals flows and cycles. United Nations Environment Programme, A Report of the Working Group on the Global Metal Flows to the International Resource Panel. UNEP, Nairobi

Vieira MDM, Goedkop MJ, Storm P, Huijbregts MAJ (2012) Ore grade decrease as life cycle impact indicator for metal scarcity: The case of copper. Environmental Science&Technology 46:12772–12778

Wilkinson BH, Kesler SE (2007) Tectonism and exhumation in convergent margin orogens: Insights from ore deposits. Journal of Geology 115:611–627

Zittel W (2010) Ressourcen Assessment der Verfügbarkeit fossiler Energieträger (Erdöl, Erdgas, Kohle) sowie von Phosphor und Kalium, Teilbericht 1 der Studie Save our Surface. Ludwig-Bölkow-Systemtechnik GmbH, Ottobrunn. http://www.umweltbuero-klagenfurt.at/sos/wp-content/uploads/Teilbericht%201_SOS_Zittel_11012011.pdf. Zugegriffen: 29.03.2015

Zittel W (2013) Die Verfügbarkeit von Energierohstoffen und Metallen, Progress-Report 1. In: Feasible Futures for the Common Good. Ludwig-Bölkow-Systemtechnik GmbH, Ottobrunn. http://www.umweltbuero.at/feasiblefutures/wp-content/uploads/Progress%20Report%201_Feasible%20Futures_Zittel_final_14032012_WZ.pdf. Zugegriffen: 29.03.2015

Die stofflichen Voraussetzungen der Energiewende in der Großen Transformation

6

Martin Held und Armin Reller

6.1 Einleitung

Die Technosphäre wurde in den vergangenen Jahrzehnten global in einem enormen Ausmaß ausgebaut. Dazu wurden große Mengen mineralische Rohstoffe, insbesondere Metallerze geschürft, raffiniert, funktionalisiert und somit mobilisiert. Historisch wurden schon in der Frühzeit Gold (Au, 79), Kupfer (Cu, 29), Silber (Ag, 47), Blei (Pb, 82), Zinn (Sn, 50), Eisen (Fe, 26) und Quecksilber (Hg, 80) genutzt. Und bereits im Altertum wurden weitere Metalle wie etwa Zink (Zn, 30) verwendet. Ebenfalls bereits in der Antike wurden Verbindungen legiert. Hier ist insbesondere Bronze zu nennen, eine Verbindung aus Kupfer und Zinn. Eisen wurde historisch frühzeitig zu dem am häufigsten gebrauchten Metall (zur Geschichte des Bergbaus vgl. Bardi 2013, Kap. 2; spezifisch zur griechischen Antike Schneider 1997, S. 97 ff.).

Seit dem Beginn der industriellen Revolution gegen Ende des 18. Jahrhunderts und nochmals beschleunigt in den vergangenen Jahrzehnten nahm die Vielfalt der verwendeten Metalle enorm zu. Im Prinzip wird inzwischen nahezu das gesamte chemische Periodensystem bis zum Element Californium (Cf, 98) genutzt. Zuvor exotisch erscheinende, nur Fachleuten vertraute Stoffe wie Neodym (Nd, 60), Cer (Cer, 58), Dysprosium (Dy, 66), Indium (In, 49), Gallium (Ga, 31) etc. und andere seltene Erden bzw. seltene Metalle werden zunehmend kommerziell genutzt. Die Diversität der Funktionsmaterialien hat damit exponentiell zugenommen. Energietechnologien und -systeme sind an dieser Entwicklung maßgeblich mit beteiligt. Diese ungeheure Dynamik der bisherigen Entwicklung

M. Held (✉)
Evangelische Akademie Tutzing
Tutzing, Deutschland
email: transformations-held@gmx.de

A. Reller
Lehrstuhl für Ressourcenstrategie, Universität Augsburg
Augsburg, Deutschland

© Springer-Verlag Berlin Heidelberg 2016
A. Exner et al. (Hrsg.), *Kritische Metalle in der Großen Transformation*,
DOI 10.1007/978-3-662-44839-7_6

der Materialnutzung und der dadurch ausgelösten anthropogenen Stoffströme wirft einen Schatten auf die Zukunft und Zukunftsfähigkeit.

In technischer Denkweise geht man vielfach davon aus, dass diese Entwicklung dennoch unproblematisch sei, da sich noch immer Substitute für knapp werdende Ressourcen finden ließen und technischer Fortschritt innovativ ganz neue Lösungen hervorbringen würde. Aus geologischer Sicht ist jedoch zu beachten: Lagerstätten haben sehr unterschiedlich hohe Konzentrationen an Erzen. Die Depots mit höheren Konzentrationen und/oder leichterer Zugänglichkeit werden zunächst genutzt. Bei geringeren Konzentrationen ist zur Gewinnung der gleichen Menge an Erz mehr Masse zu bewegen. Der energetische Aufwand zur Gewinnung der primären Erze wird damit im Zeitablauf höher. Viele mineralische Ressourcen treten zudem nur als Kuppelprodukte auf, geologisch formuliert, sie sind vergesellschaftet. Dies gilt insbesondere für die Stoffgruppe der Seltenerdmetalle. Diese umfasst die Gruppe der Lanthanoide von Lanthan (La, 57) bis Lutetium (Lu, 71) sowie Scandium (Sc, 21) und Yttrium (Y, 39). Deshalb kann bei einer stark zunehmenden Nachfrage nach einem bestimmten Metall, bspw. Neodym für Permanentmagnete, nicht einfach nach Neodymlagerstätten gesucht werden. Die Lagerstätten enthalten immer Mischungen verschiedener Erze mit sehr unterschiedlichen Konzentrationen.

Einerseits ist der Ausbau der Technosphäre in wirtschaftlicher Betrachtung auf kurze Frist ein enormer Erfolg. Andererseits ist diese Art zu wirtschaften *nichtnachhaltig*. Die Nichtnachhaltigkeit des ressourcenintensiven Wirtschaftens tritt nicht erst in unbestimmt ferner Zukunft auf. Vielmehr kommt diese Wirtschaftsweise samt den dazu gehörigen Lebensstilen derzeit, zu Beginn des 21. Jahrhunderts, an den Anfang vom Ende. Die anstehende Große Transformation von der fossil-nuklearen Nichtnachhaltigkeit hin zu einer postfossilen nachhaltigen Entwicklung ist unvermeidlich. Sie entspricht in ihrer Größenordnung der Tragweite der neolithischen Revolution und der industriellen Revolution. Es handelt sich historisch betrachtet um einen singulären Übergang. Es ist die übergreifende Aufgabe, die Große Transformation gerecht und verträglich zu gestalten.

Die Energiewende ist ein wesentlicher Baustein der Großen Transformation. Die Stoffwende ist ein anderer wesentlicher Baustein, in seiner Dringlichkeit und Bedeutung jedoch noch nicht vergleichbar im Bewusstsein der Öffentlichkeit und der Entscheidungsträger präsent. Tatsächlich gehören die Energiewende und die Stoffwende zusammen. Es ist Teil einer klugen Vorsorge, die stofflichen Voraussetzungen der Energiewende *von Anfang an* zu beachten. Dabei kann man sich folgende Tatsache zunutze machen: Metalle werden bei ihrer Nutzung nicht verbraucht, sondern gebraucht. Zu vermeiden ist ihre Dissipation. Die Doppelbedeutung des Englischen *dissipation* zeigt die doppelte Richtung auf, die zu beachten ist: (a) Zerstreuung/Verbreitung und (b) Verschwendung/Prasserei.

Zielsetzung unseres Beitrags ist es, den bisherigen blinden Fleck in den Strategiedebatten zur Energiewende, ihre stofflichen Voraussetzungen, aufzuhellen und diese Aufgabenstellung zugleich in den übergeordneten Zusammenhang der Großen Transformation von der fossilen Nichtnachhaltigkeit hin zu einer postfossilen, nachhaltigen Entwicklung einzuordnen.

Dazu führen wir als Voraussetzung zum Verständnis zeitökologische Grundlagen aus (s. Abschn. 6.2). Die industrielle Revolution brachte eine fossile Beschleunigung und Steigerung der Stoffmobilisierung mit sich (s. Abschn. 6.3). Diese gewaltige Stoffmobilisierung führte zu einer strukturell nichtnachhaltigen Wirtschaftsweise, deren Erfolg so durchschlagend ist, dass die nichtnachhaltige Entwicklung zu Beginn des 21. Jahrhunderts an den Anfang des Endes kommt, die nächste Große Transformation ist in ihren Anfängen (s. Abschn. 6.4). Die Energiewende und die Stoffwende sind grundlegende Bausteine der beginnenden Großen Transformation (s. Abschn. 6.5). Anschließend wird die Bedeutung der stofflichen Voraussetzungen der Energiewende am Beispiel der Metalle herausgearbeitet (s. Abschn. 6.6). Die bisherige Betonung der statischen Reichweite von Rohstoffen führt in die Irre. Stattdessen gilt es, sich auf die Funktionen von Metallen zu fokussieren und Kriterien für deren nachhaltige Nutzung zu konstituieren (s. Abschn. 6.7). Metalle sind erschöpfbare, in menschlichen Zeitskalen nicht erneuerbare Ressourcen. Die bisherigen grundlegenden Regeln zum nachhaltigen Umgang mit Stoffen vernachlässigen die Metalle. Deshalb werden anschließend Ideen zu Regeln für einen nachhaltigen Umgang mit Metallen zur Diskussion gestellt (s. Abschn. 6.8). Der Beitrag schließt mit einem Fazit (s. Abschn. 6.9).

6.2   Stoff, Zeit und Energie – zeitökologische Grundlagen

In den vergangenen Jahren ist die Bedeutung der Rohstoffe für die wirtschaftliche und gesellschaftliche Entwicklung wieder zunehmend in den Blick der Öffentlichkeit gerückt. Dies ist nicht zuletzt der Tatsache geschuldet, dass die Importabhängigkeit bei seltenen Erden von China medial zum Thema wurde. Dementsprechend gewann in den vergangenen Jahren die Ressourcenpolitik einen zunehmend wichtigeren Stellenwert. Deren wichtigste Zielsetzungen sind:

- Rohstoffsicherung aus der Primärproduktion von Metallen, und dabei insbesondere Vermeidung der Abhängigkeit von Liefermonopolen bzw. -oligopolen,
- Steigerung der Ressourceneffizienz,
- Recycling.

Um die Tragweite der stofflichen Voraussetzungen der Energiewende zu verstehen und damit zugleich die Stoffwende als vergleichbar weitreichende Aufgabe zu erkennen, reicht es nicht aus, einige Kenngrößen zu Ressourcen und Reserven von Metallen zu verwenden. Tatsächlich kommt es darauf an, die Stoff- und Energieströme einschließlich ihrer Depotbildung in ihren *raum-zeitlichen Dimensionen und Zusammenhängen* zu verstehen (Huppenbauer und Reller 1996; Kümmerer 1997; Held et al. 2000). Einige Beispiele seien genannt, um die Grundstruktur der Fragen zu den stofflichen Voraussetzungen der Energiewende nachvollziehen zu können:

a) Bis zur industriellen Revolution war die Wirtschaftsweise vorrangig durch die natürlich vorgegebenen Zeiten bestimmt: durch Rhythmen der Jahreszeiten, Photosynthese
der Pflanzen etwa in einjährigen Pflanzen oder in den langen Umlaufzeiten der Wälder, im Zeitablauf variierende Sonneneinstrahlung, unregelmäßige und unkontrollier-
bare Winde (je nach geografisch-klimatischen Bedingungen nutzbare jahreszeitliche
Rhythmik wie Monsunwinde). Mit der Nutzung des fossilen Trios – Kohle, Erdöl
und Erdgas – konnte auf die in Kohlenstoffdepots enthaltenen Energiepotenziale zurückgegriffen werden. Die fossilen Energieträger haben eine hohe Energiedichte; sie
steigerten das Energieangebot im Vergleich zu den ohne sie nutzbaren Energiemengen
ganz enorm. Sie waren damit Voraussetzung für die ungeheure stoffliche Mobilisierung in der industriellen Revolution. Sie sind gleichsam gespeicherte Zeit. Und dies
auf Zeit, denn es besteht eine extreme Asymmetrie: In Zeiträumen von Jahrmillionen
gebildete Kohlenstoffdepots werden in wenigen Generationen verbraucht, d. h., ihre
energetische und stoffliche Wertigkeit wird in sehr kurzen Zeitskalen annihiliert.

b) Die abiotischen Mineralien und damit die Metalle aller Art liegen in den dem Menschen zugänglichen Bereichen nicht gleichmäßig verteilt vor. Vielmehr führten die
Naturkräfte (wie etwa Kontinentaldrift, Vulkanismus etc.) in geologischen Zeitskalen
zu Anreicherungsprozessen und damit zu Stoffdepots mit abbauwürdigen Konzentrationen. Diese Depots sind in menschlichen Zeitskalen nicht erneuerbar.

c) Es kommt nicht einfach auf die Menge der Reserven und deren Relation zur Produktion der gegebenen Periode an (statische Reichweite). Vielmehr ist die *Konzentration
der Erze* grundlegend. Im Zeitablauf werden zuerst die einfacher zugänglichen Lagerstätten mit hohen Konzentrationen abgebaut (*sweet spots*). Damit steigt (bei gleichen
Technologien) der Aufwand, der Ertrag nimmt tendenziell invers ab. Dies wird bezogen auf den energetischen Aufwand mit dem Erntefaktor bzw. dem EROEI erfasst:
energy return of energy invested (vgl. Kap. 16). Bei abnehmender Konzentration der
Erze in Lagerstätten ist mit einem doppelt zunehmenden energetischen Aufwand zu
rechnen: Einerseits nimmt der EROEI der fossilen Energien ab. Damit steht – bei
steigenden Grenzkosten bezogen auf die geförderten Mengen von Erdöl, Kohle und
Erdgas – weniger Nutzenergie zur Verfügung. Andererseits nimmt der Aufwand für
die Förderung einer gleichen Menge des Erzes bei abnehmender Konzentration der
Lagerstätten zu (Bardi 2014).

d) Vielfach wird vereinfacht davon ausgegangen, dass bei abnehmenden Reserven, sofern
die Nachfrage nicht aus anderen Gründen abnimmt, steigende Kosten Innovationen
induzieren und damit der technische Fortschritt für verbesserte Fördertechniken und
Substitute sorgt. Es ist jedoch zu unterscheiden, ob mit neuen Fördertechniken die Förderung zeitlich beschleunigt erfolgt, die geförderte Menge aber nahezu gleich bleibt,
oder ob damit zusätzliche Mengen einer gegebenen Mine gefördert und genutzt werden können. Ebenso macht es bei Substituten einen Unterschied, ob die Substitute
ihrerseits auf Mineralien beruhen, die in Lagerstätten mit rasch abnehmender Konzentration zu gewinnen sind oder ob die erforderlichen Materialien der Substitute
ubiquitär sind.

e) Ebenso wird vielfach davon ausgegangen, dass bei steigenden Kosten der Primär-produktion das Recycling zunehmend wettbewerbsfähig wird. Dabei ist jedoch zu beachten: Neben der Konzentration von Mineralien und deren zeitlicher Entwick-lung ist insbesondere die Dissipation im Zeitablauf grundlegend (vgl. Kap. 4). So ist typischerweise in der Aufstiegsphase der kommerziellen Nutzung eines Metalls die Recyclingquote gering bis inexistent, da Recycling gegenüber dem primär gewon-nenen Metall aufgrund der hohen Kosten zunächst nicht wettbewerbsfähig ist. Wird im Zeitablauf Metall aus der Primärproduktion teurer, sind entsprechend dem Time-lag vielfach große Mengen dispergiert. Dabei macht es einen Unterschied, ob sie z. B. durch Abrieb bzw. Abluft flächig verteilt sind, ob ihr Verbleib in einem Kataster erfasst ist und sie damit im Prinzip eher rückgewinnbar sind oder ob sie bereits vorsorgend in Stoffdepots für eine spätere Sekundär- bzw. Mehrfachnutzung gesammelt werden.

6.3   Die fossile Beschleunigung und Steigerung der Stoffmobilisierung[1]

Wie alle Lebewesen lebt der Mensch als Teil der Biosphäre, die sich wiederum in enger Wechselwirkung mit der Geosphäre entwickelt. Die großen Stoffkreisläufe – Kohlen-stoff, Stickstoff, Sauerstoff und Wasser, aber auch Schwefel und Phosphor – prägen in je spezifischer Ausformung gemäß den naturräumlichen, klimatischen und temporalen Bedingungen die für die Entwicklung von Kulturen gegebenen Potenziale.

Die Kontrolle und der Gebrauch des Feuers ermöglichte eine erste Große Transforma-tion in der Entwicklung der Menschheit, die in der Größenordnung vor etwa 1 Mio. Jahre zu datieren ist (Sieferle 2010). Damit waren beispielsweise grundlegende Änderungen in der Ernährungsbasis, der Möglichkeit der Besiedelung kalter Regionen und der Bejagung von Großtieren verbunden.

Die neolithische Revolution, der Übergang von Jäger- und Sammlergesellschaften zu Agrargesellschaften, war die nächste Große Transformation in der Menschheitsgeschich-te. Sie ereignete sich, gemessen an den Zeitskalen der Evolution der Menschheit, innerhalb einer kurzen Zeitspanne unabhängig voneinander in verschiedenen Regionen der Erde. Und zwar nicht nur im Nahen Osten und in China, sondern nach heutigem Erkenntnis-stand unabhängig voneinander in zehn verschiedenen Regionen wie etwa auch in Papua-Neuguinea und in fünf verschiedenen Regionen des heutigen Amerika (Price und Bar-Yosef 2011). Mit der Domestizierung von Tieren und Pflanzen, der Agrarkultur, waren grundlegende gesellschaftliche, wirtschaftliche, demografische und kulturelle Verände-rungen verbunden: Sesshaftigkeit, Städte, Art der Eigentumsrechte, Religionen, größere Herrschaftsverbände und vieles mehr. Die energetischen Grundlagen waren aber nach wie vor ausschließlich erneuerbare Energien, es war weiterhin ein solarenergetisches System.

---

[1] In die Ausführungen dieses Abschnitts geht die gemeinsame Arbeit von Martin Held, Tutzing, Jörg Schindler, Neubiberg und Hans-Jochen Luhmann, Wuppertal ein (Held et al. in Arbeit).

Pflanzen, Tiere und Landschaften wurden dabei gezielt und kontrolliert genutzt (Sieferle 2010).

Aus der Vielzahl der evolutiven Schritte, ob Entwicklung von Zahlensystemen, Schrift oder technischen Geräten, ist für unsere Thematik die Entwicklung des Bergbaus und der Metallurgie hervorzuheben. Erste Formen von Untertagebau sind aus den Jahren etwa 3800 v. Chr. bekannt, als auf der Sinai-Halbinsel Kupfer gewonnen wurde (Haas 1991, S. 7). Die Handhabung des Feuers bzw. der Schmelz- und Reduktionsprozesse war in der weiteren Entwicklung eine wesentliche Voraussetzung für die weitere metallurgische Entwicklung. Die damit herstellbaren Metalle und Legierungen wie Bronze und Eisenlegierungen ermöglichten ihrerseits die Weiterentwicklung des Bergbaus, auch von nichtmetallischen Rohstoffen (Evans 1997, S. 4).

Auch wenn die *Mengen* des Metalls im Verhältnis zu Steinen, Erden, Holz und anderen organischen Stoffen gering waren, ist die Benennung in Bronze- und Eisenzeit dennoch gerechtfertigt, da damit eine *neue Qualität* in den für Menschen verfügbaren Stoffen ermöglicht wurde. Die „7 Metalle des Altertums" und die dazugehörigen Legierungen wurden für Waffen ebenso wie für Schmuck eingesetzt, waren aber auch Grundlage der Entwicklung von Münzgeld. Wie die Herausbildung der Landwirtschaft waren auch der Bergbau und die Metallurgie nicht auf eine Region beschränkt, sondern entwickelten sich in unterschiedlichen Kulturen.

Zusammengefasst Die Technosphäre entwickelte sich aus kleinsten Anfängen zu einer zunehmend eigenständigen Sphäre, die jedoch bis zur industriellen Revolution überwiegend noch immer in die Bio- und Geosphäre eingebettet war. Die Entwicklung der Technosphäre war eine menschheitsgeschichtliche Entwicklung: Sie lief in keiner Weise, wie es eine eurozentrische Sichtweise nahelegt, unvermeidlich auf diesen kleinen Kontinent Europa oder gar deterministisch auf eine industrielle Revolution in England bzw. in Teilen Großbritanniens zu (Pomeranz 2000; Osterhammel 2011).

Allen Ländern und Regionen der Erde war gemeinsam: Die Herausbildung der Technosphäre blieb bis zur Mitte des 18. Jahrhunderts weitgehend an die Energieströme der Biosphäre und die in menschlichen Zeitskalen erneuerbaren Energieträger Biomasse, Wind, Wassergefälle für Transport und Sonne sowie die menschliche und tierische Körperkraft gebunden. Eine besondere Rolle spielten dabei Böden als begrenzender Faktor (Sieferle 1982 als früher „Klassiker").

Fossile Vorläufernutzungen vor der industriellen Revolution waren bei Bitumen, Erdöl und Erdgas mengenmäßig marginal. Kohle wurde in China ab etwa dem 5. Jahrhundert und in England ab etwa dem 12. Jahrhundert in nennenswerten Größenordnungen abgebaut. Im 11. und beginnenden 12. Jahrhundert wurde während der Song-Zeit Kohle im Nordosten Chinas in einer Größenordnung abgebaut, die in England erst etwa im 17. Jahrhundert erreicht wurde. In Teilschritten der Eisen- und Stahlproduktion konnte dort zu dieser Zeit die knappe Holzkohle bereits durch Kohle substituiert werden (Vogelsang 2012, S. 299), ein Durchbruch, der in England erst in der frühen Phase der industriellen Revolution erreicht wurde (Wrigley 2010).

Die industrielle Revolution begann im Pionierland England bzw. in Großbritannien etwa in den 1750er-/1760er-Jahren (zur Frage der Datierung und geografischen Verortung vgl. Osterhammel 2011). Andere Länder bzw. Regionen folgten etwa ab den 1820er-Jahren (Frankreich, einige deutsche Länder, USA, aber z. B. auch frühzeitig die Schweiz und Belgien). Ab den 1830er-Jahren gab es eine merkliche Akzeleration insbesondere aufgrund der sich rasch ausbreitenden Eisenbahn mit ihren weitreichenden Folgen für die Raum-Zeit-Relationen und Märkte.

Eine der grundlegenden Voraussetzungen für die industrielle Revolution war die fossile Kohle (vgl. Pomeranz 2000 und die Debatte um seine *Great Divergence*). Genau genommen war es nicht die Nutzung der Kohle, sondern eine ganz spezifische Konstellation zusammenwirkender Faktoren:

a) Steinkohle aus dem Nordosten Englands wurde *sea-coal* genannt, da die Lagerstätten sehr nahe zum Meer bzw. zum Fluss Tyne gelegen waren. Damit war der Transportwiderstand vergleichsweise gering (bezogen insbesondere auf das Zentrum London), der sonst die Nutzung von Kohle räumlich stark begrenzte.

b) Der Nachteil der nordostenglischen Lagerstätten, nämlich Grundwasser, begünstigte die Entwicklung und Nutzung der Dampfmaschine (das Prinzip war in China ebenfalls schon lange bekannt, aber die Kohlelagerstätten lagen im Nordosten in Trockengebieten). Trotz extrem niedrigen Wirkungsgrades der Newcomen'schen Dampfmaschine konnte diese im Bergbau zum Abpumpen des Grundwassers eingesetzt werden, da Kohle als Abfallprodukt vor Ort nur geringe Kosten verursachte.

c) Zugleich ermöglichte der Einsatz von Kohle bzw. Dampfmaschine, dass nicht nur die oberflächennahen Kohlelagerstätten genutzt werden konnten. Dies hätte die Entwicklung rasch mengenmäßig begrenzt, da nicht allein die rein physischen Mengen der Lagerstätten relevant sind, sondern auch deren Zugänglichkeit. Mit der Dampfmaschine konnten die Flöze in zunehmend größerer Tiefe abgebaut werden. Damit konnte das Kohleangebot in England, Wales und Südschottland über lange Zeit massiv ausgeweitet werden.

d) Nicht minder bedeutsam war die Entwicklung der Metallurgie, d. h. der Stoffwandlung insbesondere von Eisenerzen. War die Holzkohle zunächst der begrenzende Faktor, gelang es mit vielen einzelnen Innovationen im 18. und 19. Jahrhundert Holzkohle in zunehmend mehr Verfahrensschritten der Eisenverhüttung durch Steinkohle zu substituieren. Dies war die Voraussetzung für die durchschlagende Kombination aus Kohle, Dampfmaschine und Eisen-Stahl, die zunächst nur stationär zum Tragen kam, ab 1830 dann aber mittels der Eisenbahn auch das Transportwesen revolutionierte.

Der Übergang von erneuerbaren Energien auf die fossile, in menschlichen Zeitskalen nicht erneuerbare Kohle war menschheitsgeschichtlich eine Große Transformation. Die fossile Prägung der industriellen Revolution geht noch weit über die bisher skizzierten Entwicklungen hinaus. Dazu ist kurz auf die Geschichte der Chemie einzugehen.

Metallurgie, Glasherstellung und andere Gewerke waren Stoffwandlungen, die sich erfahrungsbasiert entwickelt hatten. Die naturwissenschaftlich ausgerichtete Chemie als Wissenschaft bildete sich aufbauend auf Vorläufern während der Zeit der beginnenden industriellen Revolution heraus: Um 1800 konnte Antoine de Laurent Lavoisier mithilfe quantifizierender Methoden zeigen, dass bei der Oxidation von Metallen das Gewicht des Metalls zunimmt. John Dalton begründete die moderne Atomtheorie. Die Analyse von Elementen und ihren Verbindungen wurde immer mehr verfeinert; die Bestimmung der Eigenschaften, die Entwicklung einer Fachsprache und viele Einzelschritte trugen zur Entwicklung der jungen Wissenschaft bei. Dmitri Mendelejew und Lothar Meyer begründeten das Periodensystem mit einer Ordnung der Elemente nach spezifischen Eigenschaften. Die Fortschritte in der Analyse schlugen sich im Zeitablauf in Fortschritten der kontrollierten, reproduzierbaren Synthese von nutzbringenden Stoffen nieder.

Die chemische Industrie entwickelte sich aufbauend auf Erfahrungswissen und Vorformen der Alchemie ab etwa der zweiten Hälfte des 18. Jahrhunderts: Bedeutend war dabei die Produktion der Industriechemikalien Schwefelsäure, Soda und Chlor (Paulinyi 1997, S. 412 ff.). Bei der Sodaproduktion spielte fossile Steinkohle bereits eine gewisse Rolle. Der eigentliche Aufstieg der chemischen Industrie im großen Stil setzte nahezu schlagartig ab den 1850er- und beginnenden 1860er-Jahren ein. Dieser Aufstieg war *fossil basiert*:

a) Aus der Steinkohle wurde ab dem frühen 19. Jahrhundert gezielt Leuchtgas zur Beleuchtung der Städte gewonnen. Daraus wurde im Lauf des Jahrhunderts das Stadtgas mit einem breiteren Einsatzspektrum. Dieser Vorläufer auf Basis der Kohle führte zum Aufbau einer – zunächst noch kleinräumigen – Infrastruktur zur Nutzung von Stadtgas. Diese Entwicklung war wiederum eine Voraussetzung für die spätere Nutzung von fossilem Erdgas und der Petrochemie.

b) Bei der Verkokung von Eisenerz entstand als Abfallprodukt Steinkohleteer. Nach jahrzehntelangen Arbeiten gelang 1856 die erste Synthese einer Teerfarbe. Die Entwicklung der organischen Chemie führte in der Folge zum eigentlichen Aufstieg der modernen, wissenschaftsbasierten chemischen Industrie. In Namen wie Badische Anilin- und Sodafabrik (BASF), Farbwerke Hoechst u. a. ist die Bedeutung der Steinkohleteerfarben noch direkt nachvollziehbar.

Nicht nur die organische Teerstoffchemie erlebte in wenigen Jahrzehnten einen ungeheuren Aufschwung. Dank der Kohle konnte die Mobilisierung von Stoffen enorm ausgeweitet werden. Tatsächlich kann man die industrielle Revolution nicht nur durch die fossile Prägung kennzeichnen, sondern auch als neues Eisenzeitalter. Kupfer wurde im Zuge der Herausbildung der Elektroindustrie ebenfalls in den Produktionsmengen enorm gesteigert. Weniger beachtet wird üblicherweise, dass die Zahl der verwendeten Metalle ihrerseits enorm zunahm (s. Abb. 14.2).

Zusammengefasst Die industrielle Revolution war fossil geprägt (Held et al. in Arbeit). Kohle war die Voraussetzung für die mengenmäßige Ausweitung der Stoffumsätze; die vorherige Flächenbegrenzung konnte damit zunehmend überspielt werden. Immer größere Mengen an Eisenerz, Verwendung von Steinkohleteer als Kuppelprodukt, später Kupfer für den Aufbau der Elektroindustrie, immer mehr Metalle in immer mehr Anwendungen trugen zum fulminanten Auf- und Ausbau der Technosphäre bei.

Das 19. Jahrhundert war durch die fossile Kohle geprägt. Ab den 1860er-Jahren begann die Nutzung des fossilen Erdöls, zunächst noch in kleinen Mengen. Ab dem Beginn des 20. Jahrhunderts kam es mit der Kombination Erdöl/Verbrennungsmotor zu einem weiteren fossilen Durchbruch und zur zunehmenden Beschleunigung der Entwicklung. Ab den 1930er-Jahren entwickelte sich zunächst in den USA die auf Erdöl und Erdgas beruhende Petrochemie. Die Phase von etwa 1900 bis 1950 war durch das fossile Duo Kohle und Erdöl bestimmt.

Ab den 1950er-Jahren kam es zu einer neuerlichen *Großen Akzeleration* (Steffen et al. 2015), von Christian Pfister „1950er Syndrom" benannt (Pfister 1995, 2010). Aufgrund großer Funde im Mittleren Osten wurde Erdöl in relativen Preisen zunehmend billiger. Zeitlich versetzt kam ab dem Ende der 1950er-, den beginnenden 1960er-Jahren das fossile Erdgas dazu. Etwa gegen Ende der 1970er-Jahre war das *fossile Trio* komplettiert. Die Petrochemie löste die kohlebasierte Chemie ab. Die Vorstellung von reichlich und billig verfügbarer Energie, noch unterstützt durch die nuklearen Fantasien dieser Zeit (bei gleichzeitig hohen Kosten der Kernenergienutzung und marginaler tatsächlicher Energieproduktion), wurde in dieser *einen, einzigen Generation* geprägt. Diese auf Verschwendung von Ressourcen angelegte fossile Erbschaft prägt den Einstieg in die anstehende Große Transformation von der Nichtnachhaltigkeit zu einer postfossilen nachhaltigen Entwicklung. Dies wird an der Entwicklung des Bausteins Energiewende der Großen Transformation sichtbar, in der von maßgeblichen Akteuren ständig die Kosten betont werden („Die Energiewende muss zu verträglichen Preisen vollzogen werden") – was der gleichzeitig offiziell verkündeten Ausrichtung zur Energieeffizienz zuwiderläuft.

Die fossil geprägte industrielle Revolution lässt sich in anderer Perspektive in die übergeordneten Entwicklungslinien einordnen: Ab etwa 1800, so Crutzen, ist die Menschheitsgeschichte in ein neues Zeitalter eingetreten, das *Anthropozän* (Crutzen 2002; Steffen et al. 2011). Die Technosphäre verselbständigt sich zunehmend, der Mensch konnte sich *the great forces of nature*, wie es im 19. Jahrhundert formuliert wurde, beschleunigt durch die ungeheuren Energiemengen der fossilen Ressourcen zunutze machen. Ab den 1950er-Jahren kam es zu einer nochmaligen ungeheuren Beschleunigung der Entwicklung, der Großen Akzeleration: Steigerung der anthropogen induzierten Stoff- und Energieströme, Zahl der neu synthetisierten Stoffe, Nutzung von immer mehr Metallen des Periodensystems, Bevölkerungswachstum. Die für die Einteilung der Erdzeitalter zuständige Kommission erwägt ernsthaft, unser jetziges Zeitalter offiziell zum Anthropozän, das vom Menschen maßgeblich beeinflusste Zeitalter, zu erklären (Zalasiewicz et al. 2008).

6.4 Nichtnachhaltigkeit und Große Transformation

Die Wirtschaftsweise, die sich mit der fossil geprägten industriellen Revolution erfolgreich durchgesetzt hat, ist strukturell nichtnachhaltig (Sieferle 2010; Gesprächskreis Die Transformateure 2014a, 2014b). Aber auch an sich nachhaltig nutzbare Energien und darauf aufbauende Energieregime können bei Nichtbeachtung der Reproduktionszeiten nichtnachhaltig sein. Die Übernutzung der Zentralressource Holz, genauer gesagt die Verwüstung der Wälder, führte den sächsischen Berghauptmann Hans Carl von Carlowitz (nach heutigen Begriffen eine Art Bergbauminister Sachsens) zu seiner *Sylvicultura oeconomica oder Haußwirthliche Nachricht und Naturmäßige Anweisung zur Wilden Baum-Zucht* (Carlowitz 2013 [1713]; vgl. Grober 2010), dem Ursprung der Begriffe „nachhaltend" und „nachhaltig".

Carlowitz schlug die verstärkte Nutzung von Torf vor, bis sich die Wälder soweit erholt hätten, dass sie bei nachhaltender Bewirtschaftung wieder dauerhaft nutzbar wären. Für die Forstwirtschaft entfaltete sein Werk Wirkung. In der industriellen Revolution konnte aber die Naturschranke aus Fläche/Wälder durch die fossile Kohle zunehmend überspielt werden. Es dauerte noch bis in die 1960er-/1970er-Jahre, bis seine Ideen zunehmend über die Forstwirtschaft hinaus zu wirken begannen.

Von Anfang an war den Zeitgenossen der industriellen Revolution klar, dass Kohle eine nichterneuerbare Ressource war. *The Coal Question* von William St. Jevons (Jevons 1965 [1865]) ist dazu der Klassiker. Er erkannte, dass Kohle die Voraussetzung für den Aufstieg Großbritanniens zur führenden Weltmacht war. Systematisch untersuchte er, wann mit dem Höhepunkt der Kohleförderung im Vereinigten Königreich (ohne den Begriff *peak coal* wörtlich zu verwenden) und damit einhergehend einem wirtschaftlichen Bedeutungsabstieg des Vereinigten Königreichs gegenüber den nachdrängenden Staaten zu rechnen sei. Aufbauend auf den ihm verfügbaren Daten behandelte er die wahrscheinliche Entwicklung der Lagerstätten, ging auf mögliche Substitute ein (ohne Erdöl bereits in seiner Bedeutung kennen zu können), auf möglichen technischen Fortschritt und die Preisentwicklung. Sein Werk wurde heftig diskutiert und führte zur Einsetzung von Royal Commissions zur Prüfung seiner Einschätzungen.

Im Prinzip lag er mit seiner Analyse bezüglich des Maximums der Kohleförderung in Großbritannien in etwa richtig (1910er-/1920er-Jahre), auch wenn er die absolute Höhe des Maximums unterschätzte. Er behandelte bereits alle wesentlichen Faktoren bezüglich des Förderverlaufs nichterneuerbarer, fossiler Ressourcen. In der Rezeption der Ökonomen blieb jedoch allein der sog. Rebound-Effekt übrig: Sinkende Preise aufgrund von Effizienzsteigerung in der Förderung führen nicht zu einer abnehmenden Menge an genutzter Kohle, sondern durch die Verbilligung zu zunehmender Nachfrage, was die Effizienzgewinne (über-)kompensiert.

Gut 100 Jahre später begann – etwa zeitgleich mit dem Erreichen des Ölfördermaximums in den *lower 48 states* der USA um 1970 – die Debatte um die Grenzen des Wachstums (Meadows et al. 1972). Gut 20 Jahre später mündete dies nach dem Brundtland-Report 1987 (World Commission on Environment and Development 1987) und der

Verabschiedung der Agenda 21 in Rio 1992 in sog. Managementregeln zur Nachhaltigkeit (Enquete-Kommission 1994, S. 42 ff.). Dabei wurde neben einer zeitökologischen Regel (vgl. Kümmerer 1994, 1997; UBA 1996, Kap. 1) eine Regel für die Vermeidung der Übernutzung der Senken und eine Regel zur Nutzung von erneuerbaren Ressourcen formuliert sowie davon eine Regel zur Nutzung von nichterneuerbaren Ressourcen unterschieden.

Die für uns relevante Regel zur Nutzung nichterneuerbarer Ressourcen lautet in der Fassung der Enquete-Kommission (1994, S. 47): „(2) Nicht-erneuerbare Ressourcen sollen nur in dem Umfang genutzt werden, in dem ein physisch und funktionell gleichwertiger Ersatz in Form erneuerbarer Ressourcen oder höherer Produktivität der erneuerbaren sowie der nicht-erneuerbaren Ressourcen geschaffen wird." Dies wird im Folgenden bezogen auf die fossilen Rohstoffe Erdöl, Erdgas, Braun- und Steinkohle diskutiert. Hier wie auch sonst in der Debatte wird nicht darauf eingegangen, dass auch Metalle unter diese Regel fallen.

Die grundlegenden Regeln der Enquete-Kommission waren bezogen auf einen nachhaltigen Umgang mit Stoff- und Materialströmen ein wesentlicher Schritt. Aber es wurde noch nicht spezifisch darauf eingegangen, dass die Nichtnachhaltigkeit unvermeidlich zu einer Großen Transformation, dem nächsten großen Übergang nach der industriellen Revolution führen wird. In einer Weiterentwicklung der grundlegenden Regeln wurde dies von Held et al. (2000, S. 264) formuliert: „6. Übergangsregel: Die in anthropogenen Nutzungszeiträumen nicht erneuerbaren Stoffe sind in der Übergangszeit von der nichtnachhaltigen zur nachhaltigen Wirtschaftsweise noch insoweit nutzbar, wie regenerierbare Substitute im Zeitablauf verfügbar werden beziehungsweise die Produktivität im Stoffumsatz vergleichbar erhöht wird."

Zusammenfassend können die 1990er- und beginnenden 2000er-Jahre so gekennzeichnet werden: Allgemein bestand Konsens, dass die fossilen Energien nichterneuerbar sind und damit die darauf aufbauende Art zu wirtschaften nur für eine gewisse Zeit möglich ist. Dies wurde aber typischerweise erst in einer in unbestimmter Ferne angesiedelten Zukunft als relevant angesehen (vgl. Held und Nutzinger 2001). Die *Metalle* wurden trotz ihrer großen Bedeutung in der Debatte um schwache oder starke Nachhaltigkeit *weitgehend vernachlässigt*.

Ein zweiter Diskussionsstrang zur Nichtnachhaltigkeit war bereits frühzeitig die Aufarbeitung der „Großen Transformation" von Polanyi (1978 [1944]). Vergleichbar der von ihm beschriebenen Großen Transformation der Herausbildung der Marktgesellschaft in der industriellen Revolution ist der nächste Übergang von der nichtnachhaltigen Wirtschaftsweise zu einer nachhaltigen Entwicklung eine Große Transformation (vgl. Biervert und Held 1994, S. 21 ff.). Aufgrund der Folgen des Erfolgs, der erfolgreichen „nachholenden Entwicklung der Nichtnachhaltigkeit" (Schindler et al. 2009, Kap. 7) in China und in zahlreichen anderen Staaten, wurden aber die „planetarischen Grenzen" (Rockström et al. 2009a, b) viel schneller erreicht als gedacht bzw. ist in einigen Dimensionen eine solche Dynamik festzustellen, dass eine ernsthafte Gefährdung absehbar ist (WBGU 2011; SRU 2012).

Mit dem Hauptgutachten des Wissenschaftlichen Beirats der Bundesregierung Globale Umweltveränderungen „Welt im Wandel. Gesellschaftsvertrag für eine Große Transformation" (WBGU 2011) wurde der Begriff „Große Transformation" einer breiteren Öffentlichkeit vorgestellt. Dies induzierte die Debatte zur Gestaltung dieser jetzt beginnenden Großen Transformation von der fossilen Nichtnachhaltigkeit hin zu einer postfossilen nachhaltigen Entwicklung.

Im Ansatz von Rockström et al. (2009a, 2009b) werden Dimensionen wie Versauerung, Bodendegradation und Klimawandel analysiert. Im WBGU-Gutachten wird insbesondere der Klimawandel und damit verbunden das knappe Zeitfenster zur Vermeidung einer Überschreitung einer durchschnittlichen globalen Erwärmung um mehr als 2° in den Vordergrund gestellt. Wetterextreme nehmen bereits bei der bisherigen globalen Erwärmung von knapp 1° zu. Für eine erträgliche Gestaltung der anstehenden Großen Transformation wird es darauf ankommen, wann und wie sich das Auftreten dieser ganz unterschiedlichen Extreme (Dürren, Hitzeperioden, Überschwemmungen etc.) in verschiedenen Regionen in öffentliche Aufmerksamkeit und politisches Handeln übersetzen wird.

Hinzu kommt, dass das Fördermaximum des konventionellen Erdöls etwa 2005 erreicht wurde. Damit ist die bisherige Verschwendungswirtschaft, die auf billig und reichlich erscheinenden fossilen Energien samt der dazugehörigen Beschleunigung aller Stoffumsätze beruhte, nicht mehr einfach in die Zukunft verlängerbar: Erdöl wurde innerhalb von nur 10 bis 15 Jahren (seit dem Niedrigstand der Preise 1998) sehr rasch sehr viel teurer (die Grenzkosten vervielfältigten sich in dieser Zeitspanne). Die Angebotsmenge ist seit etwa 2005 auf einem Förderplateau, tatsächlich ist die verfügbare Energiemenge bereits gesunken (der energetische Aufwand zur Gewinnung von Erdöl – EROEI – steigt rasch an, Teile der ausgewiesenen Produktionsmengen haben einen um etwa ein Drittel niedrigeren energetischen Gehalt; Schindler 2012).

Ist das Ölfördermaximum tatsächlich schon erreicht? Spricht nicht der Anstieg der Förderung von *light tight oil* und Gas, das mit Fracking aus Schiefergestein gewonnen wird, eine andere Sprache (mit Stichworten wie „Energierevolution in den USA" in den Medien im Jahr 2014 gefeiert)? Ohne im fachlichen Detail auf die Kontroversen eingehen zu können, ist zusammenfassend dazu festzuhalten (Zittel et al. 2013):

a) Das Konzept von Peak Oil war in den 1990er-Jahren *common sense* und liegt bspw. dem World Energy Outlook 1998 der Internationalen Energie Agentur (IEA) zugrunde; ebenso wurde das Konzept von der BGR, der in Deutschland zuständigen Bundesanstalt für Geowissenschaften und Rohstoffe, in diesen Jahren fachlich vertreten (vgl. Beiträge beteiligter Akteure, Campbell 2011). Der anschließende Schwenk der zuständigen Stellen in den USA und bei der IEA sind nicht tragfähig, wenn man die jeweiligen Projektionen *ex ante* seit 2000 mit den tatsächlichen Entwicklungen vergleicht (Hallock et al. 2014).

b) Konsens besteht, dass die Mehrzahl der großen Felder, die maßgeblich zur Gesamtölförderung beitragen, *post peak* sind (Robelius 2007). Ebenso haben viele Förderländer ihr Fördermaximum überschritten, z. B. Großbritannien 1999. Seither ist die Förderung dort um weit mehr als die Hälfte gefallen.

c) Es ist bereits schwierig, die Förderrückgänge der alten Felder überhaupt nur durch neue Felder zu kompensieren.

d) Das *light tight oil* in den USA (und nur dort ist es relevant) hat ebenso wie das mit Fracking gewonnene Gas eine extreme Fördercharakteristik: Im Unterschied zu konventionellen Ölquellen kann dort die Produktion nach dem Hochfahren nicht über längere Zeit auf diesem Niveau gehalten werden. Vielmehr nimmt die Förderung im ersten Jahr bereits deutlich ab, nach wenigen Jahren sind es durchschnittlich nur noch 10–20 % Förderleistung. Damit ist, allein um das jetzige Förderniveau aufrechtzuerhalten, eine hohe Zahl neuer Bohrungen erforderlich. *Sweet spots* werden tendenziell zuerst genutzt, sodass die Dynamik einer zunehmenden Produktion immer schwerer aufrechtzuerhalten ist. Selbst die IEA nimmt nicht an, dass damit wenig mehr als einige Jahre zusätzliche Öl- und Gasproduktion in den USA zu gewinnen sind (IEA 2013); ganz zu schweigen von den ungeheuren Umweltschäden und der Übernutzung riesiger Flächen/Böden.

e) Der bergmännische Abbau von Teersanden in Alberta (Kanada), Offshorebohrungen vor Brasilien in Tiefen, für die noch keine zuverlässigen Fördertechnologien verfügbar sind, Projekte in extremen Permafrostgebieten, Versuche der Ölförderung in arktischen Gewässern nördlich von Alaska, Förderung von *tight light oil* in Schiefergestein mit Fracking – dies sind alles keine Belege für technologische Überlegenheit. Im Gegenteil: Man würde sich Derartiges nicht antun, wenn Erdöl tatsächlich so reichlich und billig wäre, wie die aufgeregte öffentliche Debatte suggeriert. Tatsächlich verhält es sich genau umgekehrt: Nennenswerte Teile sind unwirtschaftlich, wenn man übliche Haftungsregeln unterstellt; sie sind extrem ökologisch gefährdend und sie sind gesellschaftlich-ökonomisch schädigend, denn sie verzögern den möglichst raschen Abbau der extremen Ölabhängigkeit und vernutzen damit die wichtigste Ressource – die erforderliche Anpassungszeit (Hirsch et al. 2005).

Peak Oil signalisiert den Anfang vom Ende des fossil geprägten Zeitalters der Nichtnachhaltigkeit, Erdgas folgt in wenigen Jahren (vgl. die Arbeiten von Energy Watch Group). Aus klimatischen Gründen ist es vorteilhaft, dass Kohle nicht so reichlich und billig ist, wie üblicherweise ungeprüft unterstellt wird. Tatsächlich sind neue Kohlekraftwerke in bestimmten Regionen bei Neuinvestitionen gegenüber anderen Kraftwerken etwa auf Windkraftbasis nicht mehr konkurrenzfähig. Für die anstehende Große Transformation ist es grundlegend, wie rasch Kohle in China verantwortlich genutzt wird, aber nicht weniger ist es grundlegend, inwieweit in Deutschland Braunkohle weiterhin einen vergleichsweise hohen Anteil am Strommix haben wird und dieser durch heutige Investitionen auf Jahrzehnte hoch gehalten wird (Gerbaulet et al. 2012).

Mit anderen Worten: Die Nichtnachhaltigkeit wird inzwischen spürbar. Die Große Transformation ist unvermeidlich (Held 2012). Zugleich ist zu beobachten, dass sich die Anstrengungen zur Verlängerung des Business-as-usual mit möglichst wenigen Änderungen seitens der Akteure verstärken, die im fossil nichtnachhaltigen mentalen Rahmen (*mental model*) und den dadurch geprägten Strukturen verankert sind und ihre dem entsprechenden *vested interests* haben.

Wie schon dargelegt: Die jetzt anstehende Große Transformation von fossiler Nichtnachhaltigkeit hin zu einer postfossilen nachhaltigen Entwicklung ist ein historisch singulärer Übergang, in der Tragweite vergleichbar der neolithischen Revolution und der fossil geprägten industriellen Revolution. Der anstehende Übergang ist unvermeidlich. Die gesellschaftliche Aufgabe ist es, die Große Transformation *möglichst verträglich und gerecht zu gestalten* (Gesprächskreis Die Transformateure 2014a, 2014b). Dazu gibt es keinen Masterplan, dazu sind keine einfachen Lösungen vorhanden, in denen die bisherige Verschwendungswirtschaft auf andere Weise fortgeführt wird.

6.5 Energiewende und Stoffwende: Zwei Bausteine der Großen Transformation

Die Energiewende ist ein maßgeblicher Baustein der anstehenden Großen Transformation. Sie ist zugleich der Baustein, deren grundlegende Bedeutung in der Öffentlichkeit bereits angekommen ist, weit über die Teile der Öffentlichkeit und Akteure unterschiedlicher Bereiche hinausgehend, die die Tragweite und Aktualität der Großen Transformation bereits internalisiert haben.

1980 erschien die Studie des Öko-Instituts „Energiewende. Wachstum und Wohlstand ohne Erdöl und Uran", in der die Energiewende erstmalig auf den Punkt gebracht wurde (Krause et al. 1980). Diese Studie spiegelte die Auseinandersetzungen um den Bau von Atomkraftwerken, etwa in Whyl, ebenso wider wie die Folgen der Ölpreiskrisen.

Die politischen und gesellschaftlichen Kontroversen spitzten sich in den Folgejahren auf die Gegenüberstellung Kernenergie vs. Solarenergie zu. Damit stand zunehmend die Frage der Stromversorgung im Vordergrund (vgl. Folgeveröffentlichung des Öko-Instituts: Hennicke et al. 1985). Es dauerte noch über 15 Jahre, bis sich die Diskussionen politisch konkretisierten. Genannt wird häufig eine Berliner Fachtagung vom 16.02.2002 des Bundesumweltministeriums „Energiewende: Atomausstieg und Klimaschutz." Das WBGU-Gutachten „Energiewende zur Nachhaltigkeit" (WBGU 2003) gibt den damaligen Stand mit globalem Fokus gut wieder.

Nach dem Ausstieg aus dem Ausstieg der Atomenergie der Bundesregierung im Jahr 2010 war die Dreifachkatastrophe von Fukushima in Japan vom 11. März 2011 die entscheidende Zäsur: das große Ostjapan-Erdbeben, wie es in Japan selbst genannt wird, der dadurch ausgelöste Tsunami und die Kernschmelze in Atomreaktoren der Kernkraftanlage Fukushima Daiichi.

Gestützt auf einen breiten gesellschaftlichen Konsens in den Nach-Fukushima-Monaten wurde in Deutschland von der Bundesregierung im Sommer 2011 der Ausstieg aus der Kernenergie und damit die Energiewende verkündet. Dies ist historisch betrachtet interessant: Die Kernenergie war in den 1960er- und 1970er-Jahren zum Hoffnungsträger einer Zukunft mit reichlicher und billiger Energie geworden. Tatsächlich ist der Anteil der Kernenergie zur Energieerzeugung historisch betrachtet marginal; ohne die Außerkraftsetzung grundlegender Prinzipien der Marktwirtschaft wie etwa dem Haftungsprinzip wäre es im Übrigen nicht einmal zu diesem begrenzten Ausbau in einigen Staaten gekommen. Atomkraftwerke tragen im Energiesektor nur zur Stromerzeugung bei, und dies wiederum nur in einigen wenigen Ländern in nennenswertem Maße.

Nicht die zunehmenden Wetterextreme aufgrund des Klimawandels, nicht das Erreichen des Ölfördermaximums – angesichts der fast vollständigen Abhängigkeit des Verkehrssektors von reichlichem und billigem Erdöl der Anfang vom Ende der nichtnachhaltigen Wirtschaftsweise –, sondern der Super-Gau in Japan führte dazu, dass die Energiewende ab jetzt auf der Tagesordnung steht. Zu beachten ist dabei: Die Folgen der Kernenergienutzung sind naturgesetzlich trotz des geringen energetischen Beitrags auf Jahrtausende spürbar und damit in der Zeit der Großen Transformation und *noch sehr lange Zeit darüber hinaus* wirksam (*toxic legacies*).

Entgegen der Verengung der Energiewende auf einen Teilaspekt, den Ausstieg aus der Atomenergie, geht es tatsächlich um das Ganze der Energiewende: die Abkehr vom fossilen Energieregime. Das bedeutet: „Energiewende und Verkehrswende gehören zusammen" (Held und Schindler 2012, S. 39). Die Verkehrs-, bzw. präziser formuliert die Mobilitätswende hat nur in geringem Maß etwas mit dem Ziel „1 Mio. Elektroautos im Jahr 2020 auf deutschen Straßen" zu tun, dem einzigen Aspekt zur Mobilität im Energiewendeprogramm der Bundesregierung.

Die Verengung auf den Atomausstieg und damit auf Stromtrassen, Kosten für Elektrizität und dgl. führt auch dazu, dass die in den letzten Jahren erfreulicherweise begonnene ausdrückliche Rohstoffpolitik bisher nicht genügend mit der Energiewende verzahnt wird.

Tatsächlich gilt: *Die stofflichen Voraussetzungen der Energiewende sind eines der grundlegenden Themen der Energiewende.* Dies gilt nicht nur für den zunehmenden Einsatz von Seltenerdmetallen, sondern generell für Metalle und Stoffe. Vergleichbar zur Verkehrs- bzw. Mobilitätswende geht es um einen weiteren übergreifenden Baustein der Großen Transformation: *die Stoffwende.*

Bei der grundlegenden Regel zur Nutzung nichterneuerbarer Rohstoffe wurde bereits darauf hingewiesen: Die Stoff- und die Energiebetrachtung wurden typischerweise getrennt und das Augenmerk bei dieser Regel allein auf die nichterneuerbaren fossilen Energieträger gerichtet. Die Metalle wurden dabei nicht genügend beachtet. Tatsächlich ist der Abbau von Metalllagerstätten eine Nutzung nichterneuerbarer Ressourcen. Die abnehmende Konzentration einzelner Elemente in den Erzen, die weltweit in den Minen abgebaut werden, ist ein Indikator für die Problematik.

Deshalb reicht es nicht aus, so wichtig dies als ein erster Schritt auch sein mag, die Ressourceneffizienz bei der Nutzung von Metallen zu erhöhen. Es ist vielmehr grundsätzlich notwendig, auch den Bedarf an Primärrohstoffen zu reduzieren.

Prinzipiell werden die Metalle *gebraucht*, denn sie können theoretisch sehr oft rezykliert und wieder genutzt werden – ganz im Gegensatz zu den fossilen Brennstoffen wie Kohle, Erdöl und Erdgas, die nach dem Verbrennen tatsächlich *verbraucht* sind. Also ist das Problem bei Metallen nicht, dass sie nach der Nutzung nicht mehr vorhanden wären. Vielmehr ist die *Dissipation*, ihre Feinverteilung, die zentrale Problematik (vgl. Kap. 4). Dabei ist einerseits die Frage der Stoffgemische ein Thema, das die Rezyklierbarkeit betrifft. Andererseits stellt die Verteilung feinster Stoffpartikel (z. B. aus den Abgaskatalysatoren in die Umwelt) mehrere potenzielle Risiken dar: Diese fein verteilten Stoffe lassen sich ökonomisch nicht wieder für eine Sekundärnutzung einsammeln (sie sind verloren). Zudem besteht die Gefahr, dass sich verschiedene, vor allem nanoskalige Partikel unterschiedlichster Elemente agglomerieren und bioaktiv, sprich für Mensch und Umwelt toxisch werden. Die Forschungen hierzu stecken noch in den Kinderschuhen.

Eine passende Metapher ist der Gedanke, dass wir die Naturpotenziale leasen – mit einer Rückgabepflicht. Folglich ist es wichtig, die Stoffflüsse zu kennen und damit den Verbleib der Metalle im gesellschaftlichen Stoffwechsel als Voraussetzung ihrer kaskadenartigen Mehrfachnutzung im Zeitablauf zu organisieren.

6.6 Stoffliche Voraussetzungen der Energiewende

Die Energiewende ist wie beschrieben ein grundlegender Baustein der Großen Transformation von der fossilen Nichtnachhaltigkeit hin zu einer postfossilen nachhaltigen Entwicklung. Die Umstellung der Energiesysteme „hat auf der stofflich-technischen Ebene, im Schnittbereich zwischen Geo- und Technosphäre, vor allem eines zur Folge: die Entwicklung von Technologien zur Erzeugung und Speicherung von Energien und damit einen enormen Bedarf an Funktionswerkstoffen und Metallen" (Reller und Dießenbacher 2014, S. 104). Dies betrifft den Mobilitätsbereich ebenso wie Informations- und Kommunikationstechniken, es betrifft alle Formen erneuerbarer Energiesysteme und die dafür erforderlichen Infrastrukturen. Die Bedeutung der Elektrizität und damit der Metalle wird weiter steigen (Zepf et al. 2014, S. 5; übergreifend zu kritischen Metallen Gunn 2014). Kurzum: Die stofflichen Voraussetzungen sind zentraler Bestandteil der Energiewende.

Beginnen wir mit einem offensichtlichen Beispiel, das für die öffentliche Debatte gleichsam eine Art Türöffner zum Verständnis dieser Aufgabenstellung wurde: Windkraft spielt für die Energiewende eine essenzielle Rolle. Die Steigerung der Produktivität der Windkraftanlagen führte nicht nur in der Lernkurve zu größeren Dimensionierungen, Erfahrungen mit höherer Belastbarkeit des Materials und damit der Möglichkeit, die höhere Windausbeute in größeren Höhen zu nutzen. Vielmehr sind Permanentmagnete mit den Seltenerdmetallen Neodym, Dysprosium und Terbium anderen Magneten im Getriebe in Bezug auf Ausbeute überlegen. Der Vorteil ist in diesem Fall, dass gerade größere Mengen je Generator erforderlich sind. Vorteilhaft deshalb, da bekannt ist, wo sich das Material befindet. Es handelt sich gleichsam um eine Art Stoffdepot, dessen Menge gewährleistet, dass eine anschließende Wiedergewinnung nach Ende der Laufzeit der Anlage wettbewerbsfähig ist. Im Unterschied zu Anwendungen in miniaturisierten elektronischen Geräten mit einer großen Zahl von Metallen (Stoffgemisch) kann damit die Dissipation minimiert werden. Zugleich kann es aber bei sehr stark steigendem Bedarf trotz geringerer energetischer Ausbeute auch Sinn machen, Magnete mit anderen Metallen zu verwenden, die im Vergleich zu Seltenerdmetallen ubiquitär sind.

Ein anderes Beispiel ist Lithium, das in Batterien aufgrund seiner spezifischen chemischen Eigenschaften gefragt ist. Es wird damit in elektronischen Geräten ebenso wie in Batterien für Elektrofahrzeuge und Batterien zur Stabilisierung der Netzspannung in der Stromversorgung zunehmend gebraucht. Metalle der Platingruppe wie Ruthenium werden in der Elektronik eingesetzt. Ein anderes Metall dieser Gruppe, Iridium, wird in Indium-Tin-Oxiden (ITO, ein elektrisch leitfähiges Glas) in Displays benötigt (SATW 2010).

Man kann die stofflichen Voraussetzungen der Energiewende von der Analyse der chemischen Eigenschaften von Metallen aus angehen und diese mit den spezifischen Anforderungen in unterschiedlichen Sektoren und Nachfragebereichen ins Verhältnis setzen (Zepf et al. 2014; SATW 2010). Man kann ebenso von bestimmten Bereichen ausgehen, die für die Steigerung der Energieeffizienz und den Umstieg in Richtung erneuerbare Energien besondere Dynamik aufweisen. Dabei zeigt sich u. a.: Es werden auch seit langem genutzte, mithin als konventionell verstandene Metalle zunehmend nachgefragt. Besonders deutlich gilt dies für Kupfer, da in einer postfossilen Gesellschaft die Bedeutung der Elektrizität noch weiter ansteigen wird (vgl. Kap. 5).

Ein anderer Bereich mit großer Dynamik ist die Beleuchtungstechnik. Inzwischen bereits schon fast klassisch sind LEDs (von *light emitting diode*), die unterschiedlichste Wellenlängen und damit Farben ermöglichen, ebenso wie sie in energieeffizienten Beleuchtungssystemen gut einsetzbar sind: in Dimmern, Bewegungsmeldern und Vergleichbarem. Dazu werden die seltenen Erden wie Cer und Yttrium ebenso eingesetzt wie Gallium- und Indium-Verbindungen.

Smart Grids, Videokonferenzen, Ausbau der Wissensgesellschaft, Sensoren in immer mehr Geräten, das alles sind Treiber für die Digitalisierung mit einem rasch zunehmenden Bedarf an Metallen mit spezifischen chemischen Eigenschaften, die nicht zu den Metallen mit hohen Anteilen in der Erdkruste gehören. Dabei ist ein sehr hoher energetischer Aufwand für die Gewinnung der Metalle aus Erzen mit sehr niedrigen Konzentrationen einzukalkulieren (vgl. Kap. 16). Anders formuliert: Für den Bergbau ist heute bereits ein relevanter Anteil am weltweiten Energieaufwand zu veranschlagen. Der Sachverständigenrat für Umweltfragen (SRU 2012, S. 72) nennt ca. 7 % globalen Anteil (MacLean et al. 2010 zitierend). Bei abnehmenden Konzentrationen und mit dem Vordringen in weniger zugängliche Gebiete steigt der Energieumsatz weiter an – und damit die Nachfrage nach konventionellen Metallen wie Eisen für die erforderlichen Infrastrukturen. Eisen und Stahl sind ebenso für einen Ausbau des schienengebundenen öffentlichen Verkehrs erforderlich.

Photovoltaik ist neben der Windenergie ein anderer Pfeiler erneuerbarer Energien. Dafür ist Silicium erforderlich, das ubiquitär als Rohstoff verbreitet ist. Für den Grad der energetischen Ausbeute ist jedoch zum einen der Reinheitsgrad von Silicium und damit der energetische Aufwand für die Herstellung relevant. Zum anderen ist der Wirkungsgrad von der Art der Beschichtung und damit dem Einsatz von Technologiemetallen abhängig. Dies ist ein Beispiel dafür, dass eine Abwägung zwischen Wirkungsgrad und Materialerfordernissen notwendig werden kann.

Und so könnte man fortfahren: Aluminium bietet sich aufgrund seiner Eigenschaften im Leichtbau an (Energieeffizienz). Zink ist als Korrosionsschutz gefragt (Lebensdauer von Materialien). Stahl wird weiterhin als Trägermetall mit hohen Stabilitätseigenschaften gefragt sein, auch wenn im Fahrzeugbau z. T. Karbonfasern als Substitut in Frage kommen werden.

6.7 Von statischer Reichweite zu Funktionen von Metallen und nachhaltiger Nutzung

Ohne Metalle geht es nicht Das Wirtschaften setzt Metalle in unterschiedlichsten Funktionen voraus: bei der Gewinnung von Rohstoffen ebenso wie in den Produktionsprozessen der Wertschöpfungsketten, in den Produkten ebenso wie in Infrastrukturen aller Art und dem Transportsektor.

Ohne Metalle wird es nicht gehen Die jetzige Technosphäre der fossil geprägten Nichtnachhaltigkeit ist in der Großen Transformation in Richtung einer postfossilen nachhaltigen Entwicklung weiterzuentwickeln. Dafür sind Metalle weiterhin essenziell. Tatsächlich benötigt man beim epochalen Umbau der Technosphäre für einen möglichst vollständigen Umstieg in Richtung erneuerbarer Energien und erhöhter Energieeffizienz Metalle mit ganz spezifischen Eigenschaften.

Die Elektrifizierung nimmt tendenziell noch eher zu. Die Digitalisierung schreitet in einer ungeheuren Dynamik voran: direkt mit immer neuen Elektronikprodukten, indirekt dringt sie in alle Produkt- und Lebensbereiche vor. Tatsächlich ist ein aktuell im Jahr 2014 auf den Markt gebrachter, fossil angetriebener Pkw ein E-car, wenn man die elektronische Aufrüstung berücksichtigt. Sensorik, Kontrollfunktionen in potenziell allen Gerätschaften, aber auch in Kleidung, Verpackungen – in „allem". Auch für naturverträgliche Lebensstile, die in der beginnenden Großen Transformation ebenfalls eine essenzielle Rolle spielen, wie etwa aktive Mobilität, benötigt man entsprechende Funktionsmaterialien. Das Präfix „smart" steht nicht nur für Smart Grids im Energiesektor, sondern kennzeichnet ebenso die Verwendung von LEDs in „smarten" Beleuchtungssystemen. Das sind nur zwei Beispiele für Grundtrends, die funktionalisierbare Metalle benötigen (zu LEDs Kümmerer 2013).

Grundlegend ist die Analyse der Funktionen von Metallen und damit der Möglichkeiten ihrer Funktionalisierung für spezifische Nutzungszwecke. Zugleich ist zu bestimmen, welche Art Nutzung von Metallen nachhaltig sein kann (zum Folgenden Reller 2013).

a) *Biosphäre*: Aus der Erkenntnis der Biosphäre und der biosphärischen Lebensprozesse können erste verlässliche Ressourcen nachhaltiger Art identifiziert werden. Sie sind in langen Zeitskalen evolutiv in der Biosphäre erprobt. Das heißt, die sog. essenziellen Metalle wie Eisen, Calcium, Kalium, Natrium, Kupfer, Zink, Mangan, Molybdän, Kobalt etc. sind für technosphärische Funktionen in diesem Sinne unkritisch, solange die angemessene Konzentration bzw. Dosis beachtet wird (Paracelsus: Die Dosis macht das Gift). Neben der Dosis sind zugleich aber auch Fragen wie Akkumulierbarkeit, Zusammenwirken unterschiedlicher Stoffe etc. einzubeziehen. Diese Metalle kommen in der Regel nicht elementar, sondern als Oxide, Sulfide, Silicate und Carbonate vor. Ausnahmen sind die elementar vorkommenden Edelmetalle Gold, Silber und Platin. In der Biosphäre werden für unterschiedlichste Lebensprozesse Metalle benötigt, etwa für die Photosynthese, für enzymatische Prozesse mittels Biokatalysatoren und für die Sauerstofftransportfunktion im Blut (Häm).

Manche Organismen nutzen z. T. äußerst seltene – „exotische" – Metalle, aufgrund hoch spezifischer chemischer Eigenschaften, die offensichtlich Evolutionsvorteile boten. Ein Beispiel: Seescheiden (*Ascidiae*) sind Meerestiere, die Vanadium anstelle von Eisen als organisches Transportmedium nutzen. In diesem Fall können die Seescheiden Vanadium akkumulieren, indem sie es aus dem Meerwasser hochselektiv extrahieren (Vanadium ist im Meerwasser im ppm-Bereich gelöst). Dieses Beispiel steht auch dafür, dass es interessant sein kann, in einer Art von Bionik aus Naturprozessen zu lernen, wie man Ressourcen akkumuliert (*biomining*).

Allgemein kann man erkennen, dass in den langen Zeitskalen der Evolution in der Biosphäre hochselektive Auswahlprozesse stattfanden, in der nur diejenigen Metalle in Funktionen der Organismen eingebaut wurden, die den terrestrischen Randbedingungen entsprechen: Temperaturfenster, Druckverhältnisse, chemische Potenziale, Zusammensetzung der Atmosphäre.

Ein Beispiel für ein abundantes Metall, das in der Biosphäre nicht funktionalisiert wird, ist Aluminium (dritthäufigstes Metall der Erdkruste). Aluminium ist zugleich eines der wichtigsten technischen Metalle, ja geradezu ein „Metall der Moderne" (Marschall 2008). Unabhängig davon, dass manche Nutzungsformen nicht wirklich zwingend sind (Einweggetränkedosen als plakatives Beispiel) ist Aluminium aufgrund seiner Eigenschaften für den Leichtbau etwa von Fahrzeugen vorteilhaft, und damit auch für die Energiewende funktionalisierbar. Die Herstellung von Aluminium ist sehr energieintensiv, deshalb ist der wiederholte Einsatz von Aluminium in Mehrfachrezyklierung grundlegend. Wenn man Metalle, die nicht evolutiv in biologischen Prozessen genutzt werden, in der Technosphäre in großem Stil nutzt, ist eine möglichst weitgehende Kreislaufführung mit möglichst geringer Dissipation angesagt (vgl. Abschn. 6.2).

b) *Geologische Verfügbarkeit – Konzentration der Erze*: Die Konzentration von Metallen ist geologisch höchst unterschiedlich. Basismetalle wie insbesondere Eisen liegen in der Erdkruste in relativ hohen Konzentrationen vor, verglichen etwa mit der extrem niedrigen Konzentration eines Edelmetalls wie Gold. Die Depotbildung erfolgt in geogenen Prozessen geologischer Zeitskalen. Neben Akkumulationsprozessen spielen Abbauprozesse wie Erosion eine Rolle, da etwa z. T. durch Erosion und Auswaschungen an anderen Stellen Anreicherungen stattfinden können (etwa fluviales Gold im Unterschied zu Gold in Minen). Im Unterschied zur statischen Reichweite ist die spezifische Konzentration der Erzlagerstätten ein grundlegendes Maß, da der energetische Aufwand zur Gewinnung der Erze und das Ausmaß von Umweltwirkungen damit eng korrelieren.

c) *Geografische Verteilung*: Es besteht ein Zusammenhang zwischen dem durchschnittlichen Anteil von Metallen in der Erdkruste und ihrer geografischen Verteilung. Eisen ist dafür das markante Beispiel: Es ist das wichtigste Basismetall mit einem vergleichsweise hohen durchschnittlichen Anteil in der Erdkruste und zugleich großer Verteilung, damit im Vergleich zu anderen Metallen abundant. Das bedeutet nun aber nicht, dass Eisen reichlich und billig ist, sondern vielmehr, dass geografisch weit verbreitet in der Erdkruste (Land und Meeresboden) Lagerstätten mit relevanten Konzentrationen auftreten. Im Unterschied dazu ist Kupfer ein Beispiel für eine ungleichmäßiger verteilte Depotbildung. Kupfer hat relativ zu Eisen geringere Anteile in der Erdkruste und zugleich sind geografisch Standorte mit höheren Konzentrationen selten.

d) *Art der Erze*: Es gibt Basismetallminen, in denen ein Erz den Hauptanteil hat (z. B. Eisen, Nickel, Kupfer, Silber etc.). Daneben gibt es Minen mit unterschiedlichen Erzen. Verschiedene Metalle treten vergesellschaftet auf (historisches Beispiel etwa Silber und Kupfer in Tiroler Minen, vgl. Kap. 5). Bei anderen Metallen ist die Vergesellschaftung ein konstitutives Merkmal. So treten insbesondere Seltenerdmetalle nicht als einzelne Elemente auf, sondern sie sind aufgrund ihrer ähnlichen chemischen Eigenschaften, je nach den spezifischen Bedingungen der Minen, in unterschiedlichen Anteilen vergesellschaftet.

e) *Wirtschaftlich-technische Verfügbarkeit*: Neben der rein physischen Konzentration, Verteilung und Vergesellschaftung spielen hierfür eine Reihe von anderen Faktoren eine wichtige Rolle: So werden typischerweise *sweet spots* zuerst genutzt. Diese ergeben sich aus einer Kombination von vergleichsweise (je nach Erz) hoher Konzentration, Verfügbarkeit und Zugänglichkeit (Raumwiderstand, verfügbare Technologien etc.).

f) *Geopolitische Faktoren*: Die geologische Verteilung spiegelt sich vielfach in geopolitischen Faktoren (vgl. Kap. 7). Ein Beispiel ist etwa Lithium, das für die derzeitigen Batterietechnologien essenziell ist. Hier haben die Vorkommen in den drei benachbarten ABC-Ländern – Argentinien, Bolivien, Chile – global einen hohen Anteil (vgl. Kap. 10). Lagerstätten von Seltenerdmetallen in China haben weltweit eine hervorgehobene Stellung. Dieses Faktum gab im Übrigen den Anstoß dazu, dass man sich zunehmend mit der Thematik kritische Metalle etwa ab den Jahren 2007/2008 befasste.

g) *Dissipation*: In der öffentlichen Debatte und in politischen Prozessen stehen bisher typischerweise Fragen der statischen Reichweite, die Sicherung des Zugangs zum Angebot aus Primärproduktion (Vermeidung der Abhängigkeit von bestimmten Metallen aus einzelnen Ländern) sowie Ressourceneffizienz im Vordergrund. Tatsächlich spielen die Entwicklung der Konzentration der Erze (sprich die z. T. bei bestimmten Metallen starke Abnahme der Konzentrationen) sowie die Dissipation die überragende Rolle. Wenn Metalle bei ihrer Nutzung fein verteilt werden, dann sind sie vielfach nachher für zukünftige Nutzungen verloren (vgl. Kap. 4).

h) *Systembetrachtung*: Daraus folgt, dass eine isolierte Betrachtung einzelner Parameter wie beispielsweise Steigerung von Material- und von Energieeffizienz für eine kurze

Periode irreführend sein kann, da dies mit einer Steigerung der Dissipation einhergehen kann. Es geht darum, Gesamtprozesse zu beachten, und zwar bereits in der Design-
und Planungsphase.

Wo bleibt der technische Fortschritt? Wo der Beitrag von Substituten? So könnte man
im Anschluss an diese Auflistung fragen. In der Tat kann ein Ergebnis einer Ressourcenstrategie sein, die die aufgeführten Einflussgrößen beachtet, nach Substituten für bisher
eingesetzte Metalle zu suchen. Dies setzt aber wiederum voraus, dass man von den erforderlichen Funktionen ausgeht. In vielen Fällen sind die Substitute vergleichbar selten;
dann ist mit einem Umstieg darauf wenig gewonnen. Dies könnte man vorneweg erkennen, da bestimmte funktionale Erfordernisse durch Elemente bzw. Verbindungen mit
vergleichbaren Eigenschaften abgedeckt werden.

6.8   Nachhaltigkeitsregeln für Metalle

Was bedeutet das für die anstehende Große Transformation?

In der genannten Studie „Welt im Wandel: Gesellschaftsvertrag für eine Große Transformation" (WBGU 2011) findet sich hierzu nur wenig. Das hat vor allem damit zu tun,
dass die Thematik vorrangig am Beispiel Klimawandel behandelt wird. An einer Stelle
gibt es Ad-hoc-Ausführungen anhand einiger Beispiele zum Thema „Verknappung strategischer mineralischer Ressourcen" (WBGU 2011, S. 45 f.). Dabei wird die grundsätzliche
Thematik nicht angesprochen, die stofflichen Voraussetzungen der Energiewende und die
zukunftsfähige Nutzbarkeit von nichterneuerbaren Metallen in einer nachhaltigen Entwicklung.

Dagegen wird im „Umweltgutachten 2012. Verantwortung in einer begrenzten Welt"
des Sachverständigenrats für Umweltfragen (SRU 2012) die Debatte um Nachhaltigkeitsregeln und dabei die Kontroverse um die Prinzipien starke Nachhaltigkeit vs. schwache
Nachhaltigkeit im Grundsatzkapitel ausführlich diskutiert. Die früheren Festlegungen dazu (EK 1994; UBA 1996; SRU 2002) werden vom SRU (2012, Ziff. 126) folgendermaßen
pointiert: „Eine strenge Auslegung des Prinzips der starken Nachhaltigkeit würde hingegen bedeuten, dass nichterneuerbare Rohstoffe prinzipiell nicht in Anspruch genommen
werden dürfen, da selbst der sparsamste Verbrauch allmählich zur Erschöpfung führt". Obwohl der SRU in Richtung starker Nachhaltigkeit votiert, weicht er bezogen auf abiotische
Ressourcen, und damit Metalle, davon etwas ab. Hier unterstellt der Rat „eine gewisse
Substituierbarkeit von Naturkapital durch Wissen und Sachkapital" (Ziff. 42).

Im Unterschied zum WBGU behandelt der SRU metallische und mineralische Rohstoffe ausführlich in einem eigenen Kapitel mit wichtigen Einzelaspekten zur Thematik,
z. B. der Abnahme der Konzentrationen von Erzen im Bergbau sowie, damit einhergehend,
die Mobilisierung großer Mengen an Material und damit steigende Umweltauswirkungen.
Dabei wird auf die häufige Vergesellschaftung von Seltenerdmetallen mit dem radioaktiven Thorium und anderen toxischen Abfallprodukten hingewiesen (Ziff. 108). Zugleich

betont der SRU in diesem Kapitel die Tatsache, dass Metalle erschöpfbare Rohstoffe sind. Dementsprechend dürften sie nach den bisherigen Nachhaltigkeitsregeln bestenfalls für eine gewisse Übergangszeit genutzt werden (Ziff. 125 ff.). Der SRU fährt fort, dass „die Annahme einer gewissen Substituierbarkeit plausibel erscheint" und deshalb Metalle für eine Übergangszeit genutzt werden können: „Erschöpfbare Rohstoffe sollten jedoch nur in dem Maße verbraucht werden, wie gleichzeitig physisch und funktionell gleichwertiger Ersatz an regenerierbaren Ressourcen geschaffen wird" (Ziff. 126).

Damit bleibt der SRU knapp vor der entscheidenden Tatsache stehen, denn wie ausgeführt gilt: Ohne Metalle wird es nicht gehen, *gerade nicht* beim konsequenten Umbau hin zu einer postfossilen nachhaltigen Entwicklung. Wie Eisen für den Sauerstofftransport im Blut essenziell ist, so ist etwa Kupfer für den Transport von Elektronen funktional. Von dem derzeit voll wirksamen Schub in Richtung Elektronifizierung ganz zu schweigen, der wiederum funktional viele Metalle erfordert, die deshalb vielfach auch Technologiemetalle genannt werden. Nicht zufällig ist die Entwicklung hin zu einer beinahe vollständigen Nutzung der Elemente des Periodensystems (bezogen auf die stabilen Elemente) erst in den letzten 30 bis 40 Jahren so richtig in Schwung gekommen.

Die Folgerung ist eindeutig: Die Gewährleistung der stofflichen Voraussetzungen der Energiewende ist eine grundlegende Herausforderung der Großen Transformation. Es gilt differenzierte Regeln für Metalle zu entwickeln, damit sie nachhaltig zukunftsverträglich genutzt werden können. Metaphorisch umschrieben: damit sie *urenkeltauglich in fortlaufender Generationenabfolge* nutzbar sein werden.

Dies ist eine Aufgabenstellung, die in der beginnenden Großen Transformation *von Anfang an* ansteht. Tatsächlich werden Metalle, insbesondere funktionell wichtige Metalle, in großen Mengen und mit anhaltend zunehmender Tendenz zerstreut. Deshalb gehen mit der heute vorherrschenden Wirtschaftsweise durch Dissipation nennenswerte Anteile nutzbarer Metalle für zukünftige Nutzungen verloren. Damit wird der Vorteil verschenkt, dass Metalle *gebraucht und nicht verbraucht* werden. Ressourcenstrategien und eine Ressourcenpolitik, die auf die Verfügbarkeit von Metallen für ein Land wie Deutschland bzw. für die Europäische Gemeinschaft für die kommenden 15 Jahre setzen, sind zwar als Einstieg in die anstehenden Herausforderungen zu einer nachhaltigen Ressourcenstrategie zu begrüßen. Sie sind aber dringlich in Richtung einer übergreifenden Strategie weiterzuentwickeln.

Im Folgenden werden Überlegungen für *Regeln zu einer nachhaltigen Nutzung von Metallen* formuliert und zur Diskussion gestellt (Reller 2013, insbes. S. 215 ff.; Reller und Dießenbacher 2014, S. 105 ff.).

Übergeordneter Grundsatz Die Nutzung von Metallen ist dann nachhaltig, wenn die Metalle im Stoffkreislauf bleiben; denn sie werden ja nicht verbraucht, sondern gebraucht. In der technischen Realität kann diese Grundforderung praktisch nie vollständig erfüllt werden.

Beispiele für die Art der erforderlichen spezifischen Nachhaltigkeitsregeln:

1. *Dissipation*: Die Dissipation von Metallen ist möglichst gering zu halten.

2. *Dissipation und Effizienz*: Stoffgemische und Miniaturisierung können in Richtung Erhöhung der Materialeffizienz und/oder Energieeffizienz Vorteile haben. Wenn dadurch die Dissipation erhöht wird, und damit funktional wertvolle Metalle für spätere Nutzungen verloren gehen, kann dies dennoch eine nachhaltige Nutzung von Metallen konterkarieren.

   Anders formuliert: Materialeffizienz und Energieeffizienz sind im Kontext von Dissipation zu beachten. Stoffgemische sind funktional vielfach erforderlich. Dabei geht es um eine Optimierung der Materialdiversität und Beachtung der Trennbarkeit nach der Nutzungsphase.

3. *Lokalisierbarkeit*: Die Lokalisierbarkeit von Funktionsmaterialien ist zentral, da dies hilft, die Dissipation gering zu halten. Dazu kann in bestimmten Fällen eine bewusste Depotbildung erforderlich sein.

4. *Konzentration*: Es ist auf die spezifische Verteilung und Konzentration der Lagerstätten mit nutzbaren Erzen zu achten. Ubiquitär auftretende Metalle wie Eisen (bzw. Halbmetalle wie das Silicium) haben einen anderen Stellenwert als Metalle, die in deutlich geringeren Konzentrationen und geografisch nicht ubiquitär auftreten.

5. *Verfügbarkeit*: Relevant ist nicht die statische Reichweite, sondern die jeweils lokal oder regional vorliegende Konzentration von nutzbringenden Metallen in den Erzen. Dies ist für den EROEI, den energetischen Aufwand, die Umweltauswirkungen und die Verfügbarkeit von Metallen gleichermaßen maßgeblich. Abnehmende Konzentrationen bei relevanten Metallen sind die tatsächliche Herausforderung und sollten in der öffentlichen Debatte ebenso wie bei Aktivitäten der beteiligten Akteure im Vordergrund stehen.

6. *Vergesellschaftung*: Es ist darauf zu achten, ob die Metalle in Lagerstätten mit einem Hauptmetall vorliegen oder ob sie vergesellschaftet auftreten.

   Dies ist einerseits dafür relevant, inwieweit eine gezielte Förderung funktionell wichtiger Metalle möglich ist oder diese nur in vergesellschafteten Minen abbaubar sind. Andererseits sind die Eigenschaften von Begleitmetallen (radioaktiv, ansonsten toxisch) zu beachten.

7. *Bioaktivität*: Die Mobilisierung von Metallen erfordert die Abklärung ihrer potenziellen Bioaktivität.

   Wichtig ist dazu die Unterscheidung in Metalle, die in der Biosphäre genutzt werden (in welchen Funktionen, Dosierungen) und Metallen, die bisher geogen gebunden und damit überwiegend inert sind. Bei der Analyse der Funktionen der Metalle ist es wichtig, neben den für die Nutzung erwünschten Eigenschaften die anderen Funktionen ebenso zu prüfen einschließlich der Wirkungen der Begleitstoffe und Wirkungsketten.

8. *Trennbarkeit der Stoffe*: Ein Grundprinzip bei der Produktgestaltung ist die Trennbarkeit, damit die in Stoffgemischen eingesetzten Metalle nach ihrer Nutzung wieder einsetzbar sind (systematische Rückführbarkeit mittels erneuerbarer Energien).

9. *Produktdesign*: Beim Design von Produkten und der Planung von Prozessen sind Re-Prozesse systematisch zu beachten: Reduce, Re-use (evtl. mit gewissen Modifikationen, Austausch einzelner Komponenten etc.), Remanufacturing, Recycling, Reprocessing.

   Dafür sind bspw. modulare Bauweisen ein nützliches Prinzip. Beschichtungen, Farbpigmente, alle Formen von nanoskaligen Anwendungen sind eingehend zu prüfen. Substituierung durch ubiquitär vorhandene Stoffe sind Substituten mit geringen Konzentrationen vorzuziehen.

10. *Systemischer Ansatz*: Zusätzlich zu den Einzelaktivitäten bestimmter Akteure ist ein übergreifender systemischer Ansatz zu verfolgen.

    Enge Systemgrenzen (Verfügbarkeit für 15 Jahre in einem Land und dgl.) sind zu vermeiden. Wenn sich in der Design- und Planungsphase zeigt, dass bestimmte Funktionen mit bekannten Funktionsträgern, d. h. spezifischen Metallen mit entsprechenden funktionalen Eigenschaften, nicht bzw. nicht in erforderlichen Mengen verfügbar sind, dann ist nach alternativen Lösungen mit gänzlich anderen Anforderungen zu suchen (schwere Güter über weite Strecken schnell mit elektrischem Antrieb über Straßen zu transportieren ist dafür ein klassisches Beispiel).

11. *Governance*: Die institutionellen Mechanismen sind rasch so weiterzuentwickeln, dass sie die Gewährleistung derartiger Regeln fördern. Zugleich ist ein Capacity-Building erforderlich, damit institutionell-organisatorisch Kapazitäten aufgebaut werden, die diese Regeln rasch wirksam machen.

Diese Formulierungen sind Beispiele für die zu entwickelnden Regeln für einen nachhaltig-zukunftsverträglichen Umgang mit Metallen. Sie sind noch weiter zu verdichten.

Regeln für einen nachhaltigen Umgang mit Metallen beinhalten eine grundlegende Art der Limitierungen, vergleichbar dem nachhaltigen Umgang mit Böden. Auch in einer postfossilen Welt ist mit knappen Ressourcen haushälterisch umzugehen, haben wir die in der fossil geprägten heutigen Welt entstandene Verschwendungswirtschaft hinter uns zu lassen.[2] Für die Regeln gilt der bereits in der Bibel in den Psalmen zu findende Punkt der Zeitskalen: „Denn tausend Jahre sind für dich wie der Tag, der gestern vergangen ist, wie eine Wache in der Nacht" (Psalm 90). Es gilt die zeitökologischen Grundlagen zu beachten (s. Abschn. 6.2).

Wenn man die Linie der stofflichen Voraussetzungen der Energiewende weiter verfolgt, gelangt man zu deren Komplement: *den energetischen Voraussetzungen der Stoffwende* (vgl. Kap. 16). Bei genügend hohem energetischem Aufwand kann man auch Gold aus den Weltmeeren fischen und anreichern. Das macht aber in relevanten Größenordnungen keinen Sinn und ist praktisch irrelevant. Pointiert:

- Der energetische Aufwand limitiert die Stoffverfügbarkeit.
- Die Stoffverfügbarkeit limitiert die erneuerbar verfügbare Energie.

---

[2] Der Begriff „Verschwendungswirtschaft" ist paradox, da tatsächlich nicht gewirtschaftet, nicht mit knappen Ressourcen haushälterisch umgegangen wird, sondern diese verschwendet werden.

Und das ist gut so, könnte man anfügen, denn mit zunehmendem Aufwand steigt der Grad der Mobilisierung und damit die Eingriffstiefe in die Biosphäre und großskaligen Stoffkreisläufe.

6.9 Fazit

Die fossil geprägte Nichtnachhaltigkeit kommt derzeit an den Anfang vom Ende. Es steht eine Große Transformation hin zu einer postfossilen nachhaltigen Entwicklung an. Die Energiewende ist ein zentraler Baustein dieser Großen Transformation. Die Gewährleistung der stofflichen Voraussetzungen der Energiewende ist eine grundlegende Aufgabenstellung. Metalle sind dafür essenziell, sei es etwa Kupfer bezogen auf Elektrizität, sei es Lithium für Batterien, seien es Seltenerdmetalle für Generatoren in Windkraftanlagen und elektronischen Geräten. Ohne Metalle wird es nicht gehen. Ihre Bedeutung nimmt aufgrund ihrer spezifischen Eigenschaften und den geforderten Funktionen vielmehr noch zu. Oder wie es Reller und Dießenbacher (2014, S. 103) auf den Punkt bringen: Die postfossile Gesellschaft gibt es „nicht ohne seltene Metalle!".

Bei der Diskussion um Regeln für eine nachhaltige Entwicklung werden Metalle bisher nicht angemessen behandelt. Nach den in der Debatte vorherrschenden Regeln dürften Metalle als erschöpfbare Rohstoffe entweder nicht genutzt werden (starke Nachhaltigkeit) oder nur für eine Übergangszeit (schwache Nachhaltigkeit). Tatsächlich sind Metalle für die Große Transformation und die spätere Zeit einer nachhaltigen Entwicklung unverzichtbar. Es geht also darum, angemessene Regeln für ihre nachhaltige Nutzung zu entwickeln und umzusetzen.

Dafür werden im Beitrag Vorschläge formuliert und zur Diskussion gestellt. Grundlegend ist dabei: Man kann sich die Tatsache zunutze machen, dass Metalle nicht verbraucht, sondern gebraucht werden. Wesentliche Stichworte sind Minimierung der Dissipation, Bevorzugung von Metallen mit relativ hohen Konzentrationen und Verfügbarkeit, Beachtung der Vergesellschaftung der Metalle, systemische Betrachtung. Erhöhung der Material- und Energieeffizienz sind wichtige Zielsetzungen, die aber nicht in Richtung einer Erhöhung der Dissipation wirken sollen. Dagegen ist die in öffentlichen Debatten vielfach im Vordergrund stehende und von bestimmten Akteuren betonte statische Reichweite von Metallen unerheblich.

Sobald die grundlegende Bedeutung der stofflichen Voraussetzungen der Energiewende verstanden wird, kommt ihr Komplement in den Blick: die energetischen Voraussetzungen der Stoffwende. Spannende Aufgaben stehen an.

Literatur

Bardi U (2013) Der geplünderte Planet. Die Zukunft des Menschen im Zeitalter schwindender Ressourcen. oekom, München

Bardi U (2014) The mineral question: How energy and technology will determine the future of mining. Frontiers in Energy Research 2:Article 9 doi:10.3389/fenrg.2013.0009:1–11

Biervert B, Held M (1994) Veränderungen im Naturverständnis der Ökonomik. In: Biervert B, Held M (Hrsg) Das Naturverständnis der Ökonomik. Beiträge zur Ethikdebatte in den Wirtschaftswissenschaften. Campus, Frankfurt, S 7–29

Campbell C (Hrsg) (2011) Peak oil personalities. What happens when the oil starts to run out. Inspire Books, Skibbereen

von Carlowitz HC (2013) Sylvicultura oeconomica oder Haußwirthliche Nachricht und Naturmäßige Anweisung zur Wilden Baum-Zucht. Oekom, München (Hrsg. Hamberger J, Orig 1713)

Crutzen PJ (2002) Geology of mankind. Nature 415:23

EK – Enquete-Kommission Schutz des Menschen und der Umwelt des Deutschen Bundestages (1994) Die Industriegesellschaft gestalten. Perspektiven für einen nachhaltigen Umgang mit Stoff- und Materialströmen. Economica, Bonn

Evans AM (1997) An introduction to economic geology and its environmental impact. Blackwell, Oxford

Gerbaulet C, Egerer J, Pao-Yu Oei P-Y, Paeper J, von Hirschhausen C (2012) Die Zukunft der Braunkohle in Deutschland im Rahmen der Energiewende. DIW Politikberatung kompakt 69. Deutsches Institut für Wirtschaftsforschung, Berlin

Gesprächskreis Die Transformateure (2014a) Hintergrundpapier. München/Tutzing: Gesprächskreis Transformateure – Akteure der Großen Transformation, München. www.transformateure. wordpress.com. Zugegriffen: 16.09.2014

Gesprächskreis Die Transformateure (2014b) Die Große Transformation. Die Herausforderung der ökologischen, sozialen und wirtschaftlichen Krisen annehmen. Grundsatzpapier. 21. Januar 2014. Gesprächskreis Transformateure – Akteure der Großen, München. www. transformateure.wordpress.com. Zugegriffen: 16.09.2014

Grober U (2010) Die Entdeckung der Nachhaltigkeit. Kulturgeschichte eines Begriffs. Kunstmann, München

Gunn G (Hrsg) (2014) Critical metals handbook. John Wiley & Sons, New York

Haas H-D (1991) Geographie des Bergbaus. Wissenschaftliche Buchgesellschaft, Darmstadt

Hallock JL Jr, Wu W, Hall CAS, Jefferson M (2014) Forecasting the limits to the availability and diversity of conventional oil supply: Validation. Energy 64:130–153

Held M (2012) Öl als fossiler Treiber der Beschleunigung. In: Fischer EP, Wiegandt K (Hrsg) Dimensionen der Zeit. Die Entschleunigung unseres Lebens. Fischer, Frankfurt am Main, S 268–290

Held M, Nutzinger HG (2001) Nachhaltiges Naturkapital – Perspektive für die Ökonomik. In: Held M, Nutzinger HG (Hrsg) Nachhaltiges Naturkapital. Ökonomik und zukunftsfähige Entwicklung. Campus, Frankfurt, S 11–49

Held M, Schindler J et al (2012) Verkehrswende – wann geht's richtig los? In: Leitschuh H (Hrsg) Wende überall? Von Vorreitern, Nachzüglern und Sitzenbleibern. Jahrbuch Ökologie 2013. Hirzel, Stuttgart, S 38–48

Held M, Hofmeister S, Kümmerer K, Schmid B (2000) Auf dem Weg von der Durchflußökonomie zur nachhaltigen Stoffwirtschaft. Ein Vorschlag zur Weiterentwicklung der grundlegenden Regeln. GAIA 9:257–266

Held M, Schindler J, Luhmann H-J (in Arbeit) Postfossile Revolution. Abschied vom fossilen Kapitalismus

Hennicke P, Johnson JP, Kohler S (1985) Die Energiewende ist möglich. Für eine neue Energiepolitik der Kommunen. S. Fischer, Frankfurt am Main

Hirsch RL, Bezdek R, Wendling R (2005) Peaking of world oil production: Impacts, mitigation, & risk management. Report for the US Department of Energy. Washington DC. www.netl.doe. gov/publications/others/pdf/oil_peaking_netl.pdf. Zugegriffen: 03.03.2014

Huppenbauer M, Reller A (1996) Stoff, Zeit und Energie: Ein transdisziplinärer Beitrag zu ökologischen Fragen. GAIA 5:103–115

IEA – International Energy Agency (2013) World energy outlook. OECD/IEA, Paris

Jevons WSt (1965) The coal question. An inquiry concerning the progress of the nation, and the probable exhaustion of our coal-mines. Augustus M Kelley, New York (Reprint der dritten Auflage von 1905. Hrsg. Flux AW, Orig 1865)

Krause F, Bossel H, Müller-Reissmann K-F (1980) Energie-Wende: Wachstum und Wohlstand ohne Erdöl und Uran. Ein Alternativ-Bericht des Öko-Instituts. Fischer, Frankfurt am Main

Kümmerer K (1994) Systemare Betrachtungen in der Ökotoxikologie. Zeitschrift für Umweltwissenschaften und Schadstofforschung, Z Umweltchem Ökotox 6:1–2

Kümmerer K (1997) Die Vernachlässigung der Zeit in den Umweltwissenschaften. Beispiele – Folgen – Perspektiven. Zeitschrift für Umweltwissenschaften und Schadstofforschung, Z Umweltchem Ökotox 9:49–54

Kümmerer K (2013) LEDs und Ressourcen – kleine Mengen, große Wirkung. In: Held M, Hölker F, Jessel B (Hrsg) Schutz der Nacht – Lichtverschmutzung, Biodiversität und Nachtlandschaften. BfN-Skripten, Bd. 336. Bundesamt für Naturschutz, Bonn, S 101–104

MacLean H et al (2010) Stocks, flows, and prospects of mineral resources. In: Graedel TE, van der Voet E (Hrsg) Linkages of sustainability. MIT Press, Cambridge MA, S 199–218

Marschall L (2008) Aluminium – Metall der Moderne. Oekom, München

Meadows D, Meadows DL, Randers J, Behrens IIIWW (1972) Die Grenzen des Wachstums – Bericht des Club of Rome zur Lage der Menschheit. DVA, München

Osterhammel J (2011) Die Verwandlung der Welt. Eine Geschichte des 19. Jahrhunderts. Sonderausgabe. C.H. Beck, München

Paulinyi A (1997) Die Umwälzung der Technik in der Industriellen Revolution zwischen 1750 und 1840. In: Mechanisierung und Maschinisierung 1600 bis 1840. Propyläen Technikgeschichte, Bd. 3. Ullstein, Berlin, S 271–495

Pfister C (1995) Das „1950er Syndrom": Die umweltgeschichtliche Epochenschwelle zwischen Industriegesellschaft und Konsumgesellschaft. In: Pfister C (Hrsg) Das 1950er Syndrom. Der Weg in die Konsumgesellschaft. Haupt, Bern, S 51–95

Pfister C (2010) The '1950s syndrome' and the transition from a slow-going to a rapid loss of global sustainability. In: Uekoetter F (Hrsg) The turning points of environmental history. University of Pittsburgh Press, Pittsburgh, S 90–118

Polanyi K (1978) The great transformation. Politische und ökonomische Ursprünge von Gesellschaften und Wirtschaftssystemen. Suhrkamp, Frankfurt am Main (Orig. 1944)

Pomeranz K (2000) The great divergence. China, Europe and the making of the modern world economy. Princeton University Press, Princeton

Price D, Bar-Yosef O (2011) The origins of agriculture: New data, new ideas. An introduction to Supplement 4. Current Anthropology 52:5163–5174

Reller A (2013) Ressourcenstrategie oder die Suche nach der tellurischen Balance. In: Reller A, Marschall L, Meißner S, Schmidt C (Hrsg) Ressourcenstrategien. Eine Einführung in den nachhaltigen Umgang mit Ressourcen. WBG, Darmstadt, S 211–219

Reller A, Dießenbacher J (2014) Reichen die Ressourcen für unseren Lebensstil? Wie Ressourcenstrategie vom Stoffverbrauch zum Stoffgebrauch führt. In: von Hauff M (Hrsg) Nachhaltige Entwicklung. Aus der Perspektive verschiedener Disziplinen. Nomos, Baden-Baden, S 91–118

Robelius F (2007) Giant oil fields – the highway to oil. Giant oil fields and their importance for future oil production. Acta Universitatis Upsaliensis, Upsala

Rockström J et al (2009a) A safe operating space for humanity. Nature 46:472–475

Rockström J et al (2009b) Planetary boundaries: Exploring the safe operating space for humanity. Ecolgy and Society 14:32

SATW – Schweizerische Akademie der Technischen Wissenschaften (2010) Seltene Metalle. Rohstoffe für Zukunftstechnologien SATW Schrift, Bd. 41. Zürich

Schindler J (2012) Die Zukunft der Ölversorgung im World Energy Outlook 2012 der Internationalen Energieagentur. ASPO Deutschland, Ottobrunn (Newsletter 1, Dez 2012)

Schindler J, Held M, Würdemann G (2009) Postfossile Mobilität – Wegweiser für die Zeit nach dem Peak Oil. VAS, Bad Homburg

Schneider H (1997) Die Gaben des Prometheus. Technik im antiken Mittelmeerraum zwischen 750 v. Chr. und 500 n. Chr. In: König W (Hrsg) Landbau und Handwerk 750 v. Chr. bis 1000 n. Chr. Propyläen Technikgeschichte, Bd. 1. Ullstein, Berlin, S 17–313 (Neuausgabe)

Sieferle RP (1982) Der unterirdische Wald. Energiekrise und Industrielle Revolution. C.H. Beck, München

Sieferle RP (2010) Lehren aus der Vergangenheit. Expertise für das WBGU-Hauptgutachten „Welt im Wandel: Gesellschaftsvertrag für eine Große Transformation". Materialien. WBGU, Berlin

SRU – Sachverständigenrat für Umweltfragen (2002) Umweltgutachten 2002. Für eine neue Vorreiterrolle. Metzler-Poeschel, Stuttgart

SRU (2012) Umweltgutachten 2012. Verantwortung in einer begrenzten Welt. Sachverständigenrat für Umweltfragen. Erich Schmidt, Berlin

Steffen W, Persson A, Deutsch L, Zalasiewicz et al (2011) The anthropocene: From global change to planetary stewardship. Ambio 40:739–761

Steffen W, Broadgate W, Deutsch L, Gaffney O, Ludwig C (2015) The trajectory of the anthropocene: The great acceleration. The Anthropocene Review: 1–18, doi:10.1177/2053019614564785

UBA – Umweltbundesamt (1996) Nachhaltiges Deutschland. Wege zu einer dauerhaft umweltgerechten Entwicklung. Erich Schmidt, Berlin

Vogelsang K (2012) Geschichte Chinas, 2. Aufl. Reclam, Stuttgart

WBGU – Wissenschaftlicher Beirat der Bundesregierung Globale Umweltveränderungen (2003) Energiewende zur Nachhaltigkeit. Hauptgutachten 2003. Springer, Berlin

WBGU (2011) Welt im Wandel. Gesellschaftsvertrag für eine Große Transformation, Hauptgutachten. Wissenschaftlicher Beirat der Bundesregierung Globale Umweltveränderungen, Berlin

World Commission on Environment and Development (1987) Our common future. Oxford University Press, Oxford

Wrigley EA (2010) Energy and the English industrial revolution. Cambridge University Press, Cambridge

Zalasiewicz J et al (2008) Are we now living in the anthropocene? GSA Today 18(2):4–8. doi:10.1130/GSAT01802A.1

Zepf V, Simmons J, Reller A, Ashfield M, Rennie C, BP (2014) Materials critical to the energy industry. An introduction. Second revised edition. BP, London. www.bp.com/energy/sustainability/challenge. Zugegriffen: 30.05.2014

Zittel W, Zerhusen J, Zerta M, Arnold N (2013) Fossile und Nukleare Brennstoffe – die künftige Versorgungssituation. Energy Watch Group, Berlin

Teil II
Metallpolitiken und ihre Auswirkungen

Neue Ressourcenpolitik – nachhaltige Geopolitik? Staatliche Initiativen des globalen Nordens zur Sicherung von kritischen Rohstoffen am Beispiel der Seltenen Erden

7

Lutz Mez und Behrooz Abdolvand

7.1 Einleitung

Das Fundament des Wohlstands der westlichen Industrieländer und des globalen Nordens insgesamt ist eine sichere und dauerhafte Versorgung mit Rohstoffen. Aber zum einen sind die Ressourcen nicht gleichmäßig über den Globus verteilt und zum anderen verbrauchen die Menschen in Industriegesellschaften ein Vielfaches an Ressourcen verglichen mit dem Rest der Menschheit. Knapp werden nicht nur das Wasser, sondern auch Bodenschätze wie Metalle, Holz oder Erdöl. Geologen warnen schon seit langem vor dieser Entwicklung, nicht erst seit die Peak-Oil-These die Runde macht. Insbesondere für strategisch wichtige Rohstoffe hat das „Große geopolitische Spiel" begonnen, weil sich insbesondere die großen Industrieländer den Zugriff auf die Seltenen Erden und auf eine Reihe wichtiger Metalle wie z. B. Tantalum oder Kobalt sichern wollen.

Strategisch wichtige Rohstoffe werden als „kritische Rohstoffe" bezeichnet. Um die Versorgung mit ihnen zu sichern, haben die EU, die USA und Japan damit begonnen, ihre geopolitischen Strategien zu überarbeiten und umzusetzen. Die neuen Rohstoffinitiativen haben drei Zielrichtungen:

1. Zugang zu den Rohstoffmärkten weltweit,
2. Abbau von Rohstoffen im nationalen Rahmen und
3. Recycling von Rohstoffen.

Dabei ist der Problemdruck im rohstoffarmen Japan – verstärkt durch die Zerstörungen von Raffinerien durch das Erdbeben und den Tsunami im März 2011 – wesentlich höher als der Rohstoffbedarf der EU oder von Deutschland. Als rohstoffarmes Land ist Japan

L. Mez (✉) · B. Abdolvand
Berlin Centre for Caspian Regional Studies, Freie Universität Berlin
Berlin, Deutschland
email: lutz.mez@fu-berlin.de

© Springer-Verlag Berlin Heidelberg 2016
A. Exner et al. (Hrsg.), *Kritische Metalle in der Großen Transformation*,
DOI 10.1007/978-3-662-44839-7_7

schon seit jeher auf den verlässlichen Import von Rohstoffen angewiesen. Seit Beginn der Industrialisierung werden Handel und Erschließung von Rohstoffvorkommen im Ausland durch die Generalhandelshäuser wahrgenommen und für Seltene Erden gibt es sogar eine staatliche Lagerhaltung. Dagegen hat Europas Industrie die drohende Rohstoffkrise erst nach der Jahrtausendwende erneut entdeckt (Bütikofer 2013). Als Gegenstrategie hat die EU eine Rohstoffinitiative entwickelt sowie ein Kompetenznetzwerk für Seltene Erden geknüpft. Die USA verfügt zwar über erhebliche Rohstoffressourcen, dennoch sind sie von Importen abhängig. Das liegt einerseits am immensen Rohstoffverbrauch und andererseits daran, dass u. a. die Produktion von Seltenen Erden in den letzten Jahrzehnten nicht wirtschaftlich war. Aber seit ein paar Jahren ist die Versorgung des Green-Tech-Sektors und der Rüstungsindustrie mit kritischen Rohstoffen im Focus. Für sie gilt dieselbe Devise wie z. B. bei Erdgas: Verstärkte Ausbeutung der eigenen Ressourcen. Für die Förderung Seltener Erden wurden deswegen Bergwerke wie die Mountain Pass Mine wiedereröffnet.

Zu den wichtigsten Rohstoffen überhaupt zählt das Erdöl. Seine Ausbeutung begann im 19. Jahrhundert. Der erste Ölboom basierte auf der Nutzung von Petroleum als Leuchtstoff, hatte aber zugleich auch eine militärische Komponente, weil Großbritannien seine Kriegsmarine ab 1892 von Kohle auf den neuen Brennstoff Erdöl umstellte.[1] Bis in die 1920er-Jahre blieb die Verwendung als Leuchtmittel die wichtigste Nutzung von Erdöl. Dann trat das Automobil seinen Siegeszug an, wodurch Treibstoffe aus Erdöl zum Motor der Wirtschaftsentwicklung wurden und Öl zum geopolitischen Rohstoff avancierte. Der Zweite Weltkrieg wurde u. a. um den Zugriff auf die Erdölvorkommen geführt und die Weltwirtschaft wurde zunehmend vom Erdöl abhängig. Spätestens seit den Ölkrisen der 1970er-Jahre jedoch wurde klar, dass eine Abhängigkeit von den nahezu monopolistisch agierenden Lieferanten am Persischen Golf folgenschwere geopolitische Konsequenzen hat. Um dieses Dilemma zu lösen, versuchten die meisten OECD-Staaten die Abhängigkeit ihrer Ökonomien von importierten fossilen Energieträgern durch die Diversifizierung von Lieferanten, Erhöhung von Energieeffizienz und Nutzung von regenerativen Energien zu reduzieren. Es entstand die Vision einer Energieversorgung mit jederzeit verfügbaren und zugleich „billigen" erneuerbaren Energien.

In den letzten 40 Jahren haben sich die Energiesysteme der großen Industriestaaten tatsächlich in diese Richtung entwickelt. Dennoch ist die regenerative Energiewirtschaft von den geopolitischen Risiken und vor den Preissteigerungen für fossile Energieträger, die noch einige Jahrzehnte die internationalen Energiemärkte dominieren werden, nicht gefeit. Letztlich sind es die gleichen Mechanismen, die ein Land aufgrund seiner Öl- und Gasimporte verletzbar machen, die auch bei regenerativen Energien greifen. Importiert werden zwar nicht Energieträger – dafür wächst jedoch die Abhängigkeit von anderen Rohstoffimporten, insbesondere von Seltenen Erden.

---

[1] Oft wird dies einer Entscheidung im Ersten Weltkrieg und dem Kriegsminister Winston Churchill zugeschrieben. Die Umstellung der Kriegsschiffsantriebe auf Öl begann jedoch wesentlich früher. Beteiligt war Rear Admiral John Fisher, der 1891–1892 als Dritter Seelord für die Ausrüstung der Britischen Flotte verantwortlich war.

Seltene Erden werden nicht nur für die Herstellung moderner Waffen, sondern auch für zivile Hightechprodukte wie Smartphones oder in der erneuerbaren Energietechnologiebranche für Windturbinen und PV-Paneele benötigt. Deswegen ist die Energiewende hin zu einem Energiesystem, das auf erneuerbaren Energieträgern basiert, untrennbar mit dem Einsatz nichterneuerbarer Stoffe verbunden. Die Grenzen des Wachstums sind auch für die Energiewende relevant. Dabei spielt auch eine Rolle, dass wirtschaftliches Wachstum bisher auf reichlich und billig verfügbarer fossiler Energie beruht. Nur durch eine nachhaltige Nutzung der nichterneuerbaren Stoffe und durch eine neue Ressourcenpolitik wird die Energiewende eine Wende des Energiesystems in die richtige Richtung.

Der Beitrag verdeutlicht zunächst die Rolle von Rohstoffen in der klassischen Geopolitik (s. Abschn. 7.2) und skizziert die Einsatzbereiche sowie die Versorgungslage für Seltene Erden und strategisch wichtige Metalle (s. Abschn. 7.3). Anschließend wird die Versorgungslage bei Seltenen Erden dargelegt (s. Abschn. 7.4). Dann werden die unterschiedlichen Strategien zur Sicherung von kritischen Rohstoffen von EU (s. Abschn. 7.5), USA (s. Abschn. 7.6) und Japan (s. Abschn. 7.7) im Detail dargestellt und bewertet. Im Ausblick werden die Elemente einer nachhaltigen Geopolitik benannt (s. Abschn. 7.8).

7.2   Die Rolle von Rohstoffen in der klassischen Geopolitik

Historisch betrachtet nahmen Rohstoffe stets eine zentrale Rolle in der Weltpolitik ein. Über die Jahrhunderte hinweg richtete sich der Blick der Großmächte insbesondere auf die reichlich vorhandenen Rohstoffe Eurasiens mit dem Ziel, das demografische Potenzial und die Fülle an Ressourcen dazu zu nutzen, eine Vormachtstellung auf dem eurasischen Kontinent zu erlangen. *The Great Game* oder *Das Große Spiel* wurde der historische Konflikt zwischen Großbritannien und Russland um die Vorherrschaft in Zentralasien genannt.

Der britische Geograf Halford Mackinder präsentierte 1904 mit dem Artikel „The Geographical Pivot of History" erstmals eine ganzheitliche geopolitische Analyse des eurasischen Kontinents.

Mackinder, britischer Geograf, Offizier und Historiker, stellte fest, dass einst die Mongolen in der Zeit von 1200 bis 1300 aufgrund ihrer auf Pferdekraft beruhenden Mobilität den gesamten eurasischen Kontinent besetzen konnten. Er zog eine Analogie zwischen dem mongolischen Reich und dem russischen Reich. Jenes setzte allerdings auf Eisenbahnen statt auf Pferde. Zwischen 1850 und 1900 wurde ein Gebiet von Sankt Petersburg bis Wladiwostok unter russische Kontrolle gebracht. Entsprechend sah Mackinder in Russland als Landmacht eine Bedrohung der britischen Interessen als Seemacht in Europa, Zentralasien und Ostasien – kurzum auf den maritimen Randgebieten des eurasischen Kontinents. Er kam zum Schluss, dass derjenige, der Osteuropa regiere, auch das *heartland* (Eurasien) beherrsche und in Folge auch die „Welt-Insel" und letztendlich die gesamte Welt (Mackinder 1942, S. 194).

Aus dieser Perspektive kam er zu folgender Ansicht: England müsse verhindern, dass ein Land oder eine Koalition von Ländern das *heartland* beherrschen könne. England müsse mit aller Kraft versuchen zu vermeiden, dass Russland oder eine Koalition von Deutschland und Russland Eurasien beherrschen könne. Aus diesem Grund bemühte sich Großbritannien, in Europa mit der Entente cordiale, in Zentralasien mit dem *Great Game* und in Südostasien mit einer Koalition mit Japan, Russlands Expansion zu verhindern. Das Ziel dieser Eindämmungspolitik war es, eigene Einflussbereiche, die England als maritime Macht am Rande Eurasiens in Indien, China, im Nahen Osten und in Europa aufgebaut hatte, vor den Übergriffen Russlands zu schützen.

Mackinders Heartland-Theorie galt dem Bestand des britischen Empires. Im Vordergrund stand die Frage: Was könnte die Vormachtstellung Großbritanniens gefährden? Während die Meere vom Empire kontrolliert werden konnten, sah die Situation auf dem Festland anders aus. Großbritannien müsse daher, so Mackinder, mit allen Mitteln verhindern, dass es einer Macht oder einer Koalition von Mächten gelinge, sowohl die Ressourcen des eurasischen Festlands als auch einen Zugang zu den Weltmeeren zu kontrollieren. Mackinder identifizierte dabei den geografischen Dreh- und Angelpunkt der Geschichte (*pivot area*), der sich vom Arktischen Ozean (für die Schifffahrt unzugänglich) hinunter zur Kaspischen Region erstreckt (s. Abb. 7.1). Mackinder zufolge habe, wer diese *pivot area* kontrolliere, den Schlüssel zur Weltmacht. Russlands Bestreben im 19. und 20. Jahrhundert, diese Region einzunehmen, bedrohte die Sicherheit des Empires und unterstrich somit die Bedeutung jener Region für die internationale Politik.

Diese Strategie wurde vom deutschen Geopolitiker Karl Haushofer aufgegriffen, der die englische Seemacht als ein Hindernis für die deutsche Expansionspolitik verstand. Infolgedessen entwickelte er mit dem „Kontinentalblock" ein Konzept, in dem Deutschland,

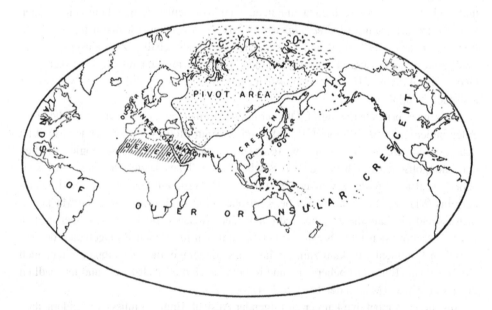

Abb. 7.1 Der geografische Dreh- und Angelpunkt der Geschichte. (Nach Mackinder 1904)

Abb. 7.2 Das eurasische *rim-land*. (Nach Spykman 1944)

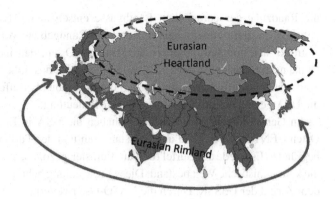

Japan und Russland das Pendant zu England bildeten. Eine Koalition dieser Mächte soll-te der englischen Übermacht ein Ende setzen. Er schrieb dazu: „Wenn die deutsche und japanische Flotte mit dem russischen Landheer zusammenwirken, wird ein ozeanisches Übereinkommen gegenüber England kein Löwenvertrag mehr sein, sondern ein Vertrag inter pares" (Jacobsen 1979, S. 609).

Obwohl der Ribbentrop-Molotow-Vertrag im Geiste dieses Konzepts stand, beeinfluss-te diese Auffassung jedoch kaum die tatsächliche Politik Deutschlands unter der NSDAP. So verhinderte der Ribbentrop-Molotow-Vertrag nicht den Angriff Deutschlands auf die UdSSR, da ein sozialistisches Land als Hindernis für die Expansion des deutschen Kapi-talismus verstanden wurde.

In der Tat änderte sich das geopolitische Bedrohungsszenario für Deutschland und Eng-land, als Russland infolge des Ersten Weltkriegs zu einem sozialistischen Land wurde. Russland war nun nicht nur ein aggressives und expansives Land, das sich als Natio-nalstaat territorial vergrößerte, sondern ein vom Sozialismus besessenes, das die Welt vom „Kapitalismus" befreien wollte. Die Expansion sollte mit der Machtkonsolidierung in Russland beginnen und sukzessiv die Arbeiterklasse der ganzen Welt umfassen. Diesem Vorhaben wurde nicht nur von NSDAP kritisch begegnet, sondern auch vom US-Diplo-maten George Cannon. Dieser schlug den USA für die Zeit nach dem Ende des Zweiten Weltkriegs gemäß Spykman eine Politik der Eindämmung rund um Russland vor.

Im Zweiten Weltkrieg hatte der US-amerikanische Politikwissenschaftler Nicholas Spykman die Gedanken von Mackinder aufgegriffen (vgl. auch Spykman 1944). Er war im Gegensatz zu Mackinder und Haushofer der Meinung, dass nicht das Land zur Welt-macht wird, das das *heartland* beherrscht, sondern dasjenige, das das *rimland* kontrolliert. Da die USA im Laufe der ersten Hälfte des 20. Jahrhunderts die Führungsrolle des briti-schen Empires übernommen hatten, erweiterte er das Konzept des *rimland* in Bezug auf die strategische Situation der USA. Er war der Auffassung, dass die USA eine Allianz mit den Ländern des *rimland* schließen müssten, die das missionarisch-sozialistische Russ-land eindämmen würden. Als Nachfolger der britischen See- und Weltmacht mussten die USA verhindern, dass eine eurasische Landmacht Zugang zu den Weltmeeren erhielt. Allerdings war für Spykman für die Kontrolle Eurasiens nicht die *pivot area*, sondern die Randzone der eurasischen Landmasse entscheidend. Es durfte keiner Landmacht gelingen, in diese eurasischen Küsten- und Randgebiete vorzudringen. Dieses *rimland* erstreckt sich von Europa über den Mittleren Osten, den indischen Subkontinent nach China nach Ostasien (s. Abb. 7.2). Alle Fragen, die das politische Gleichgewicht und die Stabilität der politischen Ordnungen in diesem Gebiet betreffen, sind in diesem Sinne für die USA gemäß dieser Doktrin von vitaler Bedeutung.

Im Geiste von Spykmans Konzept haben die USA in Europa die NATO, im Nahen Osten CENTO – bestehend aus Pakistan, Iran und der Türkei – und CIATO in Ostasien begründet. Es wurde ein Gürtel rund um Eurasien gezogen, der aus US-Verbündeten gegen die kommunistische Welt bestand. Diese Entwicklung beherrscht die US-Politik auch nach dem Zerfall der UdSSR. Durch die NATO-Osterweiterung versuchte man, den Gürtel der Einkreisung enger um Russland zu ziehen. Dies wurde mit der *partnership for peace* im Kaukasus und Zentralasien vorangetrieben.

Die Überlegungen von Spykman, dem „Paten der Containment-Politik" und Mitbegründer der klassischen realistischen Schule, hatten während des Kalten Kriegs einen großen Einfluss auf die internationale Politik. Auch nach Ende des Kalten Kriegs wurde die US-Außenpolitik von den geopolitischen Erwägungen Mackinders und Spykmans geleitet. Die strategischen Leitlinien wurden Mitte der 1990er-Jahre von Zbigniew Brzezinski, dem einstigen Sicherheitsberater von Jimmy Carter, in *Die einzige Weltmacht. Amerikas Strategie der Vorherrschaft* zusammengefasst (Brzezinski 2004).

Brzezinski definierte als zentrales Interesse der USA die Festigung und Fortschreibung des „Pluralismus auf der Landkarte Eurasiens" mit dem Ziel, dass „keine gegnerische Koalition zustande kommt, die schließlich Amerikas Vorrangstellung in Frage stellen könnte" (ebd., S. 282). Nach ihm lassen sich die komplexen und vielschichtigen strategischen Beziehungen der internationalen Politik vereinfacht mit einer Formel ausdrücken: Es ist das fundamentale US-Interesse zu verhindern, dass eine einzige Macht – oder eine Koalition von Mächten – den gesamten eurasischen Kontinent kontrolliert. Denn mit dem demografischen Potenzial und der Fülle an Rohstoffen Eurasiens könnte es dieser Macht gelingen, eine politische, ökonomische und militärische Stärke zu gewinnen, der die USA – mit den Ressourcen Nordamerikas – nicht mehr gewachsen wären.

Dies bedeutet in der Praxis die Sicherstellung der Unabhängigkeit strategisch wichtiger Staaten und ihre Einbindung in politische, wirtschaftliche und militärische Bündnisse mit dem „Westen". Zu diesen geopolitisch wichtigen Staaten gehören neben ehemaligen Sowjetrepubliken die Mongolei, wo derzeit bereits Seltene Erden abgebaut werden und Afghanistan. Dieses verfügt nach jüngsten Schätzungen über wertvolle Ressourcen im Gesamtwert von 2,3 Billionen Euro – u. a. Seltene Erden, Lithium, Eisen, Wolfram, Kupfer, Blei, Zink und andere Metalle (Deutsche Welle 2013). Alle diese Staaten liegen im Herzen der *pivot area*. Die USA stehen in Eurasien allerdings vor institutionellen und strategisch-geografischen Problemen. *Institutionell* sind die drei kaukasischen und fünf zentralasiatischen Staaten nach wie vor eng mit Russland verwoben. Die Strukturen des Staatsausbaus entwuchsen dem sowjetischen, nach Moskau orientierten System und die Eliten rekrutierten sich aus der ehemaligen Nomenklatura der Sowjetunion. Afghanistan wiederum ist auch nach zwölf Jahren ISAF-Mission immer noch weit von Stabilität entfernt und noch vor der Präsidentenwahl 2014 wurde vom damaligen Präsidenten Karsai eine Verlängerung der Sicherheitsabkommen mit den USA und der NATO abgelehnt (Abdolvand und Winter 2014).

Das zentrale Problem der USA ist allerdings *strategisch-geografischer* Natur. Die größten Vorkommen an Seltenen Erden liegen in China. Das vitale Interesse der USA in dieser Region kann derzeit daher nur darin bestehen, dass gemäß dieser Doktrin gilt, die US-Präsenz (wirtschaftlich, politisch, militärisch) in der Region aufrechtzuerhalten und zu verhindern, dass eine einzelne Macht die Kontrolle über die eurasischen Ressourcen übernimmt. Zwischen den Einflussbereichen Russlands, der USA und Chinas ist ein Machtgleichgewicht (*balance of power*) zu errichten, um den mittel- bis langfristigen wirtschaftlichen Interessen der USA und des Westens gerecht zu werden.

Zusammenfassend lässt sich festhalten: Die Ressourcen Eurasiens sind für das Machtgleichgewicht auf dem eurasischen Kontinent von kritischer Relevanz. Jenes wiederum ist für die Sicherheit und die Position der USA in der globalen Ordnung entscheidend.

Heute werden die geostrategischen Konflikte zwischen den USA, Russland, China und Indien im kaukasisch-zentralasiatischen Bereich wieder als *The Great Game* bzw. *The New Great Game* und der Kampf um strategisch wichtige Rohstoffe analog als *Das Große geopolitische Spiel* bezeichnet.

7.3   Einsatzbereiche für Seltene Erden und strategisch wichtige Metalle

Seltene Erden sind der Basisstoff für die Hochtechnologien von Gegenwart und Zukunft. Die Rohstoffgruppe der Seltenen Erden besteht aus 17 Elementen, den leichten Seltenen Erden (Cer-Gruppe) und den schweren Seltenen Erden (Yttrium-Gruppe) (Liedtke und Elsner 2009). Seltene Erden wurden zuerst gegen Ende des 18. Jahrhunderts in seltenen Mineralien entdeckt und zwar in Form von Oxiden, die man früher als „Erden" bezeichnete. Heute werden sie in zahlreichen Hightechbereichen eingesetzt, z. B. in Handys, Katalysatoren, Energiesparlampen und in LEDs. Weitere Anwendungsbereiche gibt es in der Metallurgie, z. B. zur Verbesserung der Beständigkeit von Legierungen, als Zusatzstoffe für Eisen und Stahl, Batterielegierungen und Nickel-Metallhydrid-Akkumulatoren. Seltene Erden sind Bestandteile von Poliermitteln wie Polituren für Glas und Computerchips, von Plasmabildschirmen, LCDs und von Spezialgläsern. Ferner werden sie für Antriebe von E-Motoren in Elektro- und Hybridfahrzeugen sowie für Generatoren in Wind- und Wasserkraftanlagen oder für die Rüstungsindustrie benötigt.

In der Rüstungsindustrie werden Seltene Erden derzeit für Präzisionsmunition, Laser, Kommunikationssysteme, Radarsysteme, Bordelektronik, Nachtsichtausrüstung sowie Satelliten benötigt (U.S. Government Accountability Office 2010, S. 1). Im Briefing „Rare Earth Material in the Defense Supply Chain" vom 01. April 2010, das der US-Rechnungshof den Verteidigungsausschüssen von beiden Häusern des Kongresses übermittelte, wird davon ausgegangen, dass viele Verteidigungssysteme aufgrund ihrer Lebenszyklen und dem Mangel an effektiven Substituten auch in Zukunft auf die Nutzung Seltener Erden angewiesen sind. Als Beispiel wird der Aegis-Spy-1-Radar genannt, der Samarium-Kobalt-Magnetkomponenten enthält und dessen Einsatz für 35 Jahre geplant ist (U.S. Government Accountability Office 2010, S. 27).

7.4 Versorgungslage bei leichten und bei schweren Seltenen Erden

Seltene Erden zählen heute zu den wertvollsten Rohstoffen der Welt. Dabei scheint dies zunächst paradox, da sie auf der Welt vergleichsweise häufig vorkommen. Die seltensten Seltenerdmetalle (Tulium und Lutetium) kommen etwa 200mal häufiger als Gold oder Platin vor. Die weltweiten Reserven aller wirtschaftlich nutzbaren Seltenen Erden werden auf rund 140 Mio. t geschätzt (U.S. Geological Survey 2014, S. 129). Bei angenommener gleichbleibender Produktion haben die Reserven eine statische Reichweite von mehreren hundert Jahren. Warum ist es schwer, an die Seltenen Erden heranzukommen?

Die wesentlichen Probleme liegen im Bereich der Gewinnung. Ein Problem besteht darin, dass die Elemente oft in Lagerstätten zu finden sind, die nicht abbaufähig sind, und dass sich die bekannten Vorkommen mit wirtschaftlich abbaubaren Mengen auf wenige Staaten verteilen. Die Seltenen Erden werden aus Erzen gewonnen. Zur Aufbereitung werden giftige Substanzen verwendet und Schwermetalle, Arsen und Säuren können freigesetzt werden. Das Material enthält oft radioaktive Isotope, die nach dem Abbau im Abraum landen und das Grundwasser gefährden. Die reinen Metalle gewinnt man mit der Schmelzflusselektrolyse bei sehr hohen Temperaturen. „Die Förderung und Extraktion der Seltenen Erden durch unterschiedliche Verfahren führt daher zu extremen Belastungen für die Umwelt" (Cmiel 2012, S. 1). Zurück bleiben oft völlig zerstörte Landschaften.

Das größte Abbauvorkommen von Seltenen Erden ist die Lagerstätte Bayan Obo in der Inneren Mongolei. 2010 wurden dort über 50 % der Weltproduktion gefördert. In anderen chinesischen Provinzen existieren Minen mit kleineren Produktionsmengen. Mount Weld in Westaustralien ist das größte bekannte Vorkommen außerhalb Chinas, künftig sollen hier 33.000 t Erz gefördert werden. Die 2012 wiedereröffnete Mountain Pass Mine in Kalifornien verfügt über hohe Reserven an leichten schweren Erden. Bedeutsame Vorkommen gibt es ferner in Australien, Brasilien, Kanada, Kasachstan, der Mongolei, Namibia und auf Grönland.

Gehandelt werden Seltene Erden als Oxide (SEO) sowie als Metalle unterschiedlicher Reinheit oder als Chloride oder Karbonate. Die Preise werden zwischen Anbieter und Nachfrage ausgehandelt, ein Börsenhandel findet nicht statt (Liedtke und Elsner 2009, S. 3).

Bis Mitte der 1980er-Jahre lagen die USA bei der weltweiten Produktion Seltener Erden an der Spitze. Die Produktion in China blieb bis Mitte der 1980er-Jahre marginal. Dann entwarf China eine langfristige Strategie für die Gewinnung Seltener Erden, die

„sich von der Förderung über die Trennung und Umwandlung der Rohstoffe bis zur Herstellung von Halbfertigprodukten erstreckte. [...] Zwischen 1978 und 1989 wuchs die chinesische Produktion auf Kosten der Umwelt und Menschen um jährlich 40 Prozent und überholte damit die USA" (Zajec 2010).

Ungefähr ein Drittel der weltweiten Rohstoffvorkommen liegen in China. Zusammen mit niedrigen Löhnen und laxen Umweltvorschriften, also „günstigen" Produktionsbedingungen, genießt China ähnlich wie die arabischen Produzenten beim Erdöl eine Sonderstellung. Mit über 90 % Prozent der weltweiten Förderung von Seltenen Erden ist China seit 2001 mit weitem Abstand Marktführer.

Nachdem China wegen seiner komparativen Kostenvorteile fast alle anderen Produzenten aus dem Markt gedrängt hatte, änderte es seine Exportpolitik. Seit 1999 legt das chinesische Handelsministerium Exportquoten für Seltene Erden fest. Diese wurden seit 2006 kontinuierlich und 2010 drastisch gesenkt. Weitere Reduktionen wurden angekündigt und u. a. damit begründet, dass die Bestände und die Umwelt geschont werden müssten. Von der Senkung der Exportquoten besonders stark betroffen war Japan. Zusätzlich blockierte China im Herbst 2010 die Exporte Seltener Erden nach Japan, weil beide Länder die Senkaku-Inselgruppe im ostchinesischen Meer für sich beanspruchen.[2]

Die durch diese Maßnahmen bewirkte Verknappung führte zu drastischen Preiserhöhungen und empfindlichen Kostensteigerungen, die die Wettbewerbsfähigkeit westlicher Unternehmen gefährdeten (vgl. n-tv 2010). Beispielsweise erreichten die Kilopreise für Neodym und Dysprosium, die für Magneten benötigt werden, zeitweilig Spitzenpreise in der Größenordnung von 500 bzw. 3000 US-Dollar (ISE 2015).

Gegen das faktische Monopol Chinas wurde in der Welthandelsorganisation WTO vorgegangen. Im Juli 2009 legten Kanada, die USA, Mexiko und die Türkei Beschwerde ein, um Chinas Ausfuhrquoten und Exportzöllen für verschiedene Rohstoffe zu begegnen. Die EU-Kommission schloss sich im November 2009 an. Das WTO-Streitschlichtungsorgan entschied 2011 zugunsten der Kläger und Anfang 2012 wurde das Urteil in letzter Instanz bestätigt. Im März 2012 legte die EU Beschwerde gegen Chinas Exportrestriktionen und Hochpreispolitik bei Seltenen Erden, Wolfram und Molybdän ein (WTO 2013). Dieser Beschwerde schlossen sich Japan, die USA und Kanada an. Das WTO-Streitschlichtungsorgan fand Chinas Argumente, die Ressourcen schwinden und die Umwelt müsse geschützt werden, nicht haltbar und gab den Beschwerdeführern im März 2014 Recht. Die Beschränkungen dienten nicht der Bewahrung der Umwelt, sondern vielmehr klaren industriepolitischen Zielen (WTO 2014). China habe bisher die eigene Industrie gefördert und die Abnehmer in anderen Ländern müssten bis zu dreimal mehr für Seltene Erden zahlen.

---

[2] Nach der Verhaftung des Kapitäns eines chinesischen Fischkutters, der ein Boot der japanischen Küstenwache gerammt hatte, kam es zu einer Blockierung der Lieferungen von Seltenerdmetallen nach Japan, die erst endete, nachdem der Kapitän aus der Haft entlassen und nach China ausgeflogen worden war.

Obwohl Mitte 2011 weltweit 381 Seltene-Erde-Projekte gezählt wurden, die in 35 Ländern betrieben werden, ist der Ausblick für die Versorgung in der Zukunft keineswegs optimistisch. Im Jahr 2015 sollen zwar Projekte in Vietnam, Kasachstan und Indien starten. Auf Grönland und in Kanada befinden sich weitere potenzielle Abbaugebiete. Im grönländischen Kvanefjeld, wo eine integrierte Uran- und Seltene-Erden-Förderung geplant ist, könnten zwar jährlich bis zu 23.000 t Seltene Erden und 500 t Uran gefördert werden, aber der Abbau kann erst nach einer Volksabstimmung beginnen. Die Bundesanstalt für Geowissenschaften und Rohstoffe (BGR) befürchtet deswegen: „Bei ständig zunehmender Nachfrage [...] zeichnet sich ein größeres Defizit für einzelne Seltene Erden ab, dessen Deckung derzeit nicht absehbar ist" (Liedtke und Elsner 2009, S. 5).

7.5   Die EU-Rohstoffinitiative

Die EU verfügt über zahlreiche Rohstoffvorkommen und die Mitgliedstaaten der EU produzieren zwar eine Vielzahl von mineralischen Rohstoffen, aber bei strategisch wichtigen Rohstoffen und Hightechmetallen ist die EU stark importabhängig. „Bei Antimon, Kobalt, Molybdän, Niob, Platin, Seltenen Erden, Tantal, Titan und Vanadium liegt die Import-zu-Verbrauch-Quote bei 100 Prozent" (Mildner und Howald 2013a, S. 69).

Die kritische Abhängigkeit der EU von diesen Rohstoffen wurde jedoch erst seit 2005 thematisiert und ein Übergang zum ressourceneffizienteren Wirtschaften und einer nachhaltigen Entwicklung vorgeschlagen. Im Mai 2007 wurde im Rat ein „coherent political approach with regard to raw materials supplies" vorgeschlagen (European Council 2007, S. 6) und im November 2008 stellte die EU-Kommission die Rohstoffinitiative der EU vor. In der Mitteilung der Kommission an das Europaparlament und den Rat geht es um die Sicherung der Versorgung Europas mit den für Wachstum und Beschäftigung notwendigen Gütern (Europäische Kommission 2008).

Dann wurde von der Kommission eine Ad-hoc-Arbeitsgruppe eingesetzt, die diejenigen Rohstoffe identifizieren sollte, die für die europäische Wirtschaft kritisch werden könnten. Von 41 untersuchten nichtenergetischen Mineralien und Metallen wurden 14 als kritisch eingestuft, weil sich der Bedarf bis 2030 mehr als verdreifachen könnte, diese aber nur in wenigen Ländern gefördert werden. Lieferengpässe drohen bei Antimon, Beryllium, Kobalt, Fluorit, Gallium, Grafit, Indium, Magnesium, Niob, Metalle der Platingruppe, Tantal, Wolfram und Seltenen Erden (European Commission 2010, S. 5 f.).

Kritik an der EU-Rohstoffstrategie kam vom MdEP Reinhard Bütikofer: „Das wichtigste Vorhaben fehlt [...] eine konzentrierte Anstrengung zur Ressourceneffizienz, also zur sparsameren Nutzung der Bodenschätze" (Bojanowski 2010).

Um die Versorgung mit diesen kritischen Rohstoffen zu sichern, legte die EU-Kommission im Februar 2011 eine neue Rohstoffstrategie „Grundstoffmärkte und Rohstoffe: Herausforderungen und Lösungsansätze" vor, die auf die Rohstoffinitiative aus dem Jahr 2008 aufbaut und drei Säulen hat:

1. faire und dauerhafte Versorgung mit Rohstoffen von den Weltmärkten,
2. Förderung einer nachhaltigen Versorgung in der EU und
3. Steigerung der Ressourceneffizienz und Förderung des Recycling (Europäische Kommission 2011, S. 16 ff.).

Die neue Strategie ist Bestandteil der übergeordneten Strategie „Europa 2020". Die Sicherung der Versorgung mit Rohstoffen bleibt Aufgabe der Wirtschaft. Die EU sieht ihre Rolle darin, die Rahmenbedingungen für den Zugang zu den Rohstoffmärkten weltweit zu schaffen. Mit rohstoffreichen Ländern – vor allem in Afrika – soll im Rahmen einer modifizierten Entwicklungspolitik Transparenz im Rohstoffhandel hergestellt sowie das Handels- und Investitionsklima verbessert werden. Um „faire Bedingungen" im Rohstoffhandel zu erreichen, setzt die Kommission auf die EU-Wettbewerbspolitik und auf WTO-Streitschlichtungsverfahren. Eine Verbesserung der rohstoffwirtschaftlichen Datenlage soll durch die stärkere Vernetzung der staatlichen Geologischen Dienste erfolgen.

Attac und Medico International haben die EU-Rohstoffinitiative als Forderung nach „schrankenlosem Zugang zu Rohstoffen" bezeichnet und den massiven Druck auf die Exportländer kritisiert (Medico International 2011). Die EU nutze Handels- und Investitionsabkommen, „um sich kostengünstig den Zugang zu Rohstoffen zu sichern und Vorteile für Unternehmen herauszuschlagen" (ebd.). Damit sei die EU für unzumutbare Arbeitsbedingungen und Menschenrechtsverletzungen in den betroffenen Ländern mitverantwortlich. Die praktizierten Abbaumethoden würden die Umwelt zerstören, die Gesundheit der Lokalbevölkerung schädigen und die Böden vergiften. Zur Stärkung der Wettbewerbsfähigkeit der europäischen Industrie würde im Süden nicht nur Raubbau betrieben, sondern die missliche Lage in den betroffenen Ländern sogar noch verschärft. Die EU-Rohstoffinitiative sei entwicklungspolitisch nicht konsistent.

Das Europäische Parlament beauftragte Reinhard Bütikofer Ende 2010 damit, einen Bericht zur europäischen Rohstoffstrategie zu verfassen. Der Bericht (Europäisches Parlament 2011) wurde im Dezember 2011 vom EP mit großer Mehrheit verabschiedet. Er stellt die Drei-Säulen-Strategie der Kommission „vom Kopf auf die Füße" (Bütikofer 2013, S. 6). An erster Stelle sollte die EU eine Innovationsstrategie verfolgen. Durch den effizienteren und besseren Umgang mit Ressourcen könne sowohl der Importbedarf reduziert als auch die Umwelt geschont und die Wettbewerbsfähigkeit Europas gestärkt werden. Die Eckpunkte der Innovationsstrategie sind deswegen Recycling, Ressourceneffizienz, Wiederverwendung, Substitution sowie Forschung und Entwicklung.

Im September 2011 wurde von der Kommission der „Fahrplan für ein ressourcenschonendes Europa" vorgestellt. Sie schlägt darin zwar Maßnahmen zur Steigerung der Ressourceneffizienz und zur Förderung des Recyclings vor, bleibt aber sehr allgemein. Dort heißt es u. a. (EU Commission 2011, S. 10):

Focus Union research funding (EU Horizon 2020) on key resource efficiency objectives, supporting innovative solutions for: sustainable energy, transport and construction; management of natural resources; preservation of ecosystem services and biodiversity; resource efficient agriculture and the wider bio-economy; environmentally friendly material extraction; recycling, re-use, substitution of environmental impacting or rare materials, smarter design, green chemistry and lower impact, biodegradable plastics.

Die für diese Strategie erforderlichen Instrumente und Institutionen werden nicht erwähnt. Dazu gehören z. B. Beratungsdienste zur Ressourceneffizienz, ein Top-Runner-Programm und die Ausrichtung des öffentlichen Beschaffungswesens für ressourceneffiziente Produkte sowie die Förderung von Forschung und Entwicklung. Ferner könnte die Öko-Design-Richtlinie, in der Standards für den Energieverbrauch gesetzt werden, auf den Rohstoffeinsatz erweitert werden.

Das Öko-Institut (2011) hatte in einer Studie zu Seltenen Erden u. a. die Etablierung eines Europäischen Kompetenznetzwerks für Seltene Erden vorgeschlagen (vgl. Kap. 13). Es sollte Universitäten, Forschungsinstitute, Unternehmen und weitere Experten zusammenbringen, Forschungsergebnisse austauschen und eine Forschungsagenda entwickeln. Reinhard Bütikofer griff diese Idee auf und schlug vor, ein Kompetenznetzwerk European Rare Earths Competency Network (ERECON) in den EU-Haushalt aufzunehmen. Seit 2013 ist ERECON mit einem Haushalt von 1 Mio. Euro etabliert und hat ein Sekretariat in Brüssel. Ziel des Netzwerks ist ferner, die Versorgung der EU-Staaten mit Metallen der Seltenen Erden zu verbessern. Die versammelten Experten aus Industrie, Wissenschaft und Politik treffen sich inzwischen regelmäßig und formulieren Politikempfehlungen.

7.6 Die Rohstoffinitiative der USA – *Mining the Future*

Obwohl die USA zu den weltweit größten Rohstoffproduzenten zählen, sind sie von Importen abhängig. Ursache dafür ist zum einen, dass sie zu den größten Verbrauchern von Rohstoffen gehört und zum andern, dass die heimische Produktion von vielen Rohstoffen – u. a. der Seltenen Erden – nicht wirtschaftlich war.

Die USA verfügen über etwa 12 % der weltweiten Reserven an den Seltenerdmetallen und liegen damit hinter China auf Rang zwei. „Noch im Jahr 1990 entfiel ein Drittel der weltweiten Produktion auf die USA; Spitzenreiter war die Mountain Pass Mine in Kalifornien" (Mildner und Howald 2013b, S. 172). Der internationale Preisverfall, vergleichsweise hohe Lohnkosten und scharfe Umweltauflagen nach dem Unfall im Jahr 1998 bewirkten jedoch, dass die heimische Produktion für die Bergbauunternehmen Verluste brachte. 2002 wurde die Mine stillgelegt und die Seltenen Erden zunehmend aus China importiert. Im Jahr 2011 betrug die Importabhängigkeit bei Seltenen Erden 100 % (U.S. Geological Survey 2014, S. 128).

Die Klima- und Energiepolitik von Barack Obama zielt darauf ab, den Anteil der erneuerbaren Energien am Energiemix deutlich zu erhöhen. Deswegen hat sich die Obama-Administration zum Ziel gesetzt, die heimische Förderung von Seltenen Erden stark auszubauen und so die Abhängigkeit von Importen zu senken. Die Rohstoffpolitik der USA hat jedoch auch die Komponenten Material- und Ressourceneffizienz, Recycling und die Entwicklung von Substituten.

Die Kompetenzen für die Rohstoffpolitik sind zwischen Bundesregierung und Einzelstaaten geteilt. Das Innenministerium verwaltet Land und Rohstoffreserven und wird dabei vom Bureau of Land Management, dem Bureau of Ocean Energy Management und dem Office of Surface Mining Reclamation and Enforcement unterstützt. Der Geologische Dienst sammelt und verwaltet Rohstoffdaten und ist dem Innenministerium nachgeordnet. Die wichtigsten Akteure der neuen US-Rohstoffpolitik sind das Department of Energy, dem es vor allem darum geht, die Nutzung von erneuerbaren Energietechnologien zu gewährleisten, und das Department of Defense, das den Fokus auf die sichere Versorgung des Rüstungssektors mit strategischen Rohstoffen gerichtet hat. Für beide Bereiche spielen die Seltenen Erden eine zentrale Rolle. Eine umfassende Strategie, „die beide Ziele vereint oder auch andere Wirtschaftszweige berücksichtigt, existiert bisher nicht" (Mildner und Howald 2013b, S. 180).

Das Energieministerium ist für Mineralien und Metalle zuständig, die bei der Herstellung von erneuerbarer Energietechnik benötigt werden. Die Energy Information Administration, das Office of Science, das Office of Energy Efficiency and Renewable Energy und die Advanced Research Projects Agency sind die wichtigsten Behörden des Energieministeriums. Für den Außenhandel mit Rohstoffen ist das Office of the United States Trade Representative zuständig. Im März 2010 wurde eine ressortübergreifende Arbeitsgruppe für Rohstoffe geschaffen, die die Zusammenarbeit der Resorts vorantreiben soll.

In der US-Verteidigungspolitik spielt die sichere Versorgung mit Rohstoffen seit Jahrzehnten eine wichtige Rolle. Der Kongress schuf bereits vor dem Zweiten Weltkrieg mit dem „Strategic and Critical Materials Stockpiling Act of 1939" eine Grundlage für die Lagerhaltung von kritischen Rohstoffen. Zu Beginn des Koreakrieges trat 1950 der „Defense Production Act" in Kraft, der die Versorgung mit den strategischen Rohstoffen verbessern sollte.

Zu Zeiten niedriger Rohstoffpreise auf dem Weltmarkt geriet die hohe Abhängigkeit bei Rohstoffimporten in Vergessenheit. Erst nach der Jahrtausendwende sorgten steigende Preise, der ständig wachsende Bedarf vieler kritischer Metalle für die Energiewende und für den Einsatz in der Rüstungsindustrie zu einem Bewusstseinswandel. In den USA wurde Chinas Embargo auf den Export Seltener Erden nach Japan besonders aufmerksam verfolgt. Chinas Exportbeschränkungen „sind den USA ein Dorn im Auge" (Mildner und Howald 2013b, S. 174). Die nach Meinung der US-Regierung unfairen Handelspraktiken Chinas werden als Ursache für das hohe Handelsdefizit mit China gesehen, weil fast 40 % des gesamten Handelsdefizits der USA 2011 auf China entfielen.

Was die internationale Zusammenarbeit bei der Rohstoffsicherung betrifft, so haben die USA eine Kooperation mit der EU und mit Japan begonnen, die beide vor ähnlichen Herausforderungen stehen. Trilaterale Zusammenarbeit in der Form von Konferenzen gibt es z. B. bei der Sammlung von Daten. In der Handelspolitik wird vor allem eng mit der EU zusammengearbeitet. Die Initiative für die WTO-Beschwerde 2009 gegen Chinas Rohstoffpolitik ging von den USA aus, die EU hat sich ein halbes Jahr später der Klage angeschlossen. Die Beschwerde gegen Chinas Exportpolitik bei den Seltenen Erden im Jahr 2012 wurde zuerst von der EU eingelegt und die USA traten ihr bei.

Nachdem durch die hohen Preise für Seltene Erden eine veränderte Situation vorlag, hat die Firma Molycorp im Februar 2012 ihre Mountain Pass Mine in Kalifornien wiedereröffnet. Hier lagert der Großteil der Reserven der USA; zumeist handelt es sich um leichte, aber auch um schwere Seltene Erden. Die geschätzte Produktion von Bastnäsite-Konzentrat in Mountain Pass betrug 800 t (2012) und 4000 t (2013) (U.S. Geological Survey 2014, S. 128).

7.7 Die japanische Rohstoffinitiative – mit Urban Mining Recycling von Seltenen Erden im großen Stil

Japan ist die drittgrößte Volkswirtschaft der Welt, aber ein rohstoffarmes Land. Deswegen betreibt Japan seit jeher eine aktive Rohstoffpolitik, die verlässliche Rohstoffeinfuhren sichern soll. Es existieren zwar beträchtliche Lagerstätten von Industriemineralien, aber einen erwähnenswerten Anteil an der Weltproduktion von Nicht-Eisen-Metallen hat Japan nur bei wenigen Produkten. Bei nichtenergetischen Rohstoffen gehört Japan mit einem Anteil von 0,2 % zur Kategorie schwache Rohstoffproduktion (Hilpert 2013, S. 105). Folglich trägt der Bergbau einschließlich der Kohleförderung nicht einmal 0,1 % zum Bruttoinlandsprodukt bei. Hingegen ist die japanische Mineral- und Metallverarbeitung ein äußerst relevanter Wirtschaftsfaktor. Nach China und den USA ist Japan der drittgrößte Verbraucher von Industriemetallen.

Bei Seltenen Erden und Wolfram ist Japan in besonderem Maße von China als Lieferland abhängig. Als China im Sommer 2010 die Belieferung Japans mit Seltenen Erden in einem unerklärten Embargo zeitweise aussetzte, erlangte das Thema verlässliche Rohstoffversorgung nicht nur für die Regierung, sondern auch für die Öffentlichkeit einen hohen Stellenwert (Aston 2010). Seitdem hat das Thema in der japanischen Außenpolitik höchste Priorität.

Der ohnehin schon hohe Problemdruck nahm durch die Erdbebenkatastrophe und den Tsunami im März 2011 sogar noch zu. Das Erdbeben zerstörte viele Raffinerie-Produktionsstätten (Nishikawa 2011) und durch den Wiederaufbau der zerstörten Gebiete erhöhte sich der Rohstoffbedarf dramatisch. Die japanische Elektronik- und Automobilindustrie traf die Katastrophe besonders hart, weil die Metallverarbeitung teils vollständig zerstört war und die Erneuerung der Kapazitäten über ein Jahr in Anspruch nahm. Besonders stark getroffen wurden die Zulieferer der Automobilindustrie, deren Fabriken in der nordöstlichen Region Tohoku zerstört wurden. Wegen fehlender Teile und wegen Stromausfällen musste der weltweit größte Autokonzern Toyota Werke vorübergehend schließen oder die Produktion im In- und Ausland drosseln. Die volkswirtschaftlichen Kosten durch den Super-GAU im Atomkraftwerk Fukushima Daiichi für Kompensationszahlungen, Aufräumarbeiten und Rekultivierung usw. sind immer noch nicht abzuschätzen.

Für die Konzeption und Koordination der japanischen Rohstoffpolitik ist das Wirtschaftsministerium METI mit seiner Außenhandelsabteilung, der Abteilung für wirtschaftliche Zusammenarbeit und der Industrieabteilung mit den Referaten für Eisen und Stahl sowie Nicht-Eisen-Metalle federführend. Die Agentur für Energie und Natürliche Ressourcen (ANRE) ist administrativ zuständig.

Mit der Rohstoffpolitik befassen sich ebenfalls das Außenministerium, das Umweltministerium und das Ministerium für Bildung und Wissenschaft. Für die Rohstoffdiplomatie ist das Außenministerium zuständig. „Trotz der Vielzahl an Ministerien, Selbstverwaltungskörperschaften, Unternehmen und Verbänden, die in Japans Rohstoffpolitik involviert sind, lässt sich von einem geordneten, kohärenten, transparenten System sprechen" (Hilpert 2013, S. 108).

Im Mai 2009 veröffentlichte METI zusammen mit dem Gesundheitsministerium und dem Ministerium für Erziehung, Kultur, Sport, Wissenschaft und Technik ein Weißbuch, in dem die Rolle seltener Metalle und Seltener Erden für die Branchen der verarbeitenden Industrie skizziert wurde (METI et al. 2009). Im Juli 2009 legte das METI in einem Strategiepapier fest, dass 18 Elemente der Seltenerd-Gruppe und 30 weitere Metalle als kritisch gelten (Hilpert 2013, S. 106).

Ein Recyclinggesetz hat Japan seit 2001. Die Recyclingquote bei langlebigen Wirtschaftsgütern erreichte 2008 bereits 84 %. Seit 2008 veröffentlichte oder initiierte das METI vier rohstoffpolitische Strategien, um Japans Versorgung mit Mineralien und Metallen zu sichern. Die „Richtlinie zur Sicherung von Ressourcen" vom 28. März 2008 verfolgt das Ziel, japanische Unternehmen stärker an Schlüsselressourcenprojekten zu beteiligen (METI 2008). Um die Versorgung mit Rohstoffen und seltenen Metallen zu verbessern, sollen sich japanische Unternehmen Explorations- und Entwicklungsrechte im Ausland sichern oder langfristige Lieferverträge abschließen.

Die „Strategie zur Sicherung der Versorgung mit seltenen Metallen" wurde am 28. Juli 2009 veröffentlicht (Hilpert 2013, S. 108 f.). Um die Versorgungssicherheit zu erhöhen, wird eine Viersäulen-Strategie skizziert und die Entwicklung einer rohstoffspezifischen Infrastruktur vorgeschlagen:

1. staatliche Unterstützung von Ressourceninvestitionen im Ausland,
2. Recycling von seltenen Metallen in Japan,
3. Entwicklung und Einsatz alternativer Materialien sowie
4. Lagerhaltung von strategischen Metallen.

Im Dezember 2011 verkündete das METI „Vorrangige Maßnahmen zur Sicherung der Versorgung mit natürlichen Roh- und Brennstoffen" (METI 2011). Mit diesem Strategiepapier reagierte die japanische Regierung auf die Erdbebenkatastrophe vom März des Jahres. Eine aktualisierte Anpassung der Energie- und Rohstoffpolitik an die Folgen der Katastrophe ist die „Kabinettsstrategie zur Sicherung von Ressourcen" vom 24. Juni 2012. Das vom Premierminister und dem Kabinett verabschiedete Papier modifiziert und konkretisiert die Richtlinie vom März 2008. Japan will sich verstärkt ressourcenreichen Ländern zuwenden, in die Rohstoffverarbeitung vor Ort investieren, Investitionspakete anbieten, Förderlizenzen erwerben sowie multi- und bilaterale Strukturen wie die WTO nutzen (Hilpert 2013, S. 109).

Recycling als Rohstoffquelle nimmt in der japanischen Rohstoffpolitik eine herausragende Rolle ein. In einer Studie veranschlagt das Nationale Institut für Materialwissenschaft (NIMS 2008) die Metallreserven in Japans *urban mines* als vergleichbar mit den Vorkommen der führenden Produzentenländer. Das Umweltministerium hat daraufhin in einer Reihe von Regionen Modellversuche zum Recycling von Kleinelektrogeräten durchgeführt, die erfolgreich verliefen. Auf des Basis des „Seltene-Erden-Recycling-Gesetzes", das im August 2012 in Kraft trat, wurde mit dem Aufbau eines landesweiten Systems zum Recycling von Seltenerdmetallen begonnen.

7.8 Geostrategie vs. nachhaltige Entwicklung

Die Nachfrage nach Rohstoffen steigt weltweit. Insbesondere für strategisch wichtige Rohstoffe hat das „Große geopolitische Spiel" begonnen, weil sich die EU, Japan und die USA den Zugriff auf die Seltenen Erden und auf eine Reihe wichtiger Metalle wie z. B. Tantalum oder Kobalt sichern wollen. Seltene Erden werden nicht nur für zivile Hightechprodukte wie Smartphones oder in der erneuerbaren Energietechnologiebranche in Windturbinen eingesetzt, sondern sie werden auch für die Herstellung moderner Waffen benötigt.

Der globale Norden mit seinen industrialisierten Konsumgesellschaften kann auch in Zukunft nicht auf diese modernen Produktions- und Destruktionsmittel verzichten. Folglich müssen weiterhin Rohstoffe abgebaut werden, was nicht nur mit Risiken für die Umwelt verbunden ist. Wenn – ganz in der Tradition der klassischen Geopolitik – weltweit nach Rohstoffquellen gefahndet wird, besteht die Gefahr, dass jede noch so kleine Rohstoffreserve auf dem Erdball abgebaut und aufgebraucht wird, wenn ein Markt dafür da ist. Das kann nur als nichtnachhaltige Geostrategie bezeichnet werden.

Insbesondere bei Seltenen Erden, die für moderne Waffensysteme und für die Grüne Industrie von außerordentlicher Bedeutung sind, ist derzeit die Nichtnachhaltigkeit festzustellen. Denn bei der Gewinnung dieser wertvollen Rohstoffe, die für die Herstellung von regenerativer Energietechnik notwendig sind, werden nicht nur große Mengen an Schadstoffen und radioaktivem Material freigesetzt. Zusätzlich wird in sehr hohem Maß Energie verbraucht und die erneuerbaren Energien riskieren ihren Vorteil zu verlieren, aus Gründen des Klima- und Umweltschutzes die Alternative zum fossil-nuklearen Energiesystem zu sein.

Um Unabhängigkeit von diversen Lieferanten fossiler Energieträger zu erlangen, sind im Zuge des Einsatzes regenerativer Energietechnik neue Abhängigkeiten von Rohstofflieferanten entstanden. Damit werden die erneuerbaren Energien letztlich eine Energiequelle unter vielen, die lediglich eine Diversifizierung des Energiemixes bewirken. Aus marktwirtschaftlicher Sicht muss ihre Herstellung und Nutzung zudem mit traditionellen Energieträgern, die am Markt etabliert sind, konkurrieren können. Dies war bisher – obwohl es kaum diskutiert wurde – oft nur auf Kosten der Umwelt möglich.

Da die Erschließung der Vorkommen Seltener Erden wie Dysprosium, Terbium, Europium, Yttrium und Neodym, die für die „grüne Energiegewinnung" zentrale Bedeutung haben, kapital- und zeitintensiv ist, haben die Erzeuger versucht, zu Lasten der Umwelt konkurrenzfähige erneuerbare Energie herzustellen. Wenn es nicht gelingt, diesen Prozess in Zukunft nachhaltig zu gestalten, wird bei steigendem Bedarf und geringeren Fördermengen weiterhin die Umwelt gefährdet.

Es gibt verschiede Konzepte zur Ermittlung der Nichtnachhaltigkeit. Dazu gehören der „ökologische Rucksack" bzw. MIPS (Materialinput pro Serviceeinheit), der „ökologische Fußabdruck" sowie der *water footprint*. Während der „ökologische Rucksack" die Menge an Material ermittelt sowie die Stoffe und Produkte quantifiziert, die innerhalb der Prozesskette bewegt werden, versucht der „ökologische Fußabdruck" individuelle Nachhaltigkeitsdefizite zu beziffern. MIPS stellt ein grundlegendes Maß zur Abschätzung der Umweltbelastung durch ein Produkt dar. Der „Fußabdruck des Wasserverbrauchs" umfasst die Gesamtmenge an Wasser, die für die Produktion der Güter und Dienstleistungen benötigt wird, die die Bevölkerung eines Landes in Anspruch nimmt. Diese Definition umfasst also auch Wassermengen, die außerhalb dieses Landes für Güter verbraucht wurden, die für dieses Land produziert werden. Ein umfassendes Bewertungsmodell für Nichtnachhaltigkeit, das alle hier genannten Aspekte berücksichtigt, muss jedoch erst noch entwickelt werden.

Damit die Welt regenerative Energien langfristig nutzen kann, werden stabile und hohe Preise für Seltene Erden gefordert, auch um Umweltauflagen finanzieren zu können. Und in der Tat: Die Belastung der Umwelt muss insbesondere in China schnellstens reduziert werden. Denn bisher sind mangelhafte Umweltstandards der Grund dafür, dass der Abbau dort konkurrenzlos billig erfolgt. Zusätzlich können höhere Preise die Arbeiter, die die Rohstoffe abbauen, sowie die Menschen, die in der Nähe der Abbaugebiete leben, schützen. China hat diese Argumentation aufgegriffen und vor der WTO seine Hochpreispolitik und die Einführung von Exportquoten damit begründet, dass es die Umweltbelastung reduzieren wolle und Umweltauflagen finanzieren müsse. Das wurde jedoch nicht als glaubhaft eingestuft.

Als nachhaltiges Energieversorgungssystem kann nur ein System bezeichnet werden, das keine „nachhaltigen Schwierigkeiten" verursacht. Analog zur Wahrung der Menschenrechte sollten in Zukunft von Staaten, in denen die Umweltstandards nicht gewährleistet sind, keine Rohstoffe gekauft werden. Gefragt sind also nicht nur die Regierungen der jeweiligen Anbieterländer, sondern auch der Länder, deren Industrie die Seltenerdmetalle kaufen will.

Ein nachhaltiges Energiesystem setzt zudem vorrangig auf Energie- und Ressourceneffizienz – und dies auch beim Einsatz der Seltenen Erden. In diesem Zusammenhang kommt dem Recycling und der Wiederverwendung der entsprechenden Rohstoffe durch Urban Mining – wie es Japan in seiner Strategie verfolgt – eine wegweisende Rolle zu.

Literatur

Abdolvand B, Winter K (2014) Das System Karsai. Afghanistans Präsident hat seine Machtbasis rigoros ausgebaut und ist auf Konfrontationskurs mit den USA gegangen. Deutsche Gesellschaft für Auswärtige Politik. DGAP analyse 3. https://dgap.org/de/think-tank/publikationen/dgapanalyse/das-system-karsai. Zugegriffen: 18.03.2014

Aston A (2010) Der Kampf um die Seltenen Erden. Technology Review. http://www.heise.de/tr/artikel/Der-Kampf-um-die-Seltenen-Erden-1109057.html (Erstellt: 18.10.2010). Zugegriffen: 06.04.2014

Bojanowski A (2010) EU fahndet nach neuen Rohstoffquellen. Spiegel online. http://www.spiegel.de/wissenschaft/natur/internes-strategiepapier-eu-fahndet-nach-neuen-rohstoffquellen-a-729971.html (Erstellt: 19.11.2010). Zugegriffen: 25.03.2014

Brzezinski Z (2004) Die einzige Weltmacht. Amerikas Strategie der Vorherrschaft. Fischer, Frankfurt am Main

Bütikofer R (2013) Seltene Erden und die Neuentdeckung der Rohstoffpolitik. Brüssel. http://reinhardbuetikofer.eu/wp-content/uploads/2013/02/Rohstoffbroschuere-web.pdf. Zugegriffen: 05.04.2014

Cmiel T (2012) Wo man Seltene Erden findet. Börse Online Kompakt 01/12:10–13. http://www.investment-alternativen.de/wo-man-seltene-erden-findet/. Zugegriffen: 05.04.2014

Deutsche Welle (2013) Afghanistans ungehobene Schätze. http://www.dw.de/afghanistans-ungehobene-schätze/a-16931287 (Erstellt: 06.07.2013). Zugegriffen: 05.04.2014

Europäische Kommission (2008) Die Rohstoffinitiative – Sicherung der Versorgung Europas mit den für Wachstum und Beschäftigung notwendigen Gütern. Brüssel 04.11.2008 KOM(2008) 699 endgültig. http://eur-lex.europa.eu/LexUriServ/LexUriServ.do?uri=COM20080699FINDEPDF. Zugegriffen: 25.03.2014

Europäische Kommission (2011) Grundstoffmärkte und Rohstoffe Herausforderungen und Lösungsansätze. Brüssel 02.02.2011 KOM(2011) 25 endg. http://eur-lex.europa.eu/LexUriServ/LexUriServ.do?uri=COM20110025FINDEPDF. Zugegriffen: 30.03.2014

Europäisches Parlament (2011) Bericht über einer erfolgreiche Rohstoffstrategie für Europa, Berichterstatter Reinhard Bütikofer. Brüssel 25.07.2011 (2011/2056(INI)). http://www.europarl.europa.eu/sides/getDoc.do?pubRef=-//EP//NONSGML+REPORT+A7-2011-0288+0+DOC+PDF+V0//DE&language=DE. Zugegriffen: 05.04.2014

European Commission (2010) Critical raw materials for the EU. Report of the Ad-hoc Working Group on defining critical raw materials. DG Enterprise and Industry, Brussels 30 July 2010. http://ec.europa.eu/enterprise/policies/raw-materials/documents/index_en.htm. Zugegriffen: 25.03.2013

European Commission (2011) Roadmap to a resource efficient Europe. Brussels 20.09.2011 COM(2011) 571 final. http://eur-lex.europa.eu/LexUriServ/LexUriServ.do?uri=COM:2011:0571:FIN:EN:PDF. Zugegriffen: 22.03.2015

European Council (2007) Council conclusions on industrial policy. Brussels 25.05.2007, 10032/07. http://register.consilium.europa.eu/doc/srv?l=EN&t=PDF&gc=true&sc=false&f=ST%2010032%202007%20INIT. Zugegriffen: 13.04.2014

Hilpert HG (2013) Japan. In: Hilpert HG, Mildner S-A (Hrsg) Nationale Alleingänge oder internationale Kooperation? Analyse und Vergleich der Rohstoffstrategien der G20-Staaten. SWP-

Studie. Berlin, S 105–112. http://www.swp-berlin.org/fileadmin/contents/products/studien/ 2013_S01_hlp_mdn.pdf. Zugegriffen: 30.03.2014

ISE – Institut für seltene Erden und Metalle (2015) Aktuelle und historische Marktpreise der gängigsten Seltenen Erden. http://institut-seltene-erden.org/aktuelle-und-historische-marktpreise-der-gangigsten-seltenen-erden/. Zugegriffen: 22.03.2015

Jacobsen HA (Hrsg) (1979) Karl Haushofer Leben und Werke. Harald Boldt, Boppard am Rhein

Liedtke M, Elsner H (2009) Seltene Erden. Commodity Top News Nr. 31, BGR, Hannover 20.11.2009.   http://www.bgr.bund.de/DE/Gemeinsames/Produkte/Downloads/Commodity_ Top_News/Rohstoffwirtschaft/31_erden.pdf?__blob=publicationFile&v=2.   Zugegriffen: 30.03.2014

Mackinder H (1904) The geographical pivot of History. The Geographical Journal 23:421–444

Mackinder H (1942) Democratic ideals and reality. NDU Press, Washington DC

Medico International (2011) Die EU nennt es Rohstoffinitiative … wir nennen es Rohstoffraub. http://www.medico.de/themen/aktion/dokumente/auf-rohstoffraub/4011/ (Erstellt: 21.07.2011). Zugegriffen: 25.03.2014

METI (2008) Guidelines for securing natural resources. Tokyo. www.meti.go.jp/english/newtopics/ data/pdf/080328Guidelines.pdf. Zugegriffen: 06.04.2014

METI (2011) Priority measures to ensure stable supply of natural resources and fuel. Tokyo. www. meti.go.jp/english/press/2011/pdf/1220_02b.pdf. Zugegriffen: 06.04.2014

METI et al (2009) Summary of the White Paper on manufacturing industries (Monodzukuri) 2009. Tokyo May 2009. http://www.meti.go.jp/english/report/data/Monodzukuri2009_01.pdf. Zugegriffen: 06.04.2014

Mildner S-A, Howald J (2013a) Die Europäische Union (EU). In: Hilpert HG, Mildner S-A (Hrsg) Nationale Alleingänge oder internationale Kooperation? Analyse und Vergleich der Rohstoffstrategien der G20-Staaten. SWP-Studie. Berlin, S 69–78. http://www.swp-berlin.org/fileadmin/ contents/products/studien/2013_S01_hlp_mdn.pdf. Zugegriffen: 30.03.20

Mildner S-A, Howald J (2013b) Die Vereinigten Staaten von Amerika (USA). In: Hilpert HG, Mildner S-A (Hrsg) Nationale Alleingänge oder internationale Kooperation? Analyse und Vergleich der Rohstoffstrategien der G20-Staaten. SWP-Studie. Berlin, S 172–180. http:// www.swp-berlin.org/fileadmin/contents/products/studien/2013_S01_hlp_mdn.pdf. Zugegriffen 30.03.2014

National Institute for Materials Science (NIMS) (2008) Japan's „urban mines" are comparable to the world's leading resource nations. Press Release 11.01.2008, Tokyo. www.nims.go.jp/eng/ news/press/2008/01/p200801110.html. Zugegriffen: 06.04.2014

Nishikawa Y (2011) Japan's new „element" strategy and mining investment The earthquake that struck in March may have a lasting effect on Japan's global investment in mining and natural resources. KWR International. http://www.kwrintl.com/library/2011/japansnewstrategy. html. Zugegriffen: 25.03.2014

n-tv (2010) Engpässe bei den „Seltenen Erden" China alarmiert Elektroindustrie. http://www.n-tv. de/wirtschaft/China-alarmiert-Elektroindustrie-article1782461.html (Erstellt: 25.10.2010). Zugegriffen: 25.03.2014

Öko-Institut (2011) Seltene Erden – Daten & Fakten. http://www.oeko.de/oekodoc/1110/2011-001-de.pdf. Zugegriffen: 25.03.2014

Spykman NJ (1944) The geography of the peace. Edited by HR Nicholl. Harcourt, Brace and Co., New York

U.S. Geological Survey (2014) Mineral commodity summaries 2014 U.S. Geological Survey. http://minerals.usgs.gov/minerals/pubs/mcs/2014/mcs2014.pdf. Zugegriffen: 30.03.2014

U.S. Geological Survey (2010) National defense rare earth materials in the defense supply chain. GAO-10-617R. http://www.gao.gov/products/GAO-10-617R (Erstellt: Apr 14, 2010). Zugegriffen: 04.04.2014

WTO (2013) China – Measures Related to the Exportation of Various Raw Materials. Dispute Settlement Dispute DS395. Geneva. http://www.wto.org/english/tratop_e/dispu_e/cases_e/ds395_e.htm. Zugegriffen: 05.04.2014

WTO (2014) China – Measures Related to the Exportation of Rare Earths, Tungsten and Molybdenum. Dispute Settlement Dispute DS 432. Geneva. http://www.wto.org/english/tratop_e/dispu_e/cases_e/ds432_e.htm. Zugegriffen: 05.04.2014

Zajec O (2010) China – Herr über die seltenen Erden. Le Monde diplomatique. http://www.monde-diplomatique.de/pm/2010/11/12/a0007.text.name,askhh7dpr.n,0 (Erstellt: 12.11.2010). Zugegriffen: 30.03.2014

Das UN-Tiefseebergbauregime als Beispiel für Aneignung und Inwertsetzung von *Common Heritage of Mankind*

8

Stefan Brocza und Andreas Brocza

8.1 Einleitung

Zwischen Mexiko und Hawaii, im Pazifischen Ozean, liegt Deutschlands 17. Bundesland (Rinke und Schwägerl 2012). Mit seinen rund 75.000 Quadratkilometern ist es etwas größer als Bayern und nach internen Berechnungen der deutschen Bundesanstalt für Geowissenschaften und Rohstoffe (BGR 2014) in Hannover hätten allein die vermuteten 10 Mio. t Nickel, 8 Mio. t Kupfer und 1,2 Mio. t Kobalt einen aktuellen Marktwert von rund 561 Mrd. US-Dollar. Bis 2021 muss sich die deutsche Bundesregierung entscheiden, ob sie die Rohstoffe abbauen will oder nicht. Zugesprochen wurde der Claim von der Internationalen Meeresbodenbehörde (IMB) bereits 2006 als „Lizenzgebiet" für 250.000 US-Dollar Antragskosten. So verwundert es nicht, dass die damalige Bundesforschungsministerin Schavan das Gebiet als „Schatztruhe" bezeichnete, die es zu erschließen gilt.

Eine neue Phase eines „smarten Imperialismus" ist eingeläutet. Bisherige Prognosen zum Rohstoffmangel würden damit hinfällig. Die bisher angenommenen Grenzen der Räume, aus denen Ressourcen geschöpft werden, werden verschoben. Der Ort jenseits der *frontier*, an dem es viele *free gifts of nature* gibt, scheint gefunden (Mahnkopf 2013, S. 221). Eine weitere Runde Landnahme und Inwertsetzung steht an. In mehreren tausend Metern unter der Wasseroberfläche der Weltmeere warten jedenfalls Milliarden Tonnen begehrter Metalle wie Kupfer, Nickel, Zink, Zinn, Kobalt, Eisen und Mangan aber auch seltene Metalle wie Gold, Silber, Platin, Titan und Seltene Erden wie Yttrium, Indium, Germanium, Lithium sowie Selen nur darauf, gehoben und dem Wirtschaftskreislauf zugeführt zu werden (Jenisch 2011, S. 6). Bisher scheint der neu aufgeflammte *scramble for*

S. Brocza (✉)
Wien/Salzburg, Österreich
email: stefan.brocza@univie.ac.a

A. Brocza
Linz, Österreich

© Springer-Verlag Berlin Heidelberg 2016   161
A. Exner et al. (Hrsg.), *Kritische Metalle in der Großen Transformation*,
DOI 10.1007/978-3-662-44839-7_8

commodities jedoch ohne die üblichen militärischen Konflikte über die Bühne zu gehen. Vielmehr wurde ein ausgefeiltes Tiefseebergbauregime samt angeschlossenem Konzessionssystem unter der Ägide der Vereinten Nationen etabliert. In früheren Zeiten war der Prozess der Aneignung von Territorium im Regelfall mit der Ausübung militärischer Stärke verbunden. Heutzutage genügt ein friedlicher Antrag bei der UN-Meeresbodenbehörde in Jamaika und Staaten ebenso wie internationale Unternehmen bekommen exklusive Erkundungs- und Nutzungsrechte an Gebieten zugesprochen, die bisher – als „gemeinsames Erbe der Menschheit" (*common heritage of mankind*) – vom Prozess der Aneignung bzw. Territorialisierung ausgeschlossen waren. Da verwundert es nicht, dass der Wettlauf um die letzten großen „herrenlosen" Gebiete der Erde bereits eingesetzt hat.

8.2   Gebietshoheit vs. souveränitätsfreier Raum – aktuelle Tendenzen zur „Terranisierung"

Im klassischen Völkerrecht werden staatliche Bereiche durch klar abgegrenzte Territorien voneinander getrennt. Dies umfasst auch die wirtschaftliche Nutzung – sie wird durch staatliche Grenzen voneinander getrennt. Für Landbesitz (Souveränität über Territorium) und Landnahme (Souveränitätserwerb über Territorium) haben sich im Völkerrecht gewisse Grundsätze entwickelt (Peach und Stuby 2013, S. 818):

- Wer ein Territorium beherrscht und die aktuelle Kontrolle darüber ausübt, ist Träger eines legalen Titels hinsichtlich dieses Territoriums (Legalität fließt aus Effektivität) (Peach und Stuby 2013, S. 346 ff.).
- Um einen solchen legalen Titel über so genanntes herrenloses Territorium (im Besitz von niemandem, d. h. keines anderen Staates) zu erlangen, genügt das reine Entdecken nicht. Es muss vielmehr der Wille zum Besitz offenbar werden; etwa durch effektive Inbesitznahme und die Ausübung von Souveränität (S. 92 ff. sowie 340 ff.).

Nach diesen Prinzipien wurde über hunderte von Jahren die Welt aufgeteilt und auch festgelegt, wer den jeweiligen Boden und die dort vorkommenden Rohstoffe ausbeutet. Von jeher ausgenommen von dieser theoretisch vollkommenen Unterstellung der gesamten Erdoberfläche unter die Souveränität einzelner Staaten war das „freie Meer" bzw. die „hohe See". Die „hohe See" ist somit ein Gegenstand, über den keine staatliche Souveränität ausgeübt werden kann und die daher von einer Aneignung im Sinne einer Landnahme ausgeschlossen ist (Peach und Stuby 2013, S. 829 ff.). Das geltende Völkerrecht kennt verschiedene Meereszonen und spricht den darauf bezogenen Akteuren (insbesondere den jeweiligen Küstenanrainerstaaten) jeweils bestimmte Rechte und Verantwortungen zu (Dolata und Mildner 2013, S. 134 ff.):

- Das Hoheitsgewässer – ein Gebiet von zwölf Seemeilen ausgehend von der Küstenlinie – gehört zum uneingeschränkten Staatsgebiet eines Landes (1 Seemeile bzw. nautische Meile entspricht 1852,0 m).

- Die Anschlusszone (*contiguous zone*) erstreckt sich über weitere zwölf Seemeilen und dient zum Schutz vor Übergriffen.

- Jenseits dieser (Hoheits-)Gewässer beginnt die Ausschließliche Wirtschaftszone (AWZ), die sich bis 200 Seemeilen von der Küstenlinie erstreckt. Hier hat der betreffende Staat unter anderem das Recht zu Erforschung, Erhalt und Nutzung der lebenden und nicht lebenden (also mineralischer und sonstiger) Meeresrohstoffe.

- Erst nach dieser AWZ beginnt die Hohe See. Sollte sich im konkreten Fall jedoch etwa der Festlandsockel (*continental shelf*) über diese 200-Meilen-Zone hinaus ausdehnen, wird die AWZ auf 350 Seemeilen erweitert. Erst hier beginnt das eigentliche Gebiet der Hohen See (d. h. Meeresboden und Untergrund außerhalb der Reichweite jeglicher nationaler Rechtsprechung) und somit das *gemeinsame Erbe der Menschheit*.

Mit dem Begriff der „Terranisierung" wird die zunehmende Einschränkung der hohen See zugunsten von Küstenstaaten beschrieben. Wolfgang Graf Vitzthum beschreibt damit die „Tendenz, nach der bei den küstenstaatlichen Funktionshoheitsräumen die gebietsbezogenen Aspekte die nutzungsorientierten dominieren" (Graf Vitzthum 2002, S. 398). Aus einer reinen Ressourcennahme wird mit der Zeit eine tendenzielle Raumnahme. Pointiert bedeutet dies nichts anderes als: „Das Meer wird vom letzten freien Raum zum kolonialisierbaren siebten Kontinent" (Graf Vitzthum 1976, S. 136).

8.3   Internationales Seerecht – Schaffung eines Tiefseebergbauregimes

Das gegenwärtige Seevölkerrecht wird vom Seerechtsübereinkommen der Vereinten Nationen von 1982 (United Nations Convention of the Law of the Sea – SRÜ) geprägt. Dieses wurde auf der Dritten Seerechtskonferenz der Vereinten Nationen erarbeitet und angenommen. Es sieht im Meeresboden und seinen wirtschaftlich nutzbaren Bodenschätzen ein „gemeinsames Erbe der Menschheit" (*common heritage of mankind*) und weist die Regelung der Benutzung der Internationalen Meeresbodenbehörde (IMB mit Sitz in Jamaika) zu (Teil XI des SRÜ; s. Rechtstexte). Die IMB regelt den Zugang zur wirtschaftlichen Nutzung durch die Vergabe von sog. Explorations- und Abbaulizenzen (gegen Gebühren), wirkt aber durch ihr eigenes „Unternehmen" (*enterprise*) auch selbst am Tiefseebergbau mit.

In diesem Zusammenhang wird von den Industriestaaten insbesondere der angezielte Technologietransfer kritisiert. Die SRÜ sieht nämlich vor, dass die IMB den Technologietransfer zugunsten der Entwicklungsländer fördern soll (Art. 144 SRÜ). Darüber hinaus sollen die Vertragsstaaten des SRÜ im Interesse eines Transfers der Meerestechnologie zu fairen Bedingungen zusammenarbeiten (Teil XIV, Art. 266 SRÜ). Besonderen Widerspruch erntet dabei die Verpflichtung einzelner Bergbauunternehmen, ihre Technologie dem Unternehmen der IMB zu „fairen und vernünftigen Handlungsbedingungen" zur Verfügung zu stellen, wenn das Unternehmen nach seiner eigenen Einschätzung diese oder vergleichbare Technologien auf dem freien Markt nicht zu angemessenen Konditionen erhalten kann (Annex III, Art. 5 Abs. 3 lit. A SRÜ).

Aus Sicht mancher Industriestaaten belastet dieses Regime des zwangsweisen Technologietransfers den Tiefseebergbau so massiv, dass die meisten technologisch fortgeschrittenen Staaten das SRÜ in der Fassung von 1982 ablehnten. Zusätzlich bestand die Befürchtung, von den Entwicklungsländern in der IMB regelmäßig überstimmt zu werden. Schließlich wurde auch die Möglichkeit zur späteren Veränderung des SRÜ mit qualifizierter Mehrheit abgelehnt. Diese breite Ablehnungsfront aufseiten der Industriestaaten führte dazu, dass das SRÜ nur von einem Teil der Staatengemeinschaft akzeptiert wurde (Herdegen 2012, S. 218, 2011, S. 73).

Deshalb bewirkte der Generalsekretär der Vereinten Nationen noch vor Inkrafttreten der Seerechtskonvention die Ausverhandlung des „Übereinkommens zur Durchführung von Teil XI des Seerechtsübereinkommens von 1994". Dieses Zusatzabkommen trug den Anliegen der Industriestaaten Rechnung, insbesondere indem ihre Position im Rat der IMB deutlich gestärkt wurde. Dabei wich man vom Prinzip der strikten formalen Gleichheit der Staaten dadurch ab, dass man die Position einzelner (Industrie-)Staaten bzw. Staatengruppen privilegierte. Von Völkerrechtlerinnen und Völkerrechtlern wird das als durchaus diskussionswürdiger Ansatz für die Entwicklung des Rechts internationaler Organisationen gesehen, der mit dem starken Interesse an einer universellen Akzeptanz internationalen Rechts begründet wird. Insbesondere die Bedingungen für Abbaukonzessionen für Investoren wurden im Sinne marktwirtschaftlicher Spielregeln wesentlich attraktiver gestaltet als ursprünglich vorgesehen (vgl. Annex III, Abschn. 5 des Übereinkommens zu Teil XI des SRÜ). Zusätzlich wurde eine Änderung des (neuen) Tiefseebergbauregimes gegen den Widerstand der Industrieländer praktisch unmöglich gemacht. Mittlerweile gilt das so abgeänderte SRÜ für die allermeisten Staaten. Da die Vereinigten Staaten ihre Vorbehalte gegen das modifizierte Tiefseebergbauregime noch immer nicht aufgegeben haben, sind sie der letzte politisch bedeutende Akteur, der das SRÜ – trotz immer wieder erfolgter Ankündigungen – nicht ratifiziert hat. Dadurch ist es herrschende Meinung, dass das SRÜ (mit Ausnahme seines Tiefseebergbauregimes) weitgehend dem *Völkergewohnheitsrecht* entspricht (Herdegen 2012, S. 219, 2011, S. 73 f.).

Die tiefgreifenden Änderungen wurden übrigens nicht mit dem im SRÜ eigens vorgesehenen Änderungsverfahren verabschiedet, sondern erfolgten in Form einer Resolution der UN-Generalversammlung. Die Präambel des neuen Abkommens verweist dabei verschämt auf die seit der ursprünglichen Verabschiedung der Seerechtskonvention eingetretenen faktischen Änderungen im politischen und wirtschaftlichen Klima „unter verstärkter Hinwendung zu marktwirtschaftlichen Prinzipien" *(market-oriented approaches)*. Dieses Änderungsübereinkommen zur Seerechtskonvention dokumentiert auf anschauliche und erschreckende Weise den marktwirtschaftlichen Realismus innerhalb der gesamten internationalen Staatengemeinschaft und wird von einigen als „Requiem auf die neue Weltwirtschaftsordnung" verstanden (Herdegen 2011, S. 73 f.).

Das UN-SRÜ etabliert ein besonderes Regime für die Nutzung des Meeresbodens und des Meeresuntergrundes jenseits der Grenzen nationaler Hoheitsbefugnisse der jeweiligen Küstenstaaten (Teil XI des SRÜ; zur Definition des erfassten „Gebietes" vgl. Art. 1 Abs. 1 Nr. 1 SRÜ). Das Meeresbodenregime bildet den umstrittensten Teil des Übereinkommens. Der darin vorgesehene Tiefseebergbau (etwa die allseits diskutierten Manganknollen) wird in den nächsten Jahrzehnten massiv an Bedeutung gewinnen. Voraussetzung dafür ist u. a. eine weit fortgeschrittene Technologie. Dabei wird sehr oft übersehen, dass nach allgemeinem Völkergewohnheitsrecht die Nutzung des Meeresbodens und des Meeresuntergrundes keinen besonderen Beschränkungen unterliegt. Danach könnte jeder Staat – soweit es ihm nur technisch möglich ist – ohne besondere Erlaubnis Tiefseebergbau betreiben. Insoweit gilt also das althergebrachte und fast schon archaisch anmutende Prioritätsprinzip: Wer zuerst kommt und es technisch fertigbringt, kann sich den Tiefseeboden also aneignen und nutzbar machen (Herdegen 2012, S. 224). In diesem Kontext gesehen möchte das SRÜ solchen Entwicklungen entgegenwirken und versucht demgegenüber, ein allgemein anerkanntes Nutzungs- und Aneignungsregime als UN-Regeln für eine friedliche und damit wirtschaftlich optimale Akkumulation von Kapital zu etablieren.

8.4   Das gemeinsame Erbe der Menschheit

Die SRÜ qualifiziert – wie bereits erwähnt – den Meeresboden und den Meeresuntergrund samt all ihrer Ressourcen als „gemeinsames Erbe der Menschheit" (Art. 136 SRÜ). Demnach darf sich kein Staat Teile des Meeresbodens (einschließlich des Meeresuntergrundes) oder seiner Ressourcen aneignen (Art. 137 Abs. 1 SRÜ). Das gesamte Gebiet unterliegt vielmehr einer internationalen Nutzung in Form eines Konzessionsregimes. Die Zuteilung von Nutzungsrechten wird dabei der IMB übertragen (Art. 156 ff. SRÜ).

Weitreichende und grundsätzliche Überlegungen zum Konzept eines gemeinsamen Erbes der Menschheit wurden bereits vor dem Verhandlungsbeginn zum SRÜ angestellt. Die Initialzündung erfolgte durch eine Rede des maltesischen Botschafters Arvid Pardo im Jahr 1967 vor den Vereinten Nationen. Er schlug vor, den (gesamten) Meeresgrund als gemeinsames Erbe der Menschheit zu betrachten. Diese Überlegungen gelten als Auslöser für die Verhandlungen um ein Seerechtsübereinkommen und Pardo gilt daher als „Vater des Seerechtsübereinkommens" (Taylor 2012, S. 426). Das Konzept eines gemeinsamen Erbes der Menschheit lässt sich jedoch auch schon in früheren Rechtstexten finden: So sah etwa der Entwurf für eine Weltverfassung im Jahr 1948 vor, „dass die Erde und ihre Ressourcen zum gemeinsamen Eigentum der Menschheit gehören sollen und zum Nutzen aller zu bewirtschaften seien" (Taylor 2012, S. 427). Auch im UN-Weltraumvertrag von 1967 finden sich Spuren eines gemeinsamen Erbes der Menschheit. Im selben Jahr wurde auf der „World Peace through Law Conference" in Genf auch die Hochsee als das „gemeinsame Erbe der Menschheit" bezeichnet und erklärt, dass der Meeresboden unter die Hoheit der Kontrolle der Vereinten Nationen zu stellen sei (Taylor 2012, S. 427).

Es ist zu beachten, dass es keine einheitliche Definition des „gemeinsamen Erbes der Menschheit" gibt. Vielmehr muss man sich diesem Konzept durch die jeweils unterschiedlichen Ausführungen in den jeweiligen internationalen Vertragswerken nähern. Als Schlüsselelemente wurden bisher identifiziert (Taylor 2012, S. 429 f.):

- Kein Staat und keine Person dürfen sich Räume oder Ressourcen des gemeinsamen Erbes zum Eigentum machen (Prinzip der Nicht-Aneignung). Man kann sie nutzen, aber man kann nicht nach Belieben darüber verfügen.
- Die Nutzung des gemeinsamen Erbes soll kooperativ und zugunsten der gesamten Menschheit geschehen. Erträge (finanzieller, technologischer und wissenschaftlicher Art) sollen gerecht geteilt werden.
- Das gemeinsame Erbe soll der friedlichen Nutzung vorbehalten sein (Verhinderung militärischer Nutzung).
- Das gemeinsame Erbe soll künftigen Generationen in prinzipiell nicht beeinträchtigtem Zustand überliefert werden (Schutz der ökologischen Integrität und intergenerationelle Gerechtigkeit).

Der Versuch, den Meeresboden zum gemeinsamen Erben der Menschheit zu erklären, stellt nichts anderes dar, als dieses Gebiet (das über bedeutende natürliche Ressourcen verfügt) zu *internationalen Commons* zu erklären und damit dem Eigentum von Staaten zu entziehen. Die ursprünglichen Versuche, dies für alle Meere und Meeresressourcen zu etablieren, hatten keinen Erfolg. Zumindest gelang es jedoch mit dem SRÜ das Konzept des gemeinsamen Erbes der Menschheit für den Meeresboden zu etablieren. Von Kritikern wird daher darauf hingewiesen, dass das SRÜ „das gemeinsame Erbe der Menschheit auf ein paar Steine beschränkt (zum Beispiel mineralische Ressourcen wie Manganknollen), die auf dem Meeresboden der Tiefsee liegen" (Taylor 2012, S. 428). Arvid Pardo selbst zeigte sich enttäuscht, „dass das Konzept des Gemeinsamen Erbes der Menschheit in seiner Anwendung auf ‚hässliche kleine Steine, die in den dunkelsten Tiefen der Schöpfung herumliegen', reduziert worden sei" (Taylor 2012, S. 429). Dass damit aber auch ein ungeheurer Erfolg verbunden ist – die rechtlich verbindliche Etablierung von *internationalen Commons* – scheint in all dieser Enttäuschung unterzugehen.

8.5 Internationale Meeresbodenbehörde (IMB) und *Mining Codes*

Die 1994 gegründete IMB bildet eine eigenständige internationale Organisation mit Sitz in Jamaika. Hauptorgane sind dabei eine Versammlung, ein Rat und ein Sekretariat. Oberstes Organ bildet die Versammlung, der alle Vertragsstaaten als Mitglieder der Behörde angehören (Herdegen 2012, S. 225). Wer an der Erteilung von Nutzungsrechten interessiert ist, muss bei der IMB daher eine Lizenz erwerben. Über die Vergabe der Lizenz entscheidet die Versammlung der IMB nach vorheriger Begutachtung des Lizenzantrages durch die Rechts- und Fachkommission sowie Beratung im Rat (Deutscher Bundestag 2012). Das Antragsverfahren wie auch die rechtlichen Vorschriften richten sich nach Art. 11 des SRÜ. Zur Deckung der Kosten legt die IMB eine fixe Bearbeitungsgebühr fest. Darüber hinaus müssen gemäß Annex III des SRÜ jährliche Gebühren an die IMB entrichtet werden. Werden Rohstoffe gefördert, werden gemäß Art. 82 SRÜ weitere Gebühren fällig. Diese Gelder werden global verteilt – unter besonderer Berücksichtigung von Entwicklungsländern, allen voran solchen ohne Meereszugang (Dolata und Mildner 2013, S. 135).

Die IMB erlässt Regeln zum Schutz der Meeresumwelt und des menschlichen Lebens im Zusammenhang mit der Nutzung des Meeresbodens (Art. 145, 146 SRÜ). Diese Regeln gelten unmittelbar und bedürfen keiner weiteren Umsetzung in jeweiliges nationales Recht. Insoweit verfügt die IMB also über *supranationale Regelungsbefugnisse*. Das ebenfalls bereits erwähnte „Unternehmen" (Art. 170, Anlage IV SRÜ) hat Rechtsfähigkeit und führt als Organ der IMB unmittelbare Tätigkeiten im „Gebiet" sowie die Beförderung, Verarbeitung und den Absatz der aus dem Gebiet gewonnenen Mineralien durch (Art. 170 Abs. 1 SRÜ). Daneben sieht das SRÜ auch die Nutzung durch nationale Unternehmen auf Grund eines Vertrages mit der IMB vor. In der Praxis hat sich dieses *Parallelsystem* jedoch als vorrangig erwiesen. Sogar mögliche Tiefseebergbauprojekte des „Unternehmens" selbst sollen nur als Jointventures mit nationalen Unternehmen erfolgen (Anlage, Abschn. 2, Abs. 2 SRÜ) (Herdegen 2012, S. 226).

Grundlage für einen Lizenzantrag stellen die *mining codes* dar. In ihnen legt die IMB für verschiedene Rohstofftypen ein Regelwerk zu Prospektion (Vorerkundung) und Exploration (Erschließung) vor. Bisher existieren solche Codes für Manganknollen (Beschluss vom 13. Juli 2000, eine überarbeitete Fassung wurde am 25. Juli 2013 beschlossen), Massivsulfiden (Beschluss vom 07. Mai 2010) und Eisen-Mangankrusten (Beschluss vom 27. Juli 2012). Für den zukünftigen konkreten Abbau aller drei Rohstofftypen müssen die jeweiligen Regelwerke erst noch geschaffen werden. Neben Deutschland haben zwölf weitere staatliche und private Lizenznehmer Verträge zur Exploration von Manganknollen mit der IMB geschlossen. Bis auf Indien, dessen Lizenzgebiet sich im Indischen Ozean befindet, liegen alle anderen Gebiete im so genannten Manganknollengürtel im Pazifischen Ozean. Mit Tonga und Nauru sind erstmals nun auch zwei Entwicklungsländer dabei. In diesem Frühstadium neu entstehender Industrien kommt insbesondere bilaterale Zusammenarbeit mit solchen Staaten zum Tragen, zu denen häufig bereits freundschaftliche Beziehungen bestehen. Standardinstrumente dieser Zusammenarbeit sind die Gründung von Joint Ventures, der Erwerb von Lizenzen sowie Hilfe bei der Ausbildung und Finanzierung (Jenisch 2011, S. 6).

Aktuell existieren unter den *mining codes* fünf *regulations* sowie sechs *recommendations*. Da Deutsch keine authentische Sprache der Meeresbodenbehörde ist, wird im Folgenden die (authentische) englischsprachige Bezeichnung der jeweiligen Rechtsakte beibehalten. Die *regulations* umfassen die folgenden fünf Rechtsakte:

- Decision of the Assembly of the International Seabed Authority regarding the amendments to the Regulations on Prospecting and Exploration for Polymetallic Nodules in the Area ISBA/19/A/9.

- Decision of the Council of the International Seabed Authority relating to amendments to the Regulations on Prospecting and Exploration for Polymetallic Nodules in the Area and related matters ISBA/19/C/17.
- Decision of the Assembly of the International Seabed Authority relating to the regulations on prospecting and exploration for polymetallic sulphides in the Area ISBA/16/A/12/Rev.1.
- Decision of the Assembly of the International Seabed Authority relating to the Regulations on Prospecting and Exploration for Cobalt-rich Ferromanganese Crusts in the Area ISBA/18/A/11.
- Decision of the Assembly of the International Seabed Authority concerning overhead charges for the administration and supervision of exploration ISBA/19/A/12.

Die sechs *recommendations* befassen sich mit folgenden Themen:

- Recommendations for the guidance of contractors for the reporting of actual and direct exploration expenditures as required by annex 4, section 10, of the Regulations on Prospecting and Exploration for Polymetallic Nodules in the Area ISBA/15/LTC/7.
- Recommendations for the guidance of contractors for the assessment of the possible environmental impacts arising from exploration for polymetallic nodules in the Area ISBA/16/LTC/7.
- Environmental Management Plan for the Clarion-Clipperton Zone ISBA/17/LTC/7.
- Decision of the Council relating to an environmental management plan for the Clarion-Clipperton Zone ISBA/18/C/22.
- Recommendations for the guidance of contractors for the assessment of the possible environmental impacts arising from exploration for marine minerals in the Area ISBA/19/LTC/8.
- Recommendations for the guidance of contractors and sponsoring States relating to training programmes under plans of work for exploration ISBA/19/LTC/14.

8.6 Beispiele für Lizenzvergaben

8.6.1 Manganknollen

Bei den polymetallischen Knollen (wegen ihres hohen Mangangehaltes auch Manganknollen genannt) handelt es sich um schwarzbraune unregelmäßig-rundlich geformte Knollen mit Durchmessern von meist 1 bis 6 cm. Sie wachsen in sedimentationsarmen Tiefseegebieten aller Ozeane durch Ausfällung von Mangan- und Eisenoxiden sowie zahlreichen Neben- und Spurenmetallen aus dem Meerwasser und dem Porenwasser im Sediment. Das Wachstum verläuft sehr langsam mit Wachstumsraten zwischen ca. 2 und

100 mm/Ma[1]. Die größten und wichtigsten Vorkommen befinden sich im Nordostpazifik (im Manganknollengürtel zwischen den Clarion- und Clipperton-Bruchzonen), wo häufig die Hälfte der Sedimentoberfläche mit Manganknollen belegt ist. Wirtschaftlich interessant sind vor allem die Gehalte an Mangan, Kupfer, Nickel und Kobalt, die u. a. für die Elektroindustrie und Stahlveredlung gebraucht werden (Lohmann 2012, S. 113; BGR 2014). Über den tatsächlichen Anteil dieser Metalle in den Manganknollen existieren derzeit jedoch nur Schätzungen, da es sich um bisher nicht explorierte Vorkommen handelt. Ebenso außer Acht gelassen bleibt dabei die Tatsache, dass die dafür nötigen Fördertechniken bisher nicht entwickelt sind.

Zur besseren Verdeutlichung des Regelungsinhalts wie auch der Regulationstiefe von IMB-Entscheidungen wird im Folgenden ein Überblick über die „Decision of the Council of the International Seabed Authority relating to amendments to the Regulations on Prospecting and Exploration for Polymetallic Nodules in the Area and related matters ISBA/19/C/17" gegeben (ISA 2014).

Auf insgesamt 49 Seiten findet sich das Regelwerk zur Vorerkundung und Erschließung von polymetallischen Knollen (sog. Manganknollen). Neben den notwendigen Begriffsklärungen und Definitionen wird auch ein strikter Zeitablauf fixiert: Der Generalsekretär der IMB hat innerhalb von 45 Tagen nach Eingang eines Antrages zur Vorerhebung und Erschließung von Manganknollen über diesen Antrag zu entscheiden. Ablehnungsgründe wären etwa, dass das angefragte Gebiet bereits einem anderen Antragsteller zugesprochen wurde oder es sich um ein Gebiet handelt, das aufgrund seiner besonderen Umweltsituation von der Exploration ausgenommen ist. Im Falle einer Ablehnung hat der Antragsteller neuerlich 90 Tage Zeit, um einen verbesserten Antrag nachzureichen. Über diesen wird wiederum binnen 45 Tagen entschieden (Regulation 4 of the Decision).

Neben der Beachtung besonderer Umweltstandards (Regulation 5 of the Decision) sind die Inhaber einer Manganlizenz auch dazu verpflichtet, innerhalb der ersten 90 Tage eines Jahres einen ausführlichen schriftlichen Jahresbericht über ihre jeweiligen Aktivitäten vorzulegen (Regulation 6 of the Decision). Am Tag der Antragstellung sind 500.000 US-Dollar an die IMB zu zahlen (Regulation 19 of the Decision). Sollten die tatsächlichen Kosten der IMB zur Bearbeitung des Antrages geringer sein, wird der Restbetrag rückerstattet. Eine Kostenüberschreitung ist ihrerseits mit maximal 10 % begrenzt. Die maximalen Kosten für den Antrag auf eine Manganknollenlizenz liegen somit bei maximal 550.000 US-Dollar (in der Realität sind die Kosten weitaus geringer). Die konkreten Arbeitsvorhaben müssen von der IMB jeweils bewilligt werden. Regulation 24 of the Decision sichert dem jeweiligen Lizenznehmer das exklusive Recht zur Erkundung zu. Pro Lizenz können Erkundungsgebiete in der Größe von maximal 150.000 Quadratkilometern vergeben werden (Regulation 25 of the Decision) und dies für eine Periode von 15 Jahren. Bei rechtzeitiger Antragstellung ist eine Verlängerung um jeweils maximal fünf Jahre möglich (Regulation 26 of the Decision). Ein eigenes Kapitel beschäftigt sich mit dem Schutz der

---

[1] Eine Jahrmillion wird in Anlehnung an die SI-Einheiten mit Ma = Mega-Jahr (Megannum) abgekürzt.

maritimen Umwelt (Part V – Protection and preservation of the maritime environment). Generell gilt dabei der *precautionary approach* der Rio-Deklaration. Regulation 36 of the Decision schreibt weitgehende Vertraulichkeit der Lizenzunterlagen vor. Seit 2001 wurden durch die IMB eine Reihe von Lizenzverträgen für Manganknollen vergeben (vgl. Tab. 8.1).

Zur Unterschrift ausverhandelte Lizenzverträge, die von den Vertragspartnern noch nicht unterschrieben wurden (vgl. auch Tab. 8.2 und 8.3).

Es ist bisher nicht bekannt, ob Anträge auf Verlängerung der bereits im Jahr 2016 erstmals auslaufenden Lizenzen gestellt werden. Sollte dies geschehen, wäre es jedenfalls ein Anhaltspunkt dafür, dass die jeweiligen Lizenznehmer realistische Hoffnungen auf eine tatsächliche künftige Nutzung der Vorkommen haben.

8.6.2 Kobaltreiche Eisen-Mangankrusten

Mangankrusten sind ein weiteres Gebiet von bereits existierenden IMB-Lizenzen zur Erkundung und Erschließung. Dabei handelt es sich um Mangan-Eisenoxid-Überzüge mit wenigen Zentimetern Mächtigkeit auf hartem Substratgestein an untermeerischen Rücken und Bergen. Vor allem die Vorkommen aus Wassertiefen von 800 bis 2500 m scheinen dabei wirtschaftlich interessant. Etwa 66 % der potenziellen Lagerstätten befinden sich im Pazifik (hier vor allem im westlichen Zentralpazifik), rund 23 % im Atlantik und nur 11 % im Indischen Ozean. Der Wert der Mangankrusten ergibt sich aus den Metallgehalten an Kobalt, Nickel, Mangan, Titan, Kupfer und Cerium; dazu kommen bedeutende Spurenmetalle wie Platin, Molybdän, Tellur und Wolfram (BGR 2014). Aktuell existieren zwei Lizenzen (vgl. Tab. 8.2).

8.6.3 Hydrothermale Sulfiderze

Hydrothermale Vorkommen sind der dritte Bereich von aktuellen Lizenzen unter der IMB. Sie sind an vulkanische Strukturen insbesondere entlang Mittelozeanischer Rücken, Backarc-Spreizungszonen oder Inselbögen gebunden. Die allgemein bekannten Black Smoker kennzeichnen diese hydrothermal aktiven Zonen am Meeresboden in Wassertiefen von bis zu ca. 3000 m. Aus den aufgeheizten Fluiden fallen dort u. a. Sulfidminerale aus, die lokale Lagerstätten von einigen hundert Metern Durchmesser bilden können. Von wirtschaftlichem Interesse können neben den hohen Buntmetallgehalten (Kupfer, Blei und Zink) besonders die Edelmetalle Gold und Silber sowie Hochtechnologiemetalle wie Indium, Germanium, Wismut und Selen sein (BGR 2014). Für diese Massivsulfide sind ebenfalls Lizenzen vergeben (vgl. Tab. 8.3).

Tab. 8.1 IMB-Lizenzverträge für Manganknollen. (Stand August 2014; Quelle: ISA 2014)

Lizenznehmer	Vertragsbeginn	Staat	Lage des Lizenzgebiets	Vertragsende
Interoceanmetal Joint Organization	29. März 2001	Bulgarien, Kuba, Tschechische Republik, Polen, Russland, Slowakei	Clarion-Clipperton Fracture Zone	28. März 2016
Yuzhmorgeologiya	29. März 2001	Russland	Clarion-Clipperton Fracture Zone	28. März 2016
Government of the Republic of Korea	27. April 2001	Korea	Clarion-Clipperton Fracture Zone	26. April 2016
China Ocean Mineral Resources Research and Development Association	22. Mai 2001	China	Clarion-Clipperton Fracture Zone	21. Mai 2016
Deep Ocean Resources Development Co. Ltd.	20. Juni 2001	Japan	Clarion-Clipperton Fracture Zone	19. Juni 2016
Institut français de recherche pour l'exploitation de la mer	20. Juni 2001	Frankreich	Clarion-Clipperton Fracture Zone	19. Juni 2016
Government of India	25. März 2002	Indien	Indischer Ozean	24. März 2017
Federal Institute for Geosciences and Natural Resources of Germany	19. Juli 2006	Deutschland	Clarion-Clipperton Fracture Zone	18. Juli 2021
Nauru Ocean Resources Inc.	22. Juli 2011	Nauru	Clarion-Clipperton Fracture Zone	21. Juli 2026
Tonga Offshore Mining Limited	11. Januar 2012	Tonga	Clarion-Clipperton Fracture Zone	10. Januar 2027
Marawa Research and Exploration Ltd.	Zur Unterschrift	Kiribati	Clarion-Clipperton Fracture Zone	–
UK Seabed Resources Ltd.	08. Februar 2013	Vereinigtes Königreich	Clarion-Clipperton Fracture Zone	07. Februar 2028
G-TEC Sea Mineral Resources NV	14. Januar 2013	Belgien	Clarion-Clipperton Fracture Zone	13. Januar 2028

Tab. 8.2 IMB Lizenzen für Mangankrusten. (Stand August 2014; Quelle: ISA 2014)

Lizenznehmer	Vertragsbeginn	Staat	Lage des Lizenzgebiets	Vertragsende
China Ocean Mineral Resources Research and Development Association (COMRA)	*Zur Unterschrift*	China	Westpazifik	–
Japan Oil, Gas and Metals National Corporation (JOGMEC)	27. Januar 2014	Japan	Westpazifik	26. Januar 2029

Tab. 8.3 IMB Lizenzen für Massivsulfide. (Stand August 2014; Quelle: ISA 2014)

Lizenznehmer	Vertragsbeginn	Staat	Lage des Lizenzgebiets	Vertragsende
China Ocean Mineral Resources Research and Development Association	18. November 2011	China	Indischer Ozean	17. November 2026
Government of the Russian Federation	29. Oktober 2012	Russland	Atlantik	28. Oktober 2027
Government of the Republic of Korea	*Zur Unterschrift*	Korea	–	–
Institut français de recherche pour l'exploitation de la mer	*Zur Unterschrift*	Frankreich	Atlantik	–

8.7 Wirtschaftlichkeit des Tiefseebergbaus

Schätzungen gehen davon aus, dass der reine Metallwert für die in den Manganknollen enthaltenen Metalle Kupfer, Nickel und Kobalt bei knapp 300 Euro pro Tonne liegt (Stand März 2012). Allerdings gehen auch alle Wirtschaftlichkeitsbetrachtungen davon aus, dass die metallurgische Aufbereitung der Knollen wohl zwischen 50 und 80 % der Investitions- und Operationskosten eines Manganknollenabbaus erfordern würde. Daher ist für den Manganknollenabbau aus ökonomischer Sicht v. a. die Entwicklung eines effektiven Verfahrens zur metallurgischen Aufbereitung der Manganknollen von entscheidender Bedeutung. Darüber hinaus ist die Entwicklung einer über einen langen Zeitraum zuverlässig arbeitenden Fördertechnologie eine unerlässliche Voraussetzung, damit die Finanzierung eines Knollenabbauprojektes aus Sicht eines privaten Investors in Frage kommt. Erste wirtschaftlichen Überlegungen und Modellrechnungen zeigen jedenfalls, dass – sollten einmal das Problem der metallurgischen Aufbereitung wie auch Fragen einer zuverlässigen Fördertechnik gelöst sein – ein tatsächlicher Abbau am Meeresboden durchaus Realität werden könnte (Wiedicke et al. 2012, S. 4 f.). Es bleibt aber auch festzuhalten, dass sich die derzeitigen Aktivitäten noch immer auf Erkundungen beschränken. Ein tatsächlicher Antrag bei der IMB auf Erteilung einer Abbaulizenz ist in absehbarer Zeit wohl nicht zu erwarten.

8.8 Konfliktpotenzial Umweltschutz

Das einzige bisher an den Tag getretene Konfliktfeld für das Vorhaben intensiven Tiefseebergbaus scheinen Umweltbedenken zu sein. Selbst in einer Kleinen Anfrage der Fraktion Bündnis 90/Die Grünen an die deutsche Bundesregierung geht es ausschließlich um die „Auswirkungen des Tiefseebergbaus auf die maritime Umwelt und Biodiversität" (Deutscher Bundestag 2012). Die grundlegenden Kritikpunkte – ein international sanktioniertes Lizenz- und Konzessionssystem zur Ausbeutung dessen, was man gemeinhin als gemeinsames Erbe der Menschheit bezeichnet – bleiben unerwähnt. Da die herkömmlichen Anknüpfungspunkte politischer Kritik fehlen (kein *land-grabbing* im landläufigen Sinn, da ja niemand vertrieben oder enteignet wird) und die Problematik der Aneignung natürlicher Ressourcen auf hoher See offensichtlich im politischen Diskurs nicht breitenwirksam kommuniziert werden kann, entfällt weitgehend die überfällige kritische Auseinandersetzung mit dem Phänomen.

Am 01. Februar 2011 hat zumindest die Internationale Kammer für Meeresbodenstreitigkeiten am Internationalen Seegerichtshof in Hamburg die Frage geklärt, wer für die ökologischen Risiken bei einer künftigen großflächigen Förderung von Manganknollen aus der Tiefsee haftet. Demnach müssen alle Staaten, die Förderlizenzen an private Unternehmen weitergeben, ihrer „Sorgfaltspflicht" nachkommen und für die Einhaltung der Gesetze (ohne nähere Konkretisierung) sorgen. Darüber hinaus empfahlen die Richter, einen Haftungsfonds für Umweltschäden durch den Tiefseebergbau einzurichten (Lohmann 2012, S. 125).

Anlass für das Gutachten (*advisory opinion*) war die Lizenz des Inselstaates Nauru, die an den kanadischen Bergbaukonzern Nautilus Minerals abgetreten werden sollte. Die Internationale Kammer für Meeresbodenstreitigkeiten entschied gegen den Konzern und überraschenderweise auch gegen die Republik Nauru: Demnach haftet Nautilus Minerals in jedem Fall, selbst wenn der Vertrag mit Nauru einen Haftungsausschluss vorsieht. So kann sich Nauru auch nicht einfach mit einer hoch dotierten Lizenzweitergabe aus der Verantwortung stehlen, sondern muss unter allen Umständen sicherstellen, dass der Bergbaukonzern alle Regeln des internationalen Seerechts – also auch zum Umweltschutz – einhält. Sind seine Gesetze mangelhaft oder die Aufsicht zu nachlässig, haftet das Inselreich für Schäden mit (Seabed Disputes Chamber of the International Tribunal for the Law of the Sea 2011). Dieser Grundsatz gilt nun direkt für alle 148 Mitgliedstaaten des Internationalen Seerechtsübereinkommens und entfaltet darüber hinaus auch Wirkung als Völkergewohnheitsrecht für die gesamte Völkerrechtsgemeinschaft.

8.9 Landnahme, Einhegung, Akkumulation durch Enteignung

Nach Dörre (2013, S. 83) ist *Landnahme* eine Metapher für die expansive Dynamik des Kapitalismus. Danach besagt das Landnahmetheorem, dass sich kapitalistische Gesellschaften nicht aus sich selbst heraus reproduzieren können. Deshalb sind sie auf eine fortwährende Okkupation eines nichtkapitalistischen Anderen angewiesen. Dementsprechend zeichnen sich Landnahmetheoreme dadurch aus, dass sie den Fokus von der Statik auf die Dynamik kapitalistischer Gesellschaften verschieben. Der Kapitalismus ist nichts, wenn er nicht in Bewegung ist (Harvey 2011, S. 23). Für diese kapitalistische Dynamik ist ein dauernder Austausch zwischen Bereichen, die unter Verwertungszwecke subsumiert sind, und (noch) nicht kommodifizierten Sektoren charakteristisch (Dörre 2013, S. 84).

Das UN-Tiefseebergbauregime wird in diesem Sinne als Mittel zur „Produktion von Raum" verstanden und daher als Form eines *spatio-temporal fix* nach Harvey analysiert. Laut Harvey kommt es im Kapitalismus in einem vorgegebenen territorialen System wiederkehrend zu krisenhafter Überakkumulation von Arbeit und Kapital. Infolgedessen müssen diese Überschüsse – wenn sie sich nicht der Gefahr der Entwertung aussetzen sollen – entweder absorbiert werden oder es müssen Möglichkeiten geschaffen werden, dass diese in neue Räume abfließen können. Dazu bieten sich zwei Wege an:

- Einerseits kann eine zeitliche Verschiebung stattfinden, wobei in langfristige Kapital- und Infrastrukturprojekte oder soziale Ausgaben (etwa im Bereich Forschung) investiert wird und somit sichergestellt werden soll, dass in Zukunft die gegenwärtigen Kapitalüberschüsse wieder in das System zurückkehren.
- Andererseits kann eine räumliche Verlagerung versucht werden, in der neue Märkte, Produktionskapazitäten und (wie im vorliegenden Fall des UN-Tiefseebergbauregimes) neue Quellen von Ressourcen erschlossen werden (Harvey 2004, S. 184 f.).

Beide Strategien können bei der verstärkten Nutzung des Tiefseebodens erkannt werden. In Bezug auf die westlichen Kapitalgeber kann diese Nutzung auch als ein Beispiel *extravertierter Akkumulation* angesehen werden – wenn man sich etwa die mit dem Tiefseebergbau im Südpazifik verbundenen Hoffnungen und Erwartungen vor Augen führt (Brink 2008, S. 151).

In diesem System der „Produktion von Raum" übernimmt die IMB die Rolle einer für den Kapitalismus nötigen und zweckdienlichen Legislativ- und Governance-Struktur. Dabei sind zwei Phänomene besonders zu beachten:

- Erstens kommt hier ein internationales Regime zum Einsatz, in dem nicht mehr der Staat als Garant des Privateigentums, der individuellen Rechte und der Vertragsfreiheit auftritt. Vielmehr soll eine in Teilen als supranational zu verstehende internationale Organisation diese Aufgaben übernehmen. Dies erscheint bemerkenswert, wenn man bedenkt, wie stark hier in der Regel transnationale (Bergbau-)Konzerne als handelnde Akteure aktiv werden.
- Zweitens fällt auf, dass diese Behörde einen Prozess regelt, welcher durchaus als ein Beispiel für moderne ursprüngliche Akkumulation zu werten ist. Prozesse von „primi-

tiver" bzw. ursprünglicher Akkumulation[2] gehen in der Theorie der klassischen Kapitalakkumulation voraus und umfassen u. a. die „Kommodifizierung des Bodens" (Haug 2010, S. 1243 ff.) – also die Verwandlung von Boden in eine Ware – und die Umwandlung verschiedener (gemeinschaftlicher/kollektiver) Eigentumsrechte in exklusive Privateigentumsrechte (Harvey 2004, S. 195 f.).

Neuartig ist aber, dass durch das Zusammenspiel von moderner Technologie und einer eigens geschaffenen internationalen Organisation gerade dort neue Räume herausgebildet werden, wo bisher Gebiete unbenutzbar erschienen. Somit werden nicht wie etwa im herkömmlichen Verständnis von *land-grabbing* althergebrachte Nutzungsrechte indigener Völker enteignet, sondern vielmehr bisher unerreichbare Räume am Tiefseeboden aus ihrer Idealisierung als schützenswertes Allgemeingut herausgebrochen und zur industriellen Nutzung kapitalisiert. Dieser Prozess folgt dem bekannten Muster, wonach einst noch *freie Güter* zu *natürlichem Kapital* umgewandelt werden (Chesnais und Serfati 2004, S. 270 f.).

Der mit dem UN-Tiefseebergbauregime einhergehende Prozess der Kommodifizierung, Kontrolle und Aneignung bisher freier Güter spielt eine Schlüsselrolle bei der Schaffung neuer, regelmäßiger Renteneinkommen. Der globale Wettbewerb um die Kontrolle natürlicher Ressourcen wird härter. Dabei geht es nicht nur darum, dass der globale Konsum infolge rascher Industrialisierung und strukturellen Wandels in den Schwellenländern wächst, während die verfügbaren Ressourcen begrenzt bleiben. Es gibt darüber hinaus geopolitische und geoökonomische Dynamiken, wobei die Kontrolle über den Handel mit natürlichen Ressourcen als strategisches Schlüsselinstrument für die Steuerung von Terminmärkten, politischen Beziehungen und wirtschaftlicher Vorherrschaft betrachtet wird (Tricarico und Löschmann 2012, S. 186 f.). Die neue Phase der Finanzialisierung hebelt die weitere Kommerzialisierung der Natur und damit verbunden eine Einhegung[3] der Commons. Immer mehr natürliche Ressourcen werden nicht nur angeeignet und mit einem Preisschild versehen, sondern dienen auch als Anlageinstrument für die Finanzmärkte. Das ist ein massiver Angriff auf die Umwelt wie auf das gemeinsame Vermögen der Menschheit (Tricarico und Löschmann 2012, S. 188).

Für Zeller etwa ist diese neuartige Kapitalisierung der Natur ein zentrales Kennzeichen der aktuellen kapitalistischen Enteignungsökonomie unter der Dominanz des Finanzkapitals (Zeller 2009, S. 47). Um einer tendenziellen Überakkumulation und einer damit verbundenen Verwertungskrise zu entgehen, erschließt sich das Kapital neue Felder (Zeller 2011, S. 71 f.). Angesichts unbefriedigender Verwertungsmöglichkeiten unterwirft es dabei weitere, bisher nicht oder nicht vollständig kapitalistisch organisierte Bereiche (Zeller 2011, S. 73). Harvey (2004) argumentiert, dass Formen der Akkumulation durch Enteignung nie vollkommen verschwunden sind, in der derzeitigen Krisenphase jedoch

---

[2] Im Fall des Tiefseebergbaus entsteht eine spezifische Ökonomisierung der gegenständlichen Produktionsweisen, da sich die industrielle Produktionsweise hier eines Bereichs der Urproduktion, der unmittelbaren Ausbeutung natürlicher Ressourcen, bemächtigt (Willing 1994, S. 96).

[3] Einhegung (*enclosure*) ist hierzu ein äußerst präziser Begriff. Er veranschaulicht die damit verbundene Unfreiheit und ist unmittelbar mit der Zerstörung von Unabhängigkeit verbunden.

wieder verstärkt zur Anwendung kommen. Dazu zählen auch Prozesse der Einhegung, Aneignung sowie Inwertsetzung natürlicher Ressourcen (Zeller 2010, 2011, S. 73). Die Verwertung dieser eingehegten natürlichen Ressourcen erfolgt wiederum durch die Erzielung von Renten, also von Einkommen auf der Grundlage von Eigentumsrechten (Zeller 2008, 2011, S. 73). Im Fall des UN-Tiefseebergbauregimes sind es exklusive Nutzungsrechte, die eigentumsähnliche Wirkung entfalten.

8.10 Schlussbetrachtung

Die Bedrohung internationaler Commons – im Fall des Tiefseebergbaus jedenfalls mehr als „hässliche kleine Steine, die in den dunkelsten Tiefen der Schöpfung herumliegen" (Taylor 2012, S. 429) – kommt aus drei Richtungen:

- dem Recht,
- den technologischen Entwicklungen sowie
- den von ökonomischen Interessen geleiteten Entscheidungen (Le Crosnier 2012, S. 221).

Mit der Finanzialisierung der Ökonomie gewinnt der Aspekt des Renteneinkommens zunehmend an Bedeutung. Renten lassen sich idealerweise gestützt auf das Monopol über Land und natürliche Ressourcen erzielen (Zeller 2009, S. 47). Beides wird durch das existierende UN-Tiefseebergbauregime gewährleistet: ein exklusives Recht über ein bestimmtes Territorium (formal zwar kein Eigentumsrecht, in seiner Ausgestaltung jedoch einem Eigentumstitel sehr nahekommend) wie auch das exklusive Recht zur Erkundung und Verwertung von dort existierenden Mineralstoffen (natürlichen Ressourcen). Dieses Monopol ermöglicht es, eine finanzielle Rente zu erzielen bzw. sich einen Teil des Tiefseemeeresbodens rentenmäßig anzueignen. Entgegen bisheriger Annahmen und dem Verständnis von globalen Kapitalflüssen und der Finanzialisierung der Gesellschaft verlieren jedoch Raum und räumliche Unterschiede nicht an Bedeutung. Im Gegenteil scheint das Territorium, bzw. im Fall der exklusiven Tiefseebodenlizenzen der UN-Meeresbodenbehörde die faktische Herrschaft über und ein damit verbundenes de-facto-Eigentum von Territorium, die unabdingbare Voraussetzung für die Macht des konzentrierten Anlagekapitals von Bergbauunternehmen (Zeller 2009, S. 48) zu sein.

Die künftige Extraktion von Tiefseemineralien stützt sich unmittelbar auf die territoriale Kontrolle und Verfügungsgewalt über Teile des Tiefseemeeresbodens. Diese einzigartige Kontrolle (im Rahmen exklusiver Lizenzgewährungen durch die UN-Meeresbodenbehörde) erlaubt es den Inhabern solcher Meeresbodennutzungslizenzen künftige Renteneinkommen durchzusetzen. Normalerweise ist die Kontrolle über Territorien umkämpft. Diese Art Kampf entfällt bei der Nutzung des herrenlosen Tiefseebodens. Hier reicht die Beantragung einer Lizenz im Rahmen eines von der internationalen Staatengemeinschaft etablierten und befürworteten Meeresbodenregimes. Mit Blick auf dieses einzigartige Nutzungsregime für natürliche Ressourcen ist Zeller (2009, S. 48) zuzustimmen, wonach die Rückkehr des Territoriums und die sich daraus ergebenden Konsequenzen die große Überraschung der fortschreitenden Finanzialisierung der Gesellschaft sind. Umso wichtiger ist es, die zentrale Rolle internationaler Institutionen und politischer Entscheidungsgremien bei der Förderung dieser Finanzialisierung zu verstehen. In unserem Fall des Tiefseebergbauregimes handelt es sich um die Internationale Meeresbodenbehörde. Schließlich sollte man auch nicht außer Acht lassen, dass – trotz aller Kritik am Konzept des gemeinsamen Erbes der Menschheit – gerade Gemeinschaftseigentumsinstitutionen wie die IMB zur Lösung von Gegenwartsproblemen mit natürlichen Ressourcen beitragen können bzw. dies bereits tun. Folgt man dieser Argumentation, so kann man die Ressourcen der Tiefsee tatsächlich als „a giant commons" behandeln, welches treuhänderisch von einer Behörde der Vereinten Nationen verwaltet wird (von Ciriacy-Wantrup und Bishop 1975, S. 721–724).

Der historische Commons-Begriff ist jedenfalls ein Eigentumsbegriff. Wenn man die Commons-Debatte der Gegenwart historisiert und diesen historischen Commons-Begriff ins Spiel bringt, ist das zu berücksichtigen. Zu überlegen ist auch, ob eine Fixierung auf die Eigentumsfrage für die Lösung globaler Problematiken überhaupt noch die zentrale Frage ist (Zückert 2012, S. 163). Und wenn ja, wie das gemeinsame Erbe der Menschheit heute ausgestaltet werden könnte. Vielleicht liegt die Lösung tatsächlich in einer funktionalen Internationalisierung: Unter Beibehaltung der existierenden gebietsrechtlichen Zuordnung (Nichtstaatsgebiet) wird ein Raum zur Gewährleistung einer bestimmten Nutzungsordnung einer internationalen Organisation unterstellt. Diese Räume wären somit globales Staatengemeinschaftsgebiet und könnten den Verteilungskriterien einer allgemein gültigen, internationalen Rechtsordnung unterworfen werden (Graf Vitzthum 2002, S. 400).

Literatur

Verwendete Literatur

BGR – Bundesanstalt für Geowissenschaften und Rohstoffe (2014) Marine Rohstoffforschung. BGR, Hannover. http://www.bgr.bund.de/DE/Themen/MarineRohstoffforschung/marinerohstoffforschung_node.html. Zugegriffen: 24.08.2014

ten Brink T (2008) Geopolitik. Geschichte und Gegenwart kapitalistischer Staatenkonkurrenz. Westfälisches Dampfboot, Münster

Chesnais F, Serfati C (2004) Die physischen Bedingungen der gesellschaftlichen Reproduktion. In: Zeller C (Hrsg) Die globale Enteignungsökonomie. Westfälisches Dampfboot, Münster, S 255–294

von Ciriacy-Wantrup S, Bishop R (1975) Common property as a concept in natural resource policy. Natural Resource Journal 15:713–727

Deutscher Bundestag (2012) Antwort der Bundesregierung auf die Kleine Anfrage der Abgeordneten Oliver Krischer, Valerie Wilms, Krista Sager, weiterer Angeordneter und der Fraktion Bündnis 90/Die Grünen. Drucksache 17/8753, Berlin, 28.2.2012

Dolata P, Mildner S-A (2013) Schätze im Meeresboden: wirtschaftliche Potenziale und politische Risiken der Tiefseeförderung. In: Brun S, Petretto K, Petrovic D (Hrsg) Maritime Sicherheit. Springer VS, Wiesbaden, S 129–146

Dörre K (2012) Landnahme. In: Haug WF, Haug F, Jehle P, Küttler W (Hrsg) Historisch-kritisches Wörterbuch des Marxismus, Bd. 8/I. Argument, Hamburg, S 664–688

Dörre K (2013) Landnahme und die Grenzen sozialer Reproduktion. In: Schmidt I (Hrsg) Rosa Luxemburgs „Akkumulation des Kapitals". VSA, Hamburg, S 82–116

Graf Vitzthum W (1976) Terranisierung des Meeres. Europa-Archiv: Zeitschrift für internationale Politik 31:129–138

Graf Vitzthum W (Hrsg) (2002) Völkerrecht. De Gruyter, Berlin

Harvey D (2004) Die Geographie des „neuen" Imperialismus: Akkumulation durch Enteignung. In: Zeller C (Hrsg) Die globale Enteignungsökonomie. Westfälisches Dampfboot, Münster, S 183–216

Harvey D (2011) Marx' Kapital lesen. VSA, Hamburg

Haug WF (2010) Kommodifizierung. In: Haug WF, Haug F, Jehle P, Küttler W (Hrsg) Historisch-kritisches Wörterbuch des Marxismus, Bd. 7.II. Argument, Hamburg, S 1243–1255

Herdegen M (2011) Internationales Wirtschaftsrecht. C. H. Beck, München

Herdegen M (2012) Völkerrecht. C. H. Beck, München

ISA – International Seabed Authority (2014) Decision of the Council of the International Seabed Authority relating to amendments to the Regulations on Prospecting and Exploration for Polymetallic Nodules in the Area and related matters. ISBA/19/C/17. http://www.isa.org.jm/files/documents/EN/19Sess/Council/ISBA-19C-17.pdf. Zugegriffen: 28.08.2014

Jenisch U (2011) Rohstoffe am Meeresboden – Deutsche Interessen. MarineForum 11/2011:6–7

Le Crosnier H (2012) Die Geschichte stottert oder wiederholt sich. Neue Commons, neue Einhegungen. In: Helfrich S, Heinrich-Böll-Stiftung (Hrsg) Commons. Für eine Politik jenseits von Markt und Staat. transcript, Bielefeld, S 218–223

Lohmann D (2012) Geheimnisvolle Manganknollen – Schätze der Tiefsee. In: Lohmann D, Podbregar N (Hrsg) Im Fokus: Bodenschätze. Springer, Berlin, S 109–125

Mahnkopf B (2013) Kapitalistische Akkumulation an den Grenzen des weltökologischen Systems. In: Bachhouse M, Kalmring S, Nowak A (Hrsg) Die globale Einhegung. Krise, ursprüngliche Akkumulation und Landnahme im Kapitalismus. Westfälisches Dampfboot, Münster, S 206–225

Peach N, Stuby G (2013) Völkerrecht und Machtpolitik in den internationalen Beziehungen. VSA, Hamburg

Rinke A, Schwägerl C (2012) Deutschlands 17. Bundesland. Im Pazifik tobt ein Kampf um die Rohstoffressourcen in der Tiefsee. Cicero 8:78–81

Seabed Disputes Chamber of the International Tribunal for the Law of the Sea (2011) Responsibilities and Obligations of States sponsoring Persons and Entities with Respect to Activities in the Area. Advisory Opinion: Case Number 17. Hamburg, 1 February 2011

Taylor P (2012) Das Gemeinsame Erbe der Menschheit. Eine kühne Doktrin in einem engen Korsett. In: Helfrich S, Heinrich-Böll-Stiftung (Hrsg) Commons. Für eine Politik jenseits von Markt und Staat. transcript, Bielefeld, S 426–433

Tricarico A, Löschmann H (2012) Finanzialisierung – ein Hebel zur Einhegung der Commons. In: Helfrich S, Heinrich-Böll-Stiftung (Hrsg) In. transcript, Bielefeld, S 184–195

Wiedicke M, Kuhn T, Rühlemann C, Schwarz-Schampera U, Vink A (2012) Marine mineralische Rohstoffe der Tiefsee – Chancen und Herausforderung. Commodity Top News 40:1–10

Willing G (1994) Akkumulation. In: Haug WF, Haug F, Jehle P, Küttler W (Hrsg) Historisch-kritisches Wörterbuch des Marxismus, Bd. 1. Argument, Hamburg, S 92–103

Zeller C (2008) From the gene to the globe: Extracting rents based on intellectual property monoplies. Review of International Political Economy 97:78–96

Zeller C (2009) Die Gewalt der Rente: die Erschließung natürlicher Ressourcen als neue Akkumulationsfelder. Swiss Journal of Sociology 35:31–52

Zeller C (2010) Die Natur als Anlagefeld des konzentrierten Finanzkapitals. In: Schmieder F (Hrsg) Die Krise der Nachhaltigkeit. Zur Kritik der politischen Ökologie. Lang, Frankfurt am Main, S 103–136

Zeller C (2011) Verschiebung der Krise im globalen Rentierregime. Zeitschrift für Wirtschaftsgeographie 55:65–83

Zückert H (2012) Almende: Vom Grund auf eingehegt. In: Helfrich S, Heinrich-Böll-Stiftung (Hrsg) Commons. Für eine Politik jenseits von Markt und Staat. transcript, Bielefeld, S 158–164

Rechtstexte

Agreement relating to the Implementation of Part XI of the United Nations Convention on the Law of the Sea of 10 December 1982. http://www.un.org/depts/los/convention_agreements/texts/unclos/closindxAgree.htm. Zugegriffen: 24.08.2014

United Nations Convention of the Law of the Sea of 10 December 1982. http://www.un.org/depts/los/convention_agreements/texts/unclos/unclos_e.pdf. Zugegriffen: 24.08.2014

Das Feuer des Drachens – Ressourcenfragen in der „Weltfabrik"

9

Josef Baum

9.1 Einführung

Zu Kaufkraftparitäten (purchasing power parity, PPP) erreichte China 2014 vermutlich quantitativ gemessen am traditionellen BIP in etwa eine gleiche große Wirtschaftsleistung wie die USA (Bank of Finland 2014). Allerdings haben die USA weniger als ein Viertel der Bevölkerung. Dies zeigt einerseits den Abstand pro Kopf auf: Auch bei weiteren hohen BIP-Wachstumsraten bzw. einer erheblichen Differenz im Vergleich zum Westen ist China von einem Aufholen und damit Einholen des US-Niveaus noch weit entfernt. Andererseits wird so auch der Umfang des BIP in China auf der stofflichen Seite deutlich.

China ist insgesamt nicht arm an Ressourcen. Es hat erhebliche Anteile an der weltweiten Produktion bei vielen (mineralischen) Rohstoffen (Schatz et al. 2013). Allerdings sind schon länger beträchtliche Probleme der Ressourcenversorgung für China absehbar: „Die abbauwürdigen Reserven der meisten wesentlichen Ressourcen wie fossile Brennstoffe, Eisen, Mangan, Chrom, Kupfer, Bauxit und Kali werden angesichts des zukünftigen Bedarfs knapp werden, und sowohl die Knappheit wie die Abhängigkeit vom Weltmarkt werden größer werden" (Wu Z 2006a, S. 3; übersetzt JB).

China konnte die inländische Nachfrage 2010 bei nur elf von 45 mineralischen Ressourcen decken. 2020 wird dies wahrscheinlich bei nur neun und im Jahr 2030 bei nur zwei bis drei der Fall sein. Durch die absehbare höhere Abhängigkeit von ausländischen Ressourcen entstehen höhere Kosten. Auf diese Situation bezogen wird etwa festgehalten: „It will seriously effect economic security and may cause complicated international relations and endanger political security" (Wang et al. 2007, S. 101).

Wesentliche Faktoren zum Verständnis der Ressourcensituation Chinas sind die sehr hohe Bevölkerungsdichte in weiten Teilen im Osten des Landes, die Gesamtgröße der Be-

J. Baum (✉)
Gastern, Österreich
email: josef.baum@gmx.at

© Springer-Verlag Berlin Heidelberg 2016
A. Exner et al. (Hrsg.), *Kritische Metalle in der Großen Transformation*,
DOI 10.1007/978-3-662-44839-7_9

völkerung, die sektorale Dominanz der Industrie mit einem Schwerpunkt auf dem Export („Weltfabrik"), eine rasche Urbanisierung und der (zeitlich verdichtete) rapide Industrialisierungs- und Aufholprozess zusammen mit anderen großen Schwellenländern.

9.2 Steigende Importpreise, sinkende Exportpreise

Versinnbildlicht wird diese Lage dadurch, dass China bis Anfang der 1990er-Jahre Ölexporteur war. Derzeit steht China davor, zum weltweit größten Ölimporteur zu werden, obwohl Öl insgesamt einen vergleichsweise deutlich unterdurchschnittlichen Anteil am gesamten Energieverbrauch aufweist.

Die Rohstoffimportabhängigkeit ist allerdings durchaus ähnlich wie in anderen asiatischen Ländern, mit dem positiven Unterschied, dass China bei den meisten Rohstoffen auch eine gewisse Eigenversorgung aufweist.

Der besondere Maßstab des chinesischen Arbeitskräfteeinsatzes und die Möglichkeit, Skaleneffekte (*economies of scale*, Massenproduktion) und Verbundeffekte (*economies of scope*) zu realisieren, kombiniert mit einem großen integrierten Heimatmarkt, sind zentrale Faktoren der chinesischen Wirtschaftsdynamik. Doch in der konkreten aktuellen globalen Konfiguration und durch die derzeitige Positionierung Chinas zum großen Teil (noch) in den unteren Stufen von globalen Wertschöpfungsketten sind auch Nachteile zu nennen: Die unteren Stufen der Wertschöpfungsketten verbrauchen in der Regel viele Ressourcen, investieren aber wenig in Design, Entwicklung und Marketing. Die meisten Ressourcen, die China kauft, und Importe im Allgemeinen steigen tendenziell im Preis, während die Preise der meisten Produkte, die China verkauft, und der Exporte im Allgemeinen fallen.

Der Bereich „Seltene Erden" ist im Gesamtrahmen dieser Konstellation eine (vorübergehende) Ausnahme. Zwar wird diesbezüglich durchaus eine strategische Politik des Aufbaus der Option von Markmacht verfolgt, aber dies eher, um für Gegenaktionen gerüstet zu sein und eine Karte im weltwirtschaftlichen Spiel um Ressourcen zu haben. Die Basis für diese Option der Marktmacht waren zudem die niedrigeren Preise bis etwa 2008, durch die im globalen Akkumulationskontext die Gewinnung Seltener Erden nicht profitabel schien. Dazu kamen einerseits die Orientierung Chinas auf Abdeckung einer möglichst großen Bandbreite von Wirtschaftsbereichen und andererseits Wettbewerbsvorteile durch das Lohnniveau und eine Entwicklung nicht zuletzt auf Kosten der Umwelt. Diese Vorteile könnten allerdings durch Investitionen in anderen Ländern unterminiert werden.

9.3 Stahlproduktion als atemberaubendes Paradigma

Die Entwicklung der Stahlproduktion in China als wichtiger energie- und rohstoffintensiver Sektor etwa ab 2000 stellt eine weltweit bisher nicht gesehene Dynamik mit beträchtlichen Effekten auf die globalen Input- und Output-Märkte dar. Dies kann auch für andere Branchen in China als paradigmatisch gelten. Die mengenmäßige Entwicklung in den letzten 15 Jahren ist atemberaubend (und atemberaubend ist auch die Luft in vielen Stahlregionen). So stieg die chinesische Stahlproduktion von 2000 bis 2013 ca. auf das 6-fache. Der chinesische Anteil an der globalen Stahlproduktion 2013 betrug 48,5 %; das waren 779 Mio. t (Vergleiche jeweils in Mio. t: Indien: 81, Deutschland: 43, Österreich: 7,4) (World Steel Association 2014). Beim gescheiterten „Großen Sprung nach vorne" hätte in China die Stahlproduktion übrigens von ca. 5 auf 10 Mio. t verdoppelt werden sollen.

China war 2012 mit 55 Mio. t weltgrößter Stahlexporteur. Auch saldiert mit 13,6 Mio. t Importen steht China an der Spitze der Nettostahlexporteure (World Steel Association 2013, S. 20–25). Anteilsmäßig machte dieser Saldo im Verhältnis zur gesamten Stahlproduktion Chinas allerdings 2012 nur 5,6 % aus. Die unterschiedlichen Relationen der Anteile von Stahlexporten einmal bezogen auf China, das andere Mal auf den Weltmarkt erklären ein Phänomen, das auf (Rohstoff-)Märkten immer wieder beobachtet werden kann und auch für China gilt: Änderungen im Export-Import-Saldo Chinas haben häufig gravierende Auswirkungen auf den Weltmarkt.

China verfügt zwar noch über große Eisenerzreserven und das Land liegt auch in der Eisenerzproduktion nach Australien und Brasilien an dritter Stelle, aber der Großteil davon weist nur einen niedrigen Erzanteil auf (durchschnittlich 28 %; im Vergleich dazu 65 % in Australien oder Südafrika). China importierte 2012 daher 745 Mio. t Eisenerz, das waren 62 % der globalen Gesamtimporte. 2011 lag der Anteil des importierten Eisenerzes an der Gesamtverwendung bei 68 %. Für 2013 liegen diese Anteile durch die Zunahme der Stahlproduktion um 7,5 % wahrscheinlich noch höher (World Steel Association 2013, S. 20–25). Fast die Hälfte der Eisenerzimporte Chinas kommt aus Australien. Der sich daraus erklärende Versuch von chinesischer Seite, relevante Anteile an der Produktion in Australien zu kaufen, wurde allerdings vom australischen Staat blockiert. Bei Kokskohle, die ebenfalls eine wichtige Rolle für die Stahlproduktion spielt, hat China dagegen ein Eigenaufkommen von über 90 %, die Importe (insbesondere aus Australien) sind vor allem preisbedingt.

9.4   Was folgt nach dem Durchbruch?

Würde die Stahlerzeugung pro Kopf in Japan oder Südkorea als Orientierung genommen, so hat China durchaus noch ein beträchtliches Wachstumspotenzial. Doch von zentralen politischen Stellen aus wird im Sinne des Upgrading schon seit Jahren angestrebt, die Stahlproduktion mengenmäßig nicht mehr zu vergrößern. Die dezentralen Entscheidungen auf Provinzebene konterkarieren allerdings diese Orientierung. Freilich ist auch eine Aufrechterhaltung des hohen gegenwärtigen Produktionsniveaus keineswegs sicher: Gründe dafür sind Versorgungsprobleme mit Eisenerz, die allmählich geringer werdenden grundstoffintensiven Infrastrukturinvestitionen, die Orientierung auf höhere Stufen in der

Wertschöpfungskette, höhere Rohstoffeffizienz, nicht zuletzt die Umweltprobleme und auch klimapolitische Vorgaben.

Letztlich ist aber die globale Botschaft des dramatischen Take-offs der chinesischen Stahlindustrie, dass dies eben das erste große Nicht-OECD-Land war, das eine breit angelegte Industrialisierung ins Werk setzen konnte. Nachdem dieser Durchbruch auch für andere Schwellenländer erkämpft wurde, könnte es folglich noch zu weiteren, ähnlich ressourcenintensiven nationalen Entwicklungspfaden kommen. So hat eine ähnliche Entwicklung in Indien vergleichbares Potenzial, die weltweiten Rohstoffströme in Richtung auf ein Schwellenland zu verändern. Die Stahlerzeugung ist eine der wenigen Branchen, in der es derzeit technologisch tatsächlich nur beschränkte Alternativen gibt und in der auf absehbare Zeit auch bei technologischen Verbesserungen ein hoher Rohstoff- und Energieeinsatz (mit beträchtlichen Umwelteffekten) notwendig bleiben wird. Deshalb stellt sich damit dramatisch die Frage nach Rohstoff- und Umweltlimitationen und der globalen Verteilung von Ressourcen, die eine moderne Infrastruktur benötigt, wie sie im globalen Norden besteht.

9.5 China prägt die nichtlineare Entwicklung der Weltstahlproduktion – wer folgt?

In der politischen Führung ist man sich offenbar deutlich der möglichen Probleme bewusst, die aus der Volatilität dieser Situation erwachsen, und auch der Gefahr für die Stabilität der Entwicklung in China. Die in dieser Hinsicht relevanteste Steuerungsinstitution, die Nationale Kommission für Reform und Entwicklung, dürfte – wenn auch wenig transparent – umfassende Planungen und Maßnahmen koordinieren, um die Zufuhr von Rohstoffen durch (Langzeit-)Verträge und Investitionen perspektivisch zu sichern. Sie ist inzwischen auch für Recycling bzw. „Kreislaufwirtschaft" (*circular economy*) zuständig (Zhu 2008, S. 2). Allerdings gibt es – wie in der EU – nur eine beschränkte Kohärenz zwischen Ressourcenpolitik und anderen Politikbereichen.

Offensichtlich orientieren sich die wesentlichen Akteure in China in Richtung einer möglichst weitgehenden Diversifizierung der Bezugsquellen. Inzwischen ist die Außenpolitik tatsächlich sehr von Rohstoffinteressen beeinflusst. Tatsache ist zudem, dass für viele Länder in Südamerika und Afrika chinesische Nachfrager auf den Ressourcenmärkten eine ähnliche Bedeutung wie westliche Länder bekommen und dass dies die Marktstellung der Ressourcenländer beträchtlich gestärkt hat.

Ein Aspekt der Volatilität ist die Entwicklung bzw. kurzfristige Schwankung der Preise. So besteht in der Rohstoffindustrie eine erhebliche globale wirtschaftliche Konzentration, sowohl statisch als auch dynamisch. Die Dominanz der Oligopole in den meisten Rohstoff-Weltmärkten konfrontiert auch große chinesische Unternehmen besonders in Phasen zunehmender weltwirtschaftlicher Dynamik mit starkem Preissetzungsverhalten, etwa auf dem Markt von Eisenerz, wo drei große Konzerne dominieren (BHP, Vale, Rio Tinto).

9.6   Externer Extraktivismus und der Fluch der Emissionen

Es wäre unzutreffend, das chinesische Modell als extraktivistisch zu bezeichnen, denn sein Kern ist die Industrie. Es wird jedoch ein externer Extraktivismus befördert. Dabei spielen auch chinesische Unternehmen und Beteiligungen eine immer größere Rolle. Diese wird in der internationalen Diskussion zunehmend problematisiert.

Chinesische Firmen im Ausland sind immer wieder mit sozialen Bewegungen im Hinblick auf Ressourcen konfrontiert. Protestbewegungen und soziale Kämpfe im Umwelt- und Ressourcenbereich in China drehen sich nicht nur um gesundheitsschädliche Emissionen (etwa gab es hinhaltenden Widerstand gegen Müllverbrennungsanlagen), sondern v. a. um die in China tatsächlich knappe Ressource Land. Auslöser dafür sind Enteignungen, geringe Entschädigungen und ein rigoroses Vorgehen der Behörden gegen die Bevölkerung. Nicht selten werden diese Auseinandersetzungen von beiden Seiten militant geführt, wobei für die sozialen Bewegungen und Proteste nicht zuletzt die lange und wirkmächtige Tradition der Bauernaufstände als Bezugspunkt gilt.

Die Zahl der bei Unfällen v. a. im Kohlebergbau ums Leben gekommenen Opfer lag noch vor zehn Jahren im schwer vorstellbaren Bereich von einigen tausend Menschen jährlich. Sie ist in den letzten Jahren durch Arbeitsschutzmaßnahmen und Technologieentwicklung auf etwa tausend Todesopfer pro Jahr gefallen.

Kohle deckt derzeit etwa 70 % des Gesamtenergieverbrauchs. Sie kann zum größten Teil aus eigenen Ressourcen abgedeckt werden, und das noch auf lange Zeit. Gleichzeitig verursacht die Kohle jedoch auch das größte Umweltproblem in China, v. a. wegen der Folgen für die Luftqualität. Großräumige Smogereignisse verstärkt durch die Emissionen aus dem Verkehr führen in Nordchina nun zu einer gewissen Bewusstwerdung dieser Problematik.

Der „Fluch der Ressourcen" zeigt sich in China also nicht nur in den Arbeitsbedingungen, sondern v. a. in der Umwelt: Die „Weltfabrik" braucht enormen Input und es entstehen entsprechend enorm dimensionierte Emissionen (Luft, Wasser, Boden). Diese zeitigen aufgrund der schon bisher intensiven Naturnutzung, der Dichte der Bevölkerung und des Ausmaßes der wirtschaftlichen Aktivitäten z. T. verheerende Auswirkungen auf Natur und Gesundheit.

Folglich können Berechnungen nicht verwundern, wonach bei einer monetären Bewertung der externalisierten Schäden an den natürlichen Lebensgrundlagen in China ein signifikanter Teil der BIP-Wachstumsraten der letzten Jahrzehnte konterkariert wird (World Bank 2007). Es gibt sogar Kalkulationen, wonach nur ein kleiner Teil dieser BIP-Zuwächse bei einer integrierten Betrachtung als „reales" wirtschaftliches Wachstum übrig bleiben würde (Wen et al. 2008). Dies bedeutet: Die vieldiskutierten hohen BIP-Wachstumsraten sind bei einer umfassenden Betrachtung sehr zu relativieren. Wenngleich die konkrete Kompensation des BIP-Wachstums je nach Methode sehr unterschiedlich anzusetzen ist und wenngleich durchaus versucht wird gegenzusteuern, wird dieser Befund angesichts der riesigen Dimensionen substanziell noch länger gelten.

9.7 Chinas heutige Entwicklung als Teil der langen Wellen der Globalgeschichte

Generell kann gelten, dass die chinesische Entwicklung ohne Geschichtsbetrachtung in weltsystemischer Sicht (Vertreter sind etwa Wallerstein, Arrighi, Amin; vgl. z. B. Arrighi 2007) schwer zu verstehen ist. Es ist kaum möglich, die hohen BIP-Wachstumsraten in den letzten 35 Jahren ohne eine Betrachtung der letzten 200 Jahre zureichend zu interpretieren. Die derzeitige chinesische Entwicklung ist nach der (kolonialen) europäischen und japanischen Expansion in China und nach gescheiterten Aufholversuchen wie dem „Großen Sprung nach vorne" nun wirklich als großer Sprung zu sehen, der voraussichtlich zur Wiederherstellung der globalen Stellung Chinas als größter Wirtschaftsmacht führt (so bereits Maddison und Wu 2006). Dazu kommt, dass die Auflösung der Sowjetunion zu weitreichenden Schlussfolgerungen in den maßgeblichen politischen Kreisen in China geführt hat, u. a. dazu, dass sich China im Gegensatz zum heutigen Russland nicht auf Rohstoffexporte konzentrieren kann, sondern die Industrie forcieren muss, um nicht neuerlich in Abhängigkeit zu geraten.

Schon in früheren Epochen war die Industrialisierung größerer Länder mit (moderaten) Ressourcenpreiserhöhungen verbunden, zunächst in Europa, dann in den USA. Nach dem Rückgang durch die Krise in den 1930er-Jahren erfolgten wieder Anstiege durch die Nachkriegskonjunktur und den Aufstieg Japans. Ab Mitte der 1970er-Jahre kam die Industrialisierung der asiatischen Tiger-Länder in Schwung, deren Dimension weltweit gesehen jedoch noch nicht stark ins Gewicht fiel. Die Rohstoffpreise blieben trotz Hinweisen auf globale Limitationen seit Anfang der 1970er-Jahre in der Tat mehr oder weniger konstant. In diesem historischen Kontext vertiefte sich der Prozess der Industrialisierung Chinas zusammen mit ähnlichen Prozessen in anderen Ländern. „China ist der Hauptauslöser der jüngsten, seit etwa 2003 herrschenden Rohstoffhausse, nicht aber die alleinige Ursache dafür", stellten die BGR et al. (2005) entsprechend fest.

Doch zeigt Chinas Entwicklung heute auch einige Besonderheiten. Einerseits erfolgt(e) diese Industrialisierung auf einer höheren Ebene der Technologie mit höherer Ressourcenproduktivität. Andererseits ist die stoffliche Dimension im Vergleich zu den (alten) Industrieländern wesentlich größer – mit allen Auswirkungen auf Preise, Emissionen und Abfälle. Damit sind die lange vorher absehbaren Limitationen auch breiter sichtbar geworden. Dazu kommen die destabilisierenden Effekte von Finanzialisierung und Spekulation. Die angeblichen Wunderwirkungen eines freien (de facto jedoch oligopolistischen) Marktsystems durch Einpreisung absehbarer Umwelteffekte und Versorgungsgrenzen sind nicht zu beobachten.

Heute ist China insgesamt in der mittleren Phase der Industrialisierung. In dieser Entwicklungsphase lag in den meisten Industrieländern das Wachstum des Energie- und Ressourcenverbrauchs höher als das BIP-Wachstum. Die Schaffung einer ökonomischen Basis einschließlich der Infrastruktur für eine Industriegesellschaft erforderte einen hohen Ressourcenverbrauch. Nach erfolgter Industrialisierung stabilisierte sich der Verbrauch an Eisen, Kupfer und Aluminium. Zuletzt wies auf vergleichbare Weise China ein schnelles

Wachstum der Schwer- und Chemieindustrie auf, und der Energie- und Mineralressourcenverbrauch ist folglich schnell gestiegen. Das Muster ist dabei insgesamt ähnlich dem der jetzigen Industrieländer während ihrer Industrialisierung (Wu 2006a). Noch wichtiger sei allerdings, so Wu, ein Aspekt, der die besagten, physisch gesehen grundlegend parallelen Entwicklungen in den alten Industrieländern und in China trennt: Die europäischen Länder hatten während der Industrialisierung und lange danach Ressourcen zu „kolonialen", also sehr günstigen Bedingungen zur Verfügung.

9.8   Ressourcenoptimierung in der historischen Innenexpansion

In der langen chinesischen Geschichte ist – wenn die unmittelbaren Nachbarländer ausgenommen werden – auch nicht nur etwas annähernd Ähnliches festzustellen wie die westliche globale Expansion bis hin zum umfassenden Kolonialsystem. Zu hinterfragen wäre übrigens, warum westliche Historikerinnen und Historiker des Öfteren über diese chinesische Nicht-Expansion nach weiten Seefahrten vor Kolumbus rätseln und weniger über die europäische Expansion.

In gewissem Sinne analog hat sich allerdings eine historische Innenexpansion vollzogen, die in einer vergleichsweise sehr boden- und arbeitsintensiven Landwirtschaft resultierte. In China lag der Fokus mehr auf der Bodenproduktivität (Nährstoffkreisläufe und Energie wurden optimiert, um Erträge pro Flächeneinheit zu steigern), während in Europa eher die Produktivität der Arbeit gesteigert wurde (um die Erträge pro Einheit Arbeitskraft zu maximieren). Die weit zurückliegenden Aufzeichnungen des agrarischen Wissens zu den Bedingungen von Bodenkreisläufen haben übrigens auch die lange Kontinuität der chinesischen Landwirtschaft ermöglicht.

Aufgrund dieser spezifischen Rolle und Form des Einsatzes von Arbeitskraft kam China strukturell in eine „Billig-Arbeitskraft-Falle" (Elvin 1973), die in früheren Jahrhunderten Triebkräfte für eine industrielle Revolution im Vergleich zu Europa abschwächte.

Die landwirtschaftlich nutzbare Fläche pro Kopf beträgt in China heute weniger als ein Drittel des globalen Durchschnitts. Dennoch wird damit weitestgehend die Ernährung gesichert. Die Wasserressourcen pro Kopf machen etwa ein Viertel des Weltdurchschnitts aus. Die Waldfläche pro EinwohnerIn beträgt 0,13 Hektar, ein Viertel des Weltdurchschnitts, der jährliche Holzzuwachs etwa ein Sechstel des Weltdurchschnitts. Freilich, so sehr diese Zahlen ein Effekt der Flächeneffizienz der chinesischen Land- und Forstwirtschaft sind, so sehr nimmt aufgrund der damit verbundenen Umweltbeschränkungen auch die Problematik eines Erhalts der natürlichen Produktionsgrundlagen zu. Beispielsweise sind 18 chinesische Provinzen vom Vormarsch von Wüsten direkt betroffen.

Der Boden ist mehrfach in Bedrängnis: durch Verluste wegen Siedlungs- und Wirtschaftsaktivitäten; durch Wüstenbildung und Erosion; infolge von Degradation durch Chemisierung, Immissionen und die Grundwasserabsenkung durch Wasserentnahmen; durch die zunehmende Fleischproduktion, die im Vergleich zu einer auf Pflanzen ausgerichteten

Ernährung ein Vielfaches an Landfläche braucht; schließlich durch zunehmende Risiken von Dürren und Hochwässern infolge des Klimawandels.

Mit der in den 1990er-Jahren massiv einsetzenden Industrialisierung und Urbanisierung dürfte sich die agrarisch nutzbare Landfläche Chinas zeitweise um bis zu 1 % jährlich reduziert haben, wobei die Verluste an Boden im erwähnten chinesischen Kontext besonders gravierende Folgen haben. Der Rückgang wurde insgesamt durch einige Maßnahmen abgebremst, geht aber signifikant weiter.

9.9 Urbanisierung und Motorisierung wie gehabt?

China ist ausgehend von einer „Unterurbanisierung" (2000 lebten erst 36 % der Bevölkerung in Städten) in einen Prozess der sehr schnellen Urbanisierung eingetreten (inzwischen über 50 % städtischer Bevölkerungsanteil), mit einem entsprechend hohem Ressourcen- und Energieverbrauch (hoher stofflicher Aufwand etwa an Stahl, Aluminium, Zement) (Veeck et al. 2007, S. 233 f.).

Ähnlich wie im Fall der industriellen Infrastruktur wird auch beim schnell voranschreitenden Städtebau deutlich, dass Rohstoffe auf lange Zeit gebunden werden (*anthropological stocks*) und erst nach Funktionsende einer Wiederverwertung zugeführt werden können. Daraus folgt, dass die Potenziale für Recycling in Relation zum gesamten Materialbedarf in China derzeit insgesamt gering sind, auch wenn sie laufend größer werden.

Die Entscheidung zum umfassenden Einstieg in die Autoproduktion in den 1990er-Jahren ist im Kontext der Dynamik der globalen Kapitalakkumulation erklärbar. Die derzeit rasant zunehmende Pkw-Mobilität und -Produktion erhöht aufgrund des damit einhergehenden Ressourcen- und Energieverbrauchs, des Bodenverbrauchs und der Luftmissionen gerade für China die Belastungen enorm. Dies wird derzeit im Rahmen der gigantischen Smog-Situationen im Norden in relevanten Bevölkerungskreisen erstmals ernsthaft problematisiert.

In China herrscht ein pragmatischer Zugang zur Ressourcenfrage vor, d. h., die damit verbundenen Herausforderungen werden zumeist ernst genommen, einheitliche Politiken fehlen jedoch weitgehend: „But so far, there has been no uniform understanding on the concept and connotation of the resource-conserving society" (Yuan 2010, S. 141). Im Wesentlichen sind – außer bei der Kohle – die Ressourcenpreise (welt)marktgesteuert, Anreize über Steuern oder andere Lenkungen sind minimal. Insgesamt sind außer über den Markt die Anreize zur Ressourcenproduktivität bescheiden. Grobe Vorgaben für Kaderbewertungen und -karrieren zeigen in den letzten Jahren eine gewisse Wirkung; einige Regionen setzen tatsächlich auf qualitative Entwicklungen. Die sehr grob im letzten Fünfjahresplan (2006–2010) definierten Intensitätsziele (wie 20 % Reduktion der Energieintensität, 10 % Reduktion SO_2- und CO_2-Emissionen, 30 % Reduktion beim Wasserverbrauch pro Wertschöpfungseinheit in der Industrie) wurden in den letzten Jahren jedoch insgesamt verfehlt (im Gegensatz zu den BIP-Zielen). Derzeit sind durch die im Vergleich zu den Jahren vor 2008 geringeren BIP-Wachstumsraten deutliche Abschwächungen im

Zuwachs des Verbrauchs von Rohstoffen anzutreffen, konjunkturell sogar auch absolute Rückgänge.

Der Kreislaufwirtschafts-Entwicklungsplan, der das Kreislaufwirtschafts-Förderungsgesetz 2009 implementiert, wurde erst Ende 2012 beschlossen. Trotz allem sind beträchtliche und v. a. über Investitionen mit neuerer Technologie vermittelte Fortschritte in der Ressourcenproduktivität zu verzeichnen. Doch die gleichzeitige Ausweitung von Akkumulation und Produktion übertrifft diese Effekte bis dato insgesamt deutlich, wobei durch die gewaltige Akkumulationsdynamik mehr als der übliche Reboundeffekt im Spiel ist.

9.10 Indikatoren mit chinesischen Charakteristika

Befördert auch durch die bis 2008 angespannten Ressourcenmärkte wurde 2007 ein Versuch gemacht, das Monitoring der Ressourcenverwendung zu verbessern, insbesondere für die Ebene der für China wichtigen Industrieparks. Indikatoren der Ressourcenproduktivität wurden eingeführt, wobei hauptsächlich die Wertschöpfung auf den Verbrauch an nichterneuerbaren Ressourcen (einschließlich Kohle, Öl, Eisenerz, NE-Metall-Erz, seltene Erden, Phosphor, Schwefel etc.) bezogen wurde (Zhu 2008, S. 5). Die Nationale Kommission für Reform und Entwicklung ließ außerdem mit Unterstützung der Weltbank spezifische Indikatoren ausarbeiten. Dabei wurde aus Indikatoren der EU und Japans ein spezielles Set von Indikatoren für die Situation in China konstruiert.

Ein auf die Besonderheiten Chinas abgestimmter DMI Indikator (*direct material input*) wurde so definiert, dass Massenmaterialien wie Sand nicht einbezogen sind und eine Konzentration auf 15 Kernressourcen erfolgt. Im Gegensatz zu Europa wurde entsprechend der speziellen chinesischen Probleme die Ressource Wasser integriert. Fossile Energie (Kohle, Öl und Erdgas), Eisen, Kupfer, Bauxit, Blei, Zink, Nickel, Chrom, Mangan, Kalium, Zinn, Titan, Gold, Seltene Erden, Phosphor, Eisen-Pyrit und Kalkstein sind in physikalischen Einheiten einbezogen (Wu 2006a).

Wie viele vor der Weltwirtschaftskrise eingeführte Neuerungen wurde auch dieses Tool jedoch entweder nicht effektiv implementiert oder es wurde die eventuelle Verwendung nicht transparent gemacht. Es ist nicht auszuschließen, dass diese Indikatoren jenseits der Öffentlichkeit eine gewisse Rolle spielen und aus Erwägungen der Verhandlungsmacht in Preisverhandlungen mit Rohstofflieferanten möglichst wenig konkrete Daten in die Öffentlichkeit gelangen. Es spricht jedoch mehr dafür, dass infolge der als primär betrachteten Probleme der Weltwirtschaftskrise diese Monitoring-Reformansätze wieder in den Hintergrund traten.

Wu Zongxin beschreibt einen historisch vergleichenden Indikator für den Ressourceneinsatz. Der „kumulative Ressourceneinsatz pro Kopf" kann u. a. den Stand der Industrialisierung anzeigen. Zum Beispiel ergibt ein diesbezüglicher Zahlenvergleich bei Stahl: UK 22 t, USA 20 t, Japan 17 t; und bei Kupfer: USA 400 kg, Japan 220 kg. Bis zum Jahr 2005 betrug für China der kumulative Stahlverbrauch pro Kopf nur 2,35 t und der von Kupfer 26 kg (Wu 2006b, S. 5 f.). Illustrativ ist dabei der folgende Vergleich: In einem durchschnittlichen Auto sind 26 kg Kupfer eingebaut, in einem durchschnittlichen europäischen Einfamilienhaus 200 kg Kupfer (Rechberger 2009). Wu Zongxin betrachtet zudem den *per capita peak annual consumption level* auf Jahresbasis. Im Jahr 2004 betrug der Stahlverbrauch pro Kopf in China 230 kg und für Kupfer lag der Verbrauch bei 2,5 kg. In den USA und Großbritannien erreichte der Stahlspitzenverbrauch zwischen 1950 und 1970 den Bereich von 440–680 kg, der Kupferspitzenpegel lag zwischen 1940 und 1960 bei etwa 10–11 kg. In Japan und Korea erreichte der Stahlspitzenpegel zwischen 1970 und 1990 600–900 kg, und der Kupferspitzenpegel zwischen 1999 und 2000 zwischen 12–29 kg (Wu 2006b, S. 6). Chinas Entwicklung ist aber so dynamisch, dass der Ressourcenverbrauch pro Kopf sehr steil angestiegen ist. Dieser liegt inzwischen bei einigen Jahresemissionen bei europäischen Werten und es findet, von einem geringen Niveau ausgehend, mit großen Schritten auch bei Akkumulationsindikatoren ein Aufholen statt.

Der fundamentale Betrachtungsunterschied von aktuellen laufenden Indikatoren zu Indikatoren einer historischen Akkumulation (von Emissionen) prägt die Misserfolge globaler Klima- und anderer Umweltverhandlungen. Einerseits ist vom Gesichtspunkt der Fairness aus betrachtet der Akkumulationsaspekt zweifellos schlagend. Andererseits kann aufgrund der existenziellen Dringlichkeit auch der laufende Aspekt nicht völlig außer Acht gelassen werden. Gegen Vergleiche im Sinne des Prinzips *common but differentiated responsibility* kann auch angeführt werden, dass inzwischen durch die technische Entwicklung für heutige späte Industrialisierungen die Ressourcenproduktivität ja gestiegen ist und für denselben Zweck weniger Verbrauch notwendig sei. Umgekehrt sind die Ressourcen nun allerdings deutlich teurer und ein Teil des China derzeit zugerechneten Ressourcenverbrauchs wäre infolge Exports und Endkonsum in anderen Ländern dort zu verbuchen.

Generell muss bei Vergleichen mit China auch ein großer Vorbehalt gegenüber territorial basierten Statistiken gelten, nachdem China als „Weltfabrik" fungiert und dabei (noch) die unteren Stufen von globalen Wertschöpfungsketten dominieren. Nur wenige Maßzahlen wie etwa der „ökologische Fußabdruck" berücksichtigen diese Situation. Würde eine Bereinigung von Verbrauchszahlen um den Rohstoff- und Energieverbrauch erfolgen, der für Chinas Exportsaldo bzw. die Endverwendung in anderen Ländern anzurechnen ist, so wäre der chinesische Rohstoff- und Energieeinsatz insgesamt um mindestens 20 % zu reduzieren (Watson und Wang 2007) und der westliche deutlich zu erhöhen. Da die Handelsströme nicht geringer geworden sind und sich auch die Handelsstrukturen mit dem Westen nur langsam ändern, wird diese Dimension auch bis auf Weiteres wirksam sein.

Dies zeigt jedenfalls auf: Das derzeitige hohe westliche Niveau des Ressourcenverbrauchs und der Emissionsintensität und die historische Akkumulation von Ressourcen im globalen Norden zieht nicht nur beträchtliche Konfliktpotenziale mit China nach sich, sondern auch mit den meisten anderen nichtwestlichen Ländern. Wird jedem Menschen ein gleiches Recht an Ressourcen zugestanden, so hat dies gewaltige Konsequenzen bei der Verteilung der Nutzung von Rohstoffen (von der Abgabe von Emissionen einmal abgesehen; s. Kap. 15).

9.11   Plan B oder C?

Zhu und Wu (2007) begründen die chinesische Ressourcenstrategie wie folgt: Auf der
einen Seite ist das Pro-Kopf-„Naturkapital" in China weit unterdurchschnittlich. Auf der
anderen Seite wird es durch die ökologischen und politischen Limitationen immer schwieriger, Ressourcen aus anderen Ländern zu erhalten. Dies unterscheidet die heutige Situation von früheren Zeiten der Industrialisierung, als die dominierenden Länder das Problem
durch wirtschaftliche oder militärische grenzüberschreitende Aktivitäten zu ihren Gunsten
lösten. Darüber hinaus ist es schwierig, das Naturkapital (wie etwa Land) wiederherzustel-
len, zu ersetzen oder von außen zu ergänzen. Da das Naturkapital die wichtigste Schranke
für Chinas wirtschaftliche und soziale Entwicklung darstellt, muss sich Chinas Entwick-
lungspfad von der früheren Industrialisierung zwangsweise unterscheiden.

Zhu und Wu skizzieren drei mögliche Modelle in Hinblick auf den Umgang mit Ressourcen in China:

- *Plan A Business-as-usual:* Dies ist das Modell mit hohem Ressourcenverbrauch und
  hoher Umweltbelastung. Dieses Szenario wird als nicht realisierbar eingeschätzt.
- *Plan B Ideales Entwicklungsmodell:* Dieses Modell unterstellt eine rapide Steigerung
  der Ressourcenproduktivität, somit eine Abkoppelung des Wirtschaftswachstums vom
  Ressourcenverbrauch und folglich Nachhaltigkeit. Auch dies wird für die nächsten
  Jahre angesichts der aktuellen technischen und Managementmöglichkeiten als nicht
  machbar eingeschätzt.
- *Plan C Steigerung der Ressourcenproduktivität:* Dies unterstellt eine starke Verbesserung der Ressourcenproduktivität bis zum Jahr 2020 (Zhu 2008, S. 2). Das BIP soll sich
  zwischen 2000 und 2020 vervierfachen. Der Ressourcenverbrauch wächst gemäß den
  Annahmen in diesem Modell nur noch stark kontrolliert, womit sich die Emissionen
  nur verdoppeln. Dies erfordert eine besondere Art der weiteren Industrialisierung und
  eine neue Art von Urbanisierung. Die ganze Gesellschaft müsste für die Erreichung
  dieses Ziels einbezogen werden. Ab 2020 soll im Rahmen einer grünen Entwicklungsstrategie eine Reduktion der Ressourcen und Emissionen erfolgen. Dieser Plan C zeigt
  eine Ähnlichkeit zu den offiziellen Zielen der staatlichen Politik.

In der Mao-Periode gab es – wie in anderen ähnlichen Ländern – aus wirtschaftlicher
Notwendigkeit heraus umfassende Wiederverwertungssysteme. Diese wurden später als
veraltet und als ein Zeichen der Armut angesehen. Die umfassende Privatisierung brachte
einen großen Schub bei der Unterbrechung von Kreisläufen und so auch einen steigenden
Ressourcenverbrauch. Die Maxime ist seither die Selbstregelung durch den Markt: „The
current recycling system in China is a typical profit-driven recycling system. It has been
created wholly by market mechanisms with little government intervention." (Mo et al.
2009, S. 418) In einem auf den globalen Maßstab zielenden „Plan B: Rescuing a planet
under stress and a civilization in trouble" geht Lester Brown (2003) auf die maßgebliche
Rolle ein, die China dabei zu spielen hat.

Der Kurs in Richtung Deregulierung und weitere Privatisierung ab 2013 mag der Logik der Kräfte entsprechen, die inzwischen treibenden Einfluss auf die Kapitalakkumulation in China erhalten haben. Ob etwa die nun eingeleitete Teilprivatisierung von Sinopec, der großen chinesischen Ölgesellschaft, einen Beitrag zur Linderung der Ressourcenprobleme in China leisten kann, wird sich zeigen.

9.12 China als neue Hegemonialmacht?

Natürlich wirkt sich das wirtschaftliche Gewicht Chinas auf vielen Märkten schon jetzt signifikant aus. Spätestens seit der Krise ab 2008 wurde klar, dass die chinesische Wirtschaftspolitik ausschlaggebend dafür sein kann, welche Richtung die Weltwirtschaft zumindest kurzfristig nimmt. Es sollte nicht überraschen, dass das bevölkerungsmäßig größte Land auf vielen Ebenen eine bedeutsame Rolle spielt. Eine neue Hegemonialmacht China jedoch ist damit aus mehreren Gründen noch lange nicht absehbar und es gibt auch gewichtige Argumente dafür, dass dies im engeren Sinn überhaupt nie der Fall sein wird.

Dennoch ist der Hinweis auf eine mögliche Hegemonie Chinas integraler Bestandteil der verstärkten Containment-Politik der USA. Freilich fehlt für eine Hegemonialstellung Chinas zunächst einmal bis auf Weiteres das militärische und technologische Potenzial. Tatsächlich sind die überdurchschnittlichen Zunahmen der Militärausgaben – seit der Bombardierung der chinesischen Botschaft in Belgrad – und eine zunehmende maritime militärische Präsenz in keiner Weise mit der Funktion der USA zu vergleichen und wären selbst bei gleichbleibenden Wachstumsraten des Militärbudgets noch Jahrzehnte von einem Gleichziehen mit den USA entfernt. Sieht man von Konflikten mit Nachbarländern und umstrittenen Grenzen ab, so bewegen sich alle militärischen Aktionen Chinas innerhalb der UN, insbesondere auch die Anti-Piraterie-Aktionen am Horn von Afrika, die tatsächlich im Sinne einer Sicherung von Handel und Rohstofftransporten zu sehen sind. Allerdings existiert eine nationalistische Strömung in China, die ein solches Gleichziehen mit den USA propagiert. Es ist nicht undenkbar, dass diese Richtung einmal die Oberhand gewinnen könnte, wenn sich etwa die Wiederbelebung des japanischen Militarismus fortsetzt oder im Zuge der andauernden Privatisierung auch im Grundstoffbereich chinesisches Kapital nach Sicherheit im Akkumulationsprozess im Ausland rufen sollte. In absehbarer Zeit ist dies freilich unwahrscheinlich, denn dies würde eine grundlegende Änderung des bisherigen in China als durchgehend erfolgreich bewerteten allgemeinen Entwicklungsmodells bedeuten, das essenziell auf friedlichen Rahmenbedingungen zusammen mit Globalisierung und Handel beruht.

Für ein angemessenes Verständnis der internationalen Politiken Chinas ist jedenfalls eine differenzierte Betrachtung der Akteurskonstellationen von Bedeutung. Im Unterschied dazu wird Chinas Auftreten im Ausland oft als einheitlich und zentral gesteuert dargestellt. Tatsache ist jedoch, dass neben staatlichen Institutionen relativ selbstständig agierende MigrantInnen, Kleingewerbetreibende und Unternehmen eine Rolle spielen. Allerdings ist bei größeren Unternehmen der Staatseinfluss meistens von Bedeutung.

9.13   Grundsätzlicher sozial-ökologischer Paradigmenwechsel am ehesten in China

Aus der Analyse der Hintergründe der derzeitigen dynamischen Entwicklung Chinas kann abgeleitet werden, dass sich diese mit großer Wahrscheinlichkeit noch länger fortsetzen wird, wenngleich Schwankungen und Krisen möglich sind. Die größte Barriere sind in diesem Kontext Rohstoff- und Umweltprobleme: Auch Wu Zongxin nennt Ressourcenknappheit und Umweltlimitationen als „entscheidenden Faktoren" für die weitere sozialökonomische Entwicklung (Wu 2006a). Seit Mitte der 2000er-Jahre sind die Ressourceneffizienz- und Umweltprobleme im Zentrum der politischen Agenda in China angekommen, doch die Umsetzung und die realen Schritte hinken bis dato weit hinterher.

China steht durch die weitgehende Übernahme des westlichen Entwicklungsmodells und der speziellen Nutzung des bestehenden Globalisierungsregimes vor ungeheuren Herausforderungen: Einerseits ist die kontinuierliche Versorgung mit sehr großen und noch wachsenden Mengen an Input für die Industrie schwierig und unterliegt beträchtlichen Risiken. China steht andererseits etwa bei der Verfügbarkeit von Boden und Wasser knapp an absoluten ökologischen Belastungsgrenzen. Luftemissionen führen großflächig immer häufiger zu gravierenden Smogereignissen.

Doch weist China als Gegengewicht zu diesen Problematiken viele innovative Leistungen spezifisch im Bereich Ressourcenproduktivitätszunahme und allgemein in sozialökologischer Hinsicht auf. So ist das Land bspw. bei erneuerbaren Energien sehr dynamisch.

Es mag banal klingen und kann leicht malthusianistisch missverstanden werden, aber aus sozialökologischer Sicht ist die langjährige (mit vielen Härten und Problemen verbundene) Ein-Kind-Politik im chinesischen Kontext der erreichten Bevölkerungsdichte und - zahl wahrscheinlich der bisher größte Beitrag Chinas zur langfristigen Ressourcen- und Klimapolitik (gewesen).

Blockierende Faktoren für einen sozialökologischen Paradigmenwechsel können auch für China mit Hilfe der Konzepte des *lock in*, der *vested interests*, einer Pfadabhängigkeit, *sunk costs*, von Reboundeffekten und oligopolistischer Marktmacht diskutiert werden. Die starke Dynamik der chinesischen Entwicklung scheint jedoch auch auf schneller mögliche Durchbrüche hinzuweisen (etwa bei Solarthermie oder Elektromobilität).

Als Schlussfolgerung sei daher abschließend folgende *Hypothese* formuliert:

Die Chancen auf einen grundsätzlichen sozialökologischen Paradigmenwechsel sind in China mittelfristig groß, da kaum eine Region weltweit existiert, wo die sozialökologischen Probleme und der Druck aufgrund der besonderen Bevölkerungsdichte und der Dichte an wirtschaftlichen Aktivitäten im Rahmen des bestehenden Entwicklungsmodelles sich derart gravierend äußern bzw. äußern werden wie in China. Zudem wird China voraussichtlich auch überproportional vom Klimawandel betroffen sein – teilweise ist dies jetzt schon der Fall (wie etwa bei der Wüstenbildung).

Der zunehmende Druck, der sich daraus ergibt (politisch eher von der Emissionsseite her, wirtschaftlich von der Ressourcenseite aus betrachtet), die existenzielle Notwendigkeit und vergleichsweise günstige Voraussetzungen einer Entwicklung des Humankapitals (die zur Bewältigung von Katastrophen in der Geschichte Chinas notwendig war), die verfügbaren Möglichkeiten der Makrosteuerung und das Vorhandensein signifikanter Heimmärkte können die Emergenz eines nachhaltigen Entwicklungsparadigmas befördern. Es spricht vieles dafür, dass ähnlich wie der „Sozialismus" für China nach hundert Jahren halbkolonialer Demütigung Voraussetzung oder zumindest wichtiger Helfer einer existenziellen nationalen Erneuerung war, nun eine grundlegende sozialökologische Transformation für China lebenswichtig wird.

Doch ist eine dafür unabdingbare radikale Erhöhung der Ressourcenproduktivität grundsätzlich realistisch, könnte man fragen. Tatsächlich hat die Arbeitsproduktivität seit 1850 global gesehen um das 20-fache zugenommen. Warum sollte es also nicht möglich sein, die Ressourcenproduktivität auch in China radikal zu erhöhen? Wer diesen Optimismus teilt, sollte allerdings auch die Frage nach der treibenden Kraft für die historische Erhöhung der Arbeitsproduktivität stellen. Denn die Antwort lautet: Es war der steigende Preis für Arbeit – die Erhöhung der Löhne (Weizsäcker 2009).

Literatur

Arrighi G (2007) Adam Smith in Beijing: Lineages of the Twenty-First Century. Verso, London

Bank of Finland (2014) Latest ICP figures show China's cost-of-living-adjusted GDP nearly matching the US. Helsinki, 9. Mai 2014

BGR et al. – Bundesanstalt für Geowissenschaften und Rohstoffe, Fraunhofer-Institut für System- und Innovationsforschung, Rheinisch-Westfälisches Institut für Wirtschaftsforschung et al (2005) Trends der Angebots- und Nachfragesituation bei mineralischen Rohstoffen. Forschungsprojekt Nr. 09/05, Bundesministerium für Wirtschaft und Technologie. RWI, Essen

Brown L (2003) Plan B: Rescuing a planet under stress and a civilization in trouble. WW Norton & Co, London

Elvin M (1973) The pattern of the Chinese past. A social and economic interpretation. Stanford University Press, Stanford

Maddison A, Wu HX (2006) China's economic performance: How fast has GDP grown, how big is it compared with the USA? Paper. University of Queensland, Brisbane

Mo H, Wen Z, Chen J (2009) China's recyclable resources recycling system and policy: A case study in Suzhou. Resources, Conservation and Recycling 53:409–419

Rechberger H (2009) Relevanz des anthropogenen Rohstofflagers für die Ressourcenschonung. Abstractband der Tagung Resource2009 23. und 24. Juni 2009. Bundesministerium für Umwelt, Naturschutz und Reaktorsicherheit, Umweltbundesamt (D), Umweltbundesamt (A), Bundesamt für Umwelt (CH), Lebensministerium, Berlin, S 31–32

Schatz M, Reichl C, Zsak G (2013) World-Mining-Data Bd. 28. Bundesministerium für Wirtschaft, Familie und Jugend, Organizing Committee for the World, Wien. http://www.bmwfw.gv.at/EnergieUndBergbau/WeltBergbauDaten/Documents/Weltbergbaudaten%202013.pdf. Zugegriffen: 14.05.2014

Veeck G, Pannell CW, Smith CJ, Huang Y (2007) China's geography – globalization and the dynamics of political, economic, and social change. Rowman & Middlefield, Lanham MD

Wang Y, Huang X, Craig PP (2007) Resource constraint, sustainable economic growth pattern and transformation of economic system in China. Ecological Economy 3:98–101

Watson J, Wang T (2007) Is the West to blame for China's emissions?. www.chinadialogue.net/article/1592-Is-the-west-to-blame-for-China-s-emissions (Erstellt: 20. Dezember 2007). Zugegriffen: 14.05.2014

von Weizsäcker EU (2009) Nachhaltige Rohstoffbewirtschaftung als globale Herausforderung. Abstractband der Tagung Resource2009 23. und 24. Juni 2009. Bundesministerium für Umwelt, Naturschutz und Reaktorsicherheit, Umweltbundesamt (D), Umweltbundesamt (A), Bundesamt für Umwelt (CH), Lebensministerium, Berlin, S 31–32

Wen Z, Lawn P, Yang Y (2008) From GDP to GPI – Quantifying thirtyfive years of development in China. In: Lawn P, Clarke M (Hrsg) Sustainable welfare in the Asia-Pacific. Edward Elgar, Cheltenham, S 228–259

World Bank (2007) Cost of pollution in China. Economic estimates of physical damages. World Bank, Washington DC

World Steel Association (2013) World steel in figures 2013. http://www.worldsteel.org/dms/internetDocumentList/bookshop/Word-Steel-in-Figures-2013/document/World%20Steel%20in%20Figures%202013.pdf. Zugegriffen: 14.05.2014

World Steel Association (2014) World crude steel output increases by 3.5 % in 2013. http://www.worldsteel.org/media-centre/press-releases/2014/World-crude-steel-output-increases-by-3-5--in-2013.html (Erstellt: 23. Januar 2014). Zugegriffen: 14.05.2014

Wu Z (2006a) Circular economy indicators study. Part A: The establishment of circular economy indicators in China. World Bank – Environment & Social Development Sector Unit (EASES), EastAsia and Pacific Region, Washington DC

Wu Z (2006b) Circular economy indicators study. Part B: The application and analyses of circular economy indicators in China. World Bank – Environment & Social Development Sector Unit (EASES), EastAsia and Pacific Region, Washington DC

Yuan A (2010) Development of resource conserving society: From the perspective of circular economy. Ecological Economy 6:140–151

Zhu D (2008) Background, pattern and policy of China for developing circular economy. Chinese Journal of Population, Resources and Environment 6:3–8

Zhu D, Wu Y (2007) Plan C: China's development under the scarcity of natural capital. Chinese Journal of Population, Resources and Environment 5:3–8

Ein Stoff macht Zukunft. Zum sozialen Leben von Lithium am Salar de Uyuni, Bolivien

Katrin Vogel

10.1 Einleitung

Vorstellungen von einem postfossilen Zeitalter bedingen einen technologischen Wandel, der auf Gegenwart und Zukunft einwirkt: Indem Menschen Zukunft machen, formt die Zukunft das menschliche Leben und Handeln in der Gegenwart. Zurzeit treten zahlreiche Stoffe und Materialien als Energieträger oder -speicher in Erscheinung, die für eine Veränderung der Energiebasis von fossilen Brennstoffen hin zu erneuerbaren Energien als wesentlich erachtet werden. Der menschliche Umgang mit diesen Stoffen und Materialien bringt neue globale Verflechtungen sowie lokal unterschiedliche Arten des Wissens, Bedeutungen, Praktiken, Orte, soziale Beziehungen, Dinge und Identitäten hervor. Zentrale Stoffe und Materialien für eine Große Transformation sind also nicht einfach da, sondern führen – wie von Appadurai (2013a [1986]) im Hinblick auf „Dinge" theoretisiert – ein „soziales Leben" in Zeit und Raum. Sie konstituieren das Soziokulturelle auf den unterschiedlichen Stationen ihrer globalen Wertschöpfungsketten und mittels jener Dinge und Waren, für die sie verwendet werden.

Zukunft ist eine kulturelle Tatsache. Sie ist eine Form der Differenz, die durch spezifische Konfigurationen von Vorstellungskraft, Hoffnung und Antizipation hervorgebracht wird (Appadurai 2013b, S. 285 ff.). Dieser Beitrag will zeigen, wie der Stoff Lithium in lokal und kulturell unterschiedlichen Konstruktionen von Zukunft wirkt. Dazu wird eingangs am Beispiel von Deutschland skizziert, welche Bedeutung Lithium im technologischen Wandel hin zu postfossiler Mobilität erfährt (vgl. Abschn. 10.2). Auf die steigende globale Nachfrage nach Lithium wiederum reagierte Bolivien mit einer nationalen Strategie zur Ausbeutung dieses Rohstoffs – eine Strategie, die der vom Präsidenten Evo Morales ausgerufenen Politik des Wandels dient: Mit Lithium sind Vorstellungen von

K. Vogel (✉)
München, Deutschland
email: katrin.vogel@via?bayern.de

© Springer-Verlag Berlin Heidelberg 2016
A. Exner et al. (Hrsg.), *Kritische Metalle in der Großen Transformation*,
DOI 10.1007/978-3-662-44839-7_10

einer Modernisierung und Entkolonialisierung des Landes eng verknüpft (Abschn. 10.3). Im Folgenden wird die lokale Ebene fokussiert, um zu fragen, wie der für postfossile Mobilität zentrale Stoff Lithium die kulturelle Konstruktion von Zukunft an einem Ort des Ressourcenvorkommens beeinflusst (vgl. Abschn. 10.4). Am Salar de Uyuni in Bolivien geht die steigende globale Nachfrage nach Lithium mit einem Wandel der Wahrnehmung und der Bedeutungen dieses Salzsees sowie mit neuen Konfigurationen von Wissen einher (vgl. Abschn. 10.4.1). Ausgehend davon, dass der Salar – gerade aus der Perspektive des globalen Nordens – für Lithium steht, streben Menschen aus der Region die Einrichtung einer Lithium-Universität an – eine Vorstellung, an die sich Hoffnungen auf Entwicklung knüpfen. Mit diesem Zukunftsprojekt verleihen sie Globalisierungsprozessen im Kontext von Lithium – lokal und kulturell spezifisch – Sinn (vgl. Abschn. 10.4.2). Allerdings zeichnet es sich ab, dass historische Ungleichheiten ihren Weg in eine andere Zukunft versperren (Abschn. 10.4.3). Ein Fazit schließt den Beitrag ab (vgl. Abschn. 10.5).

10.2 Lithium: Motor für technologischen Wandel

Auf dem Weg in eine postfossile Zukunft erfährt das Leichtmetall Lithium zunehmende Aufmerksamkeit, die sich in Preiserhöhungen und in einer stetig wachsenden Nachfrage auf dem globalen Markt widerspiegelt (USGS 2013, S. 94). Lithium ist aufgrund seiner hohen Energie- und Leistungsdichte – bei geringem Gewicht – ein Schlüsselelement für tragbare Energiespeicher. In Form von Lithium-Ionen-Batterien ist es daher eine wichtige Komponente für schnurlose Elektrokleingeräte, Kameras, Mobiltelefone, Laptops und Akku-Werkzeuge. Vor allem aber gelten Lithium-Ionen-Akkumulatoren als vielversprechende Schlüsseltechnologie für die Elektrifizierung der Mobilität. Mit Lithium lässt sich das Gewicht der Batterie, die den Grundbaustein aller Fahrzeuge der Elektromobilität darstellt, signifikant reduzieren. In einer im Auftrag des Ölkonzerns BP an der Universität Augsburg erstellten Studie über kritische Materialien für die Energieindustrie heißt es dementsprechend (Achzet et al. 2011, S. 34): „The Holy Grail of the electric car industry is increased battery performance and lithium is at the forefront of this technology."

Es ist deshalb davon auszugehen, dass der weltweite Lithiumbedarf weiter steigt (Stamp et al. 2012). Weite Teile der Wissenschaft, Wirtschaft und Politik halten eine globale Umstellung der Fahrzeugantriebskonzepte von Verbrennungsmotoren zu alternativen Kraftstoffen sowie Antriebssystemen für sehr wahrscheinlich. Das deutsche Bundesministerium für Bildung und Forschung bspw. sieht „[…] eine technologische Zeitenwende im Verkehrsbereich" voraus (BMBF 2009, S. 2). Im Jahr 2009 verabschiedete die Bundesregierung deshalb den Nationalen Entwicklungsplan Elektromobilität u. a. mit dem Ziel, im internationalen Wettbewerb mit Ländern wie Japan, USA, China und Frankreich Leitanbieter und Leitmarkt für Elektromobilität zu werden. Im Hintergrund dieser politischen Strategie stehen globale Ressourcen- (Peak Oil) und Umweltprobleme (Klimawandel) sowie das Streben nach Unabhängigkeit von Erdölimporten aus Regionen, die als geopolitisch instabil angesehen werden. Vor allem aber wird die historisch gewachsene Bedeutung der Automobilindustrie für den Wirtschafts- und Technologiestandort Deutschland betont und auf Millionen in der Branche tätige Menschen hingewiesen (BMBF 2013).

Mit dieser Zukunftsstrategie kann Deutschland exemplarisch für die Seite der prognostizierten steigenden Nachfrage nach Lithium auf dem globalen Markt stehen, obgleich die führenden Hersteller für Lithium-Ionen-Batterien und Elektroautos gegenwärtig vorwiegend in Asien und in den USA angesiedelt sind. Die steigende Nachfrage nach Lithium führt zur Inwertsetzung zahlreicher Landschaften als Orte des Ressourcenvorkommens. So prognostizierte etwa die Studie *Seltene Metalle: Rohstoffe für Zukunftstechnologien* im Jahr 2010 (SATW 2010, S. 15): „Die erwartete starke Zunahme der Nachfrage nach wiederaufladbaren Lithiumbatterien wird voraussichtliche eine deutliche Erhöhung der Primärproduktion von Lithium erforderlich machen. Dies wird eine Ausweitung der Förderaktivitäten auf weitere, bisher unberührte Landschaften (z. B. den bolivianischen Salar de Uyuni oder den tibetischen Zabuye-Salzsee) nach sich ziehen – mit entsprechenden Folgen für die Ökosysteme." Diese Aussage über „unberührte Landschaften" und die Hervorhebung der Folgen für die Ökosysteme blendet aus, dass in diesen Landschaften Menschen leben – in der Region des Salars de Uyuni seit prä-inkaischer Zeit. Die inzwischen initiierten Förderaktivitäten haben auch Folgen für ihr soziokulturelles Leben.[1]

10.3 Der Salar de Uyuni und die nationale Lithiumstrategie

Der Salar de Uyuni liegt auf der andinen Hochebene Altiplano und erstreckt sich als eine bis zum Horizont reichende, strahlend weiße Ebene über mehr als 10.500 km^2. Die harte Salzkruste des Sees bedeckt eine Lauge, welche jene Mineralien enthält, die zum einen aufgrund ihrer spezifischen Eigenschaften und zum anderen durch menschliche Zuschreibung – d. h. durch die Wertschätzung dieser Eigenschaften – als natürliche Ressourcen konstituiert werden.

Aufgrund seines Mineralienreichtums zieht der Salar de Uyuni bereits seit den 1970er-Jahren internationale Aufmerksamkeit auf sich. So kooperierten die bolivianische Universidad Mayor de San Andrés in La Paz und das französische Office de la Recherche Scientifique Technique Outre Mer (ORSTOM) für eine geologische Erforschung der mineralischen Rohstoffe in den Salzseen des südlichen Altiplano. Der bolivianische Staat schloss sich mit der NASA zusammen, um zu bestimmen, welche Rohstoffe von potenziell ökonomischem Wert in der Lauge des Salars de Uyuni enthalten sind. In den folgenden Jahren wurde die Salzlauge in unterschiedlichen Forschungsprojekten auf ihre Mineralienzusammensetzung und -konzentration hin untersucht; erste Anläufe zur Gewinnung der mineralischen Rohstoffe wurden Ende der 1980er-Jahre unternommen (s. u.) (Nacif 2012).

---

[1] Bisher wird der globale Lithiumbedarf – z. B. für Batterien, für die Keramikproduktion, für Schmiermittel, Medikamente und Plastik – v. a. durch Chile, Australien, China und Argentinien gedeckt (USGS 2013, S. 95).

Ökonomischer Wert ist nicht eine in diesen Mineralien angelegte oder ihnen immanente Eigenschaft. Mit Appadurai (2013a, S. 9 ff. [1986]), der den Ursprung von Wert in Anlehnung an Georg Simmel (1978 [1907]) aus ethnologischer Perspektive erklärt, wird Dingen erst durch das Urteil von Subjekten ökonomischer Wert zugewiesen: Objekte sind nicht schwierig zu erlangen, weil sie wertvoll sind. Vielmehr werden jene Dinge als wertvoll angesehen, die sich unserem Wunsch, sie zu besitzen, entziehen. Zwischen den Objekten und den Personen, die sie sich aneignen wollen, herrscht eine gewisse Distanz, die mit Blick auf Lithium nicht nur konzeptionell, sondern auch räumlich ist: Die Forschungs- und Technologiezentren für Lithium-Ionen-Batterien und Elektromobilität befinden sich vorwiegend im globalen Norden, wohingegen über die Hälfte der identifizierten, weltweiten Lithiumressourcen im „Lithium-Dreieck" in Lateinamerika lagern, das durch Salzseen in Bolivien, Chile und Argentinien gebildet wird. Das weltweit größte Lithiumvorkommen entfällt mit geschätzten 9 Mio. t auf Bolivien, d. h. vor allem auf den Salar de Uyuni (USGS 2013, S. 95).

Im und durch Tausch kann eine Person die Distanz zwischen sich und einem begehrten Objekt überbrücken. Sie kann ihr Verlangen nach einem Objekt stillen, indem sie auf ein anderes Objekt verzichtet, welches wiederum von einer anderen Person begehrt wird. Dabei wird der Wert des Objekts von beiden Seiten der Tauschbeziehung reziprok festgelegt: „Such exchange of sacrifices is what economic life is all about, and the economy as a particular social form consists not only in exchanging *values* but in the *exchange* of values" (Appadurai 2013a, S. 10 [1986]; kursiv i. O.). Tausch ist kein Nebenprodukt der wechselseitigen Wertbestimmung von Objekten, sondern gerade der Ursprung von Wert. Nachfrage ist die Grundlage für realen oder imaginierten Tausch und stiftet somit Wert.

Bisher ist das im Salar de Uyuni anzufindende Mineral Lithium nur Gegenstand eines in der Zukunft liegenden, imaginierten Tauschs, der sich darüber hinaus auf Annahmen, Prognosen und Hoffnungen über eine zukünftige globale Nachfrage stützt. Das bolivianische Lithium sei die Antwort auf die Zukunft der Energie weltweit. Bolivien müsse auf die auf Lithium basierende Transformation im Bereich Energie vorbereitet sein. Durch sie und mit Lithium könne sich das Land auf dem internationalen Markt stark positionieren, hieß es bspw. Ende 2010 vonseiten der staatlichen Bergbaugesellschaft Comibol. Dabei wurde ein Vergleich der gegenwärtigen Situation mit der Ablösung der Eisenbahn durch das Automobil im 20. Jahrhundert herangezogen (GNRE 2010a, S. 1). Doch stehen Lithiumabbau und -industrialisierung in Bolivien erst am Anfang (s. u.), auch wenn erste Anläufe für eine industrielle Ausbeutung der natürlichen Ressourcen des Salars Ende der 1980er-Jahre im Zuge der Demokratisierung Boliviens und vor dem Hintergrund des wirtschaftlichen Drucks des neoliberalen Entwicklungsparadigmas unternommen wurden. Ein Vertrag mit dem US-Unternehmen LITHCO (Lithium Corporation of America) aus dem Jahr 1989 platzte jedoch aufgrund massiver Proteste aus breiten Teilen der Bevölkerung, die ihn als verfassungswidrig und den regionalen sowie nationalen Interessen zuwiderlaufend beurteilte: Die Rechte der Erkundung, Ausbeutung, Nutzung und des Exports der natürlichen Ressourcen des Salars sollten für 40 Jahre uneingeschränkt auf die LITH-

CO übertragen werden. Gleichzeitig versprach der Vertrag aufgrund eines sehr niedrigen Steuersatzes kaum Gewinne für Bolivien und für das Departement Potosí, jene Region, in der der Salar liegt. Auch ein darauf folgender Jointventure-Vertrag mit dem US-Unternehmen FMC (ehemals LITHCO) führte nicht zur Ausbeutung der Lithiumressourcen des Salars. Das Parlament hatte kurz nach Vertragsabschluss eine allgemeine Erhöhung der Mehrwertsteuer sowie eine Verkürzung der Vertragslaufzeit beschlossen. FMC lehnte diese Veränderungen ab und trat – mit dem Verweis auf Bolivien als unsicheren Wirtschaftspartner in Folge öffentlicher Debatten und lokaler Gegenbewegungen – von dem Vertrag zurück. Die Ausbeutung der Lithiumressourcen im Salar de Uyuni lag daraufhin brach. Lange schwebte der Geist des Scheiterns des Vertrags mit FMC – im Sinne einer verpassten historischen Chance für ausländische Investitionen und für die wirtschaftliche Entwicklung Boliviens – über dem Lithium-Thema (Rupp 2013, S. 43 ff.; Nacif 2012; Ströbele-Gregor 2012, S. 29 f.).

Erst im Zuge der Regierungsübernahme durch die MAS (Movimiento al Socialismo) unter Evo Morales gelangte es wieder auf die politische Tagesordnung. Die landwirtschaftliche Gewerkschaft des Südwesten Potosís FRUTCAS war im Jahr 2007 mit einem Vorschlag der Produktion von Lithium sowie Kaliumchlorid durch ein zu 100 % staatliches Unternehmen an die Regierung herangetreten. Das Projekt wurde auf der Grundlage des „Nationalen Entwicklungsplans" angenommen und im April 2008 durch den Präsidenten Evo Morales zur nationalen Priorität erklärt (Nacif 2012). In der hoffnungsvollen Aussicht auf Tausch von Lithium gegen 370–380 Mio. Dollar pro Jahr – eine Summe, die sich ab 2014 und mit Beginn der dritten Phase der dreistufigen „Nationalen Strategie zur Industrialisierung der evaporiten Rohstoffe" um ein Mehrfaches multiplizieren sollte (GNRE 2010b, S. 3) – wurde die Pilotanlage Llipi am südlichen Ufer des Salars de Uyuni Anfang 2013 offiziell eingeweiht.

Dort sollen aus der Salzlauge, die sich vorwiegend aus Natrium und Chlorid sowie aus großen Mengen an Lithium (laut Risacher und Fritz 1991 bis zu 4,7 Gramm pro Liter), Magnesium, Kalium und Bor zusammensetzt, Kaliumchlorid für die nationale Düngemittelproduktion sowie Lithium für den Weltmarkt gewonnen werden. Wie Kaliumchlorid soll Lithium über solare Eindunstung der Salzlauge in großen Evaporationsbecken, die in die Salzkruste eingelassen sind, gewonnen werden. In den verbleibenden Kristallen gilt es, die unterschiedlichen Stoffe bis zum Erhalt von Sylvin für die Weiterverarbeitung zu Kaliumchlorid einerseits und von Lithiumsulfat andererseits zu trennen. Letzteres bildet die Ausgangsbasis für die Herstellung von Lithiumkarbonat, das wiederum zu Lithiumchlorid weiterverarbeitet werden soll (GNRE 2013). Damit einhergehen soll die Produktion von Lithium-Ionen-Batterien, zu deren Zweck im Februar 2014 in La Palca nahe der Stadt Potosí eine – vorerst experimentelle – Fabrikationsanlage eingeweiht wurde. Ihre Produktionskapazität liegt bei 1000 Handy-Akkus und 40 Fahrrad- bzw. Autobatterien pro Tag. Der Jahresbericht der staatlichen Bergbaugesellschaft hebt hervor, dass bis November 2013 800 t Kaliumchlorid produziert und zum Teil auch verkauft wurden (GNRE 2013). Der in der Lithiumstrategie anvisierte Zeitplan konnte allerdings nicht eingehalten werden.[2] Regierungsnahe Medien berichteten erst Ende des Jahres 2014, dass es nun gelungen sei, Lithiumkarbonat mit einem Reinheitsgrad von 95,5 % herzustellen.

Im von Evo Morales für Bolivien proklamierten „Prozess des Wandels" in eine andere Zukunft kommt Lithium strategische Bedeutung zu. Während Lithium im globalen Norden für einen vorwiegend technologischen Wandel steht, plant die bolivianische Regierung ausgehend von Lithium einen Industrialisierungssprung. Die natürlichen Ressourcen aus dem Salar sollen nicht nur gegen *Dollares*, sondern v. a. gegen tiefgreifenden sozialen Wandel in Form einer Modernisierung getauscht werden. Das am historischen Beispiel des Silberbergs im bolivianischen Potosí vielfach beschriebene „Ressourcenparadox" – Reichtum macht arm (Altvater 2013, S. 16 ff.; vgl. auch Kap. 3) – soll auf der Grundlage der nationalen Lithiumstrategie durchbrochen werden und Bolivien vom Rohstofflieferanten zum Global Player im Bereich Lithiumtechnologien avancieren (Hollender und Shultz 2010, S. 58 ff.). Die Produktion von Batterien, von Elektrofahrrädern und -autos ist Teil des Vorhabens. Durch die Setzung restriktiver Rahmenbedingungen für die Kooperation mit privaten bzw. transnationalen Unternehmen sollen Gewinnerträge dem Staat und nicht wie in der bisherigen bolivianischen Wirtschaftsgeschichte ausländischen Investoren zufließen. Die Entkolonialisierung der Gesellschaft ist vor dem Hintergrund eines stark ausgeprägten, postkolonialen Erbes ein erklärtes Ziel der gegenwärtigen Regierung. Seit der Kolonialzeit existierende Abhängigkeitsstrukturen sowie Ungleichheiten auf wirtschaftlicher, sozialer und politischer Ebene bestehen sowohl in internationalen als auch in nationalen und lokalen Kontexten fort. Vorgesehen ist deshalb die Verringerung der gewachsenen Ungleichheitsstrukturen in der Gesellschaft unter anderem durch die Distribution der staatlichen Einnahmen aus dem Lithiumabbau auf den Ebenen des Departements Potosí und der Munizipien.

10.4   Das soziale Leben von Lithium am Salar

Auf der lokalen Ebene bedingen diese politischen Diskurse und Vorstellungen über eine bessere Zukunft Boliviens und die damit verbundenen Praktiken der Nutzung des Salars schon gegenwärtig Wandel. Dieser materialisiert sich z. B. in Form von ausgedehnten Verdunstungsbecken für die Salzlauge. Nahe der Mündung des Flusses Río Grande haben sie die südliche Landschaft des Salzsees wesentlich verändert. In der nahe gelegenen Pilotanlage Llipi haben einige Männer aus den Orten rund um den Salar vorwiegend gering qualifizierte Arbeit gefunden. Andere transportieren japanische und koreanische TechnikerInnen der in die Pilotanlage involvierten Unternehmen Mitsubishi, Toyota und Kores

---

[2] Die „Nationale Strategie zur Industrialisierung der evaporiten Rohstoffe" sah die Pilotproduktion von 40 metrischen t Lithiumkarbonat pro Monat im Jahr 2011 vor. In der darauffolgenden, zweiten Phase ab dem Jahr 2013 sollten dann 30.000 metrische t Lithiumkarbonat pro Monat hergestellt werden. Die dritte Phase – mit einst geplantem Beginn spätestens im Jahr 2014 – zielte auf die Produktion von Lithiumchlorid und Lithium in metallischer Form ab (HCB 2010).

von den besten Hotels des touristischen Zentrums der Region, Uyuni, nach Llipi und verdienen damit bis zu 100 Dollar am Tag.

Weit von der Pilotanlage Llipi, von den Touristenströmen und deren Infrastruktur in Uyuni entfernt, liegen die Dörfer der Provinz Daniel Campos am Nordufer des Salars. Zwischen dem Salzsee und der westlichen Andenkordillere bilden sie – dem ärmsten Departement Boliviens, Potosí, zugehörig – vom Staat oft vergessene Außenposten im Grenzgebiet zu Chile. Doch Lithium wirkt auch hier. Es findet erstens Eingang in das lokale Wissen über den Salar, der bisher vor allem als gefährlich wahrgenommen wurde. Der Stoff führt ein soziales Leben, indem Menschen am Salar zweitens ausgehend von Lithium Zukunft als „das Andere" zur Gegenwart machen. Diese Zukunft formt ihr Handeln in der Gegenwart. Die von Lithium ausgehende und um Lithium kreisende kulturelle Konstruktion von Zukunft in einer Gemeinde dieser Region werde ich anhand eines ethnografischen Beispiels beschreiben. Es basiert auf zwei ethnologischen Feldforschungen, die ich im August 2013 und März 2014 in der Gemeinde Llica realisierte.

Die Ethnologie als Wissenschaft vom „kulturell Fremden" (Kohl 2000) versucht den kulturell und gesellschaftlich unterschiedlichen Zugang von Menschen zur Welt zu verstehen. Ziel ethnologischer Forschungen ist es, die Welt aus der Sicht der „Fremden" zu sehen – auch, um aus der so gewonnenen Distanz eigene Vorstellungen zu betrachten und zu hinterfragen. Das induktive Vorgehen der Ethnologie basiert auf ihrer zentralen Methode der Teilnehmenden Beobachtung, d. h. der idealiter mindestens einen Jahreszyklus dauernden Teilnahme in den sozialen Handlungsfeldern der Gastgesellschaft. Empirische Daten können außerdem u. a. mittels qualitativer Interviews und durch die Aufnahme von Lebensgeschichten erhoben werden. Die dialogische und partizipatorische Ausrichtung der Ethnologie setzt die direkte Kommunikation in der Sprache der ForschungsteilnehmerInnen voraus.

Meine interview- und gesprächszentrierten Forschungen in Llica waren von den *autoridades originarias*[3] genehmigt, führten mich in unterschiedliche soziale Kontexte und wurden auf Spanisch durchgeführt. Zweitsprache nach Aymara war Spanisch nur für meine ältesten GesprächspartnerInnen. Im Zentrum meines Interesses standen erstens die Wahrnehmungen des Salars und von Lithium vor Ort. Zweitens fokussierte ich den von Lithium ausgehenden Wandel des gesellschaftlichen und kulturellen Lebens sowie der lokalen Umwelt.

---

[3] Der Rat der *autoridades originarias,* der traditionellen Autoritäten, setzt sich aus Männern und Frauen zusammen, die die *ayllus* repräsentieren. *Ayllu* bezeichnet eine in den Anden verbreitete soziale Organisationsform, die unterschiedliche soziale Gruppierungen durch sich wechselseitig verstärkende administrative, rituelle und ökonomische Praktiken zu einem regionalen Gemeinwesen verbindet (Orta 2013).

10.4.1   „Der Salar ist sehr gefährlich"

Llica ist landwirtschaftlich geprägt und liegt wie die meisten Dörfer rund um den Salar nicht direkt an dessen Ufern, sondern circa 10 Kilometer landeinwärts. Die Gemeinde zählt über 800 EinwohnerInnen, viele leben vom Quinoaanbau für den Export ins Ausland.[4] Aufgrund der über die letzten Jahre stark gestiegenen Marktpreise und der mit Quinoa zu erzielenden Einnahmen kehren inzwischen sogar MigrantInnen aus den Städten Boliviens oder aus dem Nachbarland Chile in ihren Geburtsort zurück. Ein wichtiger Bestandteil des landwirtschaftlichen Lebens sind traditionell auch Lamas und Schafe. Doch die Zahl der Tiere ist in den letzten Jahren drastisch zurückgegangen, was u. a. mit sich häufenden Dürreperioden oder dem hohen Arbeitsaufwand bei geringem Gewinn begründet wird. Es ist lukrativer geworden Quinoa anzubauen als Lamas zu züchten und deren Fleisch und Wolle auf den Märkten der Region und in den Nachbarorten jenseits der Grenze zu Chile zu verkaufen. Der Handel in Llica beschränkt sich auf eine Handvoll Lebensmittelläden. Anders als in anderen Regionen des Departements Potosí ist die Kombination der Einkommensquellen aus Landwirtschaft und Arbeit in Minen in Llica kaum üblich und auch das Salz des Salars wurde hier nie kommerziell abgebaut. Das Salz für den häuslichen Gebrauch, erinnern sich die Alten des Dorfes, wurde mit Eseln aus einem einen knappen Tagesmarsch landeinwärts gelegenen Krater geholt, weil es dort feiner und weniger mit Lehm verunreinigt ist und außerdem intensiver schmeckt. Heute kaufen die Menschen abgepacktes und mit Jod angereichertes, industriell verarbeitetes Salz.

Wenn ich in Llica Menschen bat, mir über den Salar zu berichten, so hoben sie stets die Gefahren hervor, die von ihm ausgehen. Über Jahrhunderte hatte der Salzsee den Ort vom Landesinneren Boliviens getrennt und die räumliche Orientierung des Lebens der Gemeindemitglieder richtete sich auf das Land im Grenzgebiet zu Chile. Doch seit der Ankunft des Automobils in der Region verbindet der Salar mit seiner steinharten, ebenen Salzkruste und den darauf verlaufenden Transportrouten (vgl. Abb. 10.1) die Dörfer an seinen Ufern miteinander und insbesondere mit Uyuni, von wo aus heute Busse in alle größeren Städte Boliviens und in die Nachbarländer Chile und Argentinien fahren.

Eine junge Lehrerin vergleicht den Salar mit einer Autobahn: Bei der knapp dreistündigen Fahrt mit dem Bus von Uyuni nach Llica (ca. 180 km) kann sie im Bus sogar lesen – undenkbar auf den meisten Straßen in Bolivien. Doch die Zunahme des Verkehrs auf dem Salar hat vielen Menschen das Leben gekostet. Der Salar ist sehr gefährlich, weil auf ihm viele Unfälle passieren. Bei der hohen Reisegeschwindigkeit platzen Reifen und Autos überschlagen sich. Häufig wurde mir über einen unerklärlichen Unfall im Jahr 2008 berichtet, bei dem auf der bis zum Horizont reichenden Ebene zwei Jeeps mit Touristen frontal zusammengestoßen waren. Es starben 13 Personen.

---

[4] Quinoa ist ein sog. Pseudogetreide, das im Deutschen auch als Inkakorn, Inkareis oder Andenhirse bekannt ist. Im Andenhochland wird die einjährige, krautige Pflanze (botanisch *chenopodium quinoa*) seit prä-inkaischer Zeit kultiviert. Die sich in großen Fruchtständen entwickelnden Körner der Pflanze sind auch ein – mit der steigenden Nachfrage aus dem Ausland immer teurer werdendes – Grundnahrungsmittel der lokalen Bevölkerung.

Abb. 10.1 Autopiste auf dem Salar de Uyuni, Bolivien. (Foto: privat)

Der Salar ist sehr gefährlich, weil man auf ihm schnell die Orientierung verliert. Die Distanzen sind schwer einzuschätzen und Luftspiegelungen täuschen das Auge. Wer bei Pannen den Fehler begeht, das Fahrzeug zu verlassen und zu Fuß weiterzugehen, verläuft sich bis zur Erschöpfung und stirbt. Oft werden die Toten nicht gefunden. Viele Menschen in Llica haben auf diese Weise Angehörige verloren. Nachts schluckt das Weiß des Untergrunds das Licht der Fahrzeuge und die Sicht beträgt nur wenige Meter. Immer wieder, so heißt es, seien Autos deshalb nachts ungebremst gegen die Felsen einer der Inseln oder am Ufer gefahren. Bei Reisen in der Dunkelheit schalten die Fahrer daher immer wieder das Licht aus, auch um sich – wie tagsüber – an markanten Landschaftsmerkmalen wie dem Vulkan Tunupa oder den Inseln zu orientieren.

Der Salar ist sehr gefährlich, weil Fahrzeuge auf ihm gänzlich verschwinden. Manche sagen, es gibt eine Art „Bermuda-Dreieck", aus dem man nicht zurückkehrt. Es kommt auch vor, dass ein Fahrer ein *ojo de sal* – ein Loch in der Salzkruste – nicht rechtzeitig sieht und mit dem Fahrzeug für immer in die unergründliche Tiefe des Salzsees stürzt.

Bevor sie ihr Fahrzeug auf den Salzsee lenken, halten viele Reisende deshalb an, um der *Pachamama*, der Mutter Erde, Cocablätter und Alkohol zu opfern (*ch'allar*). Ihr Vater habe noch richtigen Alkohol – die *Pachamama* mag süßen Wein und den Weinbrand *Singani* – geopfert und darum gebeten, das gegenüberliegende Ufer „ohne Neuigkeiten" zu erreichen. Heute gäben die Leute der *Pachamama* oft Bier, sagt Doña Maria[5], mit weit über 80 Jahren eine der ältesten Frauen im Ort. Sie führt die vielen Unfälle und Toten auf die andere Substanz beim *ch'allar*, auf die fehlerhafte Praxis im Umgang mit der *Pachamama* und auch auf die heute bei Vielen mangelhaften Sprachkenntnisse des Aymara in der Kommunikation mit der *Pachamama* zurück.

Das lokale Wissen über den Salar basiert auf den Erfahrungen des Lebens mit ihm. Es umfasst das Wissen über seine Gefahren wie auch darüber, mittels welcher Praktiken diese gemindert werden können. Nur wer sich auskennt, kann ein Fahrzeug sicher über den Salar lenken. Die Beschaffenheit des Salzes, die Lage der Berge, der Inseln und der *ojos de sal* sowie die Wegführung der befahrenen Pisten sind Aspekte des kontextualisierten, verkörperten und praxisorientierten Wissens, die für die Überquerung des Salars grundlegend sind.

In manchen Erklärungen über die vom Salar ausgehenden Gefahren kommt das Wissen über den Salzsee als Lagerstätte für natürliche Ressourcen zum Ausdruck. Inzwischen kann man sich auf ihm mithilfe von GPS orientieren (worauf Ortskundige kaum zurückgreifen müssen), doch zu Zeiten des Kompasses gab es keine technologischen Hilfsmittel: Die Nadel des Kompasses spielte auf dem Salar verrückt, was einige Gemeindemitglieder Llicas auf die in der Lauge enthaltenen Mineralien zurückführten. Andere, wie der knapp 60jährige Lehrer Don César, integrieren Wissen über den Mineralienreichtum des Salars in die indigene Kosmovision: Der Salar als lebendige, nicht menschliche Entität ist Teil der *Pachamama*. Es besteht ein Zusammenhang zwischen seinem Reichtum und all den verschwundenen Personen und Todesopfern: Der Salar isst oder holt sich im Abstand von ca. acht bis zehn Jahren Menschen, weil er reich an Mineralien ist.[6] In diesen Erklärungen über Eigenschaften des Salars werden Aspekte jenes spezifischen Wissens in lokales Erfahrungswissen integriert, das nationale sowie internationale WissenschaftlerInnen, PlanerInnen und PolitikerInnen insbesondere der regionalen und nationalen Ebene und – v. a. ausländische – Unternehmen über den Salar generieren und z. T. medial verbreiten.

Lithium wird in seinem sozialen Leben entlang der Wertschöpfungskette von unterschiedlichen Arten des Wissens begleitet. Der für den technologischen Wandel im globalen Norden benötigte Stoff konstituiert den Salar als Ort des Ressourcenvorkommens, an dem wiederum unterschiedliche Arten des Wissens ineinandergreifen. Durch dieses Zusammenspiel auf der lokalen Ebene wird der Eingang des Stoffs in die globale Sphäre erleichtert, sind doch bspw. WissenschaftlerInnen, die Explorationsbohrungen zur Erkundung der Mineralienkonzentrationen des Salars durchführen, auf die Hilfe von lokalen FahrerInnen angewiesen. Denn wissenschaftliches Wissen über die in den Tiefen des Sa-

---

[5] Alle Namen von GesprächspartnerInnen sind anonymisiert.
[6] Dieses Verständnis legt – wie auch die unerklärlichen Unfälle – nahe, dass der Salar unter der Herrschaft des *tío* steht. Diese unter der Erde lebende, diabolische Entität ist Patron der Minen. Der *tío* kann den Minenarbeitern sowohl Reichtum als auch Gefahren bringen (Absi 2005). Die Gemeindemitglieder in Llica stellen jedoch kaum explizite Verbindungen zwischen dem Salar und dem *tío* her.

lars verborgenen Reichtümer befähigt nicht dazu, sich kundig auf dessen Oberfläche zu bewegen. Mit zunehmender Distanz vom Salar und mit dem Eintritt in die Wertschöpfungskette geht das Wissen der BewohnerInnen der Region so weit verloren, dass der Salar schließlich im Licht einer „unberührten Landschaft" erscheinen kann. Das andernorts über Lithium vorherrschende Wissen gelangt dagegen – partiell – nach Llica und gewinnt dort, wie ich im Folgenden ausführen werde, an Relevanz.

10.4.2   Der „Salar de Tunupa" und die zukünftige Lithium-Universität

Vor allem Männer in Llica, die politische Ämter innehaben, betonen, dass der Salar nicht „Salar de Uyuni", sondern „Salar de Tunupa" heißt. Sie verweisen in diesem Zusammenhang weniger auf die Mythen über die Entstehung des Salars, nach denen der Salzsee aus den Tränen und/oder der Milch aus den Brüsten der schönen Tunupa entstand. Tunupa ist der Name des weiblichen Vulkans, der am nördlichen Ufer des Salars thront. Die Männer beziehen sich vielmehr auf die Gesetze Nr. 120 und 121 aus dem Jahr 1949 respektive 1961, um zu belegen, dass der Name „Salar de Uyuni" falsch ist: Die Gesetze über die Gründung der Provinz Daniel Campos schreiben das Territorium des Salars vollständig der Provinz Daniel Campos – in der auch der Vulkan Tunupa liegt – zu. Die Stadt Uyuni dagegen gehört der Provinz Daniel Quijarro an.

Hervorgegangen ist die Provinz Daniel Campos aus der Provinz Nor Lípez, die ihr fruchtbares Land behielt. Die neue Provinz Daniel Campos dagegen setzte sich aus weniger als 2000 km^2 landwirtschaftlich nutzbarer Fläche und dem über 10.500 km^2 großen Salzsee zusammen. Lange schien es deshalb, als sei Daniel Campos bei ihrer Gründung benachteiligt worden.

Im performativen Sprechakt der Nennung des Namens „Salar de Tunupa" wird die rechtmäßige Zugehörigkeit des Territoriums des Salzsees vor allem im Hinblick auf den Sektor des Tourismus evoziert und reklamiert. Im Gegensatz zu Uyuni profitieren die Dörfer der Provinz Daniel Campos bisher kaum von den zahlreichen KonsumentInnen spektakulärer Natur. In „Salar de Tunupa" kommen *„cultural politics"* (Escobar 1998, S. 64) zum Ausdruck, die den Namen und damit verbundene Bedeutungen zu re-definieren sowie die qua Praktiken der touristischen Nutzung entstandenen Machtverhältnisse und ökonomischen Verhältnisse am Salar zu re-konfigurieren suchen. Inzwischen ist der Salzsee zudem zu einer Lagerstätte für Ressourcen geworden. Die Pilotanlage Llipi liegt allerdings offiziell in der Provinz Nor Lípez, weshalb die Verteilung der zukünftigen Einnahmen aus dem Lithiumabbau zu Ungunsten von Daniel Campos befürchtet wird (s. a. Hollender und Shultz 2010; Ströbele-Gregor 2012). Darüber hinaus ist der Salar seit 1974 *reserva fiscal*, ein Status, der die Mineralienreserven als strategisch definiert. Ihre Verwaltung, Gewinnung, Verarbeitung und Vermarktung obliegt damit de facto dem Staat (Ströbele-Gregor 2012, S. 27 f.). Mineralien – wie Lithium – werden zudem in der neuen Verfassung aus dem Jahr 2009 und im Bergbaugesetz von 2014 als natürliche Ressourcen festgeschrieben, die strategischen Charakter haben und von öffentlichem Interesse sind.

Sie sind deshalb Eigentum des bolivianischen Volkes und es ist Aufgabe des Staates, sie dem kollektiven Interesse folgend zu verwalten. Der Salar droht somit auch im Kontext des Lithiumabbaus der Provinz Daniel Campos zu entgleiten. Aber: „Der Salar birgt nicht nur Mineralien. Er birgt auch Wissen", hält ein Mitglied des *comité cívico*, des Bürgerkomitees von Llica, fest und verweist damit auf verschiedene Pläne zur Gründung einer Lithium-Universität in Llica.

Die Vorstellung von einer zukünftigen Lithium-Universität ist lokal und kulturell. Im Jahr 2010 schlossen sich erstmals etwa zehn Männer und Frauen des Ortes zu einem Gründungskomitee zusammen, um die Einrichtung der „Universidad Boliviana de Litio" (UBL) voranzutreiben. Das Projekt wurde Anfang 2011 den *autoridades originarias*, dem Bürgermeister und dem Gemeinderat als VertreterInnen des Staates, den Schulen im Ort und den Gemeindemitgliedern vorgestellt. Es fand breite Unterstützung, die in einem Festakt und mit einem Aymara-Ritual besiegelt wurde. Die Gemeindemitglieder von Llica begannen so, die Zukunft als Horizont ausgehend von Lithium zu konstruieren.

10.4.2.1 Die Vorstellung von einer „Universidad Boliviana de Litio"

Durch spezifische Konfigurationen von Vorstellungskraft, Streben und Hoffnung sowie Antizipation nimmt Zukunft Gestalt an und sie besteht in der Konstruktion von Differenz zur Gegenwart. Vorstellungskraft ist eine kollektive Praxis, durch die Zukünfte hergestellt werden (Appadurai 2013b, S. 285 ff.). Lithium aktiviert und bedingt die Vorstellungskraft von Menschen in Llica. „Es ist der Zeitpunkt, in Daniel Campos mit Lithium eine große Vision zu entwickeln", beschreibt ein Mitglied des Gründungskomitees der UBL die gegenwärtige Situation. Durch seine Lage im Raum weist der Stoff, der die Bedeutung des Salars verändert, neue Wege in die Zukunft auf. Innerhalb ihres lokalen und kulturellen Rahmens wird die Vision konkret: Die staatlichen Gesetze und Normen erlauben es den BewohnerInnen der Provinz nicht, sich – wie im Bergbau in Bolivien verbreitet – zu Kooperativen zusammenzuschließen, um Lithium selber zu gewinnen. Vor diesem Hintergrund bezieht sich die Vorstellungskraft auf Wissen über Lithium, wobei die in der UBL einst zu vertretenden Disziplinen – mit der Ausnahme von Elektrochemie – noch nicht konkretisiert wurden. Gleichzeitig speist sie sich aus der Vergangenheit und Gegenwart des Ortes, denn die Gemeindemitglieder von Llica knüpfen mit der Vorstellung von einer Lithium-Universität an die lokale Geschichte an, um sie für die Zukunft fortzuschreiben: Ehemalige Soldaten des Chaco-Krieges hatten nach ihrer Rückkehr nach Llica im Jahr 1937 die erste Schule gegründet – u. a. mit dem Ziel, Alternativen zur Migration nach Chile zu bieten. Im Jahr 1961 gelang es Gemeindemitgliedern, ohne finanzielle und technische Hilfe durch den Staat eine Schule für die Ausbildung von LehrerInnen zu gründen. Sie sollte den Jugendlichen der Region neue Berufsperspektiven eröffnen und dem im Südwesten Boliviens herrschenden Mangel an LehrerInnen begegnen. Beide Schulen bestehen bis heute fort und geben ein lebendiges Beispiel für die Wirkmächtigkeit lokaler Initiativen und lokalen Handelns. Auch gegenwärtig bestimmen kulturelle Werte wie Bildung, Vorsorge für zukünftige Generationen und Patriotismus die Herstellung der lokalen Zukunft.

Die Universidad Boliviana de Litio (UBL) muss ihre Aktivitäten so planen, dass sie auf den Bedarf der Ausbildung und Schulung von Humanressourcen für die unterschiedlichsten und spezifischsten Berufszweige reagieren kann. In diesem Fall handelt es sich um Lithium und die evaporiten Rohstoffe, die im Salar de Uyuni (Tunupa) lagern. Forschung heißt, Bewusstsein über unsere Realität zu erlangen, und nur wenn wir dieses Bewusstsein haben, werden wir wahre Wissenschaft, Kenntnis und nationale Technologie kreieren. (Visión Universitaria 2011; Übersetzung KV)

Das Projekt der Lithium-Universität adressiert die als Problem wahrgenommene, intranationale Land-Stadt-Migration junger Menschen, indem es Möglichkeiten für einen höheren Bildungsabschluss und höher qualifizierte Arbeiten vor Ort schaffen soll. Aufgabe der auf höchstem wissenschaftlichem Niveau ausgebildeten Fachkräfte soll es dann sein, die chemische Industrie weiterzuentwickeln und die Forschung voranzutreiben, sodass schließlich in Llica ein Entwicklungszentrum entsteht, das in den gesamten Südwesten Boliviens ausstrahlt. Das Streben nach *desarollo* (Entwicklung) bildet einen weiteren Aspekt dessen, wie Gemeindemitglieder Zukunft machen und wie die Zukunft ihr gegenwärtiges Handeln prägt. „Entwicklung" ist das Ziel, das mittels einer Lithium-Universität und akademischer Bildung erreicht werden soll. Vonseiten des Gründungskomitees der UBL wird „Entwicklung" als Befreiung aus ökonomischer, politischer, sozialer und kultureller Ungleichheit definiert, wobei Bildung, individueller Wohlstand und eine prosperierende Ökonomie priorisiert werden. Nachdem Entwicklung in Form von Elektrizität und Netzabdeckung durch einen Mobilfunkanbieter das Dorf im vergangenen Jahrzehnt erreicht hat, assoziieren viele andere Menschen in Llica das Wort derzeit in erster Linie mit einem Wandel der materiellen Kultur – mit asphaltierten Straßen, mit Häusern aus Ziegelstein statt wie bisher aus Lehm und mit Traktoren zur Bearbeitung der Quinoafelder.

10.4.2.2   Das Streben nach Entwicklung

Hoffnung und Streben sind universelle menschliche Fähigkeiten. Sie sind – insbesondere was Mitsprache und ökonomische Bedingungen anbelangt – ein Schlüssel für die Veränderung des Status quo hin zu einer wünschenswerten Zukunft. In ihren kulturell spezifischen Ausprägungen erschließen sich Hoffnung und Streben durch die Betrachtung lokaler Vorstellungen vom „guten Leben" (*buen vivir*). Das Bild vom „guten Leben" gleicht einer Landkarte, auf der sich die Reise von hier nach dort, von jetzt nach dann abzeichnet. Seine Kraft gewinnt dieses Bild aus lokalen Werten, aus ethischen Normen und aus der Religion (Appadurai 2013b, S. 292). Im religiösen System der sich mehrheitlich als Nachfahren der Aymara identifizierenden Bevölkerung in der Region sind indigene und katholische Praktiken und Ideen miteinander verflochten. Beispielsweise werden am Marienfeiertag *costumbres* durchgeführt: Sie bestehen in der Erfüllung der Pflicht durch eine jährlich wechselnde Familie, ein mehrtägiges Fest für die gesamte Dorfgemeinschaft auszurichten. Im Rahmen dieses Festes werden der Heiligen Jungfrau als Schutzpatronin der Dorfkirche genauso wie der *Pachamama* zum Dank Rauch (*q'oar*), Lamablut, Cocablätter und Alkohol dargebracht. Ein *yatiri* (ein Wissender) leitet die Riten und liest die nähere Zukunft u. a. aus Cocablättern.

In der Kosmovision und im gesellschaftlichen Zusammenleben der Gemeindemitglieder gelten Harmonie, Komplementarität und Gemeinschaft als zentrale Werte und als Voraussetzung für ein „gutes Leben". Dagegen wurden bspw. Neid und Territorialkonflikte im Kontext des Quinoaanbaus von einigen Gemeindemitgliedern als Grund für die sich auf die Umgebung von Llica beschränkende Dürre um den Jahreswechsel 2013/2014 angesehen, die vielen Menschen im Ort große Sorgen bereitete. Lokale Gemeinschaften sind nicht als vorgefunden, sondern als durch soziales Handeln konstituiert und re-konstituiert zu verstehen. Der produktive und kreative Prozess des sozialen Handelns setzt Menschen sowie Menschen und Orte zueinander in Beziehung. Vor diesem Hintergrund kann das Streben nach Entwicklung in Form von Modernisierung als nicht ausschließlich ökonomisch motiviert interpretiert werden. Seine kulturell spezifische Kraft gewinnt es auch aus der Herstellung von Gemeinschaft mit und für zukünftige Generationen: Ziel ist ein „gutes Leben" in der Gemeinde Llica, in der Provinz Daniel Campos und im vom Staat traditionell vernachlässigten Südwesten des Departements Potosí. Diese – letztlich durch die globale Nachfrage nach Lithium und den Bedeutungswandel des Salars angestoßene – Herstellung von Gemeinschaft verweist mit Andrew Orta (2004), der die Missionierung der bolivianischen Aymara als eine Form der Globalisierung untersucht, auf die menschliche Fähigkeit, komplexe und anspruchsvolle globale Kontexte aus der lokalen Perspektive schlüssig und bedeutungsvoll zu machen. In ihrem Streben nach einer Lithium-Universität und nach Entwicklung sind die Menschen in Llica „profoundly engaged with a complex and changing world" (Orta 2004, S. ix).

10.4.2.3 Wahrscheinlichkeit und Möglichkeit: Der Salar als Kontaktzone

Antizipation, Spekulation und Risiko bilden einen weiteren Aspekt der Zukunft als kulturell organisierte Dimension des menschlichen Lebens. Die Globalisierung geht mit einem Ringen zweier kontrastierender ethischer Haltungen einher, die Appadurai (2013b, S. 295) als *ethics of possibility* und *ethics of probability* definiert. Die *ethics of possiblity* stehen für jene Arten des Denkens, Fühlens und Handelns, die den Horizont der Hoffnung erweitern. Sie stärken die Vorstellungskraft und führen zu einer ausgeglichenen Verteilung der kulturellen Fähigkeit des Strebens. Diese ethische Haltung ist charakteristisch für Politiken der Hoffnung. Die *ethics of probability* stehen für jene Arten des Denkens, Fühlens und Handelns, die dem Diagnostizieren, Zählen und Rechnen entspringen. Die Ethik der Wahrscheinlichkeit ist charakteristisch für jene Form des Casinokapitalismus, der von Katastrophen profitiert und in dem Wetten auf Desaster abgeschlossen werden (Appadurai 2013b, S. 295). Die beiden ethischen Haltungen treffen in spezifischen – lokalen, historischen und kulturellen – Kontexten aufeinander, wenn wissenschaftliche Prognosetechniken einerseits und alltägliche Praktiken und Strategien der Herstellung von Zukunft andererseits interagieren. In den Zonen und Praktiken des Kontakts zwischen den beiden Haltungen finden komplexe Aushandlungsprozesse statt.

Durch Lithium wird der Salar de Uyuni (Tunupa) zu einer solchen Kontaktzone. In ihr treffen – zugespitzt dargestellt – die *ethics of probability* und die *ethics of possiblity* in Form von zwei kontrastierenden Sichtweisen (und in der Zukunft möglicherweise konflikthaft, vgl. Ströbele-Gregor 2012) aufeinander. Für diejenigen, die – wie eingangs skizziert – auf der Grundlage von Lithium einen technologischen Wandel fokussieren, steht der Salar metonymisch für Lithium: Zwischen dem Salar de Uyuni und Lithium besteht eine Beziehung der räumlichen und sachlichen Nähe, sodass der Ort eigentlich den Stoff meint. In den entsprechenden Prognosen, Schätzungen, Messungen, Forschungen und Entwicklungen von Technologien wird der Salzsee auf eine Lagerstätte für die natürliche Ressource Lithium enggeführt. In historischer Kontinuität konzentriert sich das Interesse auf die Ausbeutung dieser natürlichen Ressourcen unter weitgehender Ausblendung des räumlichen und sozialen Kontexts. Dieses Denken und Handeln entspringt der Ethik der Wahrscheinlichkeit, indem es – vor dem Hintergrund von Klimawandel und Peak Oil – auf den Erhalt bestehender politischer sowie wirtschaftlicher Strukturen und auf die Sicherung wirtschaftlicher Vormachtstellungen in einer globalen kapitalistischen Ökonomie abzielt. Für diejenigen, die ausgehend von Lithium vor Ort eine andere Zukunft machen wollen, verweist umgekehrt Lithium auf den Salar de Tunupa. Diese Sichtweise bettet Lithium in den lokalen Kontext ein. Lithium ist einer von vielen Aspekten des gegenwärtigen und zukünftigen Lebens am und mit dem Salzsee. Das sich auf den Stoff beziehende Denken, Fühlen und Handeln folgt der Ethik der Möglichkeit, indem es optimistisch nach mehr Teilhabe für die Menschen der Region strebt. Ziel ist, mit Lithium aus der Geschichte der Region und des Landes auszubrechen.

10.4.3 Postdata

Vielleicht bleibt die *Universidad Boliviana de Litio* eine Vision – auch wenn das Gelände für ihren Bau ausgewiesen ist, bolivianische Universitäten schriftlich ihre Unterstützung zugesagt haben und Symbole wie Flagge, Wappen sowie Stempel kreiert wurden. Wo kleinere Systeme mit größeren, weiter entfernteren Systemen interagieren, entsteht durch das Zusammenspiel von Wissen und Nichtwissen ein Drehkreuz, das den Durchlauf mancher Dinge begünstigt und die Bewegung anderer Dinge blockiert (Appadurai 2013a, S. 59 [1986]). Die hindernde Wirkung dieses Drehkreuzes erfahren derzeit die Gemeindemitglieder von Llica, die die Einrichtung einer Lithium-Universität vorantreiben wollen. Als eine der größten Schwierigkeiten für ihr Zukunftsprojekt erachten sie die Abwesenheit von wissenschaftlichem und technologischem Lithiumwissen in Bolivien.

Einer charismatischen Führungspersönlichkeit aus dem Gründungskomitee, die private Verbindungen nach Europa unterhält, kam die Aufgabe zu, Wissen, Menschen und eventuell finanzielle Unterstützung aus dem Ausland nach Llica zu holen, um die UBL realisieren zu können. Ausgehend von Lithium und durch ihre Vermittlungtätigkeit zwischen dem kleineren System der Gemeinde Llica und dem größeren System, für das europäische WissenschaftlerInnen und Universitäten stehen können, entstanden grenzübergreifende soziale Beziehungen. Sie sollten in Kooperationen münden, im Rahmen derer der europäische Partner einen Wissenstransfer leistet und dafür die Möglichkeit erhält, direkt am Ort des Lithiumvorkommens und in den Laboratorien der UBL zu forschen.

Nachdem die Schlüsselperson aus persönlichen Gründen aus dem in diesem Beitrag beschriebenen Projekt der UBL ausscheiden musste, liegt es auf Eis: Die übrigen Mitglieder
des Gründungskomitees erleben sich als nicht in der Lage, die Laufrichtung des Drehkreuzes an der Schnittstelle von Wissen und Nichtwissen umzukehren.

Gegenwärtig plant das Bürgerkomitee von Llica eine andere – weniger ambitionier-
te – Lithium-Universität und konzeptualisiert auf diese Weise weitere Möglichkeiten, die
die Zeit dem Raum bietet (Abram und Weszkalnys 2011). Wie und ob je wissenschaftliches und technologisches Wissen über Lithium in Llica generiert wird, um Eingang in
das globale Korpus des Wissens über diesen Stoff zu finden, ist offen. Wenn die Hür-
de der Ungleichheit nicht überwunden werden kann, drohen sich jene Kräfte, die das
Land seit der Kolonialzeit politisch, ökonomisch und wissenschaftlich im globalen Süden verorten, zu perpetuieren. Viele Gemeindemitglieder in Llica sind sich dessen bewusst.

10.5 Fazit

Lithium führt ein soziales Leben in Zeit und Raum, indem Menschen lokal und kulturell
unterschiedliche Zukünfte mit Lithium machen. Der Stoff steht in Deutschland vor allem
für einen technologischen Wandel in ein postfossiles Zeitalter und für eine Fortschreibung des Status quo – nicht nur trotz, sondern gerade auch mittels einer Veränderung
der Energiebasis. In Bolivien dagegen will man mit Lithium die Geschichte des Extraktivismus – im Sinn von Rohstoffexport – überwinden, die das Land seit der Kolonialzeit
prägt. Lithium nährt Hoffnungen auf einen Industrialisierungssprung, auf Modernisierung, Entkolonialisierung und auf die Überwindung globaler, nationaler und regionaler
Ungleichheitsstrukturen. Unterschiedliche Zukünfte mit Lithium sind somit nicht allein
durch die geografische Lage des Rohstoffs im Raum, sondern auch zeitlich bedingt. Die
Vergangenheit, die Deutschland sozio-ökonomisch sowie politisch im globalen Norden
und Bolivien im globalen Süden positioniert, beeinflusst die Herstellung von Zukünften
durch und mit Lithium. Diese treffen am Salar de Uyuni (Tunupa) in Form von unterschiedlichen Perspektiven und Interessen an Lithium aufeinander.

Der Ethik der Wahrscheinlichkeit folgend ist Lithium Motor für technologischen Wan-
del. In diesem Kontext wird der Salzsee in Bolivien auf eine Lagerstätte natürlicher Res-
sourcen reduziert. Der Ort ist dabei prinzipiell austauschbar, nur der Stoff ist wichtig.
Gleichzeitig macht Lithium den Salar de Tunupa zu einem Lebensraum, den die an seinen
Ufern lebenden Menschen der Ethik der Möglichkeit folgend anders zu gestalten suchen.
Der Stoff ist eigentlich austauschbar, nur der Ort ist wesentlich. Die Austauschbarkeit des
Ortes einerseits und die zentrale Bedeutung des Ortes andererseits schaffen ein Ungleich-
gewicht. Vor diesem Hintergrund ist es möglich, in Bolivien eine andere, erstrebenswerte
Zukunft mit Lithium herzustellen – und es ist naheliegend, dass neue Abhängigkeitsstruk-
turen entstehen.

Literatur

Abram S, Weszkalnys G (2011) Anthropologies of planning, temporality, imagination, and ethnography. Focaal 61:3–18

Absi P (2005) Los ministros del diablo: El trabajo y sus representaciones en las minas de Potosí. PIEB, La Paz

Achzet B, Reller A, Zepf V, Rennie C, Asheld M, Simmons J (2011) Materials critical to the energy industry. An introduction. Universität Augsburg, Augsburg

Altvater E (2013) Der unglückselige Rohstoffreichtum. Warum Rohstoffextraktion das gute Leben erschwert. In: Burchardt H, Dietz K, Öhlschläger R (Hrsg) Umwelt und Entwicklung im 21. Jahrhundert: Impulse und Analysen aus Lateinamerika. Studien zu Lateinamerika, Bd. 20. Nomos, Baden-Baden, S 15–32

Appadurai A (2013a) Commodities and the politics of value. In: Appadurai A (Hrsg) The future as cultural fact: Essays on the global condition. Verso, London, S 9–60 (Orig. 1986)

Appadurai A (2013b) The future as cultural fact: Essays on the global condition. Verso, London

BMBF (2009) Nationaler Entwicklungsplan Elektromobilität der Bundesregierung. Bundesministerium für Bildung und Forschung, Berlin. http://www.bmbf.de/pubRD/nationaler_entwicklungsplan_elektromobilitaet.pdf. Zugegriffen: 31.03.2014

BMBF – Bundesministerium für Bildung (2013) Elektromobilität: Das Auto neu denken. Berlin. http://www.bmbf.de/de/14706.php. Zugegriffen: 11.03.2013

Escobar A (1998) Whose knowledge? Whose nature? Biodiversity, conservation, and the political ecology of social movements. Political Ecology 5:53–82

GNRE – Gerencia Nacional de Recursos Evaporíticos (2010a) Órgano de difusión de la Geréncia Nacional de Recursos Evaporíticos. COMIBOL 32

GNRE – Gerencia Nacional de Recursos Evaporíticos (2010b) Órgano de difusión de la Geréncia Nacional de Recursos Evaporíticos. COMIBOL 35

GNRE – Gerencia Nacional de Recursos Evaporíticos (2013) Memoria Institucional. http://www.evaporiticos.gob.bo/wp-content/uploads/2014/01/memoria2013.pdf. Zugegriffen: 09.05.2014

HCB (2010) Bolivia inicia sola el proceso para industrializar el litio. Hidrocarburosbolivia.com. Zugegriffen: 09.05.2014

Hollender R, Shultz J (2010) Bolivia and its lithium: Can the „gold of the 21st century" help lift a nation out of poverty? A democracy center special report. The Democracy Center, Cochabamba. http://democracyctr.org/wp/wp-content/uploads/2011/10/DClithiumfullreportenglish.pdf. Zugegriffen: 31.03.2014

Kohl KH (2000) Ethnologie – die Wissenschaft vom kulturell Fremden: Eine Einführung. C. H. Beck, München

Nacif F (2012) Bolivia y el plan de industrialización del litio: un reclamo histórico. Centro Cultural de la Cooperación Floreal Gorini 14/15. http://www.centrocultural.coop/revista/articulo/322/. Zugegriffen: 31.03.2014

Orta A (2004) Catechizing culture: Missionaries, Aymara and the „New Evangelization". Columbia University Press, New York

Orta A (2013) Forged communities and vulgar citizens: Autonomy and its *límites* in semineoliberal Bolivia. Latin American and Caribbean Anthropology 18:108–133

Risacher F, Fritz B (1991) Quaternary geochemical evolution of the salars of Uyuni and Coipasa, Central Altiplano. Bolivia Chemical Geology 90:211–231

Rupp L (2013) Der Lithium-Konflikt in Bolivien. Aushandlungen von Staatsbürgerschaft im Departamento Potosí im historischen Kontext. Kompetenznetz Lateinamerika Working Paper Series 6. Kompetenznetz Lateinamerika – Ethnicity, citizenship, belonging. http://www.kompetenzla.uni-koeln.de/fileadmin/WP_Rupp.pdf. Zugegriffen: 31.03.2014

SATW – Schweizerische Akademie der Technischen Wissenschaften (2010) Seltene Metalle: Rohstoffe für Zukunftstechnologien. Zürich

Simmel G (1978) The philosophy of money. Routledge, London (Orig. 1907)

Stamp A, Lang DJ, Wäger PA (2012) Environmental impacts of a transition toward e-mobility: The present and future role of lithium carbonate production. Cleaner Production 23:104–112

Ströbele-Gregor J (2012) Lithium in Bolivien. Das Staatliche Lithium-Programm, Szenarien sozioökologischer Konflikte und Dimensionen sozialer Ungleichheit desiguALdades.net Working Paper, Bd. 13. desiguALdades.net Researchnetwork on interdependent inequalities in Latin America, Berlin

USGS – U.S. Geological Survey (2013) Mineral commodity summaries: Lithium. Washington DC. http://minerals.usgs.gov/minerals/pubs/commodity/lithium/mcs-2013-lithi.pdf. Zugegriffen: 31.03.2014

Visión Universitaria (2011) Boletín informativo del comité impulsor Nr 3

Teil III
Technologiemetalle, Produkte und Märkte

Bedarf an Metallen für eine globale Energiewende bis 2050 – Diskussion möglicher Versorgungsgrenzen

11

Ernst Schriefl und Martin Bruckner

11.1 Einleitung

In welchem Ausmaß werden Metalle für eine globale Energiewende benötigt? In diesem Beitrag wird dieser Frage anhand der Erläuterung der Ergebnisse eines Szenarios nachgegangen. Unter einer Energiewende wird im Folgenden der Umbau des Energiesystems in der Art verstanden, dass Technologien auf der Basis von fossilen und atomaren Quellen (im Endeffekt) zur Gänze durch Energietechnologien ersetzt werden, die erneuerbare Energiequellen nutzen, und zwar in diesem Beitrag im globalen Maßstab. In der Regel wird neben dem Ausbau der Erneuerbare-Energie-Technologien auch die deutliche Steigerung der (technischen) Energieeffizienz für das Gelingen der Energiewende als entscheidend gehalten, gelegentlich wird auch die Bedeutung der „Suffizienz" in diesem Zusammenhang betont (siehe z. B. Schriefl et al. 2011).

Die konkrete Operationalisierung des Begriffs der Energiewende im Rahmen dieses Beitrags und die Szenarioannahmen im Detail finden sich in Abschn. 11.2. Die Ergebnisse dieses spezifischen Szenarios werden in Abschn. 11.3 dargestellt. Anschließend werden die Ergebnisse und Annahmen dieses Szenarios diskutiert und mit anderen Studien in Bezug gesetzt, um die Ergebnisse einordnen zu können und so ein umfassenderes Bild zu erhalten (s. Abschn. 11.4). Der Beitrag schließt mit einer Zusammenfassung und Schlussfolgerungen (s. Abschn. 11.5).

E. Schriefl (✉)
Wien, Österreich
email: ernst.schriefl@energieautark.at

M. Bruckner
Institute for Ecological Economics, WU Vienna University of Economics and Business
Wien, Österreich

© Springer-Verlag Berlin Heidelberg 2016
A. Exner et al. (Hrsg.), *Kritische Metalle in der Großen Transformation*,
DOI 10.1007/978-3-662-44839-7_11

Folgende Aspekte der Szenario-Annahmen bestimmen die Ergebnisse:

1. Welche Technologien werden betrachtet? Das heißt: Fließt bspw. auch der Ausbau von Strom- und anderen Energienetzen oder Speichertechnologien in das Szenario mit ein?
2. Diffusionsgeschwindigkeit der einzelnen Erneuerbare-Energie-Technologien: Wie viel Kapazität einer bestimmten Technologie ist wann ausgebaut? Und davon abgeleitet: Wie viel an Kapazität muss in einem bestimmten Jahr zugebaut werden?
3. Feingliederung des Technologiemixes pro Technologie: Wie entwickeln sich beispielsweise die relativen Anteile verschiedener Photovoltaik-Technologien (wie kristalline und verschiedene Dünnschichttechnologien) im Zeitverlauf? Dieser Aspekt gilt sinngemäß auch für andere Technologien.
4. Spezifischer Metallbedarf pro Technologie: Wie viel von einem bestimmten Metall bezogen auf eine sinnvolle Einheit (z. B. ausgebaute Kapazität) wird für eine bestimmte Technologie benötigt? Wie entwickelt sich dieser spezifische Metallbedarf im Zeitverlauf?

11.2 Die Szenarioannahmen im Detail

11.2.1 Betrachtete Technologien

Ausgewählt wurden Technologien in den Bereichen Energieerzeugung, -speicherung, -verteilung und Energieeffizienz, die als essenziell für die Energiewende gelten und die entweder bereits derzeit in großem Maßstab implementiert werden und/oder denen relativ gute Zukunftschancen eingeräumt werden. Im Einzelnen sind folgende Technologien im Szenario enthalten:

1. Photovoltaik: monokristalline (c-Si) und polykristalline (p-Si) Siliziumzellen; Dünnschichtzellen: Cadmiumtellurid (CdTe), Kupfer-Indium-Diselenid bzw. -Disulfid (CIS) oder Kupfer-Indium-Gallium-Diselenid bzw. -Disulfid (CIGS), amorphes (nichtkristallines) Silizium (a-Si);
2. Windkraft: getriebelose Windkraftanlagen (mit Permanentmagneten, die Neodym und Dysprosium enthalten); Windkraftanlagen mit Getriebe (ohne Permanentmagneten);
3. Solarthermie: Flachkollektoren, Vakuumröhrenkollektoren, unverglaste Kollektoren; hier handelt es sich um Anlagen, die ausschließlich Wärme produzieren; zu unterscheiden sind hiervon solarthermische Kraftwerke, die Elektrizität produzieren (s. u.);
4. Solarthermische Kraftwerke bzw. Concentrating Solar Power (CSP): Produktion von Elektrizität unter Nutzung von Solarwärme;
5. Stromnetze: Hochspannungs-Wechselstromleitungen, Hochspannungs-Gleichstromleitungen, Super-Grid-Verbindungen;
6. Elektromobilität: Batteriefahrzeuge mit Lithium-Ionen-Akkus: Battery Electric Vehicle (BEV), Plugin Hybrid Electric Vehicle (PHEV), Hybrid Electric Vehicle (HEV,

Elektromotor ist in diesem Fall nur Hilfsmotor mit entsprechend kleiner dimensioniertem Akku); Brennstoffzellenfahrzeuge (Fuel Cell Electric Vehicle = FCEV). Betrachtet werden im Szenario nur Personenkraftwagen und der Bedarf an ausgewählten Metallen für Akkumulator, Brennstoffzelle und Elektromotor. Es fließt also nicht der Metallbedarf des gesamten Autos in die Berechnung ein.

Zu erwähnen ist in diesem Zusammenhang, dass die hier getroffene Auswahl an Technologien keinen Anspruch auf Vollständigkeit erhebt, allerdings wurde eine relevante Teilmenge aus der Menge der möglichen Technologien ausgewählt. Beispielsweise sind Effizienztechnologien wie hocheffiziente stationäre elektrische Motoren im Bereich der Industrie oder effiziente Leuchtmittel (Kompaktleuchtstofflampen, LED-Leuchtmittel; vgl. dazu Kap. 4) nicht enthalten.

11.2.2 Diffusionsgeschwindigkeit der Technologien

Die Geschwindigkeit der Diffusion von Photovoltaik, Windkraft, Solarthermie und solarthermischen Kraftwerken ist dem „Advanced-Energy-(R)Evolution-Szenario" entnommen. Dieses Szenario wurde von Greenpeace und dem European Renewable Energy Council entwickelt (Greenpeace International und EREC 2010). Es beschreibt einen Pfad der Entwicklung des Ausbaus von Erneuerbare-Energie-Technologien und Energieeffizienztechnologien, der mit dem „Zwei-Grad-Ziel" kompatibel ist. Dieses bedeutet: Treibhausgase werden nur mehr in einem derart geringen Ausmaß emittiert, dass die globale Durchschnittstemperatur um nicht mehr als 2° C ansteigt, verglichen mit dem vorindustriellen Temperaturniveau. In diesem Szenario betragen die globalen energiebedingten CO_2-Emissionen im Jahr 2050 3,3 Gt, das entspricht einer Reduktion dieser Emissionen um 84 % im Vergleich zum Jahr 1990.

Tabelle 11.1 zeigt die angenommene Entwicklung der Strom- bzw. Wärmeerzeugungskapazität (für Solarthermie) und die davon abgeleitete jährlich zugebaute Kapazität (in GW bzw. GW/Jahr) für die betrachteten Technologien. Es ist deutlich erkennbar, dass dieses Szenario ein sehr ambitioniertes Ausbauprogramm darstellt: So würde sich in diesem Szenario die in Betrieb befindliche Kapazität an Photovoltaik in vierzig Jahren (von 2010 und 2050) um den Faktor 109 vergrößern, die Windkraftkapazität um den Faktor 19, die Kapazität von solarthermischen Kraftwerken gar um den Faktor 1483 (allerdings von dem niedrigen Niveau von 1,1 GW im Jahr 2010 startend).

Die Entwicklung der Elektromobilität im Bereich von Personenkraftwagen basiert auf dem „Dominanz"-Szenario der Studie „Lithium für Zukunftstechnologien" (Angerer et al. 2009a). In diesem Szenario werden 2050 im Bereich der Pkws Verbrennungsmotoren fast zur Gänze durch Elektromotoren ersetzt. Der Anteil der Autos mit Verbrennungsmotoren beträgt 2050 in diesem Szenario nur mehr 9 %. Das hier verwendete Szenario weicht insofern vom „Dominanz"-Szenario ab, als auch Brennstoffzellenfahrzeuge berücksichtigt werden. Die Summe aller elektrisch betriebenen Autos deckt sich allerdings mit dem Do-

Tab. 11.1 Global ausgebaute und jährlich neu errichtete Kapazitäten von Photovoltaik, Windkraft, Solarthermie und solarthermischen Kraftwerken bis 2050 im verwendeten Szenario. (Quellen: Greenpeace International und EREC 2010; eigene Berechnungen)

	Photovoltaik		Wind		Solarthermie		Solarthermische Kraftwerke	
	Kapazität gesamt	Neu err. Kapazität	Kapazität gesamt	Neu err. Kapazität	Kapazität gesamt	Neu err. Kapazität	Kapazität gesamt	Neu err. Kapazität
	GW	GW/a	GW	GW/a	GW_{th}	GW_{th}/a	GW	GW/a
2010	39,5 (0.8 %)	16,6	198 (3,8 %)	39	228 (1,1 %)	56	1,1 (0,02 %)	0,6
2030	1330 (16,3 %)	141	2241 (27,4 %)	185	6072 (12,2 %)	596	605 (7,4 %)	57
2050	4318 (34 %)	241	3754 (29,5 %)	262	15.796 (33,6 %)	911	1632 (12,8 %)	89

In Klammer angeführte Werte beziehen sich auf den Anteil der Erzeugungskapazität der jeweiligen Technologie an der Gesamtkapazität (bei Photovoltaik, Wind und Solarthermischen Kraftwerken; bei Solarthermie ist es der Anteil der Solarwärme am gesamten Wärmebedarf)

Tab. 11.2 Entwicklung des globalen Bestands von Autos (Pkws) sowie der Anteile von elektrisch betriebenen Autos. (Quellen: Angerer et al. 2009a; eigene Annahmen)

	Autobestand (global)	Anteile (%)		
	Mio. Autos	BEV/PHEV	HEV	FCEV
2010	833	0,07	7,25	0
2030	1289	27,4	31	4,1
2050	2009	57,7	14,1	19,2

minanz-Szenario. Die Tab. 11.2 zeigt die globale Entwicklung des Gesamtautobestands und die Aufteilung auf die verschiedenen Typen von elektrisch betriebenen Fahrzeugen, wobei bei den Hybridfahrzeugen (HEV) der Elektromotor nur ein Hilfsantrieb ist. In diesem Szenario wächst der globale Autobestand von 2010 bis 2050 um das 2,4-fache (von 833 Mio. bis knapp über 2 Mrd. Autos) bei einem sehr raschen Wachstum des Anteils elektrisch betriebener Fahrzeuge. Während zunächst sowohl die Anteile von Hybridautos (mit Elektro-Hilfsmotor) als auch von primär elektrisch betriebenen Fahrzeugen (BEV, PHEV) rasch anwachsen, geht bis 2050 der Anteil von Hybridautos deutlich zurück, sodass 2050 Batterie- und Plugin-Hybridautos deutlich dominieren (57,7 %), gefolgt von Brennstoffzellenautos (FCEV = Fuel Cell Electric Vehicle, 19,2 %) und Hybridautos (14,1 %).

Die Quantifizierung des Ausbaus von Stromnetzen basiert auf der Studie „[R]enewables 24/7" (Greenpeace und EREC 2009). Diese Studie schlägt Maßnahmen zur Erweiterung des europäischen Stromnetzes vor, die mit dem massiven Ausbau von erneuerbaren Stromerzeugungskapazitäten gemäß dem „Advanced-Energy-(R)Evolution-Szenario" (s. o.) kompatibel sind. Diese Maßnahmen betreffen den Ausbau von Hochspannungs-

Tab. 11.3 Ausbau der Stromnetze bis 2050 (europaweit und global). (Quellen: Greenpeace und EREC 2009; eigene Berechnungen)

	Ausbau Stromnetze bis 2050 (in km Leitungslänge)			
	Hochspannungs-Wechselstrom	Hochspannungs-Gleichstrom	Super-Grid-Verbindungen	Stromerzeugungskapazität (GW)
Europa	5347	5125	11.500	1398
Global	48.590	46.572	104.504	12.704

Tab. 11.4 Feingliederung Technologiemix für Photovoltaik und Solarthermie. (Quelle: eigene Annahmen)

	Photovoltaik						Solarthermie		
	Anteile (%)						Anteile (%)		
	c-Si	p-Si	CIS/CIGS	CdTe	a-Si	Sonstige	Flachkollektoren	Vakuumröhrenkollektoren	Unverglaste Kollektoren
2010	33,2	52,9	1,6	5,3	5	2	19	77	4
2030	35	50	6	5	4	0	48	50	2
2050	30	50	10	2	8	0	63	35	2

Wechselstromleitungen (zwischen Nachbarländern), Hochspannungs-Gleichstromleitungen und Super-Grid-Gleichstromverbindungen (innereuropäisch sowie zwischen Europa und Afrika). Die Dimension des europäischen Ausbaus wurde auf die globale Ebene umgelegt (anhand der gesamten installierten Stromerzeugungskapazität Europa/global). Tabelle 11.3 zeigt die Quantität des Ausbaus bis 2050 für die einzelnen Leitungstypen (europaweit, global).

11.2.3 Feingliederung Technologiemix

Die Entwicklung des Metallbedarfs für die globale Energiewende hängt wesentlich auch davon ab, welche Technologien (im Detail) sich in welchem Ausmaß durchsetzen.

Wie bereits oben erwähnt, wurden bei Photovoltaik neben den kristallinen Zelltechnologien auch verschiedene Dünnschichttechnologien berücksichtigt, die bereits jetzt im Technologiemix eine Rolle spielen. Bezüglich der Ausbreitung dieser Dünnschichttechnologien wurde die vorsichtige Annahme getroffen, dass der Anteil dieser Technologien nur langsam steigt (in Summe ein Anteil von 20 % im Jahr 2050), während kristalline Zellen dominant bleiben (s. Tab. 11.4). Diese Annahme deckt sich mit dem derzeitigen Trend, wonach die Anteile von Dünnschichtzellen stagnieren bzw. rückläufig sind. Dabei ist einzuräumen, dass erhebliche Unsicherheiten bestehen, was die technologische Entwicklung und die Entwicklung der Photovoltaikmärkte betrifft.

Im Bereich Solarthermie wurde die Annahme getroffen, dass Flachkollektoren zunehmend Vakuumröhrenkollektoren verdrängen (Wachstum des Anteils von Flachkollektoren von 19 % im Jahr 2010 auf 63 % im Jahr 2050, während der Anteil von Vakuumröhren-kollektoren in diesem Zeitraum von 77 % auf 35 % sinkt), und der Anteil von unverglasten Kollektoren gering bleibt.

Bezüglich des Anteils von Windrädern mit Permanentmagneten wird davon ausgegangen, dass dieser Anteil leicht steigt (18 % Anteil 2010, 20 % Anteil 2011–2020, 25 % Anteil 2021–2050).

Der Technologiemix im Bereich Elektromobilität ist bereits in Tab. 11.4 dargestellt.

11.2.4 Spezifische Metallbedarfe

Die primäre Quelle zur Gewinnung von Daten für den spezifischen Metallbedarf von Erneuerbare-Energie-Technologien war die Ecoinvent Ökobilanz-Datenbank des Swiss Centre for Life Cycle Inventories in der Version v2.2. Dies war bei der Erstellung der Studie *Feasible Futures*, auf der dieser Beitrag basiert, die aktuell verfügbare Version dieser Datenbank. Diese Datenbank gilt als die umfassendste LCA (Life Cycle Assessment)-Datenbank Europas (Frischknecht et al. 2007).

Die aus Ecoinvent gewonnenen Daten wurden mit Daten aus anderen Quellen verglichen bzw. es wurden Daten aus anderen Quellen verwendet, wenn keine Daten in Ecoinvent verfügbar waren.

Jede Datensammlung in diesem Bereich greift auf Erhebungen aus der Vergangenheit zurück; Reduktionen des spezifischen Metallbedarfs aufgrund von technischem Fortschritt sind also in dem hier vorgestellten Szenario nicht berücksichtigt. Potenziale der Steigerung der Materialeffizienz werden allerdings unten in Abschn. 11.4 diskutiert.

In einigen Fällen zeigt sich eine erhebliche Schwankungsbreite beim Vergleich der Daten aus verschiedenen Quellen. Dies lässt auf erhebliche Unsicherheiten in der Datenlage rückschließen. Für Details zur Datenlage s. den „Progress Report 2" der Studie *Feasible Futures* (Schriefl et al. 2013).

In den folgenden zwei Tabellen (vgl. Tab. 11.5 und 11.6) sind die in diesem Szenario verwendeten spezifischen Metallbedarfe für die berücksichtigten Technologien dargestellt. Man sieht einerseits die spezifischen Bedarfe für die Massenmetalle Aluminium, Eisen und Kupfer, die in allen Technologien erhebliche Massenanteile ausmachen. Andererseits gibt dies die Bedarfe für verschiedene Metalle an, die nur in einzelnen Technologien und in eher geringen Massenanteilen vorkommen (wie bspw. Indium in CIS-Photovoltaikzellen oder Neodym in Windkraftanlagen mit Permanentmagneten).

Für die Interpretation des Szenarios ist zu beachten: Im Fall der Elektromobilität wurde nicht der Metallbedarf des gesamten Autos, sondern nur der Metallbedarf für die spezifischen Komponenten der Elektromobilität eingerechnet: Lithium-Ionen Akkumulatoren, Brennstoffzellen (nur Platinbedarf), Elektromotoren (nur Bedarf an Kupfer und Neodym).

Tab. 11.5 Spezifische Metallbedarfe für Photovoltaik, Windkraft und Elektromobilität. (Quelle: für Details s. Schrieß et al. 2013)

| | Photovoltaik | | | | Wind | | Elektromobilität | | |
| | kg/KWp | | | | kg/MW | | kg/Auto | | |
	c-Si	CIS/CIGS	CdTe	a-Si	Mit Permanent-magneten	Ohne Permanent-magneten	BEV/PHEV	HEV	FCEV
Aluminium	35,3	18,9	7,6	50,9	340,6	340,6	71,8	5	
Cadmium			0,24						
Dysprosium					14				
Eisen	13	9,7	12	50,8	140.221	140.221	45,3	3,2	
Gallium		0,044							
Germanium				0,0056					
Indium		0,045							
Kupfer	10	10,1	14,8	10,7	2285	2285	90,6	42,84	30
Lithium							3	0,21	
Neodym					150		0,5	0,25	0,5
Platin									0,02
Selen		0,09							
Silber	0,011								
Silizium	19,6	0,05	0,0026	0,22					
Tellur			0,24						

Tab. 11.6 Spezifische Metallbedarfe für Solarthermie, solarthermische Kraftwerke (CSP) und Strommetze. (Quelle: für Details s. Schriefl et al. 2013)

	Solarthermie		Solartherm. Kraftwerke (CSP)	Strommetze		
	kg/kW		kg/MW$_e$	kg/km		
	Flachkollektoren	Vakuumröhrenkollektoren		Hochspannungswechselstromleitungen	Hochspannungsgleichstromleitungen	Super-Grid-Verbindungen
Aluminium	8,19		0,8	3150		6000
Blei		2,21		134		
Chrom	2,57					
Eisen	8,1	6,96	144.000	7950		160.000
Kupfer	5,88	5,3	700		13.500	1000
Silber			5			
Silizium	0,01	0,008				
Titan			400			
Zinn	0,11					

11.3 Ergebnisse des Szenarios – Entwicklung des Metallbedarfs bis 2050

Die Ergebnisse des Szenarios, dessen Annahmen im vorigen Kapitel erläutert wurden, sind in den folgenden drei Tabellen dargestellt.

Tabelle 11.7 zeigt die Entwicklung des globalen Metallbedarfs für den Ausbau der betrachteten Technologien bis 2050, indem der Metallbedarf und das Verhältnis dieses Bedarfs zur *smelter production* aus 2011 für 15 Metalle in den Jahren 2010, 2030 und 2050 dargestellt sind. Die *smelter production* ist die Summe aus der Metallmenge, die aus Erzen aus Bergbau neu gewonnen wird, und der Menge, die durch das Recycling von Altmetall gewonnen wird. Diese Größe beschreibt also die gesamte Menge, die von einem Metall in einem Jahr zur Verfügung steht. In diesem Fall ist das Referenzjahr 2011.

Das Verhältnis aus dem Metallbedarf in einem bestimmten Jahr und der *smelter production* aus 2011 wird hier als Knappheitsindikator verwendet. Während im Jahr 2010 dieser Indikator für die meisten betrachteten Metalle eine moderate Größenordnung von kleiner 5 % aufweist (außer für Dysprosium, Neodym und Tellur), erreicht dieser Indikator bereits im Jahr 2030 bei einigen Metallen kritische Werte: bei Gallium, Lithium, Neodym und Tellur über 100 % (dunkel markiert), bei Dysprosium und Kupfer über 50 % (grau markiert).

Ein Wert von 153,5 % für Neodym bedeutet beispielsweise: Die *smelter production* müsste im Jahr 2030 um 53,5 % im Vergleich zum Jahr 2011 steigen, um den Bedarf an Neodym für die betrachteten Technologien zu befriedigen. Falls eine Steigerung in diesem Ausmaß nicht gelingt, ist ein Technologieausbau, wie im Szenario vorgegeben, nicht möglich. Zu berücksichtigen ist in diesem Zusammenhang, dass die ausgewählten Technologien nur eine Teilmenge der technologischen Anwendungen darstellen, die das jeweilige Metall benötigen, und der gesamte Bedarf für ein Metall auch deutlich höher sein könnte.

Im Jahr 2050 erhöht sich die Menge der Metalle, bei denen der gewählte Knappheitsindikator (Verhältnis aus Metallbedarf und der *smelter production* aus 2011) kritische Werte erreicht: bei Gallium, Kupfer, Lithium, Neodym, Platin, Selen und Tellur über 100 %, bei Dysprosium, Germanium, Indium und Silizium über 50 %. Den höchsten Wert erreicht Lithium, gefolgt von Neodym, Platin, Gallium und Tellur. Bemerkenswert ist, dass auch ein Massenmetall wie Kupfer einen kritischen Wert über 100 % erreicht. Der Bedarf an Kupfer wächst in diesem Szenario zwischen 2010 und 2050 um den Faktor 24 für die betrachteten Technologien (vgl. Kap. 5). Zudem gibt es bei Platin, Lithium, Gallium, Selen, Indium und Neodym ein besonders hohes Wachstum des Bedarfs. Das Bedarfswachstum ist bei all diesen Technologien größer als ein Faktor 30, besonders ausgeprägt bei Platin und Lithium, allerdings hier von sehr kleinen Werten im Jahr 2010 ausgehend.

Die nächsten beiden Tabellen zeigen, wie sich die Metallbedarfe auf die verschiedenen Technologiegruppen aufteilen. Ein Vergleich zwischen Tab. 11.8 und 11.9 zeigt, wie sich diese Aufteilung zwischen 2030 und 2050 ändert. Die Technologien, die im Metallbedarf dominieren, sind Photovoltaik (bei Aluminium, Cadmium, Gallium, Germanium, Indium,

Tab. 11.7 Entwicklung des globalen Metallbedarfs für Erneuerbare-Energie-Technologien bis 2050. (Quelle: Eigene Berechnungen)

In Tsd. Tonnen	smelter production (2011)	2010		2030		2050	
		Bedarf	Bedarf/smelter prod. (2011)	Bedarf	Bedarf/smelter prod. (2011)	Bedarf	Bedarf/smelter prod. (2011)
Aluminium	44.100	734	1,7 %	9818	22,3 %	20.961	47,5 %
Cadmium	21,50	0,22	1,0 %	1,91	8,9 %	1,83	8,5 %
Dysprosium	1,20	0,10	8,2 %	0,65	54,1 %	0,92	76,5 %
Eisen	2.600.000	6348	0,2 %	42.495	1,6 %	65.392	2,5 %
Gallium	0,37	0,01	3,2 %	0,37	101,7 %	1,06	289,2 %
Germanium	0,12	0,005	3,9 %	0,03	26,8 %	0,11	91,3 %
Indium	1,35	0,02	1,6 %	0,44	33,1 %	1,30	96,8 %
Kupfer	18.600	825	4,4 %	9831	52,9 %	19.816	106,5 %
Lithium	34	1,28	3,8 %	101,20	297,7 %	313,00	920,6 %
Neodym	22	2,43	11,0 %	33,77	153,5 %	84,49	384,0 %
Platin	0,21	0,000012	0,006 %	0,09	45,0 %	0,68	326,7 %
Selen	2	0,02	1,2 %	0,76	38,1 %	2,16	108,2 %
Silber	35,70	0,19	0,5 %	1,89	5,3 %	3,19	8,9 %
Silizium	8000	302	3,8 %	2523	31,5 %	4071	50,9 %
Tellur	0,50	0,21	42,7 %	1,70	340,3 %	1,26	251,9 %

Darstellung des Verhältnisses des zukünftigen Bedarfs zur *smelter production* aus dem Jahr 2011. Dunkel markierte Felder: Bedarf/*smelter production* 2011 > 100 %, grau markierte Felder: Bedarf/*smelter production* 2011 im Bereich von 50–100 %.

Tab. 11.8 Aufteilung des Metallbedarfs auf die ausgewählten Technologiegruppen im Jahr 2030. (Quelle: Eigene Berechnungen)

	PV	Wind	Solarthermie	CSP	Netze	E-Mobilität
Aluminium	49,7 %	0,6 %	24,8 %	0,00046 %	0,12 %	24,7 %
Cadmium	100 %	0 %	0 %	0 %	0 %	0 %
Dysprosium	0 %	100 %	0 %	0 %	0 %	0 %
Eisen	4,8 %	61,2 %	10,6 %	19,3 %	0,54 %	3,6 %
Gallium	100 %	0 %	0 %	0 %	0 %	0 %
Germanium	100 %	0 %	0 %	0 %	0 %	0 %
Indium	100 %	0 %	0 %	0 %	0 %	0 %
Kupfer	15,4 %	4,3 %	33,9 %	0,41 %	0,35 %	45,6 %
Lithium	0 %	0 %	0 %	0 %	0 %	100 %
Neodym	0 %	20,6 %	0 %	0 %	0 %	79,4 %
Platin	0 %	0 %	0 %	0 %	0 %	100 %
Selen	100 %	0 %	0 %	0 %	0 %	0 %
Silber	85 %	0 %	0 %	15 %	0 %	0 %
Silizium	99,8 %	0 %	0,22 %	0 %	0 %	0 %
Tellur	100 %	0 %	0 %	0 %	0 %	0 %

Dunkel markierte Felder: Anteil des Bedarfs > 25 %, grau markierte Felder: Anteil des Bedarfs im Bereich von 10–25 %.

Tab. 11.9 Aufteilung des Metallbedarfs auf die ausgewählten Technologiegruppen im Jahr 2050. (Quelle: Eigene Berechnungen)

	PV	Wind	Solarthermie	CSP	Netze	E-Mobilität
Aluminium	40,7 %	0,43 %	23,1 %	0,00034 %	0,06 %	35,7 %
Cadmium	100 %	0 %	0 %	0 %	0 %	0 %
Dysprosium	0 %	100 %	0 %	0 %	0 %	0 %
Eisen	5,8 %	56,2 %	10,7 %	19,6 %	0,35 %	7,2 %
Gallium	100 %	0 %	0 %	0 %	0 %	0 %
Germanium	100 %	0 %	0 %	0 %	0 %	0 %
Indium	100 %	0 %	0 %	0 %	0 %	0 %
Kupfer	12,9 %	3,02 %	26,1 %	0,32 %	0,17 %	57,5 %
Lithium	0 %	0 %	0 %	0 %	0 %	100 %
Neodym	0 %	11,6 %	0 %	0 %	0 %	88,4 %
Platin	0 %	0 %	0 %	0 %	0 %	100 %
Selen	100 %	0 %	0 %	0 %	0 %	0 %
Silber	86 %	0 %	0 %	14 %	0 %	0 %
Silizium	100 %	0 %	0,22 %	0 %	0 %	0 %
Tellur	100 %	0 %	0 %	0 %	0 %	0 %

Dunkel markierte Felder: Anteil des Bedarfs > 25 %, grau markierte Felder: Anteil des Bedarfs im Bereich von 10–25 %.

Selen, Silber, Silizium, Tellur), Elektromobilität (bei Kupfer, Lithium, Neodym, Platin) und Windkraft (bei Dysprosium und Eisen). Eine geringere Bedeutung haben Solarthermie (höhere Bedarfe bei Aluminium, Eisen und Kupfer) und solarthermische Kraftwerke (CSP, höhere Bedarfe bei Eisen und Silber). Der Ausbau von Stromnetzen hat einen sehr geringen Einfluss auf den Metallbedarf (Bedarfe für Aluminium, Eisen und Kupfer < 1 %).

Beim Vergleich der Bedarfe für 2050 und 2030 fällt auf, dass die relative Bedeutung der Elektromobilität zunimmt, während die relative Bedeutung der anderen Technologen etwas abnimmt.

11.4 Diskussion und Vergleich mit anderen Studien

Wie der letzte Abschnitt gezeigt hat, besteht bei einer erheblichen Zahl von Metallen die Gefahr von Verknappungen, wenn die betrachteten Technologien in einer Geschwindigkeit ausgebaut werden, wie sie durch das beschriebene Szenario vorgegeben wird.

Im Bereich Photovoltaik sind es v. a. die Dünnschichttechnologien CIS/CIGS und CdTe, deren Wachstum durch die Verfügbarkeit der Metalle Gallium, Indium und Selen (bei CIS/CIGS) und Tellur (CdTe) begrenzt ist. Diese Metalle sind Nebenprodukte der Produktion anderer Metalle (sie werden daher auch als „Tochtermetalle" bezeichnet) und hängen von der Produktion dieser Metalle (der „Elternmetalle") ab. Dies wirkt sich negativ auf die Versorgungssituation aus. Auf den Umstand der Begrenzung von CIS/CIGS- und CdTe-Dünnschichtphotovoltaik wurde bereits in den 1990er-Jahren hingewiesen (Andersson et al. 1998). Besser sieht die Situation bei Dünnschichtphotovoltaik aus, die auf amorphem Silizium basiert (allerdings bei schlechteren Wirkungsgraden dieser Technologie). Falls diese Technologie auch Germanium enthält, ergibt sich eine Begrenzung durch die Verfügbarkeit von Germanium, das aber für amorphe Silizium-Dünnschichtzellen nicht unbedingt erforderlich ist (Andersson 2001). Bei Silizium ist aufgrund des hohen Anteils von Silizium in der Erdkruste wohl keine unmittelbare Verknappung zu erwarten, bei hohem Bedarfswachstum könnte aber eventuell die Produktionskapazität nicht mithalten.

Der Ausbau von Photovoltaik wird durch die kritische Situation bei den Dünnschichttechnologien nicht grundsätzlich behindert, da diese Technologien nicht notwendigerweise zum Einsatz kommen müssen. Es ist auch denkbar, dass die besonders kritischen Metalle in Dünnschichtzellen substituiert werden. Eine mögliche Zukunftsoption sind in diesem Zusammenhang CZTS (Kupfer-Zink-Zinnsulfid)-Dünnschichtphotovoltaikzellen. Zudem ist in dem hier verwendeten Szenario keine Reduktion des spezifischen Metallbedarfs berücksichtigt. Reduktionen können sich aufgrund der Erhöhung des Zellwirkungsgrades, der Verringerung der Dicke der Absorberschicht und verringerter Materialverluste im Produktionsprozess ergeben. Gemäß Zuser und Rechberger (2011) könnte sich die Materialeffizienz bei Photovoltaik bis 2040 um einen Faktor 1,86 bis 14 erhöhen – je nach getroffenen Annahmen und Zelltechnologie.

Es gibt auch Arbeiten (siehe Schlegl 2013; Zuser und Rechberger 2011), die auf eine mögliche kritische Versorgungssituation bei Silber bei einem massiven Ausbau von Photovoltaik auf der Basis von kristallinen Zellen hinweisen, die den Markt dominieren. Hier zeigt sich deutlich die Abhängigkeit der Ergebnisse von den getroffenen Annahmen – der spezifische Silberbedarf (in kg/kW) ist bei Schlegl (2013) beinahe um einen Faktor 6 größer als im hier verwendeten Szenario.

Neodym ist ein weiteres Metall mit einem sehr hohen potenziellen Nachfragewachstum und damit einer erhöhten Gefährdung durch Verknappung. Dieses Seltenerdmetall ist Bestandteil von Permanentmagneten, die u. a. in getriebelosen Windkraftanlagen und Elektromotoren eingesetzt werden. Bei Permanentmagneten (mit Neodym und ggf. Dysprosium) ist die Lage ähnlich wie bei der Dünnschichtphotovoltaik, denn diese müssen einerseits nicht zwangsläufig zum Einsatz kommen: Windräder und Elektromotoren müssen nicht Permanentmagneten mit Neodym enthalten. Windräder und Elektromotoren mit Permanentmagneten haben aber andererseits den deutlichen Vorteil, dass sie kleiner und leichter (bei gleicher Leistung) gebaut werden können, dadurch weniger Materialbedarf verursachen und auch effizienter im Betrieb sind.

Ein massiver Wechsel zur Elektromobilität ist ein sehr bedeutsamer Treiber für Metallbedarf. Wie Tab. 11.8 und 11.9 zeigen, dominiert der Zuwachs der Elektromobilität das Bedarfswachstum insbesondere bei den Metallen Lithium, Platin, Neodym und Kupfer. Weitere Beispiele für Metalle, bei denen Elektromobilität ein bedeutender Bedarfstreiber sein kann, sind Dysprosium, Titan, Magnesium, Aluminium, Scandium, Kobalt und Indium (Angerer et al. 2009a).

Im beschriebenen Szenario liegt der Bedarf an Lithium für die Produktion von elektrisch betriebenen Autos im Jahr 2050 über dem 9-fachen der im Jahr 2011 insgesamt verfügbaren Lithiummenge (der *smelter production*). Gemäß Angerer et al. (2009a) wären zwar die derzeit bekannten Reserven an Lithium ausreichend, um einen derartigen Anstieg der Nachfrage – zumindest bis 2050 – zu ermöglichen. Ein derartig rasantes Wachstum der Lithiumnachfrage und damit des Lithiumabbaus wäre aber mit gravierenden negativen ökologischen Konsequenzen verbunden, wie folgendes Zitat untermauert: „Weiterhin sind aus ökologischer Sicht auch die einschneidenden Eingriffe in die bislang unberührten Ökosysteme der hochgelegenen Salare in Südamerika und China zu beachten. Will man die explosionsartig wachsende Nachfrage nach Lithium decken, so werden diese Salzseen gerade im Dominanz-Szenario als Hauptabbaugebiet in der Lithium-Gewinnung großen Zerstörungen ausgesetzt werden." (ebd., S. 46; zu Lithium vgl. auch Kap. 10)

Falls ein relevanter Teil des Ausbaus der Elektromobilität wie im hier dargestellten Szenario mit Brennstoffzellenautos erfolgt, erreicht der Bedarf an Platin kritische Werte. In unserem Szenario ist das mehr als das Dreifache der im Jahr 2011 verfügbaren Menge an Platin für die Produktion von Brennstoffzellenautos im Jahr 2050. Gemäß Råde (2001) sind bei einer forcierten Verbreitung von Brennstoffzellenautos unter der weiteren Annahme, dass auch der Platinbedarf in anderen Sektoren steigt, Verknappungen bei Platin zwischen 2030 und 2050 in dem Sinne wahrscheinlich, dass das Angebot an Platin nicht mit der Nachfrage mithalten kann und starke Preissteigerungen eintreten könnten. Bünger (2013) weist darauf hin, dass der Bedarf an Platin pro Auto auf 5–10 g reduziert werden könnte (hier angenommen: 20 g Platin/Auto).

Bemerkenswert ist auch der hohe Bedarf an Kupfer für die Energiewendetechnologien. Im hier ausgeführten Szenario übersteigt im Jahr 2050 der Bedarf an Kupfer die im Jahr 2011 verfügbare Kupfermenge. Die Hauptnachfrage an Kupfer (im Jahr 2050) entspringt der Elektromobilität (57,5 %), gefolgt von Solarthermie (26,1 %) und Photovoltaik (12,9 %). Bei solarthermischen Kollektoren fand in den letzten Jahren ein Wechsel von Kupfer- zu Aluminiumabsorbern statt. Dieser Wechsel ist in den hier verwendeten Daten noch nicht berücksichtigt. Aber selbst unter der Annahme, dass solarthermische Kollektoren gänzlich ohne Kupfer produziert würden und der spezifische Kupferbedarf für die anderen Technologien halbiert werden könnte, würde die benötigte Kupfermenge für die hier betrachteten Technologien mehr als 39 % der gesamten verfügbaren Kupfermenge im Jahr 2011 betragen. Im Bereich der Energieeffizienztechnologien sind auch stationäre hocheffiziente elektrische Motoren wesentliche Treiber des Kupferbedarfs (Angerer et al. 2009b). Diese wurden im hier beschriebenen Szenario nicht berücksichtigt.

Die hohe potenzielle Nachfrage nach Kupfer durch die betrachteten Technologien ist insofern besonders kritisch zu werten, da gemäß einer Analyse von Werner Zittel die Kupferproduktion bereits vor 2020 ein Fördermaximum erreichen und danach die Kupferförderung rasch zurückgehen könnte (Zittel 2012). Auch wenn eine Projektion der Nachfrage- und Angebotsentwicklung (bei Kupfer und anderen Metallen) mit erheblichen Unsicherheiten verbunden ist, so deuten die Indizien bei Kupfer (und anderen Metallen) doch in eine Richtung, die auf Verknappungen hinweist: einerseits hohes potenzielles Nachfragewachstum für Energiewende- und andere Technologien, andererseits ein mögliches/wahrscheinliches Erreichen eines Fördermaximums in den nächsten Jahrzehnten.

Ein Ersatz von Kupfer durch Aluminium verbessert zwar die Kupferverfügbarkeit, ist aber auch nicht unkritisch zu sehen: Aluminium ist zwar das häufigste Metall in der Erdkruste, die Produktion von neuem (also nicht rezykliertem) Aluminium ist aber sehr energieaufwendig, und der Abbau des Erzes Bauxit, aus dem Aluminium gewonnen wird, ist zudem sehr flächenintensiv.

In welchem Ausmaß könnten höhere Recyclingraten mögliche Knappheiten entschärfen? Dazu ist erstens zu sagen, dass zumindest bei einigen Metallen wie Kupfer, Aluminium, Eisen oder Platin bereits relativ hohe Recyclingraten (= Anteil von rezykliertem Altmetall an der gesamten *smelter production*) bestehen (s. Tab. 11.10), während bei anderen Metallen (wie Lithium oder Seltenerdmetallen) ein sehr geringer Recyclinganteil an der Gesamtproduktion besteht.

Tab. 11.10 Anteile von rezykliertem Metall an der Gesamtproduktion dieser Metalle. (Quelle: UNEP 2011)

Kupfer	Aluminium	Eisen	Platin	Lithium
20–37 %	34–36 %	28–52 %	16–50 %	< 1 %

Es ist hier jeweils eine Bandbreite angegeben, da in unterschiedlichen (Primär-)Quellen unterschiedliche Werte zu finden sind.

Die gesamte Bedeutung von Recycling ist insbesondere bei steigenden Metallbedarfen zu relativieren, denn es kann ja nur auf die in die *Bestände* von Konsumgütern und (eher) langlebiger Infrastruktur eingebauten Metalle zurückgegriffen werden. Vereinfacht gesagt: Wenn bspw. eine durchschnittliche Lebensdauer von 20 Jahren (bei Konsumgütern und Infrastruktur) besteht, kann nur die Menge rezykliert werden, die vor 20 Jahren verbaut wurde und nun ihr Lebensende erreicht. Diese Menge ist bei steigendem Metallbedarf deutlich geringer als die aktuell benötigte. Dazu merkt die von der UNEP herausgegebene Studie *Recyling Rates of Metals. A Status Report* an: „Nonetheless, so long as global metal use continues to increase and metals are used in products with extended lifetimes, even complete recycling can satisfy no more than a modest fraction of demand" (UNEP 2011, S. 23). Diese Studie merkt allerdings auch an, dass bei einigen Metallen noch ein deutlich höheres Recyclingpotenzial möglich wäre. Angesichts derzeit vorherrschender Trends liegt die Ausschöpfung dieses Potenzials jedoch in weiter Ferne: „The information in this report clearly reveals that in spite of significant efforts in a number of countries and regions, many metal recycling rates are discouragingly low, and a ‚recycling society' appears no more than a distant hope. This is especially true for many specialty metals which are crucial ingredients for key emerging technologies" (UNEP 2011, S. 23).

11.5 Zusammenfassung und Schlussfolgerungen

Insbesondere bei ambitionierten Szenarien eines Ausbaus von Erneuerbare-Energie Technologien zeigen sich verschiedene Risiken der Verfügbarkeit von Metallen. Diese Risiken beinhalten die Fragwürdigkeit bestimmter Technologiepfade bei einer starken Verbreitung, absolute Verknappungen und deutliche Preissteigerungen bei verschiedenen Metallen und die Schwierigkeit, Produktionskapazitäten von Metallen in einem raschen Tempo auszuweiten.

Als besonders problematische Technologieoptionen zeichnen sich in dieser Hinsicht bereits jetzt verschiedene Dünnschichtphotovoltaiktechnologien ab (CdTe, CIS bzw. CIGS) sowie Technologien, die die Seltenerdmetalle Neodym und Dysprosium benötigen (Windräder mit Neodym-Eisen-Bor-Permanentmagneten, Elektromotoren mit neodymhaltigen Permanentmagneten).

Bei anderen Metallen (wie Lithium für Lithium-Ionen Batterien oder Platin für Brennstoffzellen) zeichnen sich zwar keine unmittelbaren Knappheiten ab, aber es ist fraglich, ob ein sehr rasches Nachfragewachstum in ambitionierten Szenarien befriedigt werden könnte. Zudem sind auch negative ökologische und soziale Konsequenzen bei einer forcierten Ausweitung der Förderung von Metallen zu erwarten. Beispiele dafür sind der Lithiumabbau in bislang unberührten Ökosystemen der hochgelegenen Salare in Südamerika und China und große Mengen an giftigen und radioaktiven Rückständen beim Abbau von seltenen Erden. Dies ist insbesondere bei Bergbauprojekten mit geringen Umweltstandards problematisch.

Auch bei einem universell und in großen Mengen eingesetzten Metall wie Kupfer sind Erneuerbare-Energie-Technologien und andere Zukunftstechnologien bedeutsame Bedarfstreiber. Dies könnte, insbesondere unter der Annahme eines nahen Fördermaximums bei Kupfer, sehr kritisch für die Technologieverbreitung sein.

Bei einzelnen Technologien gibt es Möglichkeiten der Reduktion des spezifischen Metallbedarfs und der Substitution (auf Metall- oder auf Technologieebene). Hinsichtlich Substitution ist jedoch anzumerken, dass diese mit einem Qualitätsverlust verbunden sein kann (z. B. geringerer Wirkungsgrad) und/oder mit einer schlechteren Wirtschaftlichkeit aufgrund höherer Kosten. Außerdem ist Substitution nur dann zielführend, wenn ein seltener Rohstoff durch einen deutlich reichlicher vorhandenen ersetzt wird.

Recycling ist in vielen Fällen noch im Aufbau bzw. wird bisher erst in einem geringfügigen Ausmaß betrieben. Bestandteile von Windrädern sind bereits heute in einem großen Ausmaß rezyklierbar. Es gibt derzeit noch keine Recylingsysteme für Elektromotoren und Windenergieanlagen mit neodym-haltigen Permanentmagneten, an Recylinglösungen für einen Elektromotor mit Permanentmagneten wird allerdings bereits geforscht. Für andere Technologien wie Lithium-Ionen-Batterien sind noch große Anstrengungen für den Aufbau von Recyclingsystemen notwendig. Besonders niedrige Recyclingquoten gibt es auch bei Seltenerdmetallen wie Neodym. Dies liegt auch daran, dass diese Metalle häufig in Elektro-/Elektronik-Kleingeräten eingesetzt werden und aus praktischen und wirtschaftlichen Gründen schwer wiedergewinnbar sind.

Literatur

Andersson BA (2001) Material constraints on technology evolution: The case of scarce metals and emerging energy technologies. Thesis. Chalmers University of Technology and Göteborg University, Göteborg

Andersson BA, Azar C, Holmberg J, Karlsson S (1998) Material constraints for thin-film solar cells. Energy 23:407–411

Angerer G, Marscheider-Weidemann F, Wendl M, Wietschel M (2009a) Lithium für Zukunftstechnologien. Nachfrage und Angebot unter besonderer Berücksichtigung der Elektromobilität. Fraunhofer ISI, Karlsruhe

Angerer G, Erdmann L, Marscheider-Weidemann F, Scharp M, Lüllmann A, Handke V, Marwede M (2009b) Rohstoffe für Zukunftstechnologien: Einfluss des branchenspezifischen Rohstoffbedarfs in rohstoffintensiven Zukunftstechnologien auf die zukünftige Rohstoffnachfrage. Fraunhofer-IRB-Verlag, Stuttgart

Bünger U (2013) Zunehmende Elektrifizierung, Leitungsnetze und Speicher – systemischer Ansatz gefragt. Beitrag für die Tagung Strategische Metalle für die Energiewende, Evangelische Akademie Tutzing. http://web.ev-akademie-tutzing.de/cms/get_it.php?ID=1762 (Erstellt: 25. Februar 2013). Zugegriffen: 13.10.2014

Frischknecht R, Jungbluth N, Althaus HJ, Doka G, Dones R, Hischier R, Hellweg S, Nemecek T, Rebitzer G, Spielmann M (2007) Overview and methodology. Final report ecoinvent data v2.0, No. 1. Swiss Centre for Life Cycle Inventories, Dübendorf

Greenpeace International, European Renewable Energy Council (EREC) (2009) [R]enewables 24/7. Infrastructure needed to save the climate. http://www.greenpeace.org/international/Global/international/planet-2/report/2010/2/renewables-24-7.pdf. Zugegriffen: 13.10.2014

Greenpeace International, EREC – European Renewable Energy Council (2010) Energy (R)Evolution. A sustainable World Energy Outlook. http://www.greenpeace.org/international/Global/international/publications/climate/2010/fullreport.pdf. Zugegriffen: 13.10.2014

Råde I (2001) Requirement and availability of scarce metals for fuel-cell and battery electric vehicles. Thesis. Chalmers University of Technology and Göteborg University, Göteborg

Schlegl T (2013) Entwicklungslinien der PV-Technologien und Material-Substitutionsmöglichkeiten. Beitrag für die Tagung Strategische Metalle für die Energiewende, Evangelische Akademie Tutzing. http://web.ev-akademie-tutzing.de/cms/get_it.php?ID=1760 (Erstellt: 25. Februar 2013). Zugegriffen: 13.10.2014

Schriefl E, Fischer T, Skala F et al (2011) Powerdown. Diskussion von Szenarien und Entwicklung von Handlungsoptionen auf kommunaler Ebene angesichts von „Peak Oil" und Klimawandel. Endbericht. Programmlinie Neue Energien 2020. Wien. http://www.powerdown.at/powerdown-at/dmdocuments/PowerdownEndbericht.pdf. Zugegriffen: 13.10.2014

Schriefl E, Bruckner M, Haider A, Windhaber M (2013) Metallbedarf von Erneuerbare-Energie-Technologien. Progress Report 2 im Rahmen des Projekts Feasible Futures for the Common Good. Wien. http://www.umweltbuero-klagenfurt.at/feasiblefutures/wp-content/uploads/FFProgressReport2_final_22072013_endversion.pdf. Zugegriffen: 13.10.2014

UNEP (2011) Recycling rates of metals. A Status Report. http://www.unep.org/resourcepanel/Portals/24102/PDFs/Metals_Recycling_Rates_110412-1.pdf. Zugegriffen: 13.10.2014

Zittel W (2012) Progress Report 1: Assessment of fossil fuels availability (Task 2a) and of key metals availability (Task 2 b). Feasible Futures for the Common Good. Energy Transition Paths in a Period of Increasing Resource Scarcities. München. http://www.umweltbuero.at/feasiblefutures/wp-content/uploads/Progress%20Report%201_Feasible%20Futures_Zittel_final_14032012_WZ.pdf. Zugegriffen: 13.10.2014

Zuser A, Rechberger H (2011) Considerations of resource availability in technology development strategies: The case study of photovoltaics. Resources, Conservation and Recycling 56:56–65

Knappe Metalle, Peak Oil und mögliche wirtschaftliche Folgen – Vergleich zweier ökonomischer Modelle zu möglichen Folgen von Verfügbarkeitsgrenzen bei fossilen Energien und Metallen

12

Ulrike Lehr, Marc Ingo Wolter, Anett Großmann, Kirsten Wiebe und Peter Fleissner

12.1 Eine Frage – zwei Modelle

Die möglichen Folgen von Verfügbarkeitsgrenzen bei fossilen Energien, aber auch bei den Materialien und Rohstoffen, die für einen verstärkten Ausbau der Energieeffizienz notwendig werden, wurden in den vorherigen Kapiteln unter vielerlei – buchstäblich und im übertragenen Sinne – grenzübergreifenden Aspekten diskutiert. Diese Grenzen haben aber auch zeitnahe und ganz direkte Wirkungen, die sich mit dem Instrumentarium ökonomischer Simulationsmodelle beschreiben und verstehen lassen.

Ökonomische Simulationsmodelle werden in der Wissenschaft und der Politikberatung eingesetzt, um die Reaktionen eines ökonomischen Systems auf Veränderungen in der Zukunft abbilden zu können. Gerade im Themenfeld Nachhaltigkeit ist der Einsatz von Modellen geboten, da nur dann Folgen heutigen Handels in ihrer ganzen Breite abgeschätzt werden können (Stiglitz et al. 2009). Modelle folgen einer hypothetischen Logik des „Was wäre wenn …?“. Sie erlauben, bei ausführlicher Dokumentation der zugrunde liegenden Annahmen, Rückschlüsse auf die ökonomischen Wirkungen von politischen Maßnahmen, technologischen Veränderungen oder Verfügbarkeitsgrenzen. Im Ressourcen-, Energie-, Umwelt- oder Klimabereich stellen sie mittlerweile ein unverzichtbares Instrumentarium zur Folgenabwägung von politischem Handeln – und Nichthandeln – dar.

Die Ausdifferenzierung ökonomischer Theorien hat zu einer ebensolchen Vielfalt ökonomischer Modelle geführt. Neben den im Folgenden beschriebenen quantitativen Modellen werden auch qualitative Modelle diskutiert. Grundsätzliche Vorstellungen über das

U. Lehr (✉) · M. I. Wolter · A. Großmann · K. Wiebe
GWS – Gesellschaft für wirtschaftliche Strukturforschung
Osnabrück, Deutschland
email: lehr@gws-os.com

P. Fleissner
Wien, Österreich

© Springer-Verlag Berlin Heidelberg 2016
A. Exner et al. (Hrsg.), *Kritische Metalle in der Großen Transformation*,
DOI 10.1007/978-3-662-44839-7_12

Zusammenwirken der ökonomischen Akteure, die Preisbildung auf den Märkten (unter anderem Güter- und Arbeitsmärkte) und die diesen Märkten unterliegenden Charakteristika beeinflussen die Modellergebnisse ebenso sehr wie der Datenstand und das Ausmaß der Vereinfachung der Wirklichkeit. Auch die Annahmen zur Entwicklung ökonomischer Größen, die nicht in nationalen Modellen ökonomisch erklärt werden können (Exogene), sorgen für deutliche Unterschiede in den Ergebnissen. Solche Annahmen betreffen üblicherweise die Entwicklung von Weltmarktpreisen und Welthandel. Eine Interpretation der Ergebnisse von Modellen zur Einordnung zukünftiger Geschehnisse kann aber nur gelingen, wenn man sich über die Auswirkungen dieser grundsätzlichen Vorstellungen auf die Ergebnisse bewusst ist.

Daher werden im Folgenden zwei Modelle kurz vorgestellt und dann verglichen, die zunächst von ähnlichen historischen Zusammenhängen ausgehen, sich in ihren Resultaten jedoch erheblich unterscheiden. Beide Modelle wurden im Projekt „Feasible Futures for the Common Good – Energy Transition Pathways in a Period of Increased Resource Scarcities" (2010–2013) verwendet. Ein ausführlicher Vergleich der Modelle in ihren technischen Einzelheiten findet sich im Berichtswesen zu dieser Untersuchung (Großmann et al. 2013b).

In Abschn. 12.2 werden zunächst die beiden Modelle HYBRIO 57 und e3.at kurz vorgestellt. Anschließend werden in Abschn. 12.3 die mithilfe der Modelle berechneten ökonomischen Auswirkungen einer Ressourcenverknappung dargestellt. Ein Fazit rundet diesen Beitrag ab (s. Abschn. 12.4).

12.2 Modellansätze

Die umwelt-, ressourcen- und energieökonomische Literatur kennt eine Vielzahl ökonomischer Modelle. Von den allgemeineren Modellen, die in der ökonomischen Wissenschaft verwendet werden, unterscheiden sie sich durch die Erkenntnis, dass es Bereiche gibt, die sich nicht ohne Weiteres in das übliche Marktgeschehen und die dort geltenden Gesetze einfügen und somit für ihre Untersuchungen eines zumindest erweiterten und teilweise grundlegend veränderten Instrumentariums bedürfen. Vor diesem Hintergrund sind neue Modellfamilien mit Energiemodellen, Klimafolgenmodellen und Ressourcenmodellen entstanden, die bspw. die Endlichkeit fossiler Ressourcen ebenso berücksichtigen wie Klimafolgen, Klimaschäden oder Anpassungsreaktionen.

Seinen ökonomischen Kern hat der überwiegende Teil dieser Modelle in der Input-Output-Systematik. Es gibt zwei große unterschiedliche Entwicklungslinien:

- die – neoklassisch geprägten – allgemeinen Gleichgewichtsmodelle, die in ihrer Grundform sofortige Anpassungsreaktionen hin zum wohldefinierten Gleichgewicht und perfekte Märkte unterstellen, sowie

- die wachsende Familie von Modellen, die diese zentrale Annahme aufgeben, unvollkommene Märkte zulassen, die Anpassungsreaktion der Vergangenheit schätzen und für die Zukunft fortschreiben.

Beide Modellfamilien haben ihren kleinsten gemeinsamen Nenner häufig im Einsatz von Input-Output-Tabellen (IOT; z. B. Eurostat 2008). In der zweiten Gruppe finden sich unter anderem zeitreihenbasierte makroökonometrische Modelle, System-Dynamics-Ansätze sowie (neo-) keynesianisch geprägte Modelle.

Alle Modelle haben den Vorteil, dass sie die Verflechtungen des wirtschaftlichen Geschehens eines Landes oder einer Region durch den Einbau von IOT konsistent abbilden können. In einem derart konsistenten Rahmen und unter Einbindung der Volkswirtschaftlichen Gesamtrechnungen (VGR) eines Landes lassen sich gesamtwirtschaftliche Effekte berechnen, ohne dass Teile durch die Modellierung „verloren gehen". Die volkswirtschaftlichen Gesamtrechnungen erfassen die Entstehung, Verteilung und Verwendung des Bruttoinlandsprodukts und erfüllen damit vereinfacht gesprochen die Anforderungen an eine doppelte Buchführung. Durch diesen Ansatz können die Auswirkungen von Änderungen der Rahmenbedingungen auf einzelne Branchen betrachtet werden, wodurch wertvolle Aufschlüsse über den strukturellen Wandel und alle damit verbundenen Wirkungen auf vor- und nachgelagerte Wirtschaftsbereiche gewonnen werden können. Input-Output-Tabellen erlauben nicht nur die Berechnung aller zentralen meso- und makroökonomischen Indikatoren einer Volkswirtschaft zu laufenden Preisen, sondern auch die Abschätzung von Mengenindikatoren und der zugehörigen Preisindizes.

Kern der hier im Folgenden verglichenen Modelle sind somit die Input-Output-Tabellen, die in einen weiteren Modellrahmen eingegliedert sind. Dieser Modellrahmen dient u. a. der Fortschreibung der historischen Werte in die Zukunft, die durch die jeweilige Modellphilosophie in einem Set von Annahmen geleistet wird. Die ökonomischen Modelle reagieren auf exogene Vorgaben aus teils umfangreichen Ressourcenmodellen.

12.2.1 HYBRIO 57

HYBRIO 57 ist ein einfaches Input-Output-Modell der österreichischen Wirtschaft mit 57 Sektoren. Es bildet, wie in Abb. 12.1 gezeigt, verschiedene Kreisläufe der Wirtschaft ab.

Zentraler Prozess der Fortschreibung der ökonomischen Indikatoren in die Zukunft im Modell HYBRIO 57 ist die Akkumulation von Realkapital, getrennt nach Wirtschaftszweigen. Der Kapitalbestand zum Ende des Jahres (gleich dem Kapitalbestand zu Beginn des Folgejahres) ergibt sich aus der Addition der realen Netto-Investitionen zum realen Kapitalbestand zu Beginn des Jahres. Analog wird für den Staat der Bestand an öffentlicher Infrastruktur fortgeschrieben und der Bestand an langfristigen Konsumgütern für die Haushalte berechnet. In ähnlicher Form werden die zukünftigen Lagerbestände errech-

Abb. 12.1 Das Modell
HYBRIO 57 in seiner Grundstruktur. (Fleissner 2010)

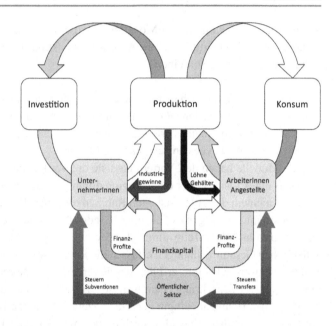

net, die sich aus den Lagerveränderungen und dem Lagerbestand zu Beginn des aktuellen
Jahres zusammensetzen.

Um das Netto-Geldvermögen der Betriebe (negativ = Schulden) zu Beginn des Folgejahres anzunähern, werden einfache Beziehungen von Einnahmen minus Ausgaben,
vermehrt um den Geldvermögens-/Schuldenstand zu Jahresbeginn auf der Betriebsebene
verwendet. Für die Haushalte und den öffentlichen Sektor werden analoge Zusammenhänge angenommen.

Der Kapitalmarkt wird somit in HYBRIO 57 sehr detailliert abgebildet. Die Modellie-
rung basiert auf Daten zur Kapitalstockschätzung und zum Geldkapital. Modellexogene
Größen in HYBRIO 57 sind Steuersätze, Außenhandel (d. h. Importe, Exporte sowie alle
Import- und Exportpreise) und Zinssätze.

Die Steuersätze bleiben unverändert, die Steuern werden proportional zu den steuer-
pflichtigen Einkommen berechnet. Dies bedeutet im Standardszenario einen Lohnsteu-
ersatz von 28,08 %, einen Gewinnsteuersatz von 10,8 % und einen durchschnittlichen
Steuersatz für die indirekten Steuern von 12,75 %. Im Basislauf wurden durchschnittliche
Zinssätze von 11 % für Kredite bzw. 3,5 % für Einlagen angenommen, die der Sicht des
Jahres 2005 entsprochen haben. Im Zuge der Finanzkrise sind diese Zinsen deutlich gefallen. Die damit verbundenen Veränderungen wurden in der Modellrechnung nicht mehr
berücksichtigt.

Der Außenhandel wird im Basislauf proportional zu den Bruttoproduktionswerten angenommen. Die Anteile von Importen und Exporten des Startjahres an den Bruttoproduktionswerten werden für die zukünftige Entwicklung beibehalten. Produktionssteigerungen

können also jederzeit abgesetzt werden und die notwendigen Güter für deren Produktion vollumfänglich im Ausland bezogen werden.

12.2.2   e3.at

Das Modell e3.at (Environment-Energy-Economy Austria) bildet die österreichische Volkswirtschaft in allen wesentlichen Aspekten ab und zeigt ihre Wechselwirkungen mit dem Energiesystem und der Umwelt auf. Eine vollständige Beschreibung findet sich in Stocker et al. 2011.

e3.at ist ein makroökonometrisches Modell, das auf empirischen Datensätzen nationaler (u. a. Statistik Austria) und internationaler Institutionen (u. a. IEA) aufbaut, um wahrscheinliche Auswirkungen von zukünftigen Entwicklungen abzubilden. Das Modell basiert auf Zeitreihen von 1990–2010. Wie HYBRIO 57 unterscheidet auch e3.at 57 Wirtschaftsbereiche. e3.at ist über Jahre entwickelt worden und verfügt aktuell über ein komplexes Modulsystem, mit dessen Hilfe sich energiepolitische Fragen ebenso beantworten lassen wie Fragen zur Ressourceneinsparung oder auch zu Verteilungseffekten (Großmann et al. 2013; Wolter et al. 2011). Während das Wirtschaftsmodell die typischen Wirtschaftskreisläufe abbildet, kann das integrierte Materialmodul zwölf verschiedene Materialgruppen (z. B. Baumineralien, Biomasse und fossile Brennstoffe) jenen Wirtschaftssektoren zuordnen, die diese Materialien extrahieren bzw. importieren. Dadurch kann gezeigt werden, wie Materialentnahmen und -einfuhren auf wirtschaftliche Entwicklungen reagieren. Insbesondere diese Kenntnisse wurden in der oben erwähnten Untersuchung genutzt. Darüber hinaus besitzt e3.at ein vollständig integriertes Energiemodul, das ebenfalls eingesetzt wurde sowie ein Wohnungs- und ein Verkehrsmodul (vgl. Abb. 12.2).

Ein wichtiges Modul gerade bei einer offenen Volkswirtschaft wie Österreich umfasst die Verflechtung über den Handel mit dem Ausland. Hier wird die weltweite Nachfrage nach österreichischen Produkten ausgehend von der Wirtschaftsentwicklung der Haupthandelspartner bestimmt. Die Importe bestimmen sich in Abhängigkeit von der inländischen Produktion und der Entwicklung der Weltmarktpreise. Die Weltmarktpreise spiegeln die zunehmende Verknappung von bspw. Öl in den ölexportierenden Ländern wider und können gleichzeitig erhebliche Reaktionen in nationalen Ökonomien auslösen.

12.2.3   Vergleich der Modellansätze

HYBRIO 57 und e3.at unterscheiden sich zunächst in ihrer Detaillierung, da es sich bei e3.at schon um ein vielfach erprobtes „Arbeitspferd" der Politikberatung handelt, HYBRIO 57 hingegen wurde für das eingangs zitierte Vorhaben explizit entwickelt. Doch auch in den strukturell einander entsprechenden Teilen verfolgen die Modelle unterschiedliche Philosophien (vgl. Tab. 12.1).

Abb. 12.2 e3.at im Überblick.
(Gesellschaft für Wirtschaftliche Strukturforschung – GWS)

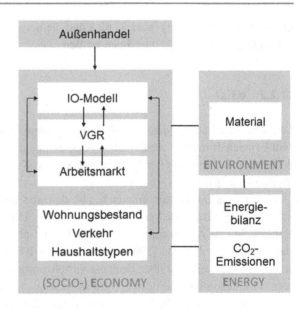

Den stochastischen Elementen aus HYBRIO 57 stehen bei e3.at empirisch geschätzte Parameter gegenüber. Dies äußert sich insbesondere bei der Modellierung der Preisbildung, die in e3.at empirisch gestützt auf Basis der Stückkosten (u. a. importierte Vorleistungen, Lohnkosten) unter Berücksichtigung der Aufschlagskalkulation erfolgt, während HYBRIO 57 die dualen Leontief-Gleichungen mit stochastischen Elementen einsetzt und somit einen volatileren Ansatz verfolgt.

Bei der Modellierung der Beschäftigung tritt die stärkere Detaillierung von e3.at besonders hervor, die neben der Arbeitsnachfrage auch das Arbeitsangebot unterlegt mit Bevölkerungsvorausschätzungen und eine Schätzung des Erwerbspersonenpotenzials (Fuchs und Dörfler 2005) beinhaltet.

Investitionen und Kapitalstock werden in e3.at mit makroökonomischen Standardansätzen modelliert: Reale Bruttoanlageinvestitionen auf der Ebene der investierenden Wirtschaftsbereiche sind von der diesjährigen preisbereinigten Produktion und dem ebenfalls preisbereinigten Kapitalstock des Vorjahres abhängig. Der aktuelle Kapitalstock wiederum ergibt sich in e3.at und HYBRIO 57 aus dem des Vorjahres zuzüglich der diesjährigen Bruttoanlageinvestitionen und abzüglich diesjähriger Abschreibungen.

In HYBRIO 57 wurden für die Bestimmung der Investitionen sog. Nachfragefaktoren herangezogen, die das Verhältnis von sektoraler Nachfrage zu sektoralem Angebot anzeigen.

Zum Vergleich wurden die Basisläufe beider Modelle herangezogen. Diese sind durch Abwesenheit bestimmter energie- oder ressourcenpolitischer Maßnahmen gekennzeichnet, sie schreiben die bestehende Welt zum Zeitpunkt der Modellierung fort. Daher werden solche Simulationsläufe auch häufig mit dem Begriff „Business-as-usual" (BAU) oder „Basislauf" beschrieben. Der Basislauf dient bei der Beurteilung von Szenarien, die sich

Tab. 12.1 Kurzübersicht des Vergleichs von HYBRIO 57 und e3.at. (Quelle: eigene Informationen)

	HYBRIO 57	e3.at
Modellansatz	Dynamisches Input-Output-Modell mit stochastischen Elementen	Ökonometrisches Input-Output-Modell, empirisch geschätzte Parameter
Zeitbehandlung	Sequenziell dynamisch	Sequenziell dynamisch
Abbildung des Konsums	Proportional zu den Löhnen, aufgeteilt nach den Wirtschaftsbereichen der Input-Output-Tabelle. Geldvermögen bzw. Konsumentenschulden werden residual fortgeschrieben	Bottom-up nach 37 Verwendungszwecken, residuales Sparen
Abbildung des Staatskonsums	Staatskonsum folgt der BIP-Entwicklung	Endogen, basierend auf Bevölkerung und Personalausgaben des Staates
Abbildung des Arbeitsmarktes	Arbeitskräftenachfrage wird über das sektorale Wirtschaftswachstum und den sektoralen technischen Fortschritt residual bestimmt	Arbeitsnachfrage über sektorale Faktornachfragefunktionen ermittelt unter Einbeziehung des technischen Fortschritts; Arbeitsangebot durch Bestimmung des Erwerbspersonenpotenzials auf Basis der vorliegenden Bevölkerungsprojektion
Abbildung der Vorleistungen	Dynamische Input-Output-Tabellen	Abgeleitet aus Input-Output-Tabellen, die preisabhängige Kostenstrukturen und technologische Veränderungen im Bereich der Energieerzeugung berücksichtigen
Abbildung der Sektoren (Staat, Unternehmen, Private Haushalte, Ausland)	Vereinfachtes Kontensystem der VGR; Einnahmen und Ausgaben endogen, Finanzierungssaldo residual, Staatsverschuldung wird fortgeschrieben	Gesamtes Kontensystem der VGR; Aufkommen und Verwendung endogen, Finanzierungssalden aller Sektoren residual
Preisbildung	Duale Input-Output-Gleichung + stochastisches Element	Stückkosten mit empirisch ermitteltem Aufschlagssatz (Mark-up), berechnet aus bewerteten Vorleistungseinsätzen (inländisch und importiert), Lohnkosten, Abschreibungen, Nettoproduktionsabgaben und Nettogütersteuern

mit Knappheiten (z. B. Peak Oil) beschäftigen als Vergleichswelt. Letztlich lassen sich Aussagen zu den gesamtwirtschaftlichen Wirkungen von Maßnahmen oder Knappheiten ja nur im Vergleich zu einer Welt ohne diese Maßnahmen oder Knappheiten treffen. Die im Szenarien*vergleich* festzustellenden Unterschiede in den Ergebnissen ökonomischer und anderer Größen können dann auf die unterstellten, divergierenden Knappheiten zurückgeführt werden (vgl. Abschn. 12.3).

Ergebnisse von Modellrechnungen hängen immer von den getroffenen Annahmen ab, die sich in der Wahl exogener Vorgaben und der Wahl der Reaktionsmechanismen und Transmissionskanäle widerspiegeln. Daher ist es bei einem Vergleich verschiedener Modelle wichtig, die Unterschiede dieser Annahmen herauszuarbeiten. Die Annahmen können zum einen die Modellphilosophie betreffen und zum anderen exogene Daten, wie z. B. die Bevölkerungsentwicklung oder internationale Energiepreise.

Bereits im Basislauf zeigen sich unterschiedliche Ergebnisse beider Modelle für die zukünftige Entwicklung der österreichischen Wirtschaft. Während HYBRIO 57 von einer eher pessimistischen Sicht auf die Entwicklung der Weltwirtschaft und insbesondere auf die wirtschaftliche Entwicklung von Österreichs Handelspartnern geprägt ist, zeigt e3.at gestützt auf die Zeitreiheninformationen und die Prognose länderspezifischer Wachstumspfade der OECD (2012) ein eher optimistisches Bild, das von einer voranschreitenden Globalisierung geprägt ist. HYBRIO 57 ist am Jahr 2005 kalibriert und stützt sich auf die seither beobachtete Entwicklung. Insbesondere die Finanzkrise, inklusive ihrer vermuteten Auslöser, sowie die Eurokrise tragen mit zum pessimistischen Bild bei. Da Österreichs wichtigste Handelspartner größtenteils im Euroraum zu finden sind, wird das Exportwachstum als eher niedrig eingeschätzt. Darüber hinaus wird in HYBRIO 57 ein deutlich geringeres Wachstum der Binnennachfrage unterstellt, das v. a. aus stagnierenden Reallöh-

Tab. 12.2 Durchschnittliche jährliche Wachstumsraten zentraler Modellvariablen. (Quelle: Berechnungen mit HYBRIO 57 und e3.at)

	HYBRIO 57		e3.at	
	2010–2030	2030–2050	2010–2030	2030–2050
Komponenten des preisbereinigten BIP				
Bruttoinlandsprodukt in Mrd. €	0,4	0,4	1,6	2,0
Privater Konsum in Mrd. €	0,8	0,8	1,3	1,7
Staatskonsum in Mrd. €	0,3	0,3	0,9	1,3
Bruttoanlageinvestitionen in Mrd. €	0,6	0,7	1,1	1,1
Exporte in Mrd. €	0,6	0,7	2,7	2,7
Importe in Mrd. €	1,1	1,2	2,2	2,1
Weitere ökonomische Größen				
Verfügbares Einkommen der privaten Haushalte in Mrd. € (in HYBRIO 57 Nettolöhne)	1,5	1,7	2,6	2,9
Unselbstständige Erwerbstätige in 1000 Vollzeitäquivalenten	0,3	0,3	0,5	0,9

nen und einer sinkenden Lohnquote resultiert. Diese Entwicklung der beiden vergangenen Jahrzehnte wird in der Simulation fortgeschrieben.

In der langen Frist bis 2050 manifestieren sich diese Unterschiede deutlich: Die meisten Komponenten des preisbereinigten BIP sind bei e3.at deutlich höher (vgl. Tab. 12.2).

Was bedeuten diese Reaktionen für die Berechnung der wirtschaftlichen Auswirkungen von knappen Metallen und Peak Oil? Im nächsten Abschnitt werden Ergebnisse von Modellrechnungen zusammengetragen, die mit den jeweiligen Modellen erstellt worden sind. Die Interpretation zeigt wiederum Unterschiede, aber auch Gemeinsamkeiten für daraus ableitbare Politikempfehlungen auf.

12.3   Ergebnisse: Knappe Metalle, Peak Oil und mögliche wirtschaftliche Folgen

In einer Untersuchung zu den Wachstums-, Beschäftigungs- und Umweltwirkungen von Ressourceneinsparungen für das österreichische Lebensministerium (2005–2007) wurde mit e3.at analysiert, welche Auswirkungen aus einer verstärkten Investition der Unternehmen in die Verbesserung der Ressourcenproduktivität auf Beschäftigung, Wirtschaft und Umwelt für die österreichische Volkswirtschaft resultieren. In Anlehnung an das Aachener Szenario für Deutschland (Fischer et al. 2004) wurden im Simulationsexperiment die Folgen einer pauschalen Reduktion des Vorleistungseinsatzes um 20 % über einen Zeitraum von rund 10 Jahren simuliert. Dahinter stehen Prozessoptimierungen in der Produktion und der Wertschöpfungskette sowie Materialsubstitutionen. Änderungen im Materialeinsatz konnten in den Materialkategorien von Eurostat (2001) berücksichtigt werden. Ähnliche Szenarien wurden auch für Deutschland gerechnet (Distelkamp et al. 2005).

Insgesamt ergeben sich erhebliche positive Effekte. Diese sind darauf zurückzuführen, dass mit der Ressourceneinsparung deutliche Kosteneinsparungen verbunden sind. Damit verbessert sich die internationale Wettbewerbsposition Österreichs; aufgrund steigender Exporte bedingt durch sinkende Stückkosten wachsen die Produktion und die Beschäftigung deutlich stärker als in dem in der Untersuchung unterstellten Basislauf. Da der überwiegende Teil der Rohstoffe nach Österreich importiert wird, sinken die Importe bei einer Ressourceneinsparung ebenfalls erheblich.

Die ressourceneffizienten Szenarien bilden einen mit einer Storyline unterlegten Mengenrückgang bei den Ressourcen ab. Dieser ist überwiegend als Resultat von Beratungstätigkeiten und nicht als Reaktion auf exogene Knappheiten oder Preissteigerungen zu verstehen. Eine technologische Bottom-up-Untersetzung der Szenarien war im Rahmen der Untersuchung nicht vorgesehen. Die Ergebnisse sind somit besonders interessant hinsichtlich der Abschätzung einer möglichen positiven Auswirkung von Ressourceneinsparung, die sich mit No-Regret-Maßnahmen durchsetzen lässt.

Anders sind die Ergebnisse bei der Modellierung von exogenen Knappheiten, etwa in einem Peak-Oil-Szenario, das mit dem Modell HYBRIO 57 bewertet wurde.

Es wird eine Mengenbeschränkung bei Erdöl angenommen, sodass ab 2030 Engpässe beim Erdöl auftreten, die durch höhere Preise nicht mehr kompensiert werden können. Für ein derartiges Szenario der Mengenbeschränkungen wurde der relative Verlauf der Hüllkurve der Weltölversorgung auf der Basis konventioneller Ressourcen laut einer Schätzung der Ludwig-Bölkow-Systemtechnik (LBST 2010) zugrunde gelegt. Die LBST fasste alle verfügbaren Daten der erdölproduzierenden Länder zusammen und extrapoliert das Erdölangebot aufgrund einer standardisierten Erschöpfungsdynamik der Erdölfelder bis 2050. In HYBRIO 57 werden die Ölinputs der linear-limitationalen Produktionsfunktionen direkt an das prognostizierte Verhalten des globalen Erdölangebots gekoppelt.

Die Folgen, die in diesem Szenario berechnet wurden, dienen eher als formaler Test der in HYBRIO 57 vorhandenen Reaktionsweisen, da weder die regional bis dahin unterschiedliche Verteilung des Erdölangebots – mit ihren Folgen für die Entwicklung der weltweiten Wirtschaftsleistung und der Nachfrage nach österreichischen Gütern und Dienstleistungen – noch die lokale Verfügbarkeit des Erdöls für die österreichische Wirtschaft berücksichtigt werden. Außerdem ist klar, dass sowohl die Wirtschaftsentwicklung bis 2030 als auch das dann tatsächlich zur Verfügung stehende Erdölangebot (Stichwort Peak Export und *oil decline curve assumption*) nur mit sehr großen Unsicherheiten abgeschätzt werden können. Bei Mengenbeschränkung und gleichzeitiger Preiskontrolle (ohne sie würden nur zahlungskräftige Industrien Öl einkaufen können, der Rest würde leer ausgehen) werden Erdölimporte für Österreich ab 2030 rationiert, die Preisfestlegungen für Erdöl orientieren sich an den Preissteigerungen des BIP. Ein Wachstumsrückgang gegenüber dem Basislauf ist unter den Bedingungen von Einfuhrbeschränkungen nicht auszuschließen. Die gleichzeitige Preisregelung ermöglicht das Überleben von weniger profitablen Klein- und Mittelbetrieben, die in Österreich einen großen Anteil an der Wirtschaftsleistung haben.

Verbleibende Preissteigerungen bei Importen sind erhöhter Nachfrage nach Importen geschuldet, die den Ausfall an heimischer Produktion, der durch Erdölmangel verursacht ist, teilweise kompensieren sollen. Eine ähnliche Reaktion findet im zuvor beschriebenen Beispiel zur Ressourceneinsparung in e3.at in der gegenläufigen Richtung statt und führt dort zu positiven Effekten. Somit scheinen die Reaktionen in den Modellen ähnlich in ihrer Wirkungsrichtung.

12.3.1 Gleiche Inputs bei beiden Modellen

Hätten beide Modelle bei gleichen Inputs zu denselben Ergebnissen geführt? Um dieser Frage nachzugehen, werden sog. Modellexperimente durchgeführt. In einem Modellexperiment wird die Reaktion beider Modelle auf einen exogenen langfristigen Preisschock simuliert. Österreich ist wie die meisten anderen europäischen Volkswirtschaften vom Import fossiler Energieträger abhängig. Aufgrund geringfügiger eigener Vorkommen wird der überwiegende Teil des Rohstoffbedarfs an Erdöl und Erdgas durch Importe gedeckt.

Ein Anstieg des Rohölpreises, etwa durch eine Verknappung des weltweiten Angebots, führt zu umfänglichen Anpassungsreaktionen der österreichischen Wirtschaft.

Die Simulation zeigt wenig überraschend, dass sich eine Ölpreissteigerung von jährlich 2 % ab 2012 dämpfend auf die ohnehin nicht sehr hohen Wachstumsraten des BIP in HYBRIO 57 auswirkt: Der Ölpreis ist im Basislauf 2050 nur um ca. 60 % höher als 2005, steigt etwa im gleichen Tempo wie der Preisindex des BIP. Die Ölpreissteigerung von 2 % jährlich entspricht einem Preiszuwachs von 130 % in der gleichen Periode, der Ölpreisindex steigt im Referenzszenario von 100 im Basisjahr auf 160 beziehungsweise bei 2 %-igem Wachstum auf 230. Die technischen Innovationen können in diesem Szenario die steigenden Ölpreise nicht mehr kompensieren. Etwa zu Beginn der 2030er-Jahre muss man damit rechnen, dass die Wirtschaft, obwohl sie zu laufenden Preisen noch wächst, real zu schrumpfen beginnt. Als Gegenmaßnahme käme eine raschere Umstellung auf Elektromobilität in Frage.

Die quantitativen Abweichungen vom Basislauf weisen darauf hin, dass bei mangelnder Wachstumsperspektive alle Komponenten der Nachfrage zu konstanten Preisen einen relativen Rückgang zur Basisprojektion zeigen. Dieser Rückgang müsste im Prinzip zwar noch nicht bedeuten, dass absolut gesehen das Wachstum aller Komponenten der Endnachfrage zum Erliegen kommt. Aber ab den 2030er-Jahren zeigt die Simulation auch einen absoluten Rückgang des BIP an. Dieser wird v. a. durch Preissteigerungen beim privaten Konsum, verstärkt durch rückläufige Nettolohneinkommen und einen Abbau von Arbeitsplätzen, ausgelöst. Steigende Importpreise und geringere Exportmöglichkeiten reduzieren die Investitionen und verschärfen die wirtschaftliche Stagnation.

Auch in e3.at wirkt sich der Ölpreisanstieg deutlich dämpfend aus. Er beeinflusst die Produktionskosten in vielen Branchen indirekt entweder über Transportkosten oder als Einsatz in der Vorleistungskette (z. B. chemische Produkte, Metalle etc.). Erdölintensive Industrien wie die mineralölerzeugende Industrie, oder die chemische Industrie verzeichnen starke Rückgänge bei den Exporten, da ihre Wettbewerbsfähigkeit sinkt.

Für die gesamte Volkswirtschaft bedeutet eine Verdopplung des Erdöl- und Erdgaspreises ein weniger starkes BIP-Wachstum als zuvor. Im Jahr 2050 ist das BIP knapp 3 % geringer als im Basislauf. Auf der gesamtwirtschaftlichen Ebene, beim BIP, zeigen die Modelle somit ähnliche Reaktionen. Allerdings stellt sich e3.at flexibler auf die exogene Veränderung ein und zeigt bei einigen Größen sogar die umgekehrte Wirkungsrichtung.

12.3.2 Auswirkungen einer Metallverknappung auf den Umbau der Energieversorgung

Wie sind vor dem Hintergrund der bislang skizzierten Modellreaktionen die Auswirkungen einer Metallverknappung auf den Umbau der Energieversorgung einzuschätzen? Abbildung 12.3 fasst die Ausgangsfrage und die Ergebnisse zusammen: Am Anfang steht die Frage: „Ergibt es Sinn, den Ausbau erneuerbarer Energien angesichts steigender Knapp-

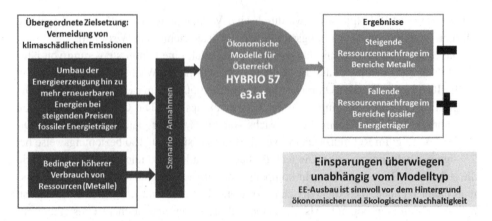

Abb. 12.3 Fragestellung und Ergebnisse im Überblick. (Eigene Darstellung)

heit sowohl im Bereich von Metallen (u. a. Neodymium, Gallium, Germanium) als auch fossiler Energieträger zu forcieren?"

Diese Ausgangsfrage wurde in Szenario-Annahmen übersetzt, die dann Input-Parameter für die Modelle HYPRIO 57 und e3.at darstellen. Die Simulationsrechnungen zeigen steigenden Ressourcenverbrauch bedingt durch den Ausbau, aber auch eine sinkende Nachfrage nach fossilen Energieträgern. Zusammengenommen lässt sich unabhängig vom gewählten Modelltyp sagen, dass der Ausbau sinnvoll ist. Die Wirkungen auf die soziale Nachhaltigkeit, die v. a. in anderen Ländern zu vermuten sind, werden hier allerdings nicht beurteilt (vgl. beispielhaft Kap. 2).

Im Detail wirken bei einem derartigen Szenario verschiedene Einflüsse auf die Wirtschaft ein. Zum einen führt der Ausbau erneuerbarer Energien zur Ressourceneinsparung – konkret zur Einsparung fossiler Energieträger. Zum anderen werden die für diesen Ausbau erforderlichen Materialien auf den Weltmärkten knapper und somit teurer – ein Preissignal, das sich auf die Preise der erneuerbaren Strom- und Wärmeerzeugung auswirkt. Darüber hinaus gehört zum Szenario ein Katalog an technologischen, bottom-up-fundierten Annahmen. So wurde der Anstieg der Materialpreise vor dem Hintergrund verschiedener Risikoklassen für die weltweite Knappheit und der Substituierbarkeit des jeweiligen Materials modelliert. Die Energieversorgung wird sowohl im Strom- als auch im Wärmebereich stärker auf die Basis erneuerbarer Energien gestellt, darüber hinaus wird im Verkehr stärker auf Elektroantriebe gesetzt. Letzteres erfordert Eingriffe auch in die Vorleistungsverflechtung der österreichischen Wirtschaft, da der Automobilsektor stark exportorientiert und vielfältig verflochten ist. Aufgrund der völlig andersartigen Zusammensetzung alternativer Antriebe werden die dafür bezogenen Vorleistungen der Autoindustrie entsprechend angepasst.

Dies ist eine optimistische Einschätzung, die, wie an anderer Stelle im Modell, eine grundlegende Anpassungsfähigkeit und ein vorhandenes Anpassungspotenzial der österreichischen Wirtschaft auch für die Zukunft unterstellt.

Zusammengenommen ergibt sich in e3.at ein differenziertes Bild der wirtschaftlichen Auswirkungen des Szenarios mit steigenden Rohstoffpreisen und einer zunehmenden Energieerzeugung auf der Basis erneuerbarer Energien. Die österreichische Wirtschaft befindet sich in diesem Szenario durchschnittlich auf einem höheren Wachstumspfad als im Basislauf, im Jahr 2050 liegt das preisbereinigte Bruttoinlandsprodukt um 3 % höher. Dieses Ergebnis ist getrieben durch die erheblichen Investitionen, die in den Ausbau erneuerbarer Energien fließen, in den Netzausbau, in die Infrastruktur für Elektromobilität sowie in die Gebäudesanierung. Allerdings entfalten diese Investitionen in den ersten Jahren auch Kostenwirkungen, die das BIP-Wachstum sogar verlangsamen, insbesondere weil die Anlagen zur Erzeugung von Strom und Wärme aus erneuerbaren Energien durch die unterstellten Knappheiten im Vergleich zum Basislauf erheblich teurer sind. In der langen Frist überwiegen die positiven Effekte der Einsparungen aufgrund von ähnlichen Wirkungsmechanismen wie in dem zuvor beschriebenen Szenario der Ressourceneinsparung. Zudem sind die Annahmen über die relative Wettbewerbsfähigkeit Österreichs im Vergleich mit der übrigen Welt wichtig für die Stärke und Richtung der Ergebnisse. Österreich ist stark in den Welthandel eingebunden und eine Exportschwäche würde sich im Wirtschaftswachstum widerspiegeln. Bessere Strategien im Umgang mit Ressourcenpreissteigerungen können die relative Wettbewerbsfähigkeit entscheidend beeinflussen.

HYBRIO 57 hätte bei gleicher Rechnung weniger zusätzliches Wachstum zu verzeichnen, da es weniger flexibel mit Anpassungen reagiert. Wenn sich die Metallpreise nicht nur wie in der hier beschriebenen Simulation auf die erneuerbaren Energien auswirken, sondern auf alle Produktionsbereiche, die die entsprechenden Rohstoffe einsetzen, und ferner eine solche Wirkung für alle Länder unterstellt wird, so kann sich der Effekt – in beiden Modellen, aber besonders bei HYBRIO 57 – auch ins Gegenteil umkehren und die negativen Preiseffekte überwiegen. Auf starke langfristige Preissignale reagieren allerdings viele Industrien mit der Suche nach Substitutionsmöglichkeiten und technischen Lösungen zur Verringerung des Materialeinsatzes.

12.4 Fazit: Bremsen knappe Metalle die Transformation des Energiesystems?

In diesem Beitrag wurden zwei Modelle eingesetzt, um eine Antwort auf diese Frage zu skizzieren. Zum einen lässt sich aus den auf Peak Oil hin orientierten Ergebnissen, bei allen Einschränkungen, die aus den Unsicherheiten des diesbezüglichen Szenarios stammen, ablesen, dass langfristige Verknappungen eines wichtigen Rohstoffs zu erheblichen Einbußen der ökonomischen Entwicklung und damit der Güterbereitstellung führen. Um nicht durch die vorbeugende Maßnahme energieseitig – also in Hinblick auf den Ausbau erneuerbarer Energien – in neue Knappheiten zu geraten, wurden die Risiken des Materialeinsatzes abgeschätzt und zu einem möglichen Szenario kombiniert. Es stellt sich heraus, dass die Kostenstruktur der Anlagen zur Nutzung erneuerbarer Energien vielfältig ist und in einigen Teilbereichen Kostensenkungspotenziale aufweist, die durch metallbedingte Knappheiten allenfalls geringer ausfallen, aber immer noch vorliegen. Darüber hinaus kommen einige Materialien z. B. bei der Offshore-Windenergie vor, die in Österreich nicht zum Einsatz kommen. Einige Kostentreiber kommen beim für Österreich geplanten Energiemix nicht zum Tragen. Hier müssten weitere Modellrechnungen zeigen, was dies für Länder bedeutet, die bspw. stärker auf den Offshore-Ausbau setzen, wie etwa Großbritannien.

Für die vorliegenden Untersuchungen lautet das Fazit der gesamtwirtschaftlichen Analysen unabhängig von der Modellwahl: Mittelfristige Preissteigerungen werden durch die langfristigen Einsparungen (über)kompensiert und damit sollte der begonnene Pfad hin zu mehr erneuerbaren Energien weiter beschritten werden.

Die weiteren sozialen Auswirkungen, die ein globalisierter Ressourcenabbau entfaltet und die sich eben gerade nicht in den Preisen widerspiegeln, sprengen die Grenzen der ökonomischen Modellanalyse. Wird die Welt der Preise und ihrer Auswirkungen verlassen, müssen monetäre Schätzer für diese Wirkungen gefunden werden – oder es muss die Folgenabschätzung mit anderen Mitteln durchgeführt werden.

Literatur

Distelkamp M, Meyer B, Wolter MI (2005) Der Einfluss von Endnachfrage und der Technologie auf die Ressourcenverbräuche in Deutschland. In: Aachener Stiftung Kathy Beys (Hrsg) Ressourcenproduktivität als Chance – Ein langfristiges Konjunkturprogramm für Deutschland. Aachener Stiftung Kathy Beys, Aachen, S 143–170

Eurostat (2001) Economy-wide material flow accounts and derived indicators. A methodological guide. European Communities, Luxembourg

Eurostat (2008) Eurostat Manual of Supply, Use and Input-Output Tables. European Communities, Luxembourg

Fischer H, Lichtblau K, Meyer B, Scheelhaase J (2004) Wachstums- und Beschäftigungsimpulse rentabler Materialeinsparungen. Wirtschaftsdienst 4/2004:247–254

Fleissner P (2010) From the appearance of the economy to its essence and back – Methodological preconditions on how to analyze crises. World Review of Political Economy 1:388–406

Fuchs J, Dörfler K (2005) Projektion des Erwerbspersonenpotenzials bis 2050. Annahmen und Datengrundlage IAB-Forschungsbericht, Bd. 25/2005. Bundesagentur für Arbeit, Nürnberg

Großmann A, Lehr U, Wiebe KS, Wolter MI (2013a) Feasible futures for the common good. Energy transition paths in a period of increasing resource scarcities. Progress Report 5A: Modelling the effects of the energy transition in Austria. Assessment of the economic and environmental effetcs. The project is funded by the Austrian Climate and Energy Fund. GWS, Osnabrück

Großmann A, Lehr U, Wiebe KS, Wolter MI, Fleissner P (2013b) Feasible futures for the common good. Energy transition paths in a period of increasing resource scarcities. Progress Report 5B: E3.at and HYBRIO – Model Comparison. The project is funded by the Austrian Climate and Energy Fund. GWS, Osnabrück

Lehr U, Mönnig A, Wolter MI, Lutz C, Schade W, Krail M (2011) Die Modelle ASTRA und PANTA RHEI zur Abschätzung gesamtwirtschaftlicher Wirkungen umweltpolitischer Instrumente – ein Vergleich. GWS Discussion Paper, Bd. 11/4. GWS, Osnabrück

Ludwig Bölkow Systemtechnik (2010) Interne Mitteilung. Ottobrunn

OECD (2012) OECD Environmental Outlook to 2050. OECD Publishing, Paris. http://dx.doi.org/
10.1787/9789264122246-en. Zugegriffen: 23.09.2014

Stiglitz J-E, Sen A, Fitoussi J-P (2009) Report by the Commission on the Measurement of Economic
Performance and Social Progress. http://www.stiglitz-sen-fitoussi.fr/en/index.htm. Zugegriffen:
23.09.2014

Stocker A, Großmann A, Madlener R, Wolter MI (2011) Sustainable energy development in Austria
until 2020: Insights from applying the integrated model „e3.at". Energy Policy 39:6082–6099.
doi:10.1016/j.enpol.2011.07.2009

Wolter MI, Großmann A, Stocker A, Polzin C (2011) Auswirkungen von energiepolitischen Maß-
nahmen auf Wirtschaft, Energiesystem und private Haushalte. Beschreibung der KONSENS-
Modellierungsergebnisse. Working Paper Nr. 4 des Projekts KONSENS: KonsumentInnen und
Energiesparmaßnahmen: Modellierung von Auswirkungen energiepolitischer Maßnahmen auf
KonsumentInnen. SERI, Wien

Recycling von Technologiemetallen – Status, Trends und Perspektiven für globale Partnerschaften

13

Daniel Bleher und Doris Schüler

13.1 Einleitung

Angesichts des kontinuierlich zunehmenden Ressourcenverbrauchs und der damit verbundenen hohen ökologischen Lasten wird das Recycling immer wichtiger. Zugleich werden die Anforderungen an ein effizientes Recyclingsystem deutlich komplexer, da immer mehr unterschiedliche Elemente und Verbindungen eingesetzt werden und hierfür entsprechende Recyclingwege entwickelt werden müssen. Dies gilt insbesondere für Technologiemetalle, die zwar in deutlich kleineren Mengen verbraucht werden als die klassischen Massenmetalle wie Stahl, Aluminium oder Kupfer, aber in vielen Anwendungen unverzichtbar sind.

Der Beitrag gibt zunächst einen Überblick über den aktuellen Stand zum globalen Recycling (vgl. Abschn. 13.2). Im nächsten Schritt werden dann sowohl der ökologische Nutzen als auch die ökologischen Lasten des Technologiemetallrecyclings aufgezeigt (vgl. Abschn. 13.3). Vertiefte Ausführungen werden dann beispielhaft zu den Seltenen Erden gegeben, die auch zu den Technologiemetallen gerechnet werden (vgl. Abschn. 13.4). Es folgt ein Ausblick auf neue Ansätze für globale Partnerschaften zum Technologiemetallrecycling (vgl. Abschn. 13.5). Der Beitrag schließt mit einem Fazit und Perspektiven (vgl. Abschn. 13.6).

D. Bleher (✉) · D. Schüler
Infrastruktur & Unternehmen, Büro Darmstadt, Öko-Institut
Darmstadt, Deutschland
email: d.bleher@oeko.de

© Springer-Verlag Berlin Heidelberg 2016
A. Exner et al. (Hrsg.), *Kritische Metalle in der Großen Transformation*,
DOI 10.1007/978-3-662-44839-7_13

13.2 Aktueller Stand zum globalen Recycling

Die vielseitigen Materialeigenschaften von Metallen, wie z. B. starr, leitfähig und grund-sätzlich recyclingfähig, machen Metalle zu fundamentalen Werkstoffen unserer Gesell-schaft. Bereits heute kann davon ausgegangen werden, dass in den entwickelten Volkswirt-schaften der Pro-Kopf-Bestand an Metallen bei etwa 10–15 t liegt. Dazu zählen sowohl alle privaten Metallbestände in der Nutzung als auch der Anteil am öffentlichen Gebäude- und Infrastrukturbestand. 98 % des Pro-Kopf-Metallbestands machen die Massenmetalle Eisen, Aluminium, Kupfer, Zink und Mangan aus (Graedel 2010). Auch wenn die Daten-lage zum Pro-Kopf-Metallbestand noch verbesserungsbedürftig ist, wird doch deutlich, dass moderne Gesellschaften grundlegend auf der Nutzung von Metallen aufgebaut sind.

Die Bedeutung von Metallen wird in der Zukunft noch weiter anwachsen. Studien zeigen, dass der Verbrauch von Metallen direkt mit dem Bruttoinlandsprodukt einer Volks-wirtschaft verbunden ist. Daher nimmt der Verbrauch von Basismetallen wie Stahl, Alu-minium und Kupfer besonders in den schnell wachsenden Schwellenländern zu. Würde die Bevölkerung der Schwellenländer den Metallbedarf der entwickelten OECD überneh-men, läge der globale Metallbedarf um drei- bis neunmal über dem aktuellen Verbrauch. Berücksichtigt man das prognostizierte globale Bevölkerungs- und Wirtschaftswachstum, so würde die Menge der Metalle im Bestand bis zum Jahr 2050 um das Fünf- bis Zehnfa-che ansteigen (Graedel et al. 2011).

Neben dem Bedarf an Basismetallen nimmt besonders die Bedeutung von Metallen in Zukunftstechnologien stark zu. Die auch als Spezial-, Gewürz- oder Technologieme-talle bezeichneten Materialien werden häufig in nur geringen Mengen in elektronischen Geräten eingesetzt; sie sind allerdings aufgrund ihrer Eigenschaften für die Funktiona-lität unerlässlich. Beispielhaft kann das Element Gallium genannt werden, das in Form von Galliumnitrid als Halbleiterschicht in Leuchtstoffdioden (LEDs) zum Einsatz kommt. LED-basierte Leuchtmittel haben einen deutlich geringeren Energieverbrauch als z. B. Leuchtstofflampen und sind daher als energieeffiziente Zukunftstechnologie von hohem Interesse. Mit der zunehmenden Marktdurchdringung von LED-Leuchten steigt gleich-zeitig die Nachfrage nach Gallium deutlich an. Ein wachsender Bedarf für Zukunftstech-nologien gilt auch für andere Elemente. Als besonders hoch wird dieser aber für Gallium, Indium, Germanium und Neodym angesehen (Reuter et al. 2013).

Damit wird deutlich, dass eine große Transformation hin zu einer Green Economy auch weiterhin auf der Nutzung von Metallen basiert. Gleichzeitig rückt das Recycling von Metallen zur Entkopplung von wirtschaftlichem Wachstum und Umweltzerstörung sowie zunehmendem Ressourcenverbrauch immer mehr in den Fokus.

Das Maß für funktionierendes Recycling sind Recyclingraten. Diese lassen sich anhand unterschiedlicher Indikatoren messen. Eine Möglichkeit besteht darin, bei der Metall-herstellung die Anteile sekundärer, also recycelter Bestandteile mit den primären Be-standteilen ins Verhältnis zu setzen. Eine solche Recycling-Input-Rate ist bei einigen Massenmetallen heute schon sehr hoch. So besteht der weltweit produzierte Stahl schon zu großen Teilen aus sekundärem Stahlschrott. Analysten erwarten, dass der Anteil von

Sekundärstahl an der Weltrohstahlerzeugung ab dem Jahr 2025 größer sein wird als der Anteil primären Stahls (Bronk und PricewaterhouseCoopers 2014).

Dieser Indikator lässt allerdings keine Rückschlüsse über die Effizienz bei der Sammlung und Verwertung von Metallschrott zu. Daher wird in der letzten Zeit zunehmend die Phase mitbetrachtet, in der ein Produkt aus der Nutzung ausscheidet (End-of-Life; EoL). Die EoL-Recyclingrate bezeichnet die Menge eines rückgewonnenen Materials im Vergleich zu der Menge des aus der Nutzung ausgeschiedenen Materials. Voraussetzung für diesen Indikator ist die Wahl der gleichen Bezugsgröße, z. B. das Material Kupfer. Im Fall einer schlechten Sammelquote oder Verlusten bei der Zerlegung und Aufbereitung, schlägt sich dies im Indikator nieder. Die schwächsten Glieder der Recyclingkette bestimmen entscheidend die EoL-Recyclingrate. Im Bereich Elektroschrott (E-Schrott) bestehen in der Regel die größten Schwachpunkte in der Sammlung und/oder in der Vorbehandlung. Selbst effizienteste Raffinierungsprozesse können den Rückgewinnungsgrad für die Metalle nicht entscheidend verbessern, wenn die vorgelagerten Schritte starke Schwächen aufweisen.

Die Abb. 13.1 zeigt konkrete EoL-Recyclingraten für ausgewählte Metalle für das Recycling von Notebooks in Deutschland (LANUV 2012). Es wird ersichtlich, dass die Recyclingquoten bei der Raffinierung grundsätzlich sehr hoch sind. Wenn ein Sekundärmaterial die Behandlungsanlage erreicht, dann finden dort kaum noch Verluste statt. Die Gesamtquote wird damit in hohem Maße durch die Sammlung und besonders durch die Vorbehandlung und die Zerlegung bestimmt. Im Fall von Silber und Gold sind die Verlustraten in diesem Arbeitsschritt oft besonders hoch. Edelmetalle sind vor allem in Elektronikschrott dissipativ enthalten. Unangemessene Verfahren wie das Shreddern von Elektronikschrott ohne Vorzerlegung führen zur Verteilung der Edelmetalle in alle Outputströme und damit zu großen Totalverlusten. Bezüglich Kobalt, das eine EoL-Recyclingrate von rund 38 % aufweist, bedeutet dies in der Massenbilanz, dass in den 2010 in Deutsch-

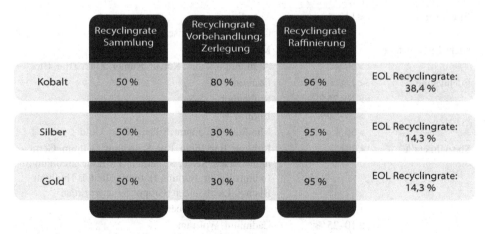

Abb. 13.1 EoL-Recyclingraten. (Nach LANUV 2012)

land verkauften Notebooks rund 461 t Kobalt enthalten sind. Scheiden diese Geräte aus
der Nutzphase aus und stehen für ein Recycling zur Verfügung, so ist damit zu rechnen,
dass rund 177 t Kobalt zurückgewonnen werden.

Bislang existieren nur wenige Untersuchungen zu globalen Recyclingquoten. Die wesentliche Herausforderung besteht zum einen in den unterschiedlichen Sammel- und Zer-
legestrukturen der einzelnen Länder. Zum anderen erschwert das umfangreiche Einsatzspektrum von Metallen in elektrischen und elektronischen Produkten und den damit verbunden Recyclingoptionen die Ableitung von Recyclingquoten. Einen guten Überblick zu
globalen Recyclingquoten nach Hauptmetallgruppen findet sich in (Graedel et al. 2011;
vgl. Tab. 13.1).

Es werden zwar nur Bandbreiten und keine genauen Recyclingquoten genannt, dennoch geht ein klares Muster zu globalen EoL-Recyclingquoten aus den verfügbaren
Daten hervor: Eisen- und Nicht-Eisenmetalle weisen im Wesentlichen hohe Recyclingquoten auf. Auch die meisten Edelmetalle werden größtenteils gut recycelt. Es bestehen
aber auch hier noch Verbesserungspotenziale. Im Gegensatz dazu ist das EoL-Recycling
von Spezial- oder Technologiemetallen noch kaum ausgeprägt. Es wird ebenfalls deutlich, dass sowohl hohe Recyclingraten (> 50 %), als auch sehr niedrige Recyclingraten
(< 1 %) auftreten. Mittlere Recyclingraten von > 10 bis < 50 % finden sich dagegen eher
selten.

Das Muster der globalen EoL-Recyclingraten lässt folgende Schlussfolgerungen zu:
Das Recycling von Massenmetallen wie Eisen, Aluminium und Kupfer ist im großin-
dustriellen Maßstab etabliert und technisch gut möglich. Anhängig am Recycling der

Tab. 13.1 Globale End-of-Life-Recyclingquoten für Hauptmetallgruppen und Elemente. (Quelle:
Graedel et al. 2011)

Hauptmetallgruppe	EoL Recycling-rate	Element
Eisenmetalle	< 1 %	Vanadium
	> 50 %	Chrom, Mangan, Eisen, Nickel, Niob
Nicht-Eisenmetalle	> 25–50 %	Magnesium
	> 50 %	Aluminium, Titan, Kobalt, Kupfer, Zink, Zinn, Blei
Edelmetalle	< 1 %	Osmium
	> 10–25 %	Ruthenium
	> 25–50 %	Iridium
	> 50 %	Rhodium, Palladium, Silber, Platin, Gold
Spezialmetalle	< 1 %	Lithium, Beryllium, Bor, Scandium, Gallium, Germa-nium, Arsen, Selen, Strontium, Yttrium, Zirconium, Indium, Tellur, Barium, Hafnium, Tantal, Thallium, Bismut, Lanthaniden (Gruppe Seltener Erden)
	1–10 %	Antimon, Quecksilber
	> 10–25 %	Cadmium, Wolfram
	> 50 %	Rhenium

Massenmetalle befinden sich Metalle wie Chrom, Nickel, Zink und andere, die prozessbedingt leicht mit den Zielmetallen zurückgewonnen werden. Lediglich in Einzelfällen wie dem in Stahllegierungen verwendeten Vanadium werden Metalle nicht in nennenswertem Umfang wiedergewonnen. Im konkreten Fall liegt das daran, dass Vanadium beim Einschmelzen von Vanadiumstählen in der Schlacke verbleibt.

Neben den technischen Voraussetzungen kommen weitere Aspekte für gute Recyclingquoten in Betracht. So ist das Vorhandensein eines ausreichenden Bestands an Massenmetallen Voraussetzung dafür, dass kontinuierlich Produkte aus der Nutzung ausscheiden und für ein Recycling zur Verfügung stehen. Hierbei gilt es nicht nur zwischen Metallen und Produkten, sondern auch zwischen Industrienationen und Schwellen- und Entwicklungsländern zu unterscheiden. In Industrieländern ist in der Regel mit einem hohen Bestand an Metallen in der Nutzung zu rechnen. Diese *urban mines* bestehen aus Stahl in Gebäuden und Fahrzeugen, Kupfer in Strom- und Wasserleitungen sowie gemischten Metallen in Deponiekörpern. In den letzten Jahren hat sich ein weiterer Bestand unterschiedlichster Metalle durch die in der Nutzung befindlichen elektrischen und elektronischen Geräte aufgebaut. Auch wenn die Metalle der *urban mines* unterschiedlich lange im Bestand verbleiben, so können Industrienationen dieses Potenzial stärker für ein Recycling nutzen als Schwellen- und Entwicklungsländer, in denen sich ein solcher Metallbestand erst noch aufbaut.

Weiterhin ergeben sich hohe Recyclingraten auch für Materialien, die in großen Mengen in Produkten verwendet werden (z. B. Stahl in Fahrzeugen) oder von hohem Wert sind (z. B. Gold in Elektronik). In diesen Fällen ist das Recycling von Massenmetallen wirtschaftlich attraktiv und hat dazu geführt, dass eine Sensibilisierung für den Wert der Metalle und die nötige Infrastruktur bestehend aus Sammelstellen, Sortieranlagen und Shredder-Anlagen entstanden ist.

Metalle mit geringen Recyclingquoten

- haben entweder ungünstige technische Eigenschaften, die eine Rückgewinnung erschweren,
- scheiden nur unregelmäßig aus der Nutzung aus bzw.
- sind erst seit wenigen Jahren nennenswert im Einsatz oder
- werden nur in sehr geringen Mengen eingesetzt, sodass ein Recycling ökonomisch unattraktiv wird.

Als Beispiel hierfür können ebenfalls die oben genannten LED-Leuchten herangezogen werden. Das in den Dioden verwendete Gallium ist mengenmäßig so gering, dass der Aufbau einer Infrastruktur zur Sammlung und Aufarbeitung in keinem wirtschaftlich sinnvollen Verhältnis zur rückholbaren Menge an Gallium steht. Gleichzeitig sind LEDs ein Massenprodukt, sodass sehr geringe Mengen in unzähligen Einzelprodukten verwendet werden. Ein solch dissipativer Einsatz erschwert eine Rückholung aus technischer wie aus ökonomischer Sicht.

Neben der dissipativen Verwendung nimmt auch die Komplexität des Materialeinsatzes in Produkten immer weiter zu. Dies gilt v. a. für elektrische und elektronische Geräte. Alleine in Mobiltelefonen aus der Zeit vor der Durchsetzung von Smartphones kamen mehr als 25 unterschiedliche chemische Elemente und Verbindungen zum Einsatz (Takahashi et al. 2008). Die komplexe Materialzusammensetzung stellt die Recyclingindustrie vor neue Herausforderungen, da sich prozessbedingt nicht alle Materialien gleichermaßen wiedergewinnen lassen. Einzelne Recyclingverfahren sind dahingehend optimiert, bestimmte favorisierte Metalle zurückzugewinnen. Metallurgisch bedingt ergibt sich dadurch aber auch die Gefahr, dass andere, ebenfalls enthaltene Metalle verunreinigt werden oder gänzlich verloren gehen, da sie in die anfallende Schlacke eingebunden werden (Reuter et al. 2013).

13.3 Umweltauswirkungen durch das Recycling ausgewählter Technologiemetalle

Anhand eines konkreten Beispiels sollen die Umweltauswirkungen durch das Recycling von Metallen in Zukunftstechnologien vorgestellt und diskutiert werden. Dabei wird nicht auf die Wiedergewinnung eines einzelnen Metalls fokussiert, sondern vielmehr dem komplexen Metalleinsatz in Zukunftstechnologien Rechnung getragen und das Recycling eines gesamten Produkts, konkret einer Lithium-Ionen-Batterie aus Elektrofahrzeugen, vorgestellt.

Ende 2011 wurde das vom Bundesministerium für Umwelt, Naturschutz und Reaktorsicherheit geförderte Projekt LiBRi abgeschlossen (Buchert et al. 2011). Darin wurde ein Recyclingverfahren für Lithium-Ionen-Traktionsbatterien entwickelt und mittels einer Ökobilanz (LCA) untersucht. Das Öko-Institut war für die Konzeption und Realisierung der LCA-Arbeiten verantwortlich. Die Ökobilanz bzgl. des LiBRi-Recyclingverfahrens wurde gemäß ISO 14040/14044 durchgeführt und durch einen unabhängigen externen Gutachter verifiziert. Sie dient zur Bewertung des sich in Entwicklung befindlichen Recyclingverfahrens und liefert detaillierte Informationen hinsichtlich der ökologischen Vorteile und möglichen Schwachstellen. Das neue Recyclingverfahren zielt auf die Rückgewinnung von Metallverbindungen (Kobalt-, Nickel- und Lithiumverbindungen) in batteriefähiger Qualität für die Herstellung neuer Batteriekathoden. Zudem war die werkstoffliche Rückgewinnung von weiteren Materialien (aus dem Gehäuse, der Elektronik etc.) sowie ggf. die energetische Verwertung spezifischer Bestandteile der Batteriesysteme von Interesse.

Massenmarktfähige Elektromobilität ist noch ein sehr junger Bereich, daher wurden alle Inputgrößen und Annahmen der LCA mit einem Expertenbegleitkreis abgestimmt. Als Input in den Recyclingprozess wurde ein generischer Mix aus drei Kathodentypen von Lithium-Ionen-Traktionsbatterien angesetzt. Dabei entspricht der generische Typ hinsichtlich Materialkomposition und Gewicht den aktuell und in absehbarer Zukunft in Deutschland und Europa eingesetzten Batterien für Plug-in-Hybridfahrzeuge. Die funk-

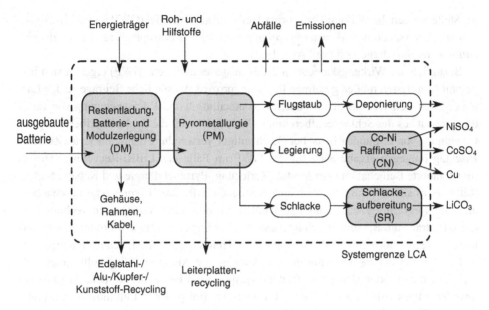

Abb. 13.2 Systemgrenze LCA Lithium-Ionen-Traktionsbatterien (Funktionale Einheit: 1 Tonne Batterien). (Buchert et al. 2011)

tionelle Einheit und der Referenzfluss für die Ökobilanz des LiBRi-Verfahrens sind das Recycling von 1000 kg Batterien entsprechend der Szenariomischung. Die Systemgrenzen für die Bilanzierung des LiBRi-Recyclingverfahrens, wie in Abb. 13.2 der Systemgrenze gezeigt, umfassen die Module.

1. Verfahrensschritt: Entladung und Zerlegung der Batteriesysteme bis auf Zellebene (Dismantling; DM),
2. Verfahrensschritt: pyrometallurgische Behandlung zur Gewinnung einer kobalt-/nickel-/kupferreichen Legierung (Pyrometallurgie; PM),
3. Verfahrensschritt: hydrometallurgische Behandlung und chemische Auftrennung der Legierung zur Gewinnung von Kobalt- und Nickelsulfat (jeweils in batteriefähiger Qualität) sowie „Kupferzement" als Nebenprodukt (Co-Ni-Raffination; CN),
4. Verfahrensschritt: hydrometallurgische Behandlung der aus dem pyrometallurgischen Prozess erhaltenen Schlacke zur Gewinnung von Lithiumcarbonat in batteriefähiger Qualität (Schlackeaufbereitung; SR).

Alle Verfahrensschritte erfolgen in Deutschland. Hierfür standen Primärdaten zur Verfügung, sowohl für etablierte Prozesse wie Zerlegung oder Recycling von Massenmetallen als auch für Prozesse, die bislang erst in Pilotanlagen erprobt werden (v. a. Schlackeaufarbeitung).

Wie bei Ökobilanzen vorgeschrieben und üblich, wurden die Auswirkungen des beschriebenen Recyclingverfahrens aus verschieden Umweltkategorien untersucht. An dieser Stelle werden die Wirkungskategorien Treibhausgaspotenzial (GWP = *global warming potential*), Versauerung (AP = *acidification potential*) und Eutrophierung (EP = *eutrophication potential*) dargestellt (vgl. Abb. 13.3).

Bezüglich der Wirkungskategorien Treibhausgasemissionen (GWP) ergeben sich insgesamt Nettolasten für den gesamten Recyclingprozess. Wesentliche Beiträge zu den Lasten ergeben sich v. a. aus den Modulen Pyrometallurgie und Rückgewinnung von Lithiumcarbonat aus der Schlackeaufbereitung. Ein Verzicht auf die Schlackeaufbereitung zur Gewinnung von Lithiumcarbonat bei gleichzeitiger Verwendung der Schlacke als Zementzuschlag hingegen ergäbe auch für das GWP im Falle des LiBRi-Recyclingprozesses (unveränderte Beibehaltung der Module Zerlegung, Pyrometallurgie und Kobalt-/Nickel-Raffination) aller Voraussicht nach eine Nettogutschrift. Das Beispiel zeigt anschaulich, dass das Recycling von Technologiemetallen mit den heute verfügbaren Technologien einen Beitrag zum Ressourcenschutz darstellt, allerdings nicht für alle Produkte bzw. enthaltene Metalle auch eine Netto-Reduktion der Treibhausgasemissionen resultieren.

Bei der Bewertung der Umweltauswirkungen von Metallrecycling sollte allerdings nicht nur die Wirkungskategorie Treibhausgaspotenzial betrachtet werden, da sonst ein unvollständiges Bild entsteht. Dies wird auch am Beispiel der Lithium-Ionen-Batterie deutlich. Bei der Betrachtung der Wirkungskategorie Versauerung ergibt sich eine Nettogutschrift für den gesamten Prozess. Die insgesamt geringere Umweltbelastung als im Vergleichsfall ohne Recycling ergibt sich durch die Modulzerlegung und dem dazugehörigen Metallrecycling und insbesondere durch die Kobalt-Nickel-Raffination. Für die Wirkungskategorie Eutrophierung ergibt sich ebenfalls eine Nettoentlastung für den Gesamtprozess, die sich aus Gutschriften der Prozessschritte Zerlegung und Kobalt-Nickel-Raffination ergeben.

Neben der Betrachtung der Gesamtergebnisse erweist sich insbesondere der Vergleich der einzelnen Prozessschritte als aufschlussreich. Positive Beiträge, d. h. deutliche Nettogutschriften, ergeben sich für alle Wirkungskategorien aus dem ersten Schritt „Entladung und Zerlegung". Verantwortlich hierfür sind vor allem hohe Gutschriften für die Rückgewinnung von Wertstoffen wie z. B. Edelstahl aus dem Gehäuse, Kupfer aus diversen Komponenten und Edelmetalle aus dem Batteriemanagementsystem, das heißt v. a. Leiterplatten und Steuerungselementen. Dies lässt eindeutig die Bewertung zu, dass eine sorgfältige Entladung und Zerlegung der Batterien essenziell für ein positives Gesamtergebnis des gesamten Recyclingprozesses ist. Die Materialien der Batteriezellen sind aufgrund ihrer wertvollen Metallverbindungen (Nickel-, Kobalt-, Lithiumverbindungen etc.) wichtig und interessant für die Recyclingwirtschaft und bezüglich des Gesichtspunkts der Ressourcenschonung. Die Komponenten des Batteriegehäuses, die im ersten Zerlegeschritt entnommen und in die Recyclingwirtschaft überführt werden, machen jedoch ungefähr die Hälfte des gesamten Batteriegewichts aus und sind daher von ebenso großer Relevanz wie die reinen Batteriezellen. Für die Metalle aus dem Batteriegehäuse stehen etablierte Infrastrukturen und Recyclingverfahren (Edelstahlrecycling, Kupferrecycling, Aluminiumrecycling, Leiterplattenrecycling usw.) zur Verfügung. Das Recyclingverfahren der Batteriezellen ist dagegen in einigen Bereichen noch in der Entwicklung. Es ist

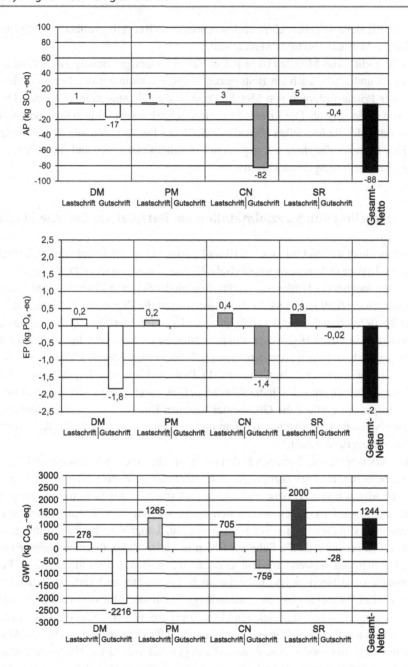

Abb. 13.3 LCA Ergebnisse für die Wirkungskategorien Treibhausgasemissionen (GWP), Versauerung und Eutrophierung. (Buchert et al. 2011)

daher mit Effizienzsteigerungen zu rechnen, wenn das Recyclingverfahren in einen großtechnischen Maßstab überführt werden sollte.

Das Recycling von Metallen ist in jedem Fall ein wichtiger Beitrag zur Schonung von
Ressourcen und häufig auch ein Beitrag zur Treibhausgasminderung. Denn mit der Steigerung der Primärförderung von Metallen nimmt die Konzentration und damit Qualität
der gewonnenen Erze ab. Der Effekt abnehmender Erzkonzentrationen lässt sich weltweit
und für viele Metalle feststellen (Graedel et al. 2011). Der resultierende Abbau niedergra-
diger Erze führt zur Zunahme von negativen Umweltauswirkungen und einem Anstieg der
spezifischen Treibhausgasemissionen.

13.4 Recycling von Spezialmetallen am Beispiel der Seltenen Erden

Die Seltenerdmetalle sind im Jahre 2010 schlagartig in den Blickpunkt der Öffentlichkeit
gerückt und haben viele ressourcenpolitische Diskussionen ausgelöst. Denn die VR China,
die ein Monopol bei der Förderung und Produktion der Seltenen Erden innehatte, hatte die
Exportquoten deutlich reduziert. In der Folge stiegen die Preise drastisch an und es gab
zahlreiche Befürchtungen hinsichtlich kurz- und langfristiger Versorgungsengpässe. Da
Seltene Erden in vielen Hightechprodukten enthalten sind, war der Impact aufgrund der
Bandbreite der betroffenen Anwendungen groß. So werden Seltene Erden in der Herstellung vieler Konsumgüter (z. B. Computer, LCD-Bildschirme und Digitalkameras) sowie
in Grünen Technologien wie Windkraftanlagen, Elektroautos und Energiesparlampen eingesetzt. Insgesamt umfasst die Gruppe der Seltenen Erden 17 Elemente, wobei v. a. die
Elemente Neodym, Dysprosium, Terbium und Europium in der aktuellen Ressourcendebatte im Vordergrund stehen.

Eine Verknappung der Seltenen Erden traf besonders die USA, Europa und Japan als
Hauptverbraucher. In 2008 bezogen sie 90 % ihrer Importe aus China. Inzwischen sind
zwei neue Minen und zwei neue Raffinerien außerhalb Chinas in Betrieb gegangen und
die Preise sind wieder gefallen, sodass sich die Versorgungslage für einige Elemente vorübergehend aus ökonomischer Sicht entspannt hat. Langfristig ist jedoch mit erneuten
Engpässen zu rechnen, da die Seltenen Erden in vielen Zukunftstechnologien enthalten
sind. Ein wichtiges Anwendungsfeld sind die außerordentlich leistungsfähigen Permanentmagneten, die Neodym und teilweise auch Dysprosium und Terbium enthalten. Sie
sind zum einen in elektronischen Anwendungen enthalten, die von der möglichen Miniaturisierung profitieren. Beispiele sind hier Kopfhörer von Handys oder Leseköpfe von
Festplatten. Ein weiteres wichtiges Anwendungsfeld für Permanentmagnete sind Antriebe
und Generatoren in Elektroautos, Windkraftanlagen und Maschinen. Hier ermöglichen sie
energieeffiziente, kompakte und robuste Konstruktionen und gelten daher als ein wichtiges
Element für Grüne Technologien.

Das Öko-Institut hat im Jahr 2011 eine umfassende Studie zu Seltenen Erden erstellt,
die nicht zuletzt das Augenmerk auf die z. T. extremen Umweltbelastungen der Primärförderung an Seltenen Erden vor allem in der VR China gerückt hat (Schüler et al. 2011).

Hier sind v. a. die Belastungen durch radioaktive Rückstände, Grundwasserbelastungen und Schadstoffemissionen zu nennen. Das Recycling von Seltenen Erden aus Endprodukten (Post-Consumer-Material) tendierte im globalen Rahmen bei Erstellung der Studie im Jahr 2011 gegen null (Schüler et al. 2011; Graedel et al. 2011). Die Ursache lag in der Vergangenheit zum einen an fehlenden Preisanreizen, denn bis rund 2008 lagen die Preise für Seltene Erden vergleichsweise niedrig. Hinzu kamen zum anderen zu geringe Materialmengen zum Recycling, denn viele Anwendungen von Seltenen Erden sind erst in den letzten Jahren mengenrelevant geworden. Nicht zuletzt spielen auch die fehlende Recyclinglogistik und fehlende Recyclingtechnologien eine wichtige Rolle. Da inzwischen das Preisniveau für Seltene Erden deutlich höher liegt als in der Zeit um 2008 und die Einsatzmengen in vielen Bereichen steigen, ist zeitversetzt ein größeres Mengenpotenzial für das Recycling aus Post-Consumer-Material zu erwarten. Ein generelles Risiko für die Recyclingwirtschaft wird jedoch eine mögliche hohe Preisvolatilität bleiben, da die Rohstoffpreise nicht nur von Angebot und Nachfrage bestimmt werden, sondern weitere, teils schwierig vorhersehbare Einflussfaktoren wie Exportrestriktionen, Spekulationstätigkeiten, Lagerhaltungen, rapide technologische Entwicklungen, die Entwicklung künftiger Primärproduktionskapazitäten und politische Faktoren zu hohen Preisschwankungen beitragen können.

Aus ökologischer Sicht gibt es vier wichtige Säulen für ein nachhaltiges Ressourcenmanagement:

a) Recycling,
b) Materialeffizienz,
c) Substitution und
d) eine nachhaltige Primärproduktion.

Jede dieser vier Säulen wird für eine nachhaltige Gesamtlösung benötigt. In der allgemeinen Debatte wird dies häufig übersehen und es wird gefordert, dass eine Säule die alleinige Lösung darstellen soll. Für den Fall der Seltenen Erden gilt aber, dass das Recycling erst dann einen nennenswerten Beitrag zur Rohstoffversorgung leisten kann, wenn auch ausreichend große Abfallmengen anfallen. Da die Technologien, in denen die Seltenen Erden eingesetzt werden, aber recht jung sind, werden erst in den kommenden Jahren relevante Mengen für eine Verwertung anfallen. Bis dahin müssen vorrangig die anderen Säulen Lösungsbeiträge entwickeln und die Recyclingwirtschaft muss die verbleibende Zeit nutzen, um die nötigen Systeme für Sammlung, Logistik und Verwertung aufzubauen.

Im Rahmen der vorgenannten Studie hat das Öko-Institut für den Einstieg in das Recycling von Seltenen Erden in Europa eine Strategie für die nächsten Jahre vorgeschlagen (Schüler et al. 2011). Die Vorteile eines Recyclings in Europa können folgendermaßen zusammengefasst werden:

• Sekundärproduktion der Seltenen Erden kann in Europa stattfinden;
• geringere Abhängigkeit von ausländischen Lieferanten;

- Aufbau von Know-how auf dem Gebiet der Verarbeitung von Seltenen Erden;
- keine radioaktiven Abfälle in der Sekundärproduktion sowie
- reduzierte Umweltbelastungen in Bezug auf Luftemissionen, Grundwasserschutz, Versauerung, Eutrophierung und Klimaschutz.

Im folgenden Abschnitt werden diese Begründungszusammenhänge näher beleuchtet. Eine der vorgeschlagenen Maßnahmen in diese Richtung, die die EU-Kommission inzwischen aufgegriffen hat, ist die Einrichtung und Arbeit des Netzwerkes European Rare Earths Competency Network (ERECON). Dieses hat zum Ziel, die diversen europäischen Aktivitäten zu Seltenen Erden (Recycling, Substitution, umweltfreundliche Primärförderung) zu koordinieren und Forschungsprogramme sowie politische und legislative Aktivitäten zu initiieren.

Inzwischen sind eine Reihe von wichtigen Forschungsprojekten im In- und Ausland zum Recycling von Seltenen Erden angelaufen. Für Deutschland ist hier insbesondere das laufende Projekt „Motor Recycling" (MORE) unter der Leitung von Siemens (Bast et al. 2014) zu nennen. Dieses erforscht und entwickelt intensiv Grundlagen sowohl für die mögliche Wiederverwendung von Permanentmagneten als auch für das werkstoffliche Recycling von Magnetlegierungen sowie das rohstoffliche Recycling (Rückgewinnung von reinem Neodym- und Dysprosiumoxid) von Seltenen Erden aus Permanentmagneten aus Antriebsmotoren der Elektromobilität. Einen Überblick zum internationalen Stand der Forschung zum Recycling von Seltenen Erden findet sich in einem ausführlichen Review (Binnemans et al. 2013).

Beim Aufbau eines Recyclingsystems für Seltene Erden ist es empfehlenswert, mit vielversprechenden Pilotprodukten zu beginnen. Wichtige Kriterien zur Auswahl der Pilotprodukte sind, dass künftig ausreichende Mengen zur Verfügung stehen und die Konzentration nicht zu niedrig ist. Für viele Anwendungen der Permanentmagnete trifft dies zu, beispielsweise bei den Magneten aus Elektrofahrzeugen oder Windkraftanlagen. Aber auch für die deutlich kleineren Magnete in PC-Festplatten wurden bereits Demontagetechnologien entwickelt, um die Magnete zu separieren und einer Verwertung zuzuführen. Hervorzuheben ist an dieser Stelle auch, dass die Initiierung und Etablierung einer Kreislaufwirtschaft von Permanentmagneten mit Seltenen Erden eine große umweltpolitische Bedeutung hat, da Permanentmagnete eine der wichtigsten Anwendungen von Seltenen Erden mit den größten Wachstumsraten darstellen und eine Kreislaufwirtschaft für entsprechendes Post-Consumer-Material noch völlig fehlt. Aber auch hier sind Grenzen zu erwarten. So ist davon auszugehen, dass ein Recycling der extrem kleinen Magnete aus miniaturisierten Kopfhörern und Smartphones deutlich schwieriger ist als das Recycling von größeren Magneten aus Motoren und größeren Anlagen. Vermutlich wird sich für diese Anwendungen auch langfristig keine Recyclingroute etablieren lassen.

Für die identifizierten Pilotprodukte sind wirtschaftlich tragfähige Recyclingverfahren zu entwickeln und es ist eine entsprechende Logistik aufzubauen. Aufgrund der verhältnismäßig kleinen Mengen ist davon auszugehen, dass die Sammel- und Transportlogistik auf nur wenige europäische Verwertungsanlagen ausgerichtet sein muss, die einen weiten

Umkreis bedienen. Bei der Technologieentwicklung für das Recycling müssen europäische Forschungseinrichtungen und Unternehmen vielfach erst ein ausreichendes Knowhow aufbauen, da die VR China bis vor kurzen nicht nur das einzige relevante Förderland war, sondern auch als einziges Land die ganze Prozesskette vom Erz bis zum reinen Metall abgedeckt hat und dadurch als einziges Land über ein umfangreiches Know-how zur Raffination der Seltenen Erden verfügte. Neben den technologischen Hürden ist auch die langfristige Wirtschaftlichkeit eine große Herausforderung. Der kleine Markt für Seltene Erden unterlag in der Vergangenheit großen Preisschwankungen. Eine Recyclinganlage kann aber auf Dauer nur dann wirtschaftlich betrieben werden, wenn die Rohstoffpreise langfristig eine Mindesthöhe aufweisen. Die derzeitigen Preise für Seltene Erden sind nach dem letzten Preisrückgang noch nicht wieder ausreichend hoch, um ausreichende Investitionsanreize zu geben. Gegebenenfalls könnte die Europäische Investitionsbank (EIB) dazu beitragen, die Risiken für die Investoren zu verringern.

Ein weiteres Feld betrifft den rechtlichen Rahmen. Die Lücken im bestehenden rechtlichen Rahmen für das künftige Recyclingsystem müssen identifiziert werden. Die entsprechenden EU-Richtlinien sind gegebenenfalls anzupassen, um das Recycling von Seltenen Erden zu optimieren.

13.5 Globale Recyclingpartnerschaften

Neben dem Metallrecycling in industrialisierten Ländern rückt der Fokus zunehmend auch auf Schwellenländer. Getrieben vom wirtschaftlichen Aufschwung nimmt die Nachfrage nach metallischen Rohstoffen in Schwellenländern stetig zu. Der Nachholbedarf ist dabei enorm. Würden alle Schwellen- und Entwicklungsländer den Verbrauch metallischer Rohstoffe wie OECD-Länder übernehmen, würde der globale Metallbedarf um drei- bis neunmal höher sein als aktuell (Reuter et al. 2013). Die steigende Nachfrage nach Konsumgütern führt gleichzeitig zu einem signifikanten Export von Altfahrzeugen und gebrauchter Elektronikgeräte aus Industrieländern in Schwellen- und Entwicklungsländer. Häufig ist dabei schwer zu unterscheiden, ob der Export von Altgeräten dazu dient, um die wachsende Güternachfrage zu befriedigen oder um verdeckt funktionsuntüchtige Geräte zu entsorgen. In jedem Fall baut sich zurzeit in den schnell wachsenden Schwellenländern ein zunehmender Bestand von Metallen in der Nutzphase auf. Diese Entwicklung ist v. a. aus Sicht der Ressourcenschonung von Bedeutung, da meist nur informelle Recyclingstrukturen bestehen und dabei eine Fokussierung auf nur wenige Metalle besteht. Zudem erfolgt die Zerlegung von Altgeräten unter zum Teil erheblichen Belastungen für Mensch und Umwelt. Solche Negativbeispiele sind vielfach in den Medien dargestellt worden: Kabelummantelungen werden offen abgebrannt, um an das Kupfer der Kabel zu gelangen (vgl. Abb. 13.4). Solche „Recyclingverfahren" sind nicht nur ineffizient, es werden dabei auch große Mengen an krebserregenden Schadstoffen wie Dioxinen frei gesetzt.

Hier knüpft das aktuelle Forschungsprojekt „Globale Kreislaufführung strategischer Metalle: Best-of-two-Worlds Ansatz (Bo2W)" unter Leitung des Öko-Instituts an. Das

Abb. 13.4 Kabelbrennen bei Metallrückgewinnung (A. Manhart; Öko-Institut)

vom Bundesministerium für Bildung und Forschung (BMBF) geförderte Projekt zeigt auf, welche Vorteile Schwellenländer durch ein nachhaltiges Recycling erschließen können. Der Grundgedanke des Best-of-two-Worlds-Ansatzes ist es, Sammlung und Zerlegung von metallhaltigen Abfällen in den Ursprungsländern zu organisieren und ein technisches Recycling in dafür optimierten Anlagen in Industrieländern durchzuführen. Aufgrund der hohen Dynamik in der Entwicklung von elektrischen und elektronischen Produkten können Schwellen- gegenüber Industrieländern profitieren. Die Vielfalt an Produkten und der darin eingesetzten Metalle erfordert für ein effizientes Recycling eine schnell anpassbare Zerlegetechnik. Ein spezialisiertes händisches Zerlegen zu günstigeren Personalkosten in Schwellenländern kann ein Vorteil gegenüber automatisierten Prozessen und teuren Personalkosten in Industrieländern darstellen. Wichtig ist dabei, dass die Sammlung und Zerlegung in formalen Strukturen organisiert wird. Nur so können Umwelt- und Sozialstandards eingeführt werden und möglichst viel Wertschöpfung vor Ort generiert werden. Die nachfolgende grenzüberschreitende Rückführung von Metallen ist notwendig, um möglichst viele Metalle effizient wiederzugewinnen. Denn ein technisches Recycling vor Ort ist aufgrund fehlender oder ineffizienter Anlagen meist nicht möglich. Damit soll aber nicht verhindert werden, dass ein Technologietransfer zwischen Industrie- und Schwellenland stattfindet. Wie die Beschreibung der EoL-Recyclingrate in Abschn. 13.2 gezeigt hat, ist die Sammlung und Zerlegung von Metall enthaltenden Produkten eine zentrale Stellschraube für ein effizientes Recycling. Daher setzt das Projekt vorrangig hier an. Anstatt einen teuren Technologietransfer durch z. B. den Bau einer Metallschmelzanlage anzustreben, soll die Sammlung und Zerlegung möglichst effizient organisiert werden und so zu einer Verbesserung der sozialen und ökologischen Rahmenbedingungen führen. Der Fokus liegt dabei auf lokal – also in Afrika selbst – anfallenden elektrischen und elektronischen Altgeräten und Altfahrzeugen. Damit grenzt sich das Projekt eindeutig vom illegalen Handel mit Giftmüll und Elektroschrott ab.

Für viele werthaltige Fraktionen wie z. B. Leiterplatten sind nachhaltige Recyclinglösungen realisierbar und ökonomisch sinnvoll. Allerdings besteht der anfallende Abfallstrom nicht nur aus wertbringenden Fraktionen. Damit kein *cherry-picking* – also die Fokussierung auf ökonomisch interessante Abfallfraktionen – entsteht, beschäftigt sich das Projekt auch mit den Abfallteilen, deren Recycling keinen Gewinn abwirft, sondern vielmehr Kosten verursacht. Eine dieser Fraktionen stellt z. B. das Bildröhrenglas aus alten Fernsehern und Computermonitoren dar. Große Bereiche des Bildröhrenglases sind stark bleihaltig. Eine Wiedergewinnung ist sehr aufwendig, da das Blei in die Glasstruktur der Bildröhre eingebaut ist. Gleichzeitig zeigen Untersuchungen, dass unter Witterungseinfluss Blei ausgewaschen wird und Boden sowie Grundwasser belastet werden. Alte Bildröhrengeräte sind für ein nachhaltiges Recycling also problematisch, da der Recyclingerlös der wertbringenden Fraktionen von Kupferkabeln und Leiterplatten nicht ausreicht, um eine umweltgerechte Behandlung des Bildröhrenglases zu ermöglichen. Hinzu kommt, dass ein Recycler, der bereit ist, eine umweltgerechte Entsorgung anzustreben, immer einen komparativen Nachteil gegenüber dem Recycler hat, der nur die wertbringenden Teile entnimmt und den Rest unbehandelt illegal entsorgt. Das Projekt versucht, für solche Asymmetrien ebenfalls Lösungsstrategien zu entwickeln und die Externalisierung von Umweltkosten zu verhindern.

Das Projekt kann bereits erste Erfolge aufweisen. So wurde der erste Container mit 20 t alten Blei-Säurebatterien aus Ghana nach Deutschland verbracht und dort recycelt (Öko-Institut 2014). In Ghana kommt es bislang zu Schäden der Umwelt und der Gesundheit durch das Ablassen von Batteriesäure in die Umwelt. Dies ist gängige Praxis, nicht nur in Ghana, sondern in vielen afrikanischen Ländern. Oftmals wird anschließend das enthaltene Blei an offenen Feuern umgeschmolzen. Dadurch entstehen erhebliche Umwelt- und Gesundheitsgefährdungen und es verschlechtern sich die Qualität und damit der Wert des rückgewonnenen Bleis.

Im konkreten Fall wurden in Ghana nun die Batterien unzerstört (d. h. inklusive der Säure) und nach internationalen Standards verpackt versandt. In der Recyclinganlage wird die Säure unschädlich gemacht und das enthaltene Blei nahezu vollständig rückgewonnen. Aufgrund des effizienten und hochwertigen Recyclings kann ein höherer Preis pro Batterie erzielt werden als beim „händischen" Umschmelzen. Das Vorgehen rechnet sich damit für alle Beteiligten ökonomisch wie ökologisch.

13.6 Fazit und Perspektiven

Das Recycling vieler Massenmetalle wie Eisen, Aluminium oder Kupfer stellt eine weltweit etablierte Praxis dar. Aufgrund bestehender Recyclinginfrastrukturen und Preisanreize, ist auch nicht mit einem Rückgang der Recyclingraten zu rechnen. Im Gegensatz dazu findet ein Recycling von Edel- oder Technologiemetallen wie Ruthenium, Gallium oder Indium kaum oder nur in unzureichendem Maße statt. Hierfür lassen sich unterschiedliche Gründe benennen.

Viele Technologiemetalle werden verstärkt erst in den letzten Jahren eingesetzt, mit der Folge, dass die Metalle noch im Bestand und nicht im Abfallstrom zu finden sind. Gleichzeitig werden Technologiemetalle oft nur in sehr geringen Konzentrationen eingesetzt, was eine Sammlung und technische Rückholbarkeit ökonomisch unattraktiv macht. Als anschauliches Beispiel kann das – in geringen Mengen – in LED-Lampen eingesetzte Element Gallium genannt werden. Da LED-Lampen sehr energieeffizient sind, spielt diese Technologie eine wichtige Rolle für eine nachhaltige gesellschaftliche Transformation. Bislang fehlt allerdings sowohl ein Sammelsystem als auch ein ökonomisches Recyclingverfahren für Gallium aus LED-Lampen.

Zwei weitere Aspekte beeinflussen außerdem das Recyclingpotenzial: Neben den technischen Voraussetzungen spielt die teilweise hohe Preisvolatilität eine entscheidende Rolle. Diese macht es für Investoren schwer, ein Recycling auch langfristig wirtschaftlich zu realisieren. Zudem sind technologische Entwicklungen inzwischen extrem schnell; das betrifft sowohl die Entwicklung von neuen Anwendungen und die darin verwendeten Metalle als auch Substitutionen und Recyclingpfade. Hier liegen große Chancen, aber auch große Herausforderungen.

Die Verantwortung für ein nachhaltiges Metallrecycling sollte aber nicht ausschließlich bei der Industrie verortet werden. Die vielen Herausforderungen und Entwicklungen werfen auch die Frage auf, wie sich der Konsum vieler Produkte reduzieren lässt und welcher Verbrauch langfristig tragfähig und nachhaltig ist. Das gesellschaftliche Wissen über die globalen Zusammenhänge der Nutzung von Metallen muss vertieft werden. Dazu gehört auch, die Entwicklungen in Schwellen- und Entwicklungsländern darzustellen und Lösungsansätze in Form globaler Partnerschaften zu entwickeln.

Literatur

Bast U et al (2014) Recycling von Komponenten und strategischen Metallen aus elektrischen Fahrantrieben – MORE (Motor Recycling). Projektpartner: Siemens AG, Daimler AG, Umicore AG & Co KG, Vacuumschmelze GmbH, Universität Erlangen-Nürnberg, Lehrstuhl für Fertigungsautomatisierung und Produktionssystematik, Technische Universität Clausthal, Institut für Aufbereitung, Deponietechnik und Geomechanik, Öko-Institut e. V., Fraunhofer-Institut für System- und Innovationsforschung, gefördert durch das BMBF im Rahmen des Programms „Schlüsseltechnologien für die Elektromobilität (STROM)". Erlangen

Binnemans K et al (2013) Recycling of rare earths: A critical review. Journal of Cleaner Production 51:1–22

Bronk E, PricewaterhouseCoopers (2014) Stahlherstellung boomt bis 2020 – dann brauchen Hersteller langfristige Strategien. Interview. http://www.pwc.de/de/industrielle-produktion/stahlherstellung-boomt-bis-2020-dann-brauchen-hersteller-langfristige-strategien.jhtml. Zugegriffen: 08.04.2014

Buchert M, Jenseits W, Merz C, Schüler D (2011) Entwicklung eines realisierbaren Recycling-konzepts für die Hochleistungsbatterien zukünftiger Elektrofahrzeuge – LiBRi. Projektpartner: Umicore, Daimler, Öko-Institut, TU Clausthal. Hanau

Graedel TE (2010) Metal stocks in society: Scientific synthesis – A report of the Working Group on the Global Metal Flows to the International Resource Panel. UNEP, Nairobi

Graedel TE, Allwood L, Birat J-P, Reck BK, Sibley SF, Sonnemann G, Buchert M, Hagelüken C (2011) Recycling rates of metals – A status report of the Working Group on the Global Metal Flows to the International Resource Panel. UNEP, Nairobi

LANUV – Landesamt für Natur, Umwelt und Verbraucherschutz Nordrhein-Westfalen (2012) Recycling kritischer Rohstoffe aus Elektronik-Altgeräten LANUV-Fachbericht, Bd. 38. Recklinghausen

Öko-Institut (2014) Blei-Säurebatterien aus Ghana erfolgreich verwertet. Pressemitteilung 11.03. 2014. Darmstadt. http://www.oeko.de/presse/pressemitteilungen/archiv-pressemitteilungen/2014/blei-saeurebatterien-aus-ghana-erfolgreich-verwertet/. Zugegriffen: 08.04.2014

Reuter MA, Hudson C, van Schaik A, Heiskanen K, Meskers C, Hagelüken C (2013) Metal recycling: Opportunities, limits, infrastructure – A report of the Working Group on the Global Metal Flows to the International Resource Panel. UNEP, Nairobi

Schüler D, Buchert M, Liu R, Dittrich S, Merz C (2011) Study on rare earths and their recycling. Öko-Institut, Darmstadt

Takahashi KI, Tsuda M, Nakamura J, Otabe K, Tsuruoka M, Matsunoand Y, Adachi Y (2008) Elementary analysis of mobile phones for optimizing end-of-life scenarios. Journal of Environmental Science 20:1403–1408

Das „Fairphone" – ein Impuls in Richtung nachhaltige Elektronik?

14

Joshena Dießenbacher und Armin Reller

14.1 Einführung

Fairness ist ein Begriff, den viel soziale Reputation kleidet. Abstammend vom altenglischen *fæger* (lieblich, schön) steht „fair" heute für zahlreiche positive Attribute wie anständig, rechtschaffen, gerecht, lauter, redlich oder ehrenhaft. Menschen behaupten deshalb gerne – und tun dies mitunter auch –, dass sie fair Fußball spielen, faire Verhandlungen führen oder fairen Kaffee trinken. Die Emergenz von fairen bzw. nachhaltigen Produkten und die Nachfrage nach ihnen ist Teil des gesellschaftlichen Phänomens, das der Soziologe Nico Stehr (2007) „Moralisierung der Märkte" als Kopplung von kulturellen Orientierungen und am Markt gehandelten Waren beschreibt. Demnach würden Produzenten von Waren und Waren selbst zum „Transmissionsriemen" kultureller Orientierungen (ebd., S. 70). In der Tat ist die Fairtradebranche mit einem weltweiten Umsatz von etwa 5 Mrd. Euro im Jahr 2012 (Statista 2014a) zu einem gewichtigen Wirtschaftszweig geworden.

Nunmehr soll es auch möglich sein, fair zu telefonieren. Anfang 2014 wurde das erste so genannte Fairphone an eine kleine Nutzergruppe ausgeliefert. Es ähnelt in Form und Design den Geräten marktdominierender Smartphonehersteller, unterscheidet sich von ihnen jedoch neben technischen Details respektive den für die Produkteinführungsphase üblichen Kinderkrankheiten vor allem in symbolischer und in ethischer Hinsicht. Der Entwickler, das in Amsterdam ansässige gleichnamige Unternehmen Fairphone, ist mit dem Ziel angetreten, ein Smartphone unter möglichst fairen Produktionsbedingungen herzu-

J. Dießenbacher (✉)
Lehrstuhl für Ressourcenstrategie, Universität Augsburg
Augsburg, Deutschland
email: joshena.diessenbacher@wzu.uni-augsburg.de

A. Reller
Lehrstuhl für Ressourcenstrategie, Universität Augsburg
Augsburg, Deutschland

© Springer-Verlag Berlin Heidelberg 2016
A. Exner et al. (Hrsg.), *Kritische Metalle in der Großen Transformation*,
DOI 10.1007/978-3-662-44839-7_14

stellen (Selbstbeschreibung: „a seriously cool smartphone, that puts social values first") und eine Diskussion über dessen Produktionsbedingungen in Gang zu bringen.

Die Gründung von Fairphone ist eine Reaktion auf die öffentliche Debatte um Konflikt-mineralien[1] bzw. den mit diesem Begriff markierten sozialen Problemzusammenhang. Der Abbau und Handel mit Coltan[2] und anderen für Elektronikgeräte benötigten Erzen hat im Zweiten Kongokrieg (1998–2003) und teilweise bis heute zur Finanzierung bewaff-neter Gruppen beigetragen. In der Folge drang das bislang marginale Thema „metallische Rohstoffe für Kommunikations- und Unterhaltungselektronik" durch mediale Vermittlung (z. B. Schlagzeilen über „Bluthandys") sukzessive in die öffentliche Wahrnehmung vor. Parallel zur zunehmenden Informiertheit der Verbraucher wurden Anstrengungen in Rich-tung Rohstofftransparenz (z. B. Zertifizierungsinitiativen und Nachverfolgungssysteme) sowohl von Industrie- als auch von Regierungsseite diskutiert und Maßnahmen initiiert. Die Produktion und der Erfolg des Fairphones kann als vorläufiger Höhepunkt der öffent-lichen Thematisierung von Wertschöpfungsketten für Elektronik gesehen werden, da das Fairphone sozusagen die „Verdinglichung" der Debatte um die Herstellungsbedingungen des Massenkonsumguts Smartphone ist und diese damit vorantreibt.

Das Fairphone evoziert allein durch seine Existenz und seinen Namen Fragen:

- Wenn dieses Gerät fair ist, sind dann in Differenz dazu die anderen unfair?
- Wie fair kann ein Smartphone/Elektrogerät produziert werden und wie transparent kann oder sollte die Wertschöpfungskette eines Unternehmens sein?
- Welche Bedeutungsdimension hat der Begriff fair?
- Meint fair auch nachhaltig?

Diese Fragen werden in diesem Beitrag aus Sicht der Ressourcenstrategie[3] behandelt. Dabei dient die rege öffentliche Diskussion über das Fairphone als Anlass, den Wert-schöpfungsprozess des Smartphones zu thematisieren, ein Gerät, das die zeitgenössische Gesellschaft in hohem Maße prägt. Das Fairphone kann im Idealfall wie ein *change agent* wirken, indem es die Hintergründe der Mobiltelefonproduktion zur Diskussion stellt und einen gesellschaftlichen und wirtschaftlichen Prozess in Richtung Nachhaltigkeit und Transparenz in der Elektronikindustrie anstößt. Allerdings besteht die Gefahr, dass durch die Medienwirksamkeit des Fairphones eine nichtintendierte Nebenfolge eintritt: die Ver-kürzung des Sachverhalts. So könnte die Gleichzeitigkeit von Konfliktmineralien-Diskurs, Fairphone-Impuls und politischer Konfliktmineralien-Regulierung dazu führen, dass die

---

[1] Als Konfliktrohstoffe oder Konfliktressourcen werden Ressourcen bezeichnet, die aus Konfliktre-gionen stammen und deren Handel zur Finanzierung gewaltsamer Konflikte beiträgt.

[2] Coltan ist ein Erz, aus dem vorrangig das Metall Tantal gewonnen wird, das häufig für sehr kleine Kondensatoren mit großer Kapazität eingesetzt wird. Solche Kondensatoren finden sich überall in der modernen Mikroelektronik, z. B. in Mobiltelefonen.

[3] Die Ressourcenstrategie ist die Bezeichnung sowohl des Lehrstuhls von Prof. Dr. Armin Reller an der Universität Augsburg als auch des wissenschaftlichen Ansatzes, den dieser verfolgt und der maßgeblich durch die Perspektive der „Stoffgeschichten" und der Kritikalitätsbewertung (dazu Rel-ler 2011, 2013) geprägt ist.

Problematik der IT-Produktion in der öffentlichen Wahrnehmung auf die Dualität „konfliktfrei" vs. „nichtkonfliktfrei" zugespitzt wird. Um einer derartigen Engführung entgegenzuwirken, soll das Smartphone in diesem Beitrag in einen breiten stofflich-technisch-sozialen Zusammenhang eingebettet werden. Dabei steht das Smartphone *beispielhaft* für die gängigen Geräte der modernen Informations- und Kommunikationstechnologien (v. a. Notebooks und Tablet-PCs), die sich bezüglich Technik und benötigter Rohstoffe ähneln. In Smartphones werden zunehmend viele Funktionseinheiten bei etwa gleichbleibender Größe des Geräts verbaut. Dies führt zu einer Miniaturisierung der Einheiten und entsprechend zu kleineren Mengen erforderlichen Materials als bei einem größeren Gerät wie einem Notebook. In der Wertschöpfungskette dieser Geräte sind folglich ähnliche ökologische oder soziale Herausforderungen bzw. Probleme anzutreffen.

In diesem Beitrag wird zunächst das kulturprägende Kommunikationsgerät Smartphone in der Lebensstil- und Ressourcendebatte verortet (vgl. Abschn. 14.2). Anschließend verlassen wir die saubere, gefegte Straße der Produkte und Lebensstile und zeigen, wie man mit dem Konzept der Stoffgeschichten einen Blick in deren oftmals „schmutzige Hinterhöfe" werfen kann (vgl. Abschn. 14.3). Weiterhin werden die für ein Mobiltelefon benötigten metallischen Rohstoffe, die Umweltauswirkungen ihres Abbaus und das nachgelagerte Dissipationsrisiko vorgestellt. Es wird aufgezeigt, weshalb in der Wertschöpfungskette eines Smartphones (oder eines anderen Elektronikgeräts) neben dem durch das Fairphone adressierten, vornehmlich sozialen Problemfeld auch das ökologische Problemfeld sehr gewichtig ist (vgl. Abschn. 14.4). Der nächste Abschnitt skizziert die Verbindung zwischen Rohstoffhandel und bewaffnetem Konflikt im Kongo und die darauf reagierenden Initiativen zur Zertifizierung von mineralischen Rohstoffen, die die Nachverfolgbarkeit von Mineralien in Lieferketten ermöglichen sollen (vgl. Abschn. 14.5). Weiterhin wird dargelegt, wie die globale Medienberichterstattung sowie internationale NGO-Kampagnen zum Thema Konfliktmineralien deutliche Resonanzen in der Politik (namentlich: „Dodd-Frank Act" in den USA) und in der Ökonomie (u. a. das Startup Fairphone) erzeugt haben (vgl. Abschn. 14.6). Anschließend wird in groben Zügen das Fairphone (Gerät und Unternehmen), gewissermaßen ein Produkt oder Kristallisationspunkt dieser komplexen Entwicklungen, beschrieben (vgl. Abschn. 14.7). Im Fazit und Ausblick folgen resümierende Überlegungen zur Implementierung von Nachhaltigkeit im Bereich Elektronik und zur Bedeutung, die dabei dem Fairphone zukommt (vgl. Abschn. 14.8).

14.2 Dynamiken der Konsumgesellschaft: Das Smartphone und die Popularisierung der Gerätschaften

2007 war technikhistorisch ein bedeutsames Jahr: Das Unternehmen Apple brachte das erste iPhone auf den Markt. Daraufhin setzten sich internetfähige Mobiltelefone rasend schnell am Markt durch. Das Smartphone hat seither, im Verbund mit der Internettechnologie, die Welt vermutlich mehr verändert als jedes andere technische Gerät innerhalb eines derartig kurzen Zeitraums. Damit tritt das internetfähige Smartphone nicht nur technisch, sondern auch in seiner kulturellen Wirkmächtigkeit die Nachfolge des herkömmlichen Mobiltelefons[4] an, das die sozialen Praktiken – Kommunikation, Informationsaustausch und Alltagsorganisation – seit der Einführung flächendeckender digitaler Mobilfunknetze Anfang der 1990er-Jahre ebenfalls stark verändert und geprägt hatte. Im Jahr 2014 kann sich die Mehrzahl der Smartphonenutzer kaum noch ein Leben ohne den praktischen Alltagsbegleiter vorstellen. Die Probanden einer nicht veröffentlichten Studie der Universität Bonn (2014) aktivierten im Schnitt 80mal täglich ihr Mobiltelefon, dabei tagsüber etwa alle zwölf Minuten. Bei einigen Probanden fielen diese Zahlen sogar doppelt so hoch aus. 2013 gab es in Deutschland nach Angaben von Statista (2014b) rund 40 Millionen Smartphonenutzer. Neben der permanenten Vernetzung mit anderen Nutzern sowie globalen Wissensbeständen fungiert das Gerät u. a. als Shoppingagent oder kontrolliert, erledigt und erleichtert per Applikation (App) Alltagsvorgänge. Im Zusammenhang der Sharing Economy vermittelt das Mobiltelefon Carsharing-Fahrzeuge[5] oder trägt mit einer Food-Sharing-App möglicherweise dazu bei, dass weniger Lebensmittel weggeworfen werden. Die Sharing Economy, die mit dem Motto „Nutzen statt besitzen" u. a. mit einem ressourcenschonenderen Lebensstil in Verbindung gebracht wird, steht aktuell allerdings stark in der medialen Kritik (Lobo 2014; Baumgärtel 2014).

Entsprechend der Verankerung des Smartphones in der modernen Lebensführung („Soziosphäre"[6]) sowie seiner Rolle als Lifestyle- und Statusobjekt weist die globale Smartphoneproduktion relativ kurze Produktinnovations- sowie Produktlebenszyklen auf. So hat die jährliche Neuauflage eines Smartphones zur Folge, dass viele Nutzer stets das neueste Gerät besitzen möchten, obwohl das bisherige noch einwandfrei funktioniert. Die Vodafone-Kampagne „Vodafone Nextphone" mit dem Slogan „Jedes Jahr das neueste Smartphone" aus dem Jahr 2014 spiegelt diesen Zeitgeist wider. Die in der Soziosphäre nachgefragte Menge an Smartphones hat eine Ausdehnung der Technosphäre zur Folge und hat Auswirkungen auf die Geo- und Biosphäre (vgl. Abschn. 14.3). Während der weltweite jährliche Absatz von Smartphones laut Statista im Jahr 2010 noch bei rund 300 Millionen Geräten lag, waren es 2013 rund eine Milliarde verkaufte Geräte (Statista 2013).

Das Massenkonsumgut Smartphone steht beispielhaft für eine Entwicklung in den Industrienationen und zunehmend auch in Schwellenländern, die wir als „Popularisierung der Gerätschaften" oder elektronikintensiven Lebensstil bezeichnen. Er ist dadurch gekennzeichnet, dass immer mehr Menschen immer mehr elektronische Apparate oder

---

[4] Ein Smartphone ist ein Mobiltelefon mit einem Mehr an elektronischer Datenverarbeitungsleistung sowie Konnektivität (mobile Breitbandverbindung). Da es aber nach wie vor als ein mobiles Telefon verwendet wird und somit diese Funktion als Oberkategorie zu betrachten ist, ist es begrifflich korrekt, ein Smartphone Mobiltelefon zu nennen. Im deutschen Volksmund ist zudem nach wie vor der umgangssprachliche Ausdruck „Handy" für Mobiltelefone mit oder ohne mobile Breitbandverbindung gebräuchlich.
[5] Zur Frage, ob Carsharing klimaschützend wirkt, s. Hülsmann und Zimmer (2014).
[6] Der Begriff der Soziosphäre wird hier in Anlehnung an die Begriffe der Geo-, Bio- und Technosphäre verwendet. Zudem spielt er in der relativ jungen Literatur zum Anthropozän-Konzept eine Rolle (z. B. Mauelshagen 2014).

Geräte besitzen und diese zudem in immer kürzeren Abständen durch neuere Modelle ersetzen. Das trifft auf eine Vielzahl von Geräten zu, um die geläufigsten zu nennen: Fernseher, Tablet-PCs, Laptops, Spielekonsolen und Smartphones. Ein Hinweis auf die Intensität und den Stellenwert des gesellschaftlichen Elektronikgerätekonsums findet sich in den äußerst kurzen Intervallen (oft mehrmals die Woche), in denen Reklamehefte großer Elektronikhändler als Tageszeitungsbeilagen die neuesten Angebote offerieren.

Elektronikgeräte sind nur ein Teil des gewaltigen globalen Gesamtkonsums, der ein Charakteristikum heutiger Lebensstile ist und zur gebräuchlichen Kategorisierung der modernen Gesellschaftsform als „Konsumgesellschaft" (Keller 2009, S. 28 f.) führte. So hat sich das weltweite aggregierte Bruttoinlandsprodukt allein in der zweiten Hälfte des 20. Jahrhunderts fast verdoppelt (Worldwatch Institute, zitiert nach Rogall 2002, S. 54). In seiner Dissertation „Müll – Die gesellschaftliche Konstruktion des Wertvollen" rekonstruiert der Soziologe Reiner Keller den gesellschaftlichen Stellenwert des Abfalls und stellt heraus, dass die enorme Beschleunigung der „Ding-Zirkulation" (Keller 2009, S. 23) ein wesentliches Kennzeichen kapitalistisch verfasster Industriegesellschaften ist, die „auf einen schnellen stofflichen Durchlauf von Rohstoffen über Produkte zu Abfällen angewiesen" sind (Schenkel und Reiche 1993, S. 59, zit. nach Keller 2009). Gleichzeitig hatten Konsumenten und Produzenten im ausgehenden 20. Jahrhundert geringes Interesse an der Langlebigkeit und Wiederverwendung von Produkten, wie Keller (2009, S. 24) ausführt: „War ein Sofa um die Jahrhundertwende in Arbeiterfamilien noch lebenslanges Gebrauchsobjekt, von entsprechenden Schonungspraktiken umhegt, so visiert die künstlich beschleunigte Vermodung in der Wegwerfgesellschaft eine geplante Verbrauchszirkulation von fünf bis zehn Jahren an. Abfallerzeugung ist ein Grundbestandteil dieses Beschleunigungs- und Entwertungsprozesses".

In den vergangenen Jahren ist allerdings zu beobachten, dass die einer solchen Wegwerfgesellschaft zugrunde liegende Vorstellung der unerschöpflichen Ersatzfähigkeit von Produkten und Ressourcen wieder brüchig wird – v. a. zeigt sich dies in der Intensität, mit der der jüngere Diskurs über den Umgang mit natürlichen Ressourcen geführt wird (Soentgen 2014). Das viel zitierte Buch *Der geplünderte Planet* von Ugo Bardi (2013) kann als Kristallisationspunkt dieses Diskurses gesehen werden. Auch Begriffe und Konzepte wie Stoffkreislaufwirtschaft, Recycling, Re-use oder auch Reduce und Suffizienz (Stengel 2013), die rege auf allen gesellschaftlichen Ebenen benutzt, diskutiert und eingefordert werden, sind ein Hinweis darauf, dass aus der Mitte der Konsumgesellschaft heraus das Interesse an Transparenz und Nachhaltigkeit bzw. nach so etwas wie Produkt-„Biographien" oder Produkt-Pässen wächst, die Fragen nach dem Woher und dem Wohin beantworten. Viele Verbraucher versuchen, sich mithilfe von Mobiltelefon-Applikationen über die Nachhaltigkeit von Produkten zu informieren. Allerdings können solche Dienste in der Regel nur einen kleinen Ausschnitt der vielschichtigen Prozesse und Verflechtungen aufzeigen, die mit einem bestimmten Produkt oder Stoff einhergehen. Das Bildungs- und Kommunikationsinstrument der Stoffgeschichten hingegen, das im folgenden Abschnitt vorgestellt wird, ist geeignet, die Komplexität moderner Mensch- und Stoffbeziehungen abzubilden.

14.3 Hintergründe von Lebensstilen analysieren mit Stoffgeschichten

Jeans, Kaffee, Smartphone, Laptop, Fernsehgerät oder Auto: Menschen sind umgeben von einer Vielzahl von Produkten und Dingen, die sie in globale Kontexte einbinden. Mit ihren Alltagshandlungen tragen Individuen dazu bei, Auswirkungen und Veränderungen enormer und globaler Reichweite zu veranlassen. Mit diesen „Konsequenzen der Moderne" hat sich unter anderem der britische Soziologe Anthony Giddens (1995) in dem gleichnamigen Buch schon vor knapp 20 Jahren auseinandergesetzt. In einem Interview sagte er: „Der Kauf beispielsweise eines bestimmten Kleidungsstücks oder individuelle Ernährungsgewohnheiten können Konsequenzen nach sich ziehen, die sich auf den Lebensunterhalt eines Menschen am anderen Ende der Welt auswirken oder die den ökologischen Zerstörungsprozess beschleunigen, der wiederum Folgen für die ganze Menschheit hat" (Giddens o. J., S. 335). Ebenjene Folgen v. a. für das Ökosystem können mit dem Konzept der „Stoffgeschichten"[7] analysiert werden. Ausgangspunkt der Entwicklung des Konzepts war die Überlegung, dass der gesellschaftliche Umgang mit Stoffen (darunter fallen Produkte und Rohstoffe ebenso wie Schadstoffe) nicht allein aus der Perspektive einer einzigen wissenschaftlichen Disziplin betrachtet werden sollte: „Um die Bedeutung von Stoffen zu untersuchen, ist nicht allein ihre chemische Beschreibung nötig, sondern ebenso die Analyse der unterschiedlichen Praxisdomänen und Diskurse, in denen Stoffen eine je kontext- beziehungsweise diskursspezifische Bedeutung zuerkannt wird" (Böschen et al. 2004, S. 20). Charakteristisch für die Stoffgeschichtenmethode ist ihr narrativer Ansatz, mit dem der „Lebensweg" der Stoffe nacherzählt wird, die Menschen tagein, tagaus ganz selbstverständlich und ohne zu hinterfragen in mehr oder weniger großen Mengen nutzen. Die Stoffgeschichte verfolgt Stoffe bzw. Produkte und ihre Materialien durch Raum und Zeit. Sie zeichnet die großen Entwicklungslinien des Werdegangs von Stoffen nach und macht die weltweiten Netzwerke menschlicher und stofflicher Interaktion sichtbar. Kulturelle, historische, geografische, wirtschaftliche, soziale und materialwissenschaftliche Zusammenhänge fließen ebenso in die Analyse ein wie die Stationen der jeweiligen Wertschöpfungskette, Nutzungs- und Nachnutzungsphase (s. Abb. 14.1). Um in einer Stoffgeschichte die Stoffmobilität und Stoffdiversifizierung der global vernetzten Massenproduktion sowie deren Auswirkungen zu analysieren, ist es hilfreich, zwischen Geosphäre, Biosphäre, Anthroposphäre und Technosphäre zu unterscheiden.

In der Geografie wird die Geosphäre als Landschaftshülle des Planeten Erde definiert. Sie umfasst weitere, voneinander unterschiedene Systeme wie Hydrosphäre, Atmosphäre, Biosphäre und Lithosphäre (Leser 2005, S. 291). Wir schlagen als Erweiterung dieses Systemkonzepts eine Betonung der Prozesshaftigkeit vor, da die Systeme nicht immer

---

[7] Das Konzept wurde von Huppenbauer und Reller (1996) eingeführt, im Wissenschaftszentrum Umwelt der Universität Augsburg weiterentwickelt (Böschen et al. 2004) sowie in Ausstellungen („Staub" 2005, „CO$_2$" 2007, „Stickstoff" 2012), einer Buchreihe (*Stoffgeschichten*, oekom Verlag) und der universitären Lehre erprobt.

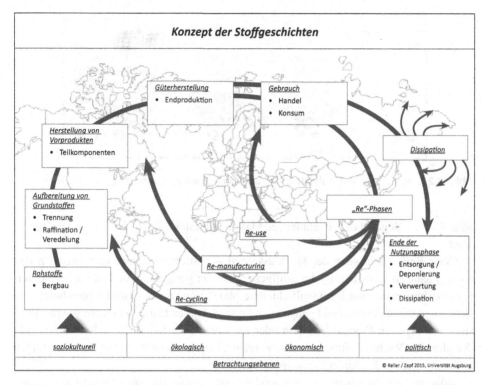

Abb. 14.1 Konzept der Stoffgeschichten. (Zepf et al. 2014)

scharf voneinander getrennt werden können. Lithosphäre und Biosphäre bspw. hängen in Raum und Zeit zusammen, fotosynthetisch gebildete Stoffe der Biosphäre können in den langen Zeithorizonten der Erdgeschichte als Sedimente Teil der Lithosphäre werden.

Die Technosphäre ist ein heuristisches Begriffskonzept zur Betrachtung der Ressourcen- bzw. Stofftransformationen in der Anthroposphäre, desjenigen Raums der Geosphäre, den Menschen gestalteten oder beeinflussen (Leser 2005, S. 44). Die Technosphäre[8] definieren wir als raum-zeitlich laufenden, sich historisch entwickelnden Gesamtprozessbereich der von Menschen intendierten, oft nicht umfassend kontrollierten und kontextualisierten Stoff-, Energie- und Ressourcentransformationen der Anthroposphäre. Aus dieser Perspektive wird deutlich, dass die Anzahl der Elemente des Periodensystems, die in der Produktion verarbeitet werden und die sog. Technosphäre bilden, stetig ansteigt, wie

---

[8] Der Begriff „Technosphäre" tauchte vermutlich erstmalig beim Technikphilosophen Friedrich Rapp auf. Er gab zu bedenken, dass sich die Technosphäre nicht so wie „in früheren Epochen nahtlos in die Naturabläufe und die eingespielte Ordnung der Biosphäre" einfüge, sondern eine dominierende Rolle spiele (Rapp 1978, S. 141; zitiert nach Erlach 2000, S. 35). Erlach beschreibt die Technosphäre als „das summierte Aggregat aus technischen Artefakten, Ressourcen und nicht zuletzt auch Abfällen".

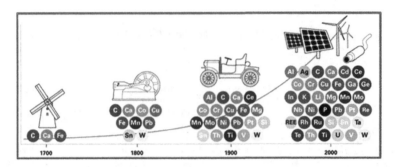

Abb. 14.2 Zunehmende Materialvielfalt im Laufe der Technikgeschichte. (Zepf et al. 2014)

Abb. 14.2 am Beispiel der zunehmenden Materialvielfalt im Laufe der Technikgeschichte zeigt.

Unter Berücksichtigung der Stoffflüsse und -transformationen in und zwischen den oben genannten Systemen ist die Stoffgeschichte ein geeignetes Analyse- und Kommunikationsinstrument, um lebensstilinduzierte ökologische und soziale Problemlagen verstehen und ihnen zielführend begegnen zu können. Dieses Instrument kann sowohl Konsumenten als auch Produktdesignern oder Entscheidern helfen, sich in der Komplexität der globalen Wertschöpfungsprozesse zurechtzufinden und informierte Entscheidungen im Sinne eines nachhaltigen Konsums zu treffen.

Moderne Wertschöpfungsprozesse zeichnen sich analog zur hohen Gesamtkonsumtion dadurch aus, dass sie ressourcen- und energieintensiv, globalisiert und komplex sind. So findet sich in einem Automobil oder Mobiltelefon eine Vielzahl an Funktionsmaterialien, die aus unterschiedlichen Metallen, Legierungen, Keramiken und Polymeren, d. h. geogenen und biogenen Rohstoffen bestehen. Diese Funktionsmaterialien und Teile beziehen Markenhersteller in der Regel von hunderten Zulieferern, die selbst wiederum von etlichen Zulieferern versorgt werden. Diese Komplexität kann sogar in Stoffgeschichten schwerlich in komplettem Umfang abgebildet werden. Umso mehr stellt sie in der ökonomischen Praxis Hersteller und Akteure entlang einer Wertschöpfungskette in Bezug auf Transparenz und Nachhaltigkeit vor große Herausforderungen. Der ambionierte Anspruch des Fairphones an transparente Wertschöpfungsketten stößt hier an Grenzen.

14.4   Metallische Rohstoffe im Smartphone: „Ökologischer Rucksack" und Dissipationsrisiko

Ein Mobiltelefon besteht aus mindestens vierzig chemischen Elementen und zu etwa 50 % aus Kunststoffen[9] wie Polyphenylensulfid (PPS), Polycarbonate/Acrylnitril-Buta-

---

[9] Die Materialzusammensetzung eines Mobiltelefons ist je nach Modell und Baujahr unterschiedlich. Die hier angegebenen, gerundeten Zahlen beziehen sich auf eine chemische Analyse der Firma Umicore (Gantner et al. 2014, S. 97).

dien-Styrol (ABS-PC) und Epoxidharz; außerdem aus Flammschutzmittel, Glas und Keramik. Für die technische Funktionalität sind v. a. Metalle verantwortlich, obgleich sie nur etwa 20–30 % Gewichtsanteil eines Geräts ausmachen. Kupfer und Eisen stellen in der Regel die stärkste Fraktion. Insgesamt befinden sich etwa 30 Metalle in einem Gerät, darunter Eisen, Aluminium, Nickel, Zinn, Silber, Gold, Palladium, Tantal und Indium. Je nach Funktion gibt es Möglichkeiten, ein bestimmtes Metall durch ein anderes zu substituieren. So muss das durch die „Bluthandy"-Debatte bekannt gewordene Tantal nicht in jedem Mobiltelefon enthalten sein. Tantal wird für sehr kleine Kondensatoren mit hoher Kapazität verwendet, die in der modernen Mikroelektronik z. B. für Mobiltelefone oder Pkws weit verbreitet sind. In dieser Funktion kann Tantal durch das Mischoxid Bariumtitanat ($BaTiO_3$) ersetzt werden.

Hinter dem Mobiltelefon, das der Nutzer in seinen Händen hält, verbirgt sich eine Fülle von stofflichen und sozialen Beziehungen, die im Nexus des Wertschöpfungsprozesses miteinander verwoben sind. Der Produktlebenszyklus eines Mobiltelefons beginnt mit der Extraktion der benötigten Rohstoffe aus Lagerstätten und endet in der Regel in Schubladen, Müllhalden oder beim illegalen Hinterhofrecycling in Schwellenländern; ein Mobiltelefon-Wertschöpfungs*kreislauf* (Dießenbacher und Reller 2013) ist derzeit noch ein herbeigesehnter Idealzustand. Aus der Perspektive der Stoffgeschichte wird deutlich, dass der in wohlhabenden Ländern stark ausgeprägte elektronikintensive Lebensstil und damit auch der große Umsatz von Smartphones folgende Herausforderungen und Problematiken in der Bio- und Technosphäre mit sich bringen:

- einen enormen und stark steigenden Verbrauch von metallischen Rohstoffen (neben Kunststoffen und anderen Funktionsmaterialien),
- große Mengen Elektronikschrott, die zumeist unsachgemäß entsorgt werden und damit
- ein hohes Dissipationsrisiko der verbauten Metalle sowie anderer Stoffe (Reller et al. 2009).

Als Dissipation (lat. für „Zerstreuung") bezeichnen wir in diesem Zusammenhang die Feinverteilung von ehemals in den Lagerstätten der Geosphäre gebündelten Mineralien in der Techno- und Biosphäre durch anthropogene Einwirkung (vgl. Kap. 4). Ein Beispiel: Die Weltjahresproduktion von Indium lag 2012 bei rund 670 Mio. t (USGS 2013). Durch den Einbau von kleinsten Mengen Indium, z. B. in Mobiltelefonen, wird das Metall sukzessive auf dem Planeten feinverteilt. Oder Titandioxid: Das Metalloxid wird als Pigment in sehr vielen Anwendungen – in Farben, Lacken, aber auch in Lebensmitteln oder kosmetischen Produkten – eingesetzt, was zu einer hohen Dissipation führt.

Mobiltelefone stellen in diesem Sinne einen relevanten Dissipationsfaktor dar (Reller et al. 2009). Selbst wenn im einzelnen Gerät nur geringe Mengen an Wertstoffen enthalten sind, so hat die immense Stückzahl eine große Nachfrage nach Technologiemetallen[10]

---

[10] Technologiemetalle, auch wirtschaftsstrategische oder Funktionsmetalle genannt, umfassen die Gruppe der Edel- und Sondermetalle, die aufgrund ihrer Eigenschaften für viele technologische Anwendungen relevant sind, vor allem auch in den modernen Energietechnologien (Reller et al. 2013).

(Gantner et al. 2014, S. 88) zur Folge. Elektronik-„Abfälle" sind daher gehaltvolle Sekundärrohstoffquellen. Die Gold-Konzentration in einer Tonne gebrauchter Handys ist etwa 50mal so hoch wie die einer Tonne Golderz aus einer südafrikanischen Mine (Reller 2011). In größeren Geräten wie Laptops oder Tablet-Computern stecken entsprechend mehr Sekundärrohstoffe als in Smartphones. Durch ein hochwertiges Recycling könnten solche Sekundärrohstoffe („urbane Mine") das Rohstoffimportrisiko bzw. Versorgungsengpässe europäischer Länder minimieren.

Derzeit ist dieses Potenzial jedoch weitestgehend ungenutzt, da der größte Anteil der Altgeräte nicht getrennt erfasst und recycelt wird. Weltweit gelangen laut Hagelüken (2006, S. 220) schätzungsweise nur etwa 1 % der Althandys in Edelmetallraffinerien, in denen die Edel- und Sondermetalle wiedergewonnen werden können. In Deutschland wurden im Jahr 2007 etwa fünfmal mehr Handys über den Restmüll entsorgt, als in der getrennten Erfassung (durch Kommunen oder Hersteller) gesammelt wurden (Berechnungen aus Gantner et al. 2014, S. 97; bezugnehmend auf Chancerel und Rotter 2009). Im Restmüllverfahren können Edel- und Sondermetalle nach der Behandlung zwar als Teil der Schlacke/Asche der Metallindustrie zugeführt werden, eine effektive Rückgewinnung ist jedoch nicht möglich. Ein großer Teil der weltweit ausgemusterten Mobiltelefone gelangt in Entwicklungs- und Schwellenländer, wo sie im „Hinterhof-Recycling" zerlegt werden. Dabei liegt die Goldausbeute laut Hagelüken (2009) nur bei etwa 25 %, bei Palladium noch deutlich darunter, Sondermetalle gehen komplett verloren. Aus der Geosphäre stammende Metalle gelangen so in Wirkzusammenhänge der Biosphäre, in denen sie originär nicht (re-)aktiv waren.

Ein weiterer Teil alter Mobiltelefone landet nach einer regulären Nutzungsdauer von zwei bis maximal vier Jahren in der häuslichen Schublade. Laut einer Umfrage des Hightechverbands Bitkom (2014) bewahren in Deutschland drei Viertel der Befragten *mindestens* ein altes Handy zu Hause auf. Der Verband schätzt, dass 2014 mehr als 100 Millionen Althandys allein in Deutschland in den Haushalten lagern. Das entspricht einer relevanten Menge an Metallen, darunter auch Gewürzmetalle[11] wie Indium, Seltenerdmetalle, Gold und Silber, die durch Horten *immobilisiert* werden.

Gehen die vielfältigen metallischen Verbindungen eines Mobiltelefons durch unsachgemäße Entsorgung oder durch Immobilisierung für weitere Wertschöpfungskreisläufe verloren, entstehen potenziell günstige und ungünstige Wechselwirkungen in der Anthroposphäre: In der Technosphäre bleiben die Sekundärrohstoffe weiteren Produktionsprozessen vorenthalten. Die Auswirkungen in der Biosphäre sind komplexer und betreffen die Vornutzungs- und die Nachnutzungsphase des Geräts.

---

[11] Der von Reller geprägte Begriff der Gewürzmetalle bezeichnet diejenigen Technologiemetalle, die aufgrund ihrer chemischen und physikalischen Eigenschaften trotz homöopathisch kleiner Konzentration – analog einem hochwertigen Gewürz in einer Speise – ausschlaggebend für die Funktionalität von Produkten sind (dazu Achzet et al. 2015).

14.4.1 Vornutzungsphase

Der Rohstoffabbau ist energieintensiv und bringt Umweltschäden mit sich. Die Folgen für das Biosystem werden mit dem Konzept des „ökologischen Rucksacks" (Schmidt-Bleek 2004) erkennbar: In den „ökologischen Rucksack" fließt „alles ein, was an natürlichen Rohmaterialien bewegt und eingesetzt wird, um Sachgüter herzustellen, zu gebrauchen, zu transportieren und auch zu entsorgen: Sand, Wasser, Kohle, Erze, Raps und Bäume, eben alles, was wir von der Ökosphäre brauchen" (Schmidt-Bleek 2007, S. 52). Hinter dem „ökologischen Rucksack" steht das MIPS-Konzept („Materialinput pro Serviceeinheit") zur Abschätzung des Naturverbrauchs von Produkten. Der deutsche Chemiker und Umweltforscher Friedrich Schmidt-Bleek entwickelte das Modell 1994, als er zusammen mit Ernst Ulrich von Weizsäcker das Wuppertal-Institut für Klima, Umwelt und Energie leitete. Der „ökologische Rucksack" ist lediglich das Vermittlungs- und Visualisierungsinstrument dieser Formel. Es genügt keinem wissenschaftlichen Anspruch im Hinblick auf die absolute Gültigkeit der Zahlen, bietet aber einen Vergleichsmaßstab, mit dem ersichtlich wird, welchen Naturverbrauch die Bereitstellung bestimmter Güter verursacht. Das Gewicht des „Rucksacks" wird errechnet durch das Produktgewicht (Kilogramm) multipliziert mit einem spezifischen Faktor für den geschätzten Naturverbrauch. Schmidt-Bleek (2009, S. 44) weist bspw. einem Kilogramm Gold einen Faktor von 540.000 Tonnen Naturverbrauch zu. Hinter einem Gramm Gold verbirgt sich demnach ein Naturverbrauch von 540 Kilogramm, Wasser nicht inklusive, wie Schmidt-Bleek in diesem Fall anmerkt, denn virtuelles Wasser spielt bei der Verhüttung eine große Rolle und würde die Zahl noch erheblich vergrößern. Dennoch erscheint ein Wert von 540 Kilogramm Naturverbrauch pro Gramm Gold aus heutiger Sicht gering und kann in Frage gestellt werden, da der Goldgehalt pro Tonne aufgrund der zunehmenden Ausbeutung der rentablen Lagerstätten kontinuierlich abnimmt. Vielen Minenbetreibern etwa gelten rund 0,6 g Gold pro Tonne schon als abbauwürdig, was einem Abraum von knapp einer Tonne und einem sehr hohen Energieaufwand entspricht. So ist ein weiterer Anhaltspunkt für das Verhältnis von Erz zu abgebautem Metall und damit zum Naturverbrauch bzw. Naturgebrauch der so genannte *cut-off-grade*, der allerdings auch von wirtschaftlichen und politischen Faktoren abhängt. Er besagt, wieviel Metall in einer Tonne Erz enthalten sein muss, damit sich der Abbau wirtschaftlich lohnt. So können bspw. bei einem Goldpreis von 1000 Dollar je Unze bereits Vorkommen von unter 0,5 g pro Tonne Gestein interessant sein.

In einem Mobiltelefon befinden sich im Durchschnitt etwa 30 mg Gold, 300 mg Silber sowie andere Edelmetalle. Diese kleinen Mengen ergeben multipliziert mit der großen Stückzahl der verkauften Geräte eine große Menge an Metallen, Abraum sowie einen hohen Naturverbrauch. Die „Materialinput pro Serviceeinheit"-Formel und der *cut-off-grade* bieten zwar Auskünfte hinsichtlich Materialinput, Erzgehalt und Rentabilität aber keine spezifischen Informationen zu weiteren Umweltfolgen des Miningprozesses (vgl. Tab. 14.1). Dabei sind die Auswirkungen auf regionale Öko- und Soziosphären nicht unwesentlich, z. B. durch die bei der Verhüttung eingesetzten Chemikalien. Die Weiter-

Tab. 14.1 Die Umweltauswirkungen beim Bergbau. (Quelle: Dießenbacher nach Oertel 2002; Young 1992)

Gewinnungsstadium	Mögliche Umweltauswirkungen
Gewinnung des Erzes	Zerstörung von Habitaten, menschlichen Siedlungen und anderen Landschaftselementen (Tagebau)
	Absenkungsphänomene (Untertagebau)
	Zunahme der Erosion; Verschlammung von Seen und Fließgewässern
	Erzeugung von Abraum bei hohem Energieaufwand
	Versauerung von Seen, Fließgewässern und Grundwasser (wenn Erz oder Abraum Schwefelverbindungen enthält) sowie Kontaminationen durch Schwermetalle
Anreicherung des Erzes	Erzeugung von Erzabraum
	Kontaminationen (Erzabfälle enthalten oft Rückstände der zur Anreicherung verwendeten Chemikalien)
	Versauerung von Seen, Fließgewässern und Grundwasser
Verhüttung	Luftverschmutzung (die Emissionen können Schwefeldioxid, Arsen, Blei, Cadmium und andere toxische Stoffe enthalten)
	Erzeugung von toxischen Schlacken
	Hoher Energieaufwand (die meiste von der Bergbauindustrie verbrauchte Energie geht in die Verhüttung)

verarbeitung von Mineralien, insbesondere das Lösen aus dem Gesteinsverbund, erfordert eine Reihe von physikalischen und chemischen Prozessen, wobei toxische Chemikalien eingesetzt werden.

Zusammenfassend kann festgehalten werden, dass der Metallabbau und die Metallverarbeitung mit einem hohen Natur- und Energieverbrauch sowie mit Umweltveränderungen bis hin zu ernsthaften Mensch- und Umweltgefährdungen einhergehen.

14.4.2 Nachnutzungsphase

In Anbetracht des Material- und Energie-Inputs und der sonstigen Auswirkungen auf Mensch und Natur im Zuge der Metallgewinnung und -verarbeitung zeigt sich, dass der Schaden hoch ist, der durch unsachgemäße Entsorgung oder Horten von Elektroaltgeräten entsteht. Würden die Metalle in der Nachnutzungsphase recycelt und wiederverwendet, ergäbe sich auf Dauer eine deutlich bessere Ökobilanz. Schließlich haben Metalle die faszinierende Eigenschaft, unendlich oft wiederverwendet werden zu können. Zwar droht bei den meisten Technologiemetallen noch kein Versorgungsrisiko (Reller 2011), dennoch hat der durchschnittliche Erzgehalt der meisten globalen Lagerstätten (Geosphäre bzw. Lithosphäre) im Zuge der Förderaktivitäten seit einem Jahrhundert ständig abgenommen. Trotz technischen Fortschritts ist dadurch der Aufwand bei der Förderung, Aufbereitung und Verhüttung angestiegen. Dies wirkt sich wiederum auf die ökonomische und die ökologische Bilanz aus.

Ein weiteres ökologisches und soziales Problem, das in der Nachnutzungsphase auftritt, betrifft das „Hinterhofrecycling" in Entwicklungs- und Schwellenländern. Durch die unsachgemäße Zerlegung von Mobiltelefonen gelangen z. T. toxisch wirkende Metalle und andere Stoffe in die Biosphäre und sind nicht mehr rückholbar. Sie können die Gesundheit der Menschen in der Region gefährden.

14.5 Kongokrieg und Rohstoffhandel

Abgesehen von den ökologischen Nebenfolgen spielen Probleme sozialer Natur eine bedeutsame Rolle für eine Bewertung der Nachhaltigkeit der Mobiltelefonproduktion. Die sozialen Randbedingungen der Rohstoffgewinnung sowie der Produktion von Smartphones machen deutlich, dass die gängige Praxis des häufigen Ersetzens hochkomplexer Elektronikgeräte nicht als nachhaltiger Konsum bewertet werden kann. Ein Problemfeld stellen die Arbeitsbedingungen in den Produktionsfirmen am Ende der Wertschöpfungskette dar, die durch die Skandale um den Zulieferbetrieb Foxconn der Öffentlichkeit bekannt wurden. Weiterhin kritisieren Nichtregierungsorganisationen, dass es im Zusammenhang mit Minenprojekten häufig zu Vertreibungen oder Umsiedlungen der ansässigen Bevölkerung kommt (Germanwatch 2007). Nicht zuletzt sind die Arbeitsbedingungen im Metallbergbau extraordinär, da die Arbeiter durch die toxischen Stäube und Chemikalien extremen Gesundheitsbelastungen ausgesetzt sind. Sicherheitslücken im Bergbau sind für die betroffenen Minenarbeiter oft lebensgefährlich.

Die hier nur angedeuteten sozialen Achillesfersen des Rohstoffabbaus und -handels bezeichnete die Wochenzeitung „Die Zeit" (Obert 2011) in einer großen Reportage als „die dunkle Seite der digitalen Welt". Die wohl bekannteste dunkle Seite ist sicherlich die kriegsfinanzierende Funktion, die der Rohstoffhandel während des Kongokriegs in der Demokratischen Republik ausgefüllt hat. Dieser Krieg begann 1997, als nach einer Jahrzehnte währenden Diktatur der Diktator Mobuto Sese Seko gestürzt wurde. Darauf folgte ein gewaltsamer Konflikt, der in mehreren blutigen Kriegen kulminierte und bis heute nicht beigelegt ist. Aufgrund der Verwicklung zahlreicher afrikanischer Staaten und der hohen Opferzahl wurden diese Kriege international auch als „Erster afrikanischer Weltkrieg" bezeichnet. Allein beim Dritten Kongokrieg gehen Hochrechnungen von rund drei Millionen Toten aus, wobei die Mehrheit der Opfer nicht durch direkte Gewaltausübung, sondern durch indirekte Folgen des Krieges wie Krankheit, medizinische Unterversorgung oder Unterernährung starb.

Besonders bekannt wurde die Rohstoffthematik während des Zweiten Kongokriegs (1998–2003), der durch Erlöse aus dem Handel mit Bodenschätzen mit finanziert wurde, die im Ostkongo informell im Kleinbergbau unter der Kontrolle von bewaffneten Gruppen abgebaut wurden. In der Begriffsgeschichte der heute gebräuchlichen und oftmals synonym verwendeten Begriffe „Konfliktressource", „Konfliktrohstoff" oder „Konfliktmineral" spielt dieser Krieg eine große Rolle. Aber auch der Diamanthandel („Blutdiamanten") und sein Beitrag zur Finanzierung gewaltsamer Konflikte (v. a. in Sierra Leone,

Liberia und Angola in den 1990er-Jahren) ist begriffsgeschichtlich von Bedeutung. Der übergeordnete Begriff „Konfliktressourcen" bzw. „Konfliktrohstoff" umfasst neben metallischen Rohstoffen auch andere Handelswaren wie Edelhölzer oder psychogene Substanzen (Drogen). Als „Konfliktminerale" sind insofern Rohstoffe mineralischer Natur definiert, deren Förderung oder Handel zur Finanzierung von gewaltsamen Konflikten beiträgt. Der Begriff „Konfliktmineral" (conflict mineral) ist somit eine Spezifizierung des Begriffs Konfliktressource und adressiert Elemente oder chemische Verbindungen, die durch geologische Prozesse gebildet wurden (z. B. Erze oder Mineralien wie Diamanten). Der „Dodd-Frank Act" wiederum definiert als Konfliktmineralien Zinn, Tantal, Wolfram und Gold (vgl. Abschn. 14.6).

Die Frage nach den konfliktverursachenden und konfliktfinanzierenden Wirkungen der Rohstoffextraktion und des -handels gehört seit dem Kongokrieg zu den meist diskutierten Fragen in der Bürgerkriegsforschung. Die Beobachtung, dass sich in vielen Ländern Ressourcenreichtum negativ auf den gesamtwirtschaftlichen Reichtum (Sachs und Warner 1995) oder auf das Demokratieniveau auswirkt (Wantchekon 1999), wird in den Sozialwissenschaften unter dem Paradigma des „Ressourcenfluchs" (Jacobs und Weller 2013, S. 70) gefasst. Viele Autoren vertraten dementsprechend die These der „Gier-Rebellion", wonach der ökonomische Anreiz und die Möglichkeit, Ressourcenzugänge zu kontrollieren, als zentrale Ursache für gewaltsame Konflikte gelten (Collier und Hoeffler 2004). Später wurde allerdings in zahlreichen Arbeiten zu den Konfliktursachen und Konflikttreibern im Ostkongo hervorgehoben, dass die Zusammenhänge zwischen Ressourcen und bewaffneten Konflikten nicht eindeutig sind (Lemarchand 2009; Doevenspeck 2012). Die These, dass der Krieg um bzw. wegen Rohstoffen geführt wurde, konnte nicht belegt werden. Als treibende Faktoren für die Kriegshandlungen werden folgende Faktoren hervorgehoben: ethnisierte Auseinandersetzungen über den Zugang zu Land und politischen Institutionen, Fragen von Staatsbürgerschaftsrechten und nationaler Identität sowie die Kopplung an die ruandische Konfliktdynamik (Doevenspeck 2012). So hat ein zeitweise verhängtes Exportverbot für Mineralien aus dem Ostkongo 2010 nicht zu einer Abnahme der Gewalt geführt, sondern die bereits angelaufenen Zertifizierungsprozesse verzögert und die regionale Wirtschaft geschwächt.

14.6 Vom „Bluthandy" zum „Dodd-Frank Act" und zu Zertifizierungsinitiativen

Abseits dieser wissenschaftlichen Diskussion hat sich im Gedächtnis der Weltöffentlichkeit die Verbindung der Brutalität des Kongokrieges mit dem Abbau von Metallen festgeschrieben und vielfältige Auswirkungen gezeigt. So haben während des Zweiten Kongokriegs und in der hybriden Post-Konflikt-Zeit – auch im Jahr 2014 sind etliche Rebellengruppen in der Region Ostkongo, Ruanda und Uganda aktiv – internationale Medien sowie global agierende Nichtregierungsorganisationen (etwa Global Witness, The Enough Project und Germanwatch) die Förderung und den Handel von kongolesischen Minerali-

Abb. 14.3 Medienberichterstattung über „Blut im Handy" (exemplarischer Auszug). (Von *links oben* nach *rechts unten*: Schäfers 2010; Röbke 2012; Bild 2014; Weber 2010)

en intensiv thematisiert. Das zuvor wenig beachtete Thema „metallische Rohstoffe für Kommunikations- und Unterhaltungselektronik" drang so sukzessive in die öffentliche Wahrnehmung vor. Die sozialwissenschaftliche Diskursforschung geht davon aus, dass Diskurse, z. B. der von NGOs geführte Diskurs über Konfliktrohstoffe, Deutungszusammenhänge prozessieren und Wirklichkeit in spezifischer Weise konstituieren (Keller 2011, S. 72). Die verschiedenen NGO-Kampagnen und der Großteil der Medienberichte haben demnach einen Deutungszusammenhang kommuniziert, der mit der Formel „Dein Handy und der Krieg im Ostkongo" umschrieben werden kann (s. die Beispiele in Abb. 14.3).

Der internationale Kampagnen- und Mediendruck führte zu deutlichen Resonanzen im politischen und wirtschaftlichen System. Internationale Akteure versuchen seither, den Minensektor des Ostkongos und seiner Nachbarländer unter Kontrolle zu bringen. Die Group of Experts der Vereinten Nationen übertrug 2008 den Käufern kongolesischer Mineralien die Verantwortung dafür, dass bewaffnete Gruppen nicht vom Handel profitieren (UN-Sicherheitsrat 2008). Diese sog. Sorgfaltspflicht (due dilligence) stellt die beteiligten Akteure vor eine große Herausforderung und führte zu diversen Selbstregulierungs-Initiativen, wie z. B. dem Gremium der Internationalen Zinnindustrie (ITRI). Auch die

International Conference on the Great Lakes Region (ICGLR), ein im Nachgang der schweren kriegerischen Konflikte in der Region gegründetes zwischenstaatliches Bündnis von zwölf afrikanischen Staaten, hat das Thema in ihre Agenda aufgenommen. Insgesamt ist das Feld der Kontroll- und Zertifizierungsanstrengungen von Konfliktmineralien sehr unübersichtlich und wurde bislang erst von wenigen Autoren systematisch analysiert und evaluiert (z. B. Manhart und Schleicher 2013). Im Rahmen dieses Beitrags kann nur am Beispiel des Systems der Bundesanstalt für Geowissenschaften und Rohstoffe (BGR) auf die Entwicklung von Zertifizierungssystemen unter staatlicher Beteiligung sowie auf den maßgeblichsten politisch-regulativen Eingriff, den „Dodd-Frank Act" eingegangen werden.

14.6.1 Der „Dodd-Frank Act"

Die US-Finanzmarktreform „Dodd-Frank Wall Street Reform and Consumer Protection Act" wurde 2010 vor dem Hintergrund der weltweiten Finanzmarktkrise verabschiedet, reicht aber über den Finanzsektor hinaus. Paragraph 1502 unterstellt die Verwendung von Mineralien aus der Demokratischen Republik Kongo und ihren neun Nachbarstaaten[12] einer strengen amerikanischen Kontrolle (US-Regierung 2010). Er verpflichtet alle in den USA tätigen, börsennotierten Unternehmen Rechenschaft darüber abzulegen, ob Konfliktmineralien für die Herstellung oder Funktionalität ihrer Produkte notwendig waren. Unter Konfliktmineralien werden die Rohstoffe Tantal, Zinn, Gold und Wolfram verstanden, deren Förderung und/oder Handel zur Unterstützung bewaffneter Gruppen im Kongo oder seiner neun Nachbarstaaten beitragen. Die Offenlegung musste erstmalig zum 31.05.2014 für Produkte erfolgen, die 2013 produziert wurden. Falls ein Produkt Mineralien aus dem betreffenden Gebiet enthält, ist das Unternehmen verpflichtet nachzuweisen, dass kein Teil der Handelskette (Förderung, Transport, Verarbeitung) zur Finanzierung bewaffneter Gruppen beigetragen hat. Zudem erfolgt eine Veröffentlichung der Ergebnisse; deshalb auch der Beiname „Name-and-Shame-Regulation". Das Gesetz trifft auch sämtliche Zulieferer börsennotierter US-Firmen und hat damit weitreichende Konsequenzen sowie Vorbildcharakter für Europa. Die EU-Kommission hat am 05.03.2014 einen Verordnungsentwurf zu Konfliktmineralien vorgelegt, in dem eine freiwillige Selbstzertifizierung von Importeuren von Zinn, Tantal, Wolfram und Gold vorgeschlagen wird. Dabei sollen Unternehmen, die die Erze oder Metalle in die Europäische Union einführen, bestimmte Sorgfaltspflichten – gemäß den OECD-Leitlinien zur Überwachung und Regelung der Ein- und Verkäufe der Ressourcen – einhalten. Ausgenommen von der Selbstzertifizierung sind allerdings Betriebe, die indirekt über Produkte importieren, die Zinn, Tantal, Wolfram oder Gold enthalten (z. B. Mobiltelefone). Falls die EU-Kommission und der Rat der Eu-

---

[12] Angola, Burundi, Republik Kongo, Ruanda, Sambia, Sudan, Tansania, Uganda, Zentralafrikanische Republik. Sie sind auch Mitgliedsstaaten des ICGLR.

ropäischen Union dem Vorschlag zustimmen, könnte die Initiative im Jahr 2015 in Kraft treten (LfU 2014).

Der „Dodd-Frank Act" kann insofern als die bedeutendste Regulierung – bzw. je nach Auffassung als größter Erfolg internationaler Kampagnenarbeit – gegen Konfliktmineralien angesehen werden. Indes gibt es viele Stimmen, die bezweifeln, dass eine strenge Regulierung im Interesse der Menschen im Ostkongo ist. So weist Doevenspeck (2012, S. 14) darauf hin, dass diese bei der Bevölkerung im Nord-Kivu, der Provinz der Demokratischen Republik Kongo, in der seit 1994 ein Milizenkrieg ausgetragen wird, auf Skepsis stieß. In einem von Doevenspeck (2012), zwei Jahre nach der Unterzeichnung des „Acts", geführten Interview sagt ein Angestellter eines Handelshauses: „Das Problem sind nicht die Mineralien, das Problem ist Global Witness. Diese Leute würgen uns, sie vertreten ihre eigenen Interessen" (ebd.). Nachdem der „Dodd-Frank Act" unterzeichnet wurde, brach im Kongo der artisanale Handel mit Mineralien ein und viele Menschen verloren ihre Lebensgrundlage. Manhart und Schleicher (2013, S. 4) betonen, dass diese negativen Auswirkungen nicht allein dem „Dodd-Frank Act" zugerechnet werden können, sondern auch dem von der kongolesischen Regierung zeitweise verhängten Exportverbot. Auch zu den zukünftigen Auswirkungen des US-Gesetzes im Ostkongo gibt es ein differenziertes Meinungsbild. Manche Autoren prognostizieren, dass es wie ein De-facto-Embargo wirken und weiterhin negative Auswirkungen vor Ort haben wird. Andere sind dagegen der Meinung, dass es positive Investitionsanreize im lokalen Minensektor zur Folge haben wird (ebd.). Ein breiter Konsens besteht in der Auffassung, dass die gegenwärtige Situation im Kongo nicht zufriedenstellend ist und dass Zertifizierungssysteme im Minensektor weiterhin die Risiken nicht intendierter Nebenfolgen und Betrugs bergen (ebd., S. 5).

14.6.2 Zertifizierungssysteme der Bundesanstalt für Geowissenschaften und Rohstoffe

Als Beispiel für ein relativ bekanntes und ausgefeiltes System zur Zertifizierung von Rohstoffen aus Konfliktregionen kann das System der Bundesanstalt für Geowissenschaften und Rohstoffe (BGR) genannt werden (Überblick zu Zertifizierungsmaßnahmen Manhart und Schleicher 2013). Die BGR ist eine Fachbehörde des Bundesministeriums für Wirtschaft und Technologie, das unter anderem die Interessen der im Bereich Hightechmetalle importabhängigen deutschen Wirtschaft vertritt. Sie ist seit 2006 an diversen Pilotprojekten zur Zertifizierung von *high value metals* wie Tantal, Zinn, Wolfram und Gold beteiligt.

In Ruanda hat die BGR auf UN-Initiative und finanziert von der Bundesregierung in einem Pilotprojekt ein System zur Zertifizierung von Handelsketten mineralischer Rohstoffe eingeführt. Es soll laut Selbstbeschreibung international akzeptierte Transparenz-, Umwelt- und Sozialstandards enthalten. Ein weiteres Projekt ist der „Analytische Herkunftsnachweis" (Manhart und Schleicher 2013, S. 43 f.), ein forensisches Instrument zur Eingrenzung der Herkunft von Tantal-, Zinn- und Wolframerzen. Bis 2015 will die BGR das Instrument den Ländern der ICGLR zur Verfügung stellen.

14.7 Das „Fairphone": Ziele, Kritikpunkte und Erfolge

Die niederländische Waag Society, ein „Institute for art, science and technology", das kreative Technologien für soziale Innovationen entwickeln will, startete 2010 eine Kampagne namens „Fairphone", um die Öffentlichkeit für den Zusammenhang zwischen Elektronik, Konfliktmineralien und dem Kongokrieg zu sensibilisieren (Fairphone 2014a). Bas van Abel, der diese Kampagne auf den Weg gebracht hatte, gründete daraufhin 2013 mit Unterstützung der Waag Society das Sozialunternehmen[13] Fairphone mit dem Ziel, ein Smartphone mit konfliktfreien Rohstoffen und unter fairen Arbeitsbedingungen herzustellen. In einem Interview (Hartmann 2014) sagt Abel rückblickend über die Gründung: „Vor drei Jahren haben wir als Kampagne angefangen. Doch Aufmerksamkeit herzustellen ist die eine Sache. Ich denke, man muss die Wirtschaft von innen verändern. Wir haben ein kommerzielles Modell gewählt, um die kommerzielle Welt zu ändern." Auf der Homepage beschreibt das Unternehmen sein Ziel und seine Motivation folgendermaßen: „Actually, Fairphone is not about the phone itself. We decided to focus on phones, because they are a ubiquitous product that nearly everyone owns or uses. The Fairphone itself serves to start a conversation about opening up supply chains and a storytelling object to help consumers gain more awareness about the social and environmental impacts of the electronics they purchase" (Fairphone 2014b).

Die Unternehmung erhielt 2013 von der Waag Society und anderen Geldgebern eine Anschubfinanzierung und finanzierte sich außerdem über Crowdfunding. So sammelte Fairphone im Frühjahr 2013 im Internet Bestellungen für ein faires Smartphone, das Ende 2013 ausgeliefert werden sollte. Die Kundenkommunikation war und ist direkt und in idealistischem Ton gehalten: „You can change the way products are made, starting with a single Phone. Together, we're opening up the Supply Chain, and redefining the Economy – one step at a time" (Fairphone 2014c). Gleichzeitig versuchte das Sozialunternehmen von vornherein, ein hohes Maß an Transparenz zu schaffen. Es veröffentlichte z. B. seine Kostenkalkulation im Internet und betonte den Prozesscharakter und die große Herausforderung, ein komplett faires Smartphone herzustellen: „Das Projekt soll vielmehr einen Wandel anstoßen, als alle Probleme auf einmal lösen", sagte Abel im Frühjahr 2013 (Bernau 2013).

Von den etwa 30 Metallen, die in einem Smartphone stecken, stammen bislang nur zwei (Zinn und Tantal) aus zertifizierten Quellen. Dafür hat sich Fairphone zwei einst von Motorola angestoßenen Initiativen angeschlossen, um die Situation im Kongo zu ändern: der „Conflict-Free Tin Initiative" (CFTI) und „Solutions for Hope" (konfliktfreies Tantal). Das Unternehmen betont, dass es weiterhin Zinn und Tantal aus dem Kongo beziehen will, um dort etwas zu verändern.

---

[13] Ein Sozialunternehmen widmet sich in der Regel einem sozialen Problem und verzichtet auf spekulative Gewinne. Zur Begriffs- und Konzeptgeschichte Jansen (2014, S. 35–78).

Im Januar 2014 wurden 25.000 Modelle des ersten Fairphones an die Kunden ausgeliefert. Obwohl anfangs ein Fairphone 2 nicht zwingend angedacht war, verkündete das Unternehmen im Frühjahr 2014, 35.000 Exemplare der zweiten Generation zu produzieren.

14.8   Fazit und Ausblick

Seit der Gründung im Jahr 2013 sind das Fairphone und das dahinter stehende Unternehmen auf große Resonanz gestoßen. Tausende Konsumenten waren bereit, für ein faires Smartphone Geld vorzustrecken. Die internationale Medienlandschaft berichtete in relativ hoher Frequenz darüber. Seit Erscheinen des ersten Exemplars mehren sich allerdings auch kritische Stimmen. Einerseits wird beanstandet, dass die verwendeten Rohstoffe auch nicht „konfliktfrei" seien als die anderer Hersteller, die zunehmend versuchen, auf Mineralien aus Konfliktregionen zu verzichten oder sie Zertifizierungen zu unterziehen (z. B. Apple). Dabei muss allerdings der vom „Dodd-Frank Act" ausgehende Handlungsdruck mit berücksichtigt werden. Einige Elektronikzulieferer haben sich seither aus der Kongoregion zurückgezogen und beziehen ihre Mineralien z. B. aus Australien, vermutlich, um einem Imageschaden vorzubeugen. Insofern ist das Argument, dass handelsübliche Geräte in dieser Hinsicht ebenso konfliktfrei seien, theoretisch richtig. Fairphone argumentiert jedoch, dass sich die Situation im Kongo durch dieses Ausweichen in andere Länder sozial verschlechtert habe (Hartmann 2014).

Zum aktuellen Zeitpunkt ist eine Bewertung der Fairphone-Anstrengungen in Richtung Fairness und Nachhaltigkeit weder möglich noch sinnvoll. Es können lediglich Beobachtungen analysiert und zusammengefasst werden. So setzt allein der Name *Fair*phone, der aus dem Kontext einer Kampagne stammt, das Unternehmen einem sehr hohen Erwartungsdruck aus. „Für ein wirklich faires Gerät müsste man die ganze Welt verändern" (Hartmann 2014), sagt Bas van Abel zu Recht. Das Unternehmen wies von Anfang an auf den Prozess- und Aufklärungscharakter seiner Unternehmung hin und darauf, dass es durch seine Aktivität über die Missstände in der Smartphone-Lieferkette informieren und Lösungswege ausloten will. Es ist zu vermuten, dass das Fairphone – allein durch sein Erscheinen und Bestehen auf dem Markt sowie seine Medienwirksamkeit – das Smartphone-Marktgefüge beeinflusst hat. Mit Sicherheit jedoch kann festgehalten werden: Das Fairphone hat die europäische Debatte über Smartphones beeinflusst und wird sie weiterhin beeinflussen. Das zeigt die Studie der Deutschen Umwelthilfe (DUH 2014) „Wie nachhaltig ist das Fairphone?" für den deutschen Raum.[14] Insofern kann das Fairphone als Impulsgeber für Nachhaltigkeit in der Smartphonebranche betrachtet werden.

---

[14] Für die Studie wurde mit Akteuren aus der Wissenschaft, Wirtschaft, Politik und aus Nichtregierungsorganisationen die Rolle des Fairphones für die Nachhaltigkeit von Smartphones evaluiert und diskutiert.

Nicht nur Impulse, sondern gravierende Veränderungen sind in der gesamten Elektronikindustrie wiederum durch den „Dodd-Frank Act" zu erwarten, der in den kommenden Jahren die Wertschöpfungsketten sowie das dahinterstehende soziale und wirtschaftliche Gefüge in einem noch nicht quantifizierbaren Maß umgestalten wird. So hat Apple im April 2014 verkündet, künftig möglichst komplett auf den Einsatz von Mineralien zu verzichten, die in Konfliktregionen gefördert wurden. Viele Unternehmen werden dem Beispiel folgen, um einerseits einer Skandalisierung zu entgehen (Stichwort „Bluthandy") und andererseits den jährlichen Bericht an die U.S. Exchange and Security Commission zu vereinfachen, den der „Dodd-Frank Act" vorschreibt.

Zusammenfassend lässt sich sagen: Aktuell ist auf dem Smartphonemarkt durch das Zusammentreffen (a) der Aktivitäten von Fairphone, (b) der damit erneut entfachten Debatte um Konfliktrohstoffe sowie (c) der Auswirkungen des „Dodd-Frank Acts" eine besondere Konstellation festzustellen. Waren bisher v. a. Konsumsparten wie Ernährung oder Kleidung großen Nachhaltigkeitserwartungen seitens der Konsumenten ausgesetzt, so betreffen diese nun in zunehmendem Maße auch die Elektronikindustrie.

Allerdings birgt diese Konstellation die Gefahr einer Monofokussierung auf die Bewertungsdualität „konfliktfrei" vs. „nicht konfliktfrei". Der Wertschöpfungsprozess eines Smartphones oder elektronischen Geräts enthält jedoch erheblich mehr Problemkonstellationen, als dieses Kriterium berücksichtigen kann. So bedeutet einerseits die Klassifizierung eines Produkts als „konfliktfrei" keinesfalls, dass sich die Situation im Kongo verbessert hat, sondern womöglich nur, dass die Beschaffung in ein anderes Land verlagert wurde – mit negativen sozialen Folgen für den Kongo. Andererseits heißt „ohne Konfliktmineralien" ebenso wenig, dass die skizzierten ökologischen und sozialen Probleme der Smartphoneproduktion (Rohstoff- und Energieverbrauch, Ressourcenknappheit, Umweltbelastung, Arbeitsbedingungen) verringert wurden. Deshalb ist es im Sinne einer nachhaltigen Entwicklung wichtig, dass diese Themen in der öffentlichen Wahrnehmung, in der Wirtschaft und in der Politik nicht in den Hintergrund treten. Dies gilt über das Smartphone hinaus, das in diesem Beitrag als Beispiel für Elektronikgeräte gewählt wurde. Insofern bleibt abzuwarten, inwieweit zukünftige Zertifizierungssysteme nicht nur die Handelsteilnahme bewaffneter Gruppen unterbinden, sondern auch Arbeits- und Umweltbedingungen verbessern.

Ein weiteres Problemfeld, das durch eine Bewertungsdualität „konfliktfrei" vs. „nicht konfliktfrei" ausgeblendet würde, ist die Einstellung des Verbrauchers zum Elektrogeräte-Konsum. Wenn Konsumenten sich alle ein bis zwei Jahre mit beruhigtem Gewissen ein neues, von diversen Labeln zertifiziertes Smartphone kaufen, ist dies aus ressourcenstrategischer Sicht nicht nachhaltig. Statt das ganze Gerät zu entsorgen, nur weil der Verbraucher bspw. eine bessere Kamera haben möchte, könnte im Idealfall nur das betreffende Teil ausgetauscht werden. Diese Idee will der niederländische Designer Dave Hakkens verbreiten und mit Industriepartnern ein modulares Steck-Telefon entwickeln. Auch das Fairphone könnte in dieser Hinsicht (Reparieren statt Wegwerfen) eine Vorreiterrolle einnehmen. Bereits im Frühjahr 2014 waren auf der Unternehmenshomepage

Ersatzteile bestellbar und künftige Ausführungen sollen reparierbar konstruiert werden. Hierfür ging Fairphone eine Partnerschaft mit IFixit ein, einem Unternehmen, das Ersatzteile und Reparaturanleitungen für Elektronik anbietet. Mit der Hilfe von IFixit soll das Fairphone zukünftig so gebaut werden, dass es eine möglichst lange Lebensdauer hat. Und wenn etwas kaputtgeht, stehen kostenlose Reparaturanleitungen im Internet zur Verfügung.

In jedem Fall ist es wichtig, die Verbraucher darüber aufzuklären, dass ein Smartphone wertvolle metallische Rohstoffe enthält, die nach der Nutzung wieder einem Produktionsprozess zugeführt werden sollten (zur Kreislaufwirtschaft Dießenbacher und Reller 2013). Allerdings ist der Verbraucher allein mit der Aufgabe überfordert, eine (Elektronik-)Kreislaufwirtschaft zu etablieren und die Versorgung zukünftiger Generationen mit Waren und Gütern zu gewährleisten. Akteure aus Politik und Wirtschaft sind hier gefragt, Handlungsanreize in Richtung Ressourcenschonung und Kreislaufwirtschaft zu schaffen.

Literatur

Achzet B, Reller A, Zepf V (2015) Strategic resources for emerging technologies. In: Hartard S, Liebert W (Hrsg) Competition and conflicts on resource use. Natural Resource Management and Policy 46:259–272

Bardi U (2013) Der geplünderte Planet. Die Zukunft des Menschen im Zeitalter schwindender Ressourcen. oekom, München

Baumgärtel T (2014) Sharing Economy. Teile und verdiene. Die Zeit. http://www.zeit.de/2014/27/sharing-economy-tauschen. Zugegriffen: 25.08.2014

Bernau V (2013) Wie gerechte Smartphones produziert werden sollen. Süddeutsche Zeitung. http://www.sueddeutsche.de/digital/fairphone-statt-iphone-wie-gerechte-smartphones-produziert-werden-sollen-1.1610920. Zugegriffen: 25.08.2014

Bild (2014) Apple verzichtet zukünftig auf „Blut-Mineralien". http://www.bild.de/geld/wirtschaft/apple/verzicht-auf-blutmineralien-34660436.bild. Zugegriffen: 25.08.2014

Bitkom (2014) Deutsche horten über 100 Millionen Alt-Handys. http://www.zdnet.de/88181881/bitkom-deutsche-horten-ueber-100-millionen-alt-handys/. Zugegriffen: 25.08.2014

Böschen S, Reller A, Soentgen J (2004) Stoffgeschichten – eine neue Perspektive für transdisziplinäre Umweltforschung. Gaia 13:9–25

Chancerel P, Rotter S (2009) Gold in der Tonne. Eine Stoffflussanalyse zeigt erhebliche Systemschwächen bezüglich der Verwertung von Gold aus ausgedienten Mobiltelefonen. Müllmagazin 1/2009:18–22

Collier P, Hoeffler A (2004) Greed and grievance in civil war. Oxford economic papers 56:563–595. http://www.econ.nyu.edu/user/debraj/Courses/Readings/CollierHoeffler.pdf. Zugegriffen: 25.08.2014

Dießenbacher J, Reller A (2013) Paradigmenwechsel statt Leben auf Pump. Remondis aktuell 3/2013:6–7. http://www.remondis.de/aktuell/remondis-aktuell-32013/aktuelles/paradigmenwechsel-statt-leben-auf-pump/.– Zugegriffen: 02.02.2015

Doevenspeck M (2012) „Konfliktmineralien": Rohstoffhandel und bewaffnete Konflikte im Ostkongo. Geographische Rundschau 64:12–19

DUH – Deutsche Umwelthilfe (2014) Ergebnisse der Umfrage „Wie nachhaltig ist das Fairphone?". http://www.duh.de/uploads/media/DUH_Ergebnisse_Fragebogen_Fairphone.pdf. Zugegriffen: 02.02.2015

Erlach K (2000) Das Technotop. Die technologische Konstruktion der Wirklichkeit. LIT Verlag, Münster

Fairphone (2014a) When did Fairphone start?. https://fairphone.zendesk.com/hc/en-us/articles/201313943-How-and-when-did-Fairphone-start. Zugegriffen: 25.08.2014

Fairphone (2014b) What is Fairphone?. https://fairphone.zendesk.com/hc/en-us/articles/201307463-What-is-Fairphone. Zugegriffen: 25.08.2014

Fairphone (2014c) Our story. https://www.fairphone.com/story/. Zugegriffen: 25.08.2014

Gantner O, Köpnick H, Bischlager O, Teipel U, Hagelüken C, Reller A (2014) Handy clever entsorgen. In: Reller A, Teipel (Hrsg) Rohstoffeffizienz und Rohstoffinnovationen. Tagungsband des 3. Symposiums. Fraunhofer Verlag, Stuttgart, S 87–106

Germanwatch (2007) Zinn verbindet Komponenten, aber spaltet lokale Gemeinden. Zusammenfassung der Studie "Connecting components, dividing communities. Tin production for consumer electronics in the DR Congo and Indonesia", Finnwatch 2007. http://germanwatch.org/corp/it-rohst.pdf

Giddens A (1995) Konsequenzen der Moderne. Suhrkamp, Frankfurt am Main

Giddens A (o J) Die Konsequenzen der Moderne. Gespräch mit Anthony Giddens über die moderne Gesellschaft. http://library.fes.de/gmh/main/pdf-files/gmh/2000/2000-06-a-328.pdf. Zugegriffen: 05.08.2014

Hagelüken C (2006) Improving metal returns and eco-efficiency in electronic recycling – a holistic approach to interface optimization between preprocessing and integrated metal smelting and refining. Proc. 2006 IEEE International Symposium on Electronics and the Environment San Francisco, 08.–11.05.2006.

Hagelüken C (2009) „Wir brauchen eine globale Recyclingwirtschaft". Interview durch Cornelia Heydenreich. Germanwatch-Zeitung 1:3. http://germanwatch.org/zeitung/2009-1-int.htm. Zugegriffen: 05.08.2014

Hartmann K (2014) Fairer geht's noch. Interview mit Fairphone-Geschäftsführer Bas van Abel. enorm. Das Wirtschaftsmagazin 2014(2):30–33. https://enorm-magazin.de/fairer-gehts-noch. Zugegriffen: 25.08.2014

Hülsmann F, Zimmer W (2014) Klimaschutz durch geteiltes Fahrglück? Politische Ökologie 137:67–73

Huppenbauer M, Reller A (1996) Stoff, Zeit und Energie: Ein transdisziplinärer Beitrag zu ökologischen Fragen. Gaia 5:103–115

Jacobs A, Weller C et al (2013) Ressourcenkonflikte. In: Reller A, Marschall L (Hrsg) Ressourcenstrategie. Eine Einführung in den nachhaltigen Umgang mit Ressourcen. WBG, Darmstadt, S 65–76

Jansen S (2014) Sozialunternehmen in Deutschland. Springer VS, Wiesbaden

Keller R (2009) Müll – Die gesellschaftliche Konstruktion des Wertvollen. Springer VS, Wiesbaden

Keller R (2011) Wissenssoziologische Diskursforschung. Grundlegung eines Forschungsprogramms. Springer VS, Wiesbaden

Lemarchand R (2009) The dynacmics of violence in Central Africa. University of Pennsylvania Press, Philadelphia

Leser H (2005) Diercke Wörterbuch Allgemeine Geographie. dtv, München

LfU – Landesamt für Umwelt (2014) Konfliktmineralien – Hintergründe, Regelungen, Initiativen. http://www.izu.bayern.de/praxis/detail_praxis.php?pid=0215010100340. Zugegriffen: 01.09.2014

Lobo S (2014) Sharing Economy. Auf dem Weg in die Dumpinghölle. Spiegel Online. http://www.spiegel.de/netzwelt/netzpolitik/sascha-lobo-sharing-economy-wie-bei-uber-ist-plattform-kapitalismus-a-989584.html. Zugegriffen: 25.08.2014

Manhart A, Schleicher T (2013) Conflict minerals – An evaluation of the Dodd-Frank-Act and other resource-related measures. Öko-Institut, Freiburg

Mauelshagen F (2014) Redefining historical climatology in the Anthropocene. The Anthropocene Review 1:171–204

Obert M (2011) Die dunkle Seite der digitalen Welt. Im Kongo, mitten im Krieg, wird unter unmenschlichen Bedingungen Erz für Handys und Computer geschürft. http://www.zeit.de/2011/02/Kongo-Rohstoffe. Zugegriffen: 25.08.2014

Oertel T (2002) Untersuchung und Bewertung geogener und anthropogener Bodenschwermetallanreicherungen als Basis einer geoökologischen Umweltanalyse im Raum Eisleben-Hettstedt. Dissertationsschrift. Martin-Luther-Universität Halle-Wittenberg

Rapp F (1978) Analytische Technikphilosophie. Alber Verlag, Freiburg

Reller A (2011) Criticality of metal resources for functional materials used in electronics and microelectronics. Phys Status Solidi RRL 5:309–311

Reller A et al (2013) Ressourcenstrategie oder die Suche nach der tellurischen Balance. In: Reller A, Marschall L (Hrsg) Ressourcenstrategie. Eine Einführung in den nachhaltigen Umgang mit Ressourcen. WBG, Darmstadt, S 211–219

Reller A, Allen M, Bublies T, Meißner S, Oswald I, Staudinger T (2009) The mobile phone – Powerful communicator and potential metal dissipator. Gaia 18:127–135

Reller A, Zepf V, Achzet B (2013) The importance of rare metals for emerging technologies. In: Angrick M, Burger A, Lehmann H (Hrsg) Factor X. Re-source – Designing the recycling society. Springer, Dordrecht, S 203–219

Röbke T (2012) Krieg um Rohstoffe. An unseren Handys klebt Blut. P.M. Magazin. http://www.pm-magazin.de/a/unseren-handys-klebt-blut. Zugegriffen: 25.08.2014

Rogall H (2002) Neue Umweltökonomie – ökologische Ökonomie. Ökonomische und ethische Grundlagen der Nachhaltigkeit, Instrumente zu ihrer Durchsetzung. Leske + Budrich, Opladen

Sachs J, Warner A (1995) Natural resource abundance and economic growth. Working Paper 5398, National Bureau of Economic Research. http://www.nber.org/papers/w5398.pdf?new_window=1. Zugegriffen: 25.08.2014

Schäfers M (2010) Kein Blut ins Handy. Frankfurter Allgemeine Zeitung. http://www.faz.net/aktuell/wirtschaft/wirtschaftspolitik/rohstoffe-kein-blut-ins-handy-1939649.html. Zugegriffen: 25.08.2014

Schmidt-Bleek F (2004) Der ökologische Rucksack. Wirtschaft für eine Zukunft mit Zukunft. Hirzel, Stuttgart

Schmidt-Bleek F (2007) Nutzen wir die Erde richtig? Die Leistungen der Natur und die Arbeit des Menschen. Fischer, Frankfurt am Main

Schmidt-Bleek F (2009) The earth: Natural resources and human intervention. Haus Publishing, London

Soentgen J (2014) Volk ohne Stoff. Zum Mythos der Ressourcenknappheit. Merkur 777:182–186

Statista (2013) Absatz von Smartphones in den Jahren 2009 bis 2013. http://de.statista.com/ statistik/daten/studie/173049/umfrage/weltweiter-absatz-von-smartphones-seit-2009/. Zugegriffen: 06.08.2014

Statista (2014a) Umsatz mit Fairtrade-Produkten weltweit in den Jahren 2004 bis 2012 (in Millionen Euro). http://de.statista.com/statistik/daten/studie/171401/umfrage/umsatz-mit-fairtrade-produkten-weltweit-seit-2004/. Zugegriffen: 01.08.2014

Statista (2014b) Statistiken und Studien zum Thema Smartphones. http://de.statista.com/themen/ 581/smartphones/. Zugegriffen: 01.08.2014

Stehr N (2007) Die Moralisierung der Märkte. Eine Gesellschaftstheorie. Suhrkamp, Frankfurt am Main

Stengel O (2013) Suffizienz. Die Konsumgesellschaft in der ökologischen Krise Wuppertaler Schriften. Oekom, München

Universität Bonn (2014) App warnt vor Handy-Abhängigkeit. Forscher der Universität Bonn haben das Miniprogramm entwickelt. Pressemitteilung. http://www3.uni-bonn.de/Pressemitteilungen/ 009-2014 (Erstellt: 15.01.2014). Zugegriffen: 01.08.2014

UN-Sicherheitsrat (2008) Final report of the Group of experts on the Democratic Republic of the Congo. https://www.un.org/ga/search/view_doc.asp?symbol=S/2008/773. Zugegriffen: 25.08.2014

USGS – U.S. Geological Survey (2013) Mineral commodity summaries: Indium. http://minerals. usgs.gov/minerals/pubs/commodity/indium/mcs-2013-indiu.pdf. Zugegriffen: 28.09.2014

US-Regierung (2010) Dodd-Frank Wall Street Reform and Consumer Protection Act. http://thomas. loc.gov/cgi-bin/bdquery/z?d111:HR04173:@@@L&summ2=m&. Zugegriffen: 25.08.2014

Wantchekon L (1999) Why do resource abundant countries have authoritarian governments? Yale University. http://biowww2.biology.yale.edu/leitner/resources/docs/1999-11.pdf. Zugegriffen: 25.08.2014

Weber C (2010) Das Blut am Handy. http://www.sueddeutsche.de/wissen/kampf-ums-coltan-das-blut-am-handy-1.170029. Zugegriffen: 25.08.2014

Young JE (1992) Mining the earth. Worldwatch Paper, Bd. 109. Worldwatch Institute, Washington DC

Zepf V, Reller A, Rennie C, Ashfield M, Simmons J (2014) Materials critical to the energy industry. An introduction, 2. Aufl. BP, London

Teil IV
Grenzen der Verfügbarkeit von Metallen und Verteilung

Verkaufte Zukunft? Verfügbarkeitsgrenzen bei Metallen – neue Verteilungsfragen in einer Perspektive globaler Zustimmungsfähigkeit

15

Andreas Exner, Christian Lauk und Werner Zittel

15.1 Einleitung

Dieser Beitrag lotet die spezifischen politischen Fragestellungen aus, die eine Begrenzung der Verfügbarkeit von Metallen aufwirft. Damit soll eine erste Einschätzung der globalen Verteilungs- und Wachstumsfrage gegeben werden, die in der Diskussion um strategische Metalle impliziert ist. Insbesondere wird die Bereitstellung von Metallen aus peripheren Regionen für die Zentren des kapitalistischen Weltsystems in den Blick genommen. Damit wird auch ein gravierender blinder Fleck im entwicklungspolitischen Diskurs der Gegenwart erhellt, dessen sich nicht zuletzt staatliche Akteure bedienen, wenn sie Rohstoffstrategien nicht nur nationalökonomisch, sondern auch politisch und ethisch zu legitimieren suchen (s. dazu das Beispiel der EU-Rohstoffinitiative). Wir gehen nicht von der Annahme „Eine Welt" aus, sondern nehmen die vielfältigen Spaltungen und sozialen Ungleichheiten in den Blick, gerade auch, was die unmittelbaren, höchst ungleich verteilten Konsequenzen von Grenzen der Metallversorgung und die ebenso ungleich in Erscheinung tretenden Herausforderungen der kombinierten Stoff- und Energiewende betrifft. „Eine Welt" ist erst zu schaffen.

A. Exner (✉)
eb&p Umweltbüro GmbH
Klagenfurt, Österreich
email: andreas.exner@aon.at

C. Lauk
Institut für Soziale Ökologie, Alpen Adria Universität
Wien, Österreich

W. Zittel
Ludwig-Bölkow-Systemtechnik GmbH
Ottobrunn, Deutschland
email: werner.zittel@lbst.de

© Springer-Verlag Berlin Heidelberg 2016
A. Exner et al. (Hrsg.), *Kritische Metalle in der Großen Transformation*,
DOI 10.1007/978-3-662-44839-7_15

Gesellschaftstheoretisch bewegt sich die Argumentation in Hinblick auf globale Ungleichheitsverhältnisse zum einen im Rahmen eines weltsystemischen Ansatzes (in ökologischer Hinsicht beispielgebend: Li 2008). Diesem Ansatz folgend ist die Unterscheidung zwischen Zentrum, Peripherie und Semiperipherie des kapitalistischen Weltsystems wichtig. Das Zentrum zeigt eine differenzierte ökonomische Struktur, akquiriert den allergrößten Teil des weltweit produzierten Mehrwerts und weist ein hohes Lohnniveau auf. Die Peripherie produziert dagegen weitaus mehr Mehrwert als sie selbst akquiriert, das Lohnniveau liegt sehr niedrig und der marktorientierte Sektor ist undifferenziert. Die Semiperipherie bildet eine Übergangszone und zeigt eine relativ differenzierte ökonomische Struktur. Sie profitiert beim Handel mit der Peripherie und verliert beim Handel mit dem Zentrum. Die Semiperipherie gliedert sich in drei Großgruppen: reiche semiperiphere Länder (z. B. Kanada, Australien, Neuseeland, Nordeuropa, die ökonomisch profitieren, aber politisch untergeordnet sind), arme semiperiphere Länder (z. B. China, Indien, Indonesien, Vietnam, Nigeria, Demokratische Republik Kongo, Ägypten) und die gut situierte Semiperipherie (die Erfolgsgeschichten der industriellen Entwicklung in Lateinamerika, Ost- und Westasien sowie Osteuropa) (Li 2008).

Abschließende politisch-strategische Überlegungen beruhen zum anderen auf Einsichten historisch-materialistischer Theoriestränge und einschlägiger bewegungssoziologischer Arbeiten.

Unsere Analyse behandelt zunächst die politisch und ökonomisch bestimmte Ungleichverteilung von Metallbeständen und die sich daraus ergebenden politischen Herausforderungen am Beispiel von Kupfer, einem Kernelement moderner Infrastruktur (vgl. Abschn. 15.2). Im anschließenden Abschnitt wird auf die (ungleich verteilten) sozialökologischen Fördergrenzen der Metallgewinnung im Allgemeinen eingegangen (vgl. Abschn. 15.3). Dabei wird eine normative Orientierung an der globalen Verallgemeinerungs- und damit einer (unterstellten) weltweiten demokratischen Zustimmungsfähigkeit von Konsum- und Produktionsmustern vorausgesetzt.[1] Schließlich erfolgt eine Diskussion von daraus ableitbaren Regulierungserfordernissen in Anbetracht mehrfacher Grenzen der Metallgewinnung und der Voraussetzungen einer sozial verträglichen Energie- und Stoffwende, wobei auf die Ergebnisse des Fallbeispiels Kupfer zurückgegriffen wird (vgl. Abschn. 15.4). Im Anschluss werden Ansätze zu Politiken der Rohstoffgleichheit bei Metallen diskutiert (vgl. Abschn. 15.5). Ein Fazit schließt den Beitrag ab (vgl. Abschn. 15.6).

Als Folgerung ergibt sich: Eine politische Debatte, die den Herausforderungen der Grenzen der Metallextraktion angemessen ist, müsste sich der problematischen Grundlagen der bisherigen Form von Gesellschaft, Lebens- und Produktionsweise bewusster werden, als es momentan möglich scheint. Jede politisch relevante Argumentation ist implizit oder explizit normativ ausgerichtet (Fairclough und Fairclough 2012). Unser Bei-

---

[1] In diesem Beitrag wird eine in dieser Hinsicht demokratische – und das heißt auch die im UN-Sozialpakt formulierten Menschenrechte respektierende – grundsätzliche Zustimmungsfähigkeit an das Kriterium globaler Verallgemeinerungsfähigkeit gebunden. Eine nähere Begründung diesbezüglich muss aus Platzgründen unterbleiben.

trag versucht, eine demokratische Orientierung zum Ausgangspunkt dafür zu nehmen, die sich auf eine globale Zustimmungsfähigkeit unter Beachtung der auch gesetzlich in den meisten Ländern verpflichtenden Regelungen des UN-Sozialpakts gründet. Vor diesem Hintergrund werden die sich abzeichnenden geologischen, technischen, sozialen und ökologischen Grenzen der Extraktion und Neuverteilung von Metallen beleuchtet.

Eine normative Orientierung kann diskursive und politische Leit- oder Konfliktlinien sozialer Auseinandersetzungen formulieren, nicht aber konkrete soziale Erfahrungen ersetzen. Unsere Schlussfolgerungen machen deutlich, dass sich Schwerpunkte auf die Stärkung sozialer Bewegungen und für vielfältige Projekte zum Aufbau einer solidarischen Postwachstumsökonomie ergeben.

15.2 Ungleichverteilung metallischer Rohstoffe am Beispiel Kupfer

Der Untersuchung von Zittel (2012) zufolge (vgl. auch Kap. 5) dürften den von 1930 bis 2011 geförderten 550 Mio. t Kupfer etwa 530 Mio. t abbauwürdiger Reserven gegenüberstehen. Damit wäre rund die Hälfte des insgesamt förderbaren Kupfers bereits in Verwendung (z. B. in Infrastruktur) oder nur eingeschränkt rückholbar (z. B. in Mülldeponien). Zudem sind Verluste durch Dissipation abzuziehen. Von diesen wird in den folgenden Abschnitten zur Vereinfachung abgesehen. Laut Gordon et al. (2006) fallen 97,5 % des bis zum Jahr 2000 insgesamt durch Menschen geförderten Kupfers in die Förderung des 20. Jahrhunderts.

Grenzt man die Verfügbarkeit von Kupfer auf diese Weise (also zur Vereinfachung noch ohne Berücksichtigung dissipativer Verluste) ein, so stellt sich die Frage: Welche sozio-ökonomischen Auswirkungen hat eine solche Begrenzung des global zukünftig noch verfügbaren Kupfers insbesondere in peripheren Ländern? Geht man normativ davon aus, dass für alle Menschen in allen Teilen der Welt über kurz oder lang ähnliche materielle Möglichkeiten gegeben sein sollten, so stellt sich die Frage: Wie viel Kupfer steht jedem Individuum zu? Anders als bei erneuerbaren Energieträgern betrifft diese Frage primär nicht die Ebene des Verbrauchs, sondern der gesellschaftlichen Bestände, etwa von Kupferkabeln. Sie bestimmen den materiellen Reichtum einer Gesellschaft wesentlich mit.

In der ungleichen globalen Verteilung solcher Bestände sind die herrschaftlichen Strukturen eingeschrieben, in denen sich die Ausbeutung und Verteilung eines Metalls bewegt haben. Gleichzeitig erleichtert und bedeutet der ungleiche Aufbau von Beständen die Erhaltung dieser Herrschaft. Vor dem Hintergrund der begrenzten Förderbarkeit von Metallen besteht die Gefahr, dass diese starken globalen materiellen Ungleichgewichte, wie etwa im Fall von Kupfer, zementiert werden. Gerade Kupfer spielt dabei eine wichtige Rolle, zumal in einer Gesellschaft, die immer mehr durch elektrische Antriebe und Datenverarbeitung bestimmt wird, denn es verfügt über die nach Silber größte elektrische Leitfähigkeit.

Gordon et al. (2006) analysieren die Entwicklung von Kupferbeständen während des 20. Jahrhunderts für die USA. Sie dürfte typisch für die reichen Länder sein. Bis etwa

1950 zeigt sich dabei ein linearer, deutlicher Anstieg der Kupferbestände pro Kopf. In einer zweiten Phase, zwischen etwa 1950 und Mitte der 1990er-Jahre, steigen die Bestände weiter linear an, jedoch mit weniger starken Wachstumsraten, während ab 1995 die Kupferbestände wieder deutlich, auf 238 kg pro Person im Jahr 1999, anwachsen.

Die globalen gesellschaftlichen Kupfer*bestände* sind regional extrem ungleich verteilt und korrelieren, wie die Bestände anderer Metalle (Graedel und Cao 2010) und anders als der Metall*verbrauch*, eng mit der Wirtschaftskraft eines Landes. Während für die Gruppe der wenig entwickelten Länder in bisherigen Studien die ermittelten Kupferbestände bei 30–40 kg pro Person liegen, ergeben Studien, die diese für die weiter entwickelten Länder abschätzen, Kupferbestände von 140–300 kg pro Person. Wegen des relativ niedrigen globalen Bevölkerungsanteils der letzteren Ländergruppe von etwa 860 Mio. Menschen im Jahr 2005 dominieren die relativ niedrigen Kupferbestände der armen Länder das globale Bild. So schätzen Gerst und Graedel (2008), dass global auf einen Menschen durchschnittlich ein Kupferbestand von 35–55 kg entfällt.

Doch was bedeutet diese enge Korrelation zwischen Kupferbeständen und Wirtschaftskraft eines Landes, wenn man vom Ziel einer nachholenden Entwicklung des globalen Südens vor dem Hintergrund der begrenzten Förderung von Kupfer ausgeht? Eine einfache, aber diesbezüglich aufschlussreiche Hochrechnung machen Gerst und Graedel (2008). Auf Basis einer Schätzung der Kupferbestände reicher Länder stellen sie die Frage: Auf welche Höhe müssten die globalen Kupferbestände steigen, wenn arme Länder auf die durchschnittlichen Pro-Kopf-Bestände reicher Länder des Jahres 2000 aufschließen würden, während die Bestände reicher Länder gleich bleiben? Der sich daraus ergebende globale gesellschaftliche Kupferbestand von geschätzten 1700 Mio. t liegt weit höher als die bereits geförderte plus der vermutlich noch förderbaren Menge an Kupfer. Dabei wäre bereits ein konstanter Pro-Kopf-Kupferbestand in den reichen Ländern unter der Bedingung einer wachsenden Wirtschaft kaum denkbar.

Umgekehrt könnte man auch die Frage stellen: Wie viel in gesellschaftlichen Beständen gebundenes Kupfer steht jedem Menschen zu, wenn man vom Ziel einer global gleichen Pro-Kopf-Verteilung der Kupferbestände und einer ab dem Jahr 2000 auf 664 Mio. t begrenzten Menge förderbaren Kupfers ausgeht? Die 664 Mio. t umfassen dabei das global im Zeitraum 2001–2011 geförderte Kupfer zuzüglich der Einschätzung von Zittel (2012), der für die Zeit nach 2011 von einer noch förderbaren Menge von etwa 500 Mio. t ausgeht (Zahl wegen Unsicherheiten gerundet). Selbst bei vollständiger Überführung des ab diesem Zeitpunkt noch förderbaren Kupfers in gesellschaftliche Bestände, die de facto nicht machbar ist, und der vollständigen Erhaltung der Bestände von 330 Mio. t Kupfer im Jahr 2000 (Kapur und Graedel 2006), was ebenfalls unrealistisch ist, ergibt sich daraus ein global maximal denkbarer Kupferbestand von rund 1000 Mio. t Kupfer. Eine gleichmäßige Aufteilung dieses Bestands auf zukünftig zu erwartende 10 Mrd. Menschen ergibt einen Pro-Kopf-Bestand von 100 kg pro Person, was weniger als der Hälfte des Kupferbestands heute wirtschaftlich weit entwickelter Länder entspricht (s. zitierte Schätzung für die USA im Jahr 2000 von 238 kg/Kopf).

Selbst diese einfachen Hochrechnungen legen bereits nahe: Auch wenn von dem extremen und nicht realistischen Fall vollständiger Rezyklierung ausgegangen wird, dürften sich reiche Länder unter der Annahme des Ziels globaler Gleichverteilung der Kupferbestände nicht nur kein Kupfer mehr aneignen, sondern müssten vielmehr einen erheblichen Teil ihrer eigenen im Gebrauch befindlichen Kupferbestände in weniger weit entwickelte Länder zum Aufbau der Kupferbestände letzterer transferieren. Tatsächlich liegt derzeit der Rezyklierungsgrad bei Kupfer etwa um 50 %. Frondel et al. (2007) halten zukünftig bis zu 90 % für denkbar.

Diese Schlussfolgerung könnte man allenfalls dann etwas relativieren, wenn es gelänge, das einmal geförderte Kupfer wiederzugewinnen, das inzwischen nicht mehr in Gebrauch, also v. a. in Abfalldeponien zu finden ist. Dieses Potenzial ist allerdings allein schon deshalb begrenzt und ändert das grundsätzliche Bild nicht, weil sich etwa 80 % des bislang geförderten Kupfers tatsächlich noch in Gebrauch befinden. Zudem ist die Gewinnung von Kupfer aus Deponien technisch schwierig bis unmöglich und, wenn technisch möglich, energieaufwendig und sehr teuer. Ein Review einschlägiger Studien (Krook et al. 2012) zeigt z. B., dass bislang fast keine diesbezügliche Studie eine technische und ökonomische Machbarkeit der Rückgewinnung von Metallen aus Abfalldeponien (landfill mining) belegen konnte (vgl. Gordon et al. 2006).

Damit verbleibt die Frage: In welchem Ausmaß kann Kupfer durch andere Materialien mit ähnlichen Eigenschaften substituiert werden? Kupfer hat mehrere Eigenschaften, die es zu dem in vielen Bereichen bevorzugten Metall machen (Frondel et al. 2007). Dennoch werden im Vergleich zu anderen Metallen die Substitutionsmöglichkeiten von Kupfer oft als eher hoch eingeschätzt. Als Substitute gelten Aluminium, Titan, Stahl, Glasfaser und Plastik (IW Consult 2011).

Von den z. T. erheblichen Energiebedarfen (Aluminium, Titan) und Flächenverbräuchen (Plastik aus Biomasse) der genannten Substitute einmal abgesehen, sollten die Substitutionsmöglichkeiten von Kupfer dennoch mit Vorsicht beurteilt werden. Obwohl eine Substitution schon seit langem möglich ist, wurde diese bislang überkompensiert: Kupferverbrauchende Sektoren sind gewachsen, neue Verbrauchssektoren kamen hinzu.

Frondel et al. (2007) schätzen die Entwicklung des Kupferverbrauchs unter Berücksichtigung von Substitutionseffekten für den Zeitraum 2004 bis 2025. Insgesamt halten sich laut dieser Einschätzung neue Anwendungen und Substitution in etwa die Waage, sodass der Kupferbedarf in dieser Projektion weiter proportional zum Wachstum der Nachfragesektoren ansteigt. Sollte beim Automobil der Verbrennungs- durch den Elektromotor ersetzt werden, würde dies einen um etwa 50 % höheren Kupferbedarf nach sich ziehen (NRC 2008).

Gerade in Fahrzeugen ist Kupfer als Stromleiter nur schwer durch Aluminium ersetzbar, da bei entsprechender Leitfähigkeit Aluminiumkabel wesentlich dicker sind, was in Autos durch den begrenzt vorhandenen Raum meist problematisch ist. Allgemein wirkt sich der Trend zur Miniaturisierung, insbesondere im Bereich der Elektronik, eher ungünstig auf die Substituierbarkeit von Kupfer durch Aluminium aus. Vor diesem Hintergrund weisen Erdmann et al. (2011) darauf hin, dass v. a. in der Stromübertragung die technischen Vorteile von Kupfer weiterhin substitutionshemmend wirken und im Automobilbereich oft keine guten Substitute für Kupfer bekannt sind. Messner (2002) zeigt auf, dass Kupfer aus einer Reihe ökonomischer und technischer Gründe für viele Anwendungen trotz an sich geeigneter Substitute nicht in wesentlichem Maße und auf längere Sicht ersetzt worden ist.

Insgesamt ergibt sich damit: Es kann nicht ohne Weiteres davon ausgegangen werden, dass ein gleichwertiges Niveau an Dienstleistungen (Rechnerkapazität, Stromübertragungsleistung etc.) in ärmeren Ländern mit alternativen Metallen wie Aluminium erreicht werden kann.

Dabei sind in den hier skizzierten Überlegungen, wie bereits erwähnt, Dissipationsverluste noch nicht berücksichtigt, ebenso wenig wie der Umstand, dass Kupfer teilweise mit anderen Metallen verunreinigt in Beständen vorliegt, was die Wiedergewinnung erschwert. Schließlich erfordert Rezyklierung auch Energie.

Trotz aller Unsicherheiten und Komplexitäten drängt sich der Schluss auf: Wenn am Ziel gleicher Entwicklungsniveaus festgehalten werden soll, dann müssen sich reichere Länder mit dem Gedanken anfreunden, vollkommen ohne zusätzliches Kupfer auszukommen. Sogar ein Nettoexport von Kupfer aus reichen in arme Länder darf kein Tabu sein. Zwangsläufig müssen die anfallenden Kupferabfälle dann auch weitestgehend rezykliert werden. Jenes Kupfer, das trotz weitest gehender Rezyklierung für den Ersatz von Infrastruktur und Gebrauchsgegenständen benötigt wird sowie für den Aufbau neuer Sektoren, die man als entsprechend wichtig erachtet, muss dann aus dem Abbau gesellschaftlicher Bestände gewonnen werden. Eine solch drastische Schlussfolgerung und die sich daraus ergebenden Regulierungserfordernisse getraut sich derzeit noch kaum jemand auch nur ansatzweise in den Blick zu nehmen. Sie drängen sich jedoch bei nüchterner Analyse der Fakten auf.

15.3 Neue Stoffbedarfe und sozial-ökologische Fördergrenzen

Die stoffliche Limitierung von Technologien, darunter derjenigen, die zur Nutzung der erneuerbaren Energieträger erforderlich sind (vgl. Kap. 11), ist noch durch soziale und ökologische Grenzen zu ergänzen, wobei in diesem Beitrag der Bergbau im Fokus steht. Diese sozial-ökologischen Grenzen müssen über die geologischen Verhältnisse hinausgehend im Blick bleiben, soll das Ausmaß der Regulierungserfordernisse im Rahmen einer Perspektive der Rohstoffgleichheit eine angemessene Einschätzung erfahren. Diese Grenzen gelten freilich für die Metallextraktion im Ganzen, nicht nur für Kupfer. Während jedoch der Widerspruch zwischen dem *dirty business* Bergbau und dem grünen Image der Energiewende zumindest in der Fachdiskussion hin und wieder thematisiert wird, trifft dies für mögliche absolute soziale und ökologische Grenzen der Metallgewinnung als solcher nicht zu.

Eine Reihe kritischer NGOs und Betroffenenorganisationen fordert ein Moratorium neuer Bergbaue (EA und OX 2004; MAC 2009; Sibaud 2012; ähnlich das International

Mining and Women Network). Der Hintergrund sind die häufigen Menschenrechtsverletzungen im Bergbausektor und seine mannigfachen sozialen und ökologischen Probleme. Diese verschärfen sich in den letzten Jahren offenbar noch. So stellen mehrere Untersuchungen eine Zunahme von Konflikten um den Bergbau in Ländern der Peripherie fest (z. B. Ballard und Banks 2003; Salim 2004, S. 14; Urkidi 2010; Sibaud 2012; Sawyer und Gomez 2012). Darauf verweist indirekt auch eine industrienahe Studie von PricewaterhouseCoopers: „Die Versorgung ist zusehends eingeschränkt, da die Entwicklungsprojekte komplexer werden und typischerweise in weiter entfernten, unbekannten Gebieten liegen" (PwC 2011, S. 1). Die Geschäftsergebnisse der Top-Bergbaukonzerne zeigen seit 2002 eine im Schnitt stetig steigende Nettoprofitrate der Branche (PcW 2011). Aufgrund dieser Entwicklung erfährt der Bergbau einen vermehrten Anreiz in wenig erschlossene Regionen vorzudringen, die noch nicht in Produktion befindliche Lagerstätten aufweisen.

Die in den neuen Zielregionen an der Peripherie und Semiperipherie des kapitalistischen Weltsystems lebenden Menschen sind häufig Indigene, die entsprechend eine immer bedeutsamere Rolle in den sozialen Auseinandersetzungen um den Bergbau einnehmen (Ballard und Banks 2003; Gomez und Sawyer 2012). Earthworks und Oxfam America schätzten, dass 1995 bis 2015 etwa die Hälfte des weltweit geförderten Goldes aus Abbauen in indigenen Territorien stammt (EA und OX 2004, S. 22). Indigene waren allerdings in bestimmten Regionen schon in der jüngeren Vergangenheit die hauptsächlichen Leidtragenden des Bergbaus. Dies wird angesichts häufig erheblicher und lang anhaltender Problematiken toxischer Stoffe und von Säureaustrag auch für viele Generationen der Fall sein. So sind etwa in den USA Indigene eine vom Bergbau überdurchschnittlich betroffene Gruppe; sie wurden in der Regel allerdings nicht um ihr Einverständnis gefragt (Kuyek 2011).

Was die sozialen Folgen von Bergbau im engeren Sinn anlangt, so müssen wir es an dieser Stelle bei der allgemeinen Feststellung belassen, dass die Expansion des Bergbaus aufgrund der häufigen Menschenrechtsverletzungen in höchstem Maße problematisch ist (z. B. Ballard und Banks 2003; Sawyer und Gomez 2012).

15.4 Regulierungserfordernisse in einer Perspektive der Rohstoffgleichheit bei Metallen

Nach der Analyse der Ungleichverteilung von Kupfer in den heute vorhandenen Infrastrukturbeständen und seiner wahrscheinlichen geologischen Limitierung vor dem Hintergrund der (ungleich verteilten) Umweltbelastungen der Metallgewinnung werden im Folgenden Schlussfolgerungen im Rahmen einer Perspektive der Rohstoffgleichheit gezogen.

Die in der Zukunft zu erwartenden Begrenzungen der Metallproduktion stellen historisch neue Anforderungen an eine Regulierungsdebatte (Zittel und Exner 2013). Die Frage der Implikationen absoluter Mengenbegrenzungen bei Metallen blieb bislang allerdings außen vor. Auch stoffstrompolitische Überlegungen zu Metallen im Allgemeinen auf gesellschaftlicher Ebene wurden bisher äußerst selten angestellt.

Zwei Ausnahmen sind Bleischwitz und Bringezu (2007) sowie Bleischwitz (2011). Diese Arbeiten konzentrieren sich nicht auf Metalle, sondern behandeln Rohstoffe im Allgemeinen, ohne jedoch detaillierte Spezifizierungen zu treffen. Sie finden hier aufgrund der wenigen Literaturbeispiele in Hinblick auf Regulierungserfordernisse der Metallgewinnung und -verteilung dennoch Erwähnung. Sie plädieren für eine Erhöhung von Transparenz in den Wertschöpfungsketten und die integrale Berücksichtigung von Entwicklungszielen in den Förderländern, etwa über zweckgebundene und von unabhängigen internationalen Organisationen wie der UNO überwachte Rohstofffonds. Darüber hinaus werden die wirksame Erhöhung der Ressourceneffizienz in den Nachfrageländern und eine absolute Mengenbegrenzung der Rohstoffförderung für notwendig gehalten. Rohstoffe sollten als *common heritage of mankind* betrachtet werden, ein integriertes Stoffstrommanagement sei notwendig.

Eine Studie von Jeremy Richards – die von Länderspezifika und Fristigkeiten realer Transformation absieht – fokussiert dagegen auf die Metallpreise. Basis seiner Argumentation ist die Internalisierung externer Kosten. Auch Richards hält, wie die oben zitierten Arbeiten, eine international koordinierte Preisgestaltung für notwendig (Richards 2006).

Eine den gesellschaftlichen Verhältnissen unter besonderer Berücksichtigung der ökologischen Verhältnisse adäquate Entwicklung von Regulierungsperspektiven erfordert einerseits eine realitätsgerechte Vorstellung von diesen Verhältnissen und den darin wirksamen sozialen Kräften. Andererseits ist auch eine angemessene Konzeption der tatsächlichen Regulierungserfordernisse vonnöten. In beiderlei Hinsicht weist der überwiegende Teil der gegenwärtigen Rohstoffdebatte (nicht nur im Bereich von Metallen) schwere Mängel und große Lücken auf.

Neben der unzureichenden Vorstellung von gesellschaftlichen Verhältnissen und den Voraussetzungen einer sozial-ökologischen Transformation weisen die genannten Studien auch Mängel im Hinblick auf Regulierungserfordernisse auf:

1. Globale Verteilungsungleichheiten werden erst gar nicht in den Blick genommen.
2. Die soziale und ökologische Verantwortbarkeit weiteren Bergbaus wird im Grundsatz (d. h. nach Maßgabe der Implementierung von bspw. Zertifizierungen) vorausgesetzt.
3. Effizienzstrategien und der damit einhergehende Technizismus werden nicht problematisiert.
4. Dabei können diese eine absolute Reduktion der Metallextraktion unter kapitalistischen Verhältnissen grundsätzlich nicht erreichen.

In Absetzung von den genannten Defiziten lassen sich aus der vorliegenden Analyse Regulierungserfordernisse ableiten, die wir in der *Perspektive einer globalen Rohstoffgleichheit im Hinblick auf Metalle* zusammenfassen wollen. Diese Perspektive umfasst vier Aspekte:

1. die Absenkung der Metallextraktion aus sozialen und ökologischen Gründen;
2. die Koordination von Metallströmen;

3. die schrittweise Aufhebung historischer Ungleichheiten der Festlegung von Metallen in Beständen sowie

4. die Erhöhung von Extraktionseinnahmen der Armen an der Peripherie.

Jeder einzelnen Komponente stehen mannigfache Hindernisse entgegen, die eng mit der kapitalistischen Wirtschaftsweise und den sie stützenden wie von ihr abhängenden staatlichen Strukturen verbunden sind. Eine historisch spezifische kapitalistische Produktionsweise lässt sich von ihr vorausgehenden (und teilweise weiterbestehenden) Produktionsweisen anhand des charakteristischen Produktionsverhältnisses der Lohnarbeit abgrenzen, das mit der Durchsetzung eines umfassenden Marktes für Konsum- und Investitionsgüter einhergeht (Polanyi 1978 [1944]; so freilich schon bei Marx). Mit der Herausbildung dieses Produktionsverhältnisses organisch verbunden verläuft die Entwicklung eines modernen Staatsapparats im Sinn eines von der Gesellschaft relativ getrennten, legitimen Gewaltmonopols (zur Spezifität des modernen Staates und damit des Staates im engeren Sinn siehe z. B. Becker 2002; Hirsch 2005; Gerstenberger 2006).

Die kapitalistische Produktionsweise umfasst verschiedene Regulationsweisen. Darunter werden historisch und regional spezifische, nichtintendiert hergestellte, gesellschaftliche Bearbeitungsformen von Widersprüchen verstanden, die der kapitalistischen Produktionsweise inhärent sind. Diese Regulationsweisen sind zeitlich relativ stabil. Ihr korrespondieren spezifische Akkumulationsregimes des Kapitals. Deren Varianten hat bspw. die Regulationstheorie in ihrer Periodisierung und nationalen Ausgestaltung eingehend analysiert (Becker 2002). Die dominante Vermittlung des gesellschaftlichen Zusammenhangs und Stoffwechsels mit der Natur verläuft über die beiden grundlegenden abstrakten Merkmale der kapitalistischen Produktionsweise:

1. die ökonomische Form der Ware (unter Einschluss der „Ware Arbeitskraft" als Lohnarbeit) und

2. die Bearbeitung der dieser Produktionsweise inhärenten Widersprüche ebenso wie die Aufrechterhaltung ihrer Produktionsgrundlagen (Privateigentum, unprofitable gesellschaftliche Infrastruktur, relativer sozialer Friede etc.) durch die politische Form des Staates.[2]

Dies kennzeichnet ein übergreifendes Merkmal aller Varianten der kapitalistischen Produktionsweise. Die dominante kapitalistische Gesellschaftsformation schließt nichtkapitalistische Produktionsweisen in untergeordneter Position ein und funktionalisiert diese. Die Dominanz des Kapitalismus im Hinblick auf das in ihrem Rahmen dominante Naturverhältnis hat Konsequenzen:

---

[2] Staat wird in historisch-materialistischer Theoriebildung als die spezifisch politische Form der mit der kapitalistischen Produktionsweise verbundenen bürgerlichen Gesellschaft analysiert (hat also mit dem politikwissenschaftlichen gängigen Begriff „Staatsformen" nichts zu tun), die eine ebenso historisch spezifische Trennung zwischen Ökonomie und Politik hervorbringt (Hirsch 2005).

1. eine allseitige Konkurrenz wirtschaftlicher und politischer Akteure, die partielle Ko-
operationsverhältnisse zur Erhöhung der ökonomischen Konkurrenz- und politischen
Durchsetzungsfähigkeit einschließt;
2. eine primäre und strukturell aus einerseits der Marktkonkurrenz, andererseits dem
selbstreferenziellen, qualitativ inhaltsleeren Geldmedium resultierende Orientierung
auf die Profitproduktion; daraus ergibt sich gesamtgesellschaftlich – von strukturell
notwendigen und immer wieder auftretenden großen Krisen unterbrochen – eine fortlaufende Kapitalakkumulation mit im Durchschnitt entsprechend wachsenden Res-
sourcenverbräuchen;
3. eine fortlaufende Reproduktion und tendenzielle Steigerung sozialer Ungleichheitsverhältnisse (aufgrund der Konkurrenz- und Akkumulationsvorteile ökonomisch und
politisch machtvoller Akteure).

Unter den Prämissen einer Postwachstumsorientierung, die sich nicht zuletzt aus einer Problematisierung der Hoffnung auf eine den Ressourcenverbrauch dauerhaft, global
und drastisch reduzierende „Effizienzrevolution" ergibt, erscheint diese Produktionsweise
zunächst einmal als unhintergehbare Strukturbedingung, aber auch als eine fundamentale
Herausforderung für eine Große Transformation (Exner 2014). Vor diesem analytischen
Hintergrund erscheint die Einsicht historisch-materialistischer Theoriebildung entscheidend, wonach der Staat eine „materielle Verdichtung gesellschaftlicher Kräfteverhältnis-
se" (Poulantzas 2002, S. 154) darstellt. Der Staat ist nicht nur ein Akteur, sondern stellt
auch ein Terrain sozialer Kämpfe dar, worin um Hegemonie gerungen wird. Darin sind
immer auch hegemoniale Formen des Naturverhältnisses mit einbegriffen.

Ein realistisches Bild eines möglichen Transformationspfades erfordert folglich einen
Blick auf soziale Kämpfe und ihre Rolle in der Veränderung wirtschaftlicher und staatlicher Strukturen. Schon in der Vergangenheit war dies deutlich. Historisch betrachtet
basiert die Entwicklung von emanzipativen Ansätzen in ganz unterschiedlichen Politikfel-
dern wesentlich auf sozialen Bewegungen, die mit der kapitalistisch-staatlichen Ordnung
mehr oder weniger drastisch brechen oder dahingehende Befürchtungen bei den politischen und wirtschaftlichen Eliten auslösen. Bekannte Beispiele sind die antikolonialen
Befreiungskämpfe oder die Errungenschaften der ArbeiterInnenbewegung. Aber auch für
spezifische, in der Nachhaltigkeitsdebatte prominent gewordene technologische Ansätze
waren soziale Kämpfe und Bewegungen entscheidend. So wurzelt die Entwicklung alternativer Technologien und Produktionsmethoden, darunter der Biolandbau, in den sozialre-
volutionären Bewegungen der 1970er-Jahre. Die Konventionalisierung von erneuerbarer
Energie und biologischer Landwirtschaft setzte dementsprechend ein, als das diese Innovationen tragende Bewegungsumfeld seinen disruptiven Charakter verlor (Smith 2004;
allgemein Piven und Cloward 1977).

Soziale und institutionelle Innovationen, wie sie eine menschen- und umweltfreundliche Stoff- und Energiewende erfordern, entstehen also durch die Reaktion von Eliten auf
soziale Unruhe und Auseinandersetzungen von unten. Deren konkreter Gehalt kann von
Bewegungen nur sehr limitiert beeinflusst werden. In der Regel werden Kritik und For-

derungen selektiv integriert, Akteure kooptiert und damit letztlich die bestehenden Herr-schafts- und Machtstrukturen bestärkt. Dabei besteht freilich eine erhebliche Bandbreite. Auf der einen Seite steht dabei eine bewegungsnahe Regierung, wie es beispielsweise die von Chávez in Venezuela war, wenngleich auch diese Regierung – schon aus struktu-rellen Gründen, die mit staatlichem Handeln als solchem zusammenhängen – Tendenzen einer Vereinnahmung der Bewegungen und Widersprüche aufwies (kritisch dazu Exner und Kratzwald 2012). Auf der anderen Seite sind etwa autoritär-etatistische Politiken des Neoliberalismus seit den 1980er-Jahren zu nennen. Letztere nahmen viele Forderungen der Bewegungen nach 1968 auf, verkehrten diese jedoch zur Intensivierung von Leistungs-druck und zur Rechtfertigung sozialer Unsicherheit im Namen von „Eigenverantwortung". Andererseits werden solche Innovationen auch durch die Bewegungen selbst geschaffen, so etwa die Initiativen Solidarischer Ökonomie, also einer genossenschaftlich-demokrati-schen Produktionsweise, und das nicht nur in Lateinamerika.

Zusammengefasst und im Hinblick auf unser konkretes Thema heißt das u. a.: Schon aus strukturellen Gründen können die Bergbaukonzerne im Besonderen und die kapitalis-tische Industrie im Allgemeinen keine Akteure einer Perspektive der Rohstoffgleichheit sein. Sie profitieren von den gegebenen sozialen Verhältnissen – ob mit oder ohne er-neuerbare Energiesysteme – und haben abgesehen von paternalistischen Ansätzen keinen strukturellen Anreiz zu einer emanzipativen Veränderung. Dies bedeutet nicht, dass es nicht Ansätze für *benefit sharing* gibt oder Indigene in bestimmten Fällen über gewis-se Mitspracherechte verfügen. Allerdings entspricht diesen Ansätzen – die, wie empi-rische Studien zeigen, äußerst limitiert und ambivalent bleiben und teilweise auch ein-deutig negative Folgen nach sich ziehen (Gomez und Sawyer 2012) – kein *strukturel-ler* Anreiz der Bergbaukonzerne. An der Problemstellung der Ungleichverteilung von Rohstoffen gehen solche Ansätze ebenfalls aus strukturellen Gründen grundsätzlich vor-bei.

Auch für die Staaten gilt bis auf Weiteres in der Regel: Sie können nicht oder nur sehr eingeschränkt als potenzielle Akteure einer Perspektive der Rohstoffgleichheit gelten; in den Zentren nicht, weil der Staat von der gesteigerten Wirtschaftskraft ökonomisch und politisch profitiert; an den Peripherien nicht, sofern der Staat in solchen Regionen keine oder nur eine eingeschränkte Eigenständigkeit behaupten kann. Politisch mit gewissem Gewicht ausgestattete Staaten der Semiperipherien können zwar, wie etwa das Beispiel China zeigt, in limitiertem Maße Rohstoffpolitiken eigenständig entwickeln. Dies bedeu-tet freilich nicht, dass solche Politiken, die zunächst einmal auf strikt nationale Vorteile abzielen, als Schritte hin zu Rohstoffgleichheit gedeutet werden können. Die überwiegend von einer „imperialen Lebensweise" (Brand 2008) geprägte Klasse der Lohnabhängigen im globalen Norden (im Sinn des kapitalistischen Zentrums) ist ebenso wenig als unmit-telbarer Akteur anzunehmen. Hier lassen sich auch keine in dieser Hinsicht wesentlichen länderspezifischen Unterschiede ausmachen.

15.5 Ansätze zu Politiken der Rohstoffgleichheit bei Metallen

Eine Perspektive der Rohstoffgleichheit kann grundsätzlich verschiedene Ansatzpunkte umfassen. Vor dem Hintergrund der obigen Ausführungen zur Rolle von sozialen Auseinandersetzungen in der Zivilgesellschaft und der Bedeutung von sozialen Widerständen im Allgemeinen erscheint als der entscheidende erste Anknüpfungspunkt dafür in den lokalen Widerständen gegen Bergbauprojekte an der Peripherie zu liegen, aber auch in den Zentren und Subzentren des kapitalistischen Weltsystems. Dabei spielen in vielen Fällen indigene Bewegungen eine besondere Rolle. Dies gilt nicht zuletzt auch aufgrund des folgenden Umstands: Unter den gegebenen Kräfteverhältnissen scheint nicht bzw. noch nicht absehbar, dass weitergehende, konstruktive Initiativen etwa zum Aufbau neuer internationaler Institutionen, die bspw. eine Reallokation von Metallbeständen organisieren könnten, den dafür nötigen Rückhalt in einflussreichen sozialen Bewegungen finden. Allerdings generieren soziale Widerstände durchaus Reaktionen seitens staatlicher Politiken, die zumindest als erste Ansätze von künftigen, weiterreichenden Politiken gelten könnten.

So zeige sozialer Widerstand mitunter durchaus greifbare Erfolge auf der Ebene staatlicher Politiken und gesetzlicher Initiativen. Das wahrscheinlich beste Beispiel ist die Bergbaugesetzgebung in Wisconsin („Wisconsin Act 171", State of Wisconsin 1997). Darin sind ökologisch verantwortliche Bedingungen für jedes neue Bergbauprojekt definiert. Dies hatte den Effekt, dass seit Inkrafttreten kein einziges Projekt mehr bewilligt werden konnte. In den vom Bergbau stark betroffenen Philippinen kämpft eine breite Bewegung für eine alternative „Minerals Management Bill" mit sozial und ökologisch verantwortlichen Regelungen anstelle des jetzigen Bergbaugesetzes (Breininger und Reckordt 2011). Auch in Südamerika sind vergleichbare Entwicklungen von Widerstandsbewegungen und darauf reagierenden staatlichen Politiken dokumentiert. So hat etwa Costa Rica 2010 weiteren Tagebau im Land verboten (Swampa 2012; zu Lateinamerika allgemein FDCL und RLS 2012).

Solche Widerstände würden, wenn erfolgreich, die förderbare Menge über das geologisch bedingte Maß hinaus beschränken. Im Fall von den Metallen, deren Förderung sich schon nahe des Gipfelpunkts befindet bzw. sich dieser angesichts rasch steigender Nachfrage mittelfristig abzeichnet, verschärft eine solche Beschränkung im Rahmen kapitalistischer Verhältnisse – in dem oben skizzierten Sinn – noch die Problematik der Verteilungsfrage; noch ganz abgesehen vom Umstand der Dissipation eines erheblichen Teils der Metallbestände. Welche Konsequenzen wären dann zu ziehen, wenn historische Ungleichgewichte in den gesellschaftlichen Metallbeständen nicht durch Bergbau ausgeglichen werden können oder auch gar nicht ausgeglichen werden sollen? Dann erhält die Repatriierung von Beständen aus den physischen Strukturen der Zentren in die Peripherie besondere Dringlichkeit. Diese Konsequenz ergibt sich unter der *Prämisse von Rohstoffgleichheit* – einer in Grenzen physisch ähnlichen Verteilung von Metallbeständen pro Kopf. Dabei wird von Unterschieden in den physischen und technologischen Voraussetzungen von den auf Metalle angewiesenen Infrastrukturen in verschiedenen Ländern abgesehen. Auch bei jenen Metallen, die noch auf längere Sicht keinen Gipfelpunkt der Förderung erreicht haben, wird die Verknappung und Verteuerung fossiler Energie wahrscheinlich eine deutliche Einschränkung der Extraktion zur Folge haben – im selben Maße, in dem diese Extraktion auf fossile Inputs angewiesen ist (vgl. Kap. 16).

Zusätzlich zur globalen sozialen Verteilungsfrage stellt sich die Frage der interindustriellen und allgemeiner noch der binnenregionalen Verteilung knapper Rohstoffe. Die Rezyklierung von Metallen – mitsamt den damit verbundenen Problemen und Herausforderungen – wird im Zeitablauf zunehmend in den Vordergrund rücken, je nach Metallen und technologischer Entwicklung unterschiedlich rasch (vgl. Kap. 13). Bislang wurde noch nicht bedacht, was dies für eine Regulierung von Stoffströmen bedeutet. Die EU-Rohstoffinitiative sieht, wie alle anderen Akteure in der Debatte auch, Rezyklierung lediglich als eine zusätzliche, nicht als alleinige Quelle von Rohstoffen. Es ist offensichtlich, dass ein (fast) ausschließliches Rezyklierungssystem zur Gewinnung von Metallen kein Wachstum des gesamtgesellschaftlich verfügbaren Bestands mehr erlaubt. Metalle, die physisch investiert werden sollen, weil sie für neue Verwendungen gebraucht werden, müssen dann zuerst einer anderen Verwendung oder dem Abfall entzogen werden. Es scheint klar, dass dies mit einer erheblichen Veränderung der Dynamik und Struktur der kapitalistischen Wirtschaftsweise verbunden ist, sofern man die oben angegebenen strukturellen Charakteristika und ihre die einzelnen historischen Formen dieser Produktionsweise übergreifenden Folgewirkungen und Dynamiken in Betracht zieht.

Ist dieser prägnante Schluss nicht voreilig oder verkürzt? Für eine Präzisierung soll hier zuerst der Begriff der kapitalistischen Produktionsweise noch einmal ins Zentrum gerückt werden. Es gilt, diese Produktionsweise im Kontext einer übergreifenden Gesellschaftsformation zu betrachten. Diese ist heute von der kapitalistischen Produktionsweise direkt oder indirekt dominiert. Eine direkte Dominanz besteht in den Ländern des Zentrums und der Semiperipherien, eine indirekte Dominanz übt diese Produktionsweise in Ländern der verelendeten Peripherie aus, also v. a. in Afrika, wo zumeist teilsubsistente oder subsistente Produktionsweisen vorherrschen. Historisch zeigte die kapitalistische Produktionsweise eine enorme Expansionsbewegung, die, wie erläutert, strukturelle Ursachen hat.

Die Frage „Ist der Kapitalismus mit einer absoluten Limitierung oder gar einem Rückgang des sich in gesellschaftlicher Nutzung befindlichen Metallbestandes vereinbar?" stellt sich unter diesen Prämissen als verkürzt dar. Die Fragestellung lautet vielmehr: Wie stellt sich der Zugang zu den notwendigen Metallen für Neuinvestitionen in Gestalt von Infrastruktur, Produktions- und Konsummitteln dar, wenn der Metallbestand einer Gesellschaft konstant bleibt, die entweder direkt oder indirekt von der kapitalistischen Produktionsweise dominiert wird?

Drei Tendenzen, die sich nur relativ gegenseitig ausschließen und die hier idealtypisch als Szenarien beschrieben werden, wären grundsätzlich denkbar:

1. *Szenario 1 Marktallokation:* Investitionswillige Kapitalien könnten Produktionsmittel und Infrastrukturen, die bereits als Kapital in Verwendung sind und deren Metalle sie für andere Verwendungen einsetzen wollen, am Markt kaufen. Dies würde mehr oder weniger eine Fortsetzung des heutigen Allokationsmechanismus bedeuten.

2. *Szenario 2 Marktallokation unter Bedingungen der Krise:* Investitionswillige Kapitalien könnten unter der Annahme einer fortschreitenden Verarmung und ökonomischer Krise Metalle aus bspw. leerstehenden Häusern oder der Konkursmasse bankrottierter Betriebe lukrieren.

3. *Szenario 3 Staatsinterventionismus:* Der Staat könnte intervenieren und entweder bestimmte Kapitalien oder auch bestimmte Gruppen von Konsumierenden enteignen und freiwerdende Metalle bestimmten Kapitalien zuführen. Damit könnte er ermöglichen, dass von ihm als strategisch wichtig bestimmte Bereiche der Produktion und Infrastruktur aufgebaut werden.

Alle drei Optionen ändern nichts daran, dass damit die gesamtwirtschaftliche Produktion, insoweit diese an den Metallbestand gekoppelt ist, zunehmend zu einem *zero sum game* wird, bei dem das Wachstum der einen nur noch durch Schrumpfung anderer Kapitalien möglich wäre. Wie sind die Szenarien im Einzelnen einzuschätzen?

Szenario 1 Marktallokation Freiwillige Verkäufe könnten einen Teil der nachgefragten Metalle decken. Es ist jedoch davon auszugehen, dass die Neuinvestitionen dadurch empfindlich beschränkt würden. Es ist sehr unwahrscheinlich, dass viele Unternehmen Metalle bzw. Produktionsmittel, die Metalle enthalten, an andere Unternehmen für Neuinvestitionen verkaufen – gerade unter Bedingungen einer absoluten physischen Limitierung des Metallbestands. Denn sie würden damit ihre eigene Produktionsgrundlage unterminieren. Zudem müssten die Käufer sich eine höhere Profitrate als die Verkäufer erwarten, nachdem diese ihren eigenen erwarteten Profit in den Verkaufspreis einrechnen würden. In diesem Szenario wäre nicht garantiert, dass sich der Neubedarf an Metallen für die Akkumulation von Kapital bzw. den Aufbau wichtiger Infrastrukturen, bspw. erneuerbare Energiesysteme, aus den freiwilligen Verkäufen von Metallen decken lässt, die sich bereits in Verwendung befinden.

Szenario 2 Marktallokation unter Bedingungen der Krise Es wäre grundsätzlich denkbar, Konsum- und Produktionsmittel von verarmten Schichten und bankrottierenden Unternehmen für Neuinvestitionen zu lukrieren. Menschliches Leiden ist für das Kapital als solches noch kein relevanter Umstand und bildet daher keine Grenze einer solchen Strategie der Aneignung von Metallen. Die physische Grenze dieser Aneignungsstrategie würde allerdings sehr wohl eine Grenze des gesamtgesellschaftlichen Kapitalwachstums markieren. Diese würde, sobald sie spürbar wird, aufgrund der dieser Produktionsweise eigenen selbstverstärkenden Mechanismen in eine Krise der Akkumulation der noch nicht entwerteten Kapitalien führen.

Szenario 3 Staatsinterventionismus Tatsächlich gab es Ausformungen der kapitalistischen Produktionsweise, die ein hohes Ausmaß an Staatsintervention gekannt haben. An erster Stelle sind die Kriegsökonomien der beiden Weltkriege zu nennen. An zweiter Stelle die sich u. a. aus dieser Kriegsökonomie herausentwickelnde stalinistische Kommandowirtschaft in der UdSSR und politisch daran gebundener Staaten. In der UdSSR waren alle oben angeführten Merkmale der kapitalistischen Produktionsweise gegeben. Es handelte sich um einen sog. Staatskapitalismus, in dem das Wachstum des Kapitals dekretiert, der Zugang zu den Waren in Form von Lebensmitteln für die Lohnabhängigen garantiert und Arbeitsplätze für die „Ware Arbeitskraft" von Staats wegen gesichert waren. Der Staatskapitalismus orientierte sich zwar am Wachstum des Kapitals, allerdings war dies auch der Systemkonkurrenz geschuldet. Grundsätzlich wäre ein stationärer, also ein Steady-State-Kapitalismus unter diesen Bedingungen vorstellbar gewesen. Allerdings darf bezweifelt werden, dass ein solcher stationärer Staatskapitalismus politisch sonderlich stabil gewesen wäre. Denn er hätte die politische Unterdrückung der Lohnabhängigen nicht mehr mit Verweis auf künftige Reichtümer und ständig steigenden Wohlstand legitimieren können, wie das etwa in der UdSSR der Fall war.

Summa summarum hängt die Frage, ob die kapitalistische Produktionsweise mit einer Limitierung der Metallverfügbarkeit verträglich ist, ersichtlich mit einer Definition dieser Produktionsweise zusammen. Deren Kernmerkmale können sich auch in einem Umfeld massiver sozialer, politischer und ökonomischer Krise fortschreiben. Es deutet indes wenig darauf hin, dass im Rahmen einer Gesellschaftsformation, die von der kapitalistischen Produktionsweise direkt oder indirekt dominiert wird, eine sozial verträgliche, ökologisch adäquate und politisch legitime Entwicklung denkbar ist, wenn sich diese an einer absoluten Limitierung der Verfügbarkeit von Metallen ausrichten muss. Die Relevanz von Staatsinterventionen bei der Zuteilung von Metallen dürfte jedenfalls unter den genannten Bedingungen einer wie auch immer modifizierten kapitalistischen Produktionsweise erheblich steigen. Denn wird die Zuteilung der Metalle dem Markt überlassen (Szenario 1 und 2), so kann unter den oben skizzierten Annahmen die Situation eintreten, dass zentrale Investitionen – etwa in den Ausbau erneuerbarer Energiesysteme – nicht getätigt werden, weil die dafür notwendigen Metalle in anderen Bereichen in Verwendung sind. In diesem Fall könnte der Staat durch Enteignung die Metalle den investitionswilligen Kapitalien beschaffen – freilich würden damit gleichzeitig andere Bereiche aus der Produktion genommen.

Diese Bemerkungen bedeuten nicht, die historische Kontingenz der Moderne zu negieren. So haben kulturwissenschaftliche Studien die erhebliche Bandbreite von Subjektformen und der auf sie folgenden historischen Formen der kapitalistischen Produktionsweise deutlich gemacht (Reckwitz 2006). Allerdings bleiben auch in dieser kontingenten Veränderung von Subjektformen und den ihnen entsprechenden politischen Diskursen und konkreten Politiken die Basismerkmale der kapitalistischen Produktionsweise bislang bestehen. Die kulturellen bzw. sozialen Gegenbewegungen zu den jeweils hegemonialen Subjektformen wurden im bisherigen Verlauf der Moderne immer in neue hegemoniale Subjektformen (in modifizierter Weise) integriert. Sie erwiesen sich nicht als Ansätze eines Bruchs der übergreifenden kapitalistischen Entwicklungslogik von Profitorientierung und Kapitalakkumulation, sondern im historischen Effekt als ein wesentliches dynamisierendes Moment der kapitalistischen Produktionsweise. Eine Antwort auf die Frage, ob diese Gegenbewegungen – von der Romantik über die Avantgarden am Beginn des 20. Jahrhunderts bis zur *counter culture* der 1960er- und 1970er-Jahre – sich mit der kapitalistischen Produktionsweise als unvereinbar herausgestellt hätten, wäre es ihnen gelungen, eine gesellschaftlich hegemoniale Stellung zu erreichen, muss letztlich spekulativ bleiben.

Wie oben skizziert, erfordert der Ausbau bestimmter Technologien, darunter für die Nutzung der erneuerbaren, Metalle in einem Ausmaß, das mit anderen Technologien in Konkurrenz treten kann. Dieser Umstand verdeutlicht angesichts der Dringlichkeit der Energiewende hin zu erneuerbaren Energieträgern in besonderem Maße die Notwendigkeit einer vernünftigen Stoffstromregulierung. Auch hier spielt die Verteilungsfrage bei Metallen für die Peripherie eine zentrale Rolle, denn sie betrifft künftige Potenziale der erneuerbaren Energieproduktion.

Ganz im Gegensatz zur EU-Rohstoffinitiative, die nicht nur mit nationalökonomisch-eigeninteressierten, sondern ebenso mit entwicklungspolitischen Argumenten eine Aufhebung von nationalen Protektionismen im Bereich der Metallgewinnung und -verarbeitung fordert, ist für periphere Länder eine Rohstoffpolitik vordringlich, die Metalle möglichst für den Aufbau wichtiger Infrastrukturen behält. Dabei geht es nicht unbedingt vorrangig um die monetäre Dimension eines Ausbaus von inländischen Wertschöpfungsketten, sondern v. a. auch um eine langfristige stoffliche Weichenstellung der physischen Entwicklungsmöglichkeiten peripherer Länder insgesamt.

Es wäre freilich zu berücksichtigen, dass ein erheblicher Teil der Metallvorkommen in Ländern des kapitalistischen Zentrums (z. B. USA) oder der reichen Semiperipherie (z. B. Kanada, Australien) lokalisiert ist, d. h. in den Ländern des schwerpunktmäßigen Verbrauchs bzw. der infrastrukturellen Festlegung von Metallen. Ein weiterer Bergbau in diesen Regionen, falls er sozial und ökologisch vertretbar und gesellschaftlich legitimiert ist, was insbesondere auch die indigenen Gruppen entscheiden müssten, dürfte jedoch gemäß der Prämisse der Rohstoffgleichheit wahrscheinlich nicht mehr dem Bestandsaufbau im Zentrum dienen. Unter den Ländern der Peripherie wiederum sind Metallvorkommen höchst ungleich verteilt, weshalb nicht einfach einem nationalen Protektionismus das Wort geredet werden kann. Der in der bisherigen Entwicklungshilfe häufig angezielte Technologietransfer würde übrigens unter den Vorzeichen der Grenzen der Metallgewinnung notgedrungen die Form eines Netto(rück)transfers von Metallen aus den Zentren an die Peripherien annehmen müssen.

Die Dissipation von Metallbeständen bewirkt zudem, dass weniger Metall für Recycling und zur Umverteilung zur Verfügung steht. Damit werden die Spielräume noch weiter eingeschränkt.

Es ist also eine global annähernd gleiche Zugänglichkeit von Metallen bzw. metallischen Ressourcen, die den Ausgleich sozialer und ökologischer Schulden der kapitalistischen Zentren bei der Peripherie mit einschließen muss, integrale Voraussetzung einer sinnvollen Bearbeitung der genannten Problemlagen. Die abstrakte Formel des *common heritage of mankind*, wie sie Bleischwitz und Bringezu ins Spiel bringen, trägt weniger zu einem Lösungsansatz bei, als sie die höchst ungleiche Bedeutung der vom Bergbau negativ betroffenen Umwelt für verschiedene Bevölkerungsgruppen zu verschleiern droht. Rohstoffe sind vorerst einmal kein gemeinsames Erbe, wenn man von der irrigen Vorstellung einer homogenen Menschheit Abstand nimmt. Als gesellschaftliche Bestände sind sie demgegenüber integrale Komponente einer weltweiten Herrschaftsstruktur und ihre physische Grundlage, was der Idee einer gemeinsam, d. h. auf gleicher Augenhöhe verwalteten Erbschaft entgegensteht.

Vorschläge für institutionelle Neuerungen im Hinblick auf eine globale Regulierung von Stoffströmen können Diskussionen anregen. Doch sollte im Blick behalten werden, durch welche sozialen Kräfte und Prozesse solche Institutionen oder Regelwerke historisch entstehen und gestaltet werden, wenn sie emanzipatorische Anknüpfungspunkte bieten sollen. Dabei ist von einem Steuerungsglauben Abstand zu nehmen, der eine transparente Gesellschaft und allgemeine Planbarkeit von gesellschaftlichen Strukturen und Dynamiken unterstellt. Diese Vorstellung entspricht nicht der gegenwärtigen Form von Vergesellschaftung, ist aber auch für mögliche andere Formen von Gesellschaftlichkeit unangemessen. Historisch lassen sich solche Vorstellungen – unabhängig von ihrer normativen bzw. politischen Ausrichtung – auf eine spezifische Phase der kapitalistischen Entwicklung, nämlich den Fordismus der Nachkriegszeit beziehen, und im Besonderen auf die Kriegsökonomien der beiden Weltkriege. Doch auch unter fordistischen Verhältnissen war – selbst im ehemaligen Ostblockregime – eine rationale, widerspruchsfreie gesellschaftliche Planung nicht zu beobachten.

Eine Perspektive der Rohstoffgleichheit kann u. a. zu Konzeptionen neuer Institutionen anleiten, und zwar im Sinn einer allgemeinen normativen Orientierung. Diese Perspektive kann jedoch nicht als Grundriss einer institutionellen Blaupause dienen, die von sozialen Kämpfen, historischen Kontingenzen und einer grundsätzlich nicht planbaren, hochgradig komplexen gesellschaftlichen Entwicklung absieht.

Ein insbesondere für die Frage der Gewinnung und Verteilung von Rohstoffen, darunter Metallen, relevantes Beispiel ist die Geschichte der Rohstoffdebatte in den 1970er-Jahren im Umkreis der Perspektive einer „New International Economic Order" (NIEO). Die NIEO war ein zu dieser Zeit international wichtiger Diskurs zu Alternativen weltwirtschaftlicher Entwicklung und von Ressourcennutzung, den v. a. die UNO prägte (UNCTAD 1977; Corea 1977). Es handelte sich um eine lose definierte Perspektive, die sich gleichwohl in Entscheidungen der UNCTAD niederschlug um eine Hebung der Lebensqualität in den armen Ländern zu ermöglichen. Ein weiteres Ziel bestand in der Schließung der Kluft zwischen rohstoffexportierenden und technologieproduzierenden Ländern. Diese Kluft wurde als eine Folge ungleichen Tausches betrachtet, der als eine Konsequenz historischer Schuld des Nordens am Süden galt (UN 1974).

Den konkretesten Ausdruck fand der Ansatz der NIEO im Vorschlag von Corea anlässlich der UNCTAD-Konferenz in Nairobi 1976, ein integriertes Rohstoffabkommen zu formulieren. Dieser Vorschlag wurde lediglich teilweise realisiert (Wagner und Kaiser 1995). Der Zinsschock 1979 im Gefolge des Vietnamkriegs war ein entscheidender Faktor, der zu einem raschen Ende aller ernsthaften Versuche führte, die Kluft zwischen reichen und armen Ländern zu schließen.

Das integrierte Rohstoffabkommen wurde in den 1970er-Jahren als ein marktaffirmativer Ansatz kritisiert, der nur darauf abziele, die Position der Entwicklungsländer als

Rohstoffexporteure zu festigen, nicht aber diese Positionierung zu beenden (Senghaas 1977). Obwohl diese Kritik berechtigt war, illustriert die NIEO-Debatte dennoch, dass die internationale Allokation von Ressourcen nicht entlang neoliberaler Vorstellungen enggeführt sein muss.

Eine wichtige Voraussetzung dieser Ansätze war in den 1970er-Jahren eine gestärkte Machtposition der peripheren Länder, wofür folgende Faktoren ausschlaggebend waren:

1. der Kalte Krieg im Allgemeinen, der die Hegemonialmacht USA politisch und ideologisch unter Druck setzte und somit Zugeständnisse der reichen Länder erleichterte;
2. der Vietnamkrieg im Besonderen, der die USA nicht nur ökonomisch erheblich in Bedrängnis brachte, sondern aufgrund der militärischen Niederlage auch politisch und ideologisch schwächte;
3. der Erfolg der OPEC, den reichen Ländern substanziell höhere Preise bei einer Basisressource aufzuzwingen;
4. gleichzeitig spielten soziale Kämpfe in den Zentren eine Rolle, die eine umfassende soziale und ökologische Kritik der herrschenden Produktions- und Lebensweise auf die Agenda setzten und den Diskurs der von den Zentren dominierten Institutionen selektiv und auf begrenzte Weise beeinflussten.

Ein problematischer Aspekt des im Rahmen der NIEO-Debatte diskutierten integrierten Rohstoffabkommens war der Fokus auf marktwirtschaftliche Mechanismen. Ein kennzeichnendes Merkmal, zugleich eine wesentliche Schwäche, bisheriger internationaler Rohstoffabkommen bestand allgemein in der monetären Ausrichtung, die unerwünschte Begleiteffekte zeitigte. Dies war mit ein Grund für ihren begrenzten Erfolg. Der Verweis auf die vergleichbare Problematik der EU-Agrarpolitik und die damit lange verbundenen Produktionssubventionen soll an dieser Stelle zur Veranschaulichung genügen.

15.6 Fazit

Eine sozialökologische Transformation zu mehr Rohstoffgleichheit im Hinblick auf Metalle bedeutet nicht weniger als eine Überwindung der kapitalistischen Produktionsweise, die auf sozialer Ungleichheit (Lohnarbeit), einer Dominanz von Marktverhältnissen und einer von der Konkurrenz erzwungenen Profit- und Wachstumsorientierung beruht – und der ihr entsprechenden politischen Form.

Daher kann auch kaum genug betont werden: Von bloß sektoralen Vorschlägen und Veränderungen, etwa im Sinne der Entwicklung neuer, z. B. internationaler Institutionen ist wenig zu erwarten, solange der Weg dorthin unklar bleibt. Dieser setzt vor allem soziale Kämpfe voraus, die selbst schon mit Veränderungen in den Produktionsverhältnissen in Zusammenhang stehen und solche bewirken würden. Vor allem ist ein vernünftiger Zugang zur Regulierung von Stoffströmen im oben skizzierten Sinn nicht denkbar, solange die einzelnen produktiven Einheiten einer profit- und damit wachstumsorientierten, betriebswirtschaftlich und monetär verengten Logik folgen (müssen).

Dagegen ist die Notwendigkeit eines Aufbaus einer solidarischen Postwachstumsökonomie stark zu machen. Dieser Aufbau würde nicht nur selbst auf die für eine globale Perspektive unabdingbar nötige tiefgreifende Demokratisierung staatlicher Strukturen hinwirken. Eine solche Demokratisierung über Einrichtungen echter, fortlaufender und gestaltungsmächtiger Partizipation anstelle bloßer Volksabstimmungen oder Verfahren der Bürgerbeteiligung würde soziale Ungleichheiten schließen können und ein gutes Leben für alle ermöglichen anstatt das Wachstum von Kapital zur Bedingung von Wohlstand zu machen und sich vorrangig danach auszurichten. Er würde auch erst die subjektiven und objektiven Voraussetzungen einer vermehrten, auf umfassenden sozialen Ausgleich bedachten Kooperation zwischen den produktiven Einheiten schaffen. Dieser Aufbau wäre unter günstigen Bedingungen zugleich der Ansatz für eine Überwindung der imperialen Lebensweise, die zurzeit der vielleicht wichtigste Hemmschuh für das Entstehen einer Transformationsbewegung in den kapitalistischen Zentren ist.

Literatur

Ballard C, Banks G (2003) Resource wars: The anthropology of mining. Annual Review of Anthropology 32:287–313

Becker J (2002) Akkumulation, Regulation, Territorium. Zur kritischen Rekonstruktion der französischen Regulationstheorie. Metropolis, Marburg

Bleischwitz R (2011) Neue Governance-Mechanismen für ein global nachhaltiges Ressourcenmanagement. Zeitschrift für Außen- und Sicherheitspolitik 4:399–410

Bleischwitz R, Bringezu S (2007) Globales Ressourcenmanagement – Konfliktpotenziale und Grundzüge eines Global Governance-Systems SEF Policy Paper, Bd. 27. Stiftung Entwicklung und Frieden (SEF), Bonn

Brand U (2008) „Umwelt" in der neoliberal-imperialen Politik. Sozial-ökologische Perspektiven demokratischer Gesellschaftspolitik. Widerspruch 54:139–148

Breininger L, Reckordt M (2011) Rohstoffrausch. Die Auswirkungen von Bergbau in den Philippinen. Philippinenbüro, Essen

Corea G (1977) Unctad and the new international economic order. International Affairs 53:177–187

EA und OX – Earthworks, Oxfam America (2004) Dirty metals. Mining, communities and the environment. A Report by Earthworks and Oxfam America. http://www.nodirtygold.org/pubs/DirtyMetals_HR.pdf. Zugegriffen: 24.04.2012

Erdmann L, Behrendt S, Feil M (2011) Kritische Rohstoffe für Deutschland. Institut für Zukunftsstudien und Technologiebewertung (IZT). adelphi, Berlin

Exner A (2014) Degrowth and demonetization. On the limits of a non-capitalist market economy. Capitalism, Nature, Socialism 25:9–27

Exner A, Kratzwald B (2012) Solidarische Ökonomie & Commons. Mandelbaum, Wien

Fairclough I, Fairclough N (2012) Political discourse analysis. A method for advanced students. Routledge, London

FDCL und RLS – FDCL e.V. und Rosa-Luxemburg-Stiftung (Hrsg) (2012) Der Neue Extraktivismus – Eine Debatte über die Grenzen des Rohstoffmodells in Lateinamerika. FDCL-Verlag, Berlin

Frondel M, Grösche P, Huchtemann D, Oberheitmann A, Peters J, Angerer G, Sartorius C et al (2007) Trends der Angebots-und Nachfragesituation bei mineralischen Rohstoffen. Rheinisch-Westfälisches Institut für Wirtschaftsforschung (RWI Essen), Fraunhoferinstitut für System-und Innovationsforschung (ISI). Bundesanstalt für Geowissenschaften und Rohstoffe (BGR), Essen

Gerst MD, Graedel TE (2008) In-use stocks of metals: Status and implications. Environmental Science & Technology 42:7038–7045. doi:10.1021/es800420p

Gerstenberger H (2006) Die subjektlose Gewalt. Theorie der Entstehung bürgerlicher Staatsgewalt. Westfälisches Dampfboot, Münster

Gomez ET, Sawyer S (2012) State, capital, multinational institutions, and indigenous peoples. In: Sawyer S, Gomez ET (Hrsg) The politics of resource extraction. Indigenous peoples, multinational corporations, and the state. UNRISD. International Political Economy Series. Palgrave McMillan, Houndmills, S 33–45

Gordon RB, Bertram M, Graedel TE (2006) Metal stocks and sustainability. Proceedings of the National Academy of Sciences of the United States of America 103:1209–1214

Graedel TE, Cao J (2010) Metal spectra as indicators of development. Proceedings of the National Academy of Sciences 107:20905–20910. doi:10.1073/pnas.1011019107

Hirsch J (2005) Materialistische Staatstheorie. Transformationsprozesse des kapitalistischen Staatensystems. VSA-Verlag, Hamburg

Consult IW (2011) Rohstoffsituation Bayern – keine Zukunft ohne Rohstoffe. Strategien und Handlungsoptionen. IW Consult GmbH, Köln

Kapur A, Graedel TE (2006) Copper mines above and below the ground. Environmental Science & Technology 40:3135–3141. doi:10.1021/es0626887

Korinek J, Kim J (2010) Export restrictions on strategic raw materials and their impact on trade and global supply. Working Party of the Trade Committee OECD Trade Policy Working Paper, Bd. 95. Paris

Krook J, Svensson N, Eklund M (2012) Landfill mining: A critical review of two decades of research. Waste Management 32:513–520. doi:10.1016/j.wasman.2011.10.015

Kuyek J (2011) The theory and practice of perpetual care of contaminated sites. Lessons learned, case studies and Bibliography. http://www.miningwatch.ca/sites/www.miningwatch.ca/files/Kuyek-theory%20and%20Practice%20final%20%28July%202011%29-1.pdf. Zugegriffen: 23.03.2015

Li M (2008) The rise of China and the demise of the capitalist world-economy. Pluto Press, New York.

MAC – Mines and Communities (2009) London Declaration on Mining. http://www.minesandcommunities.org/article.php?a=9315. Zugegriffen: 12.8.2015

Messner F (2002) Material substitution and path dependence: Empirical evidence on the substitution of copper for aluminum. Ecological Economics 42:259–271. doi:10.1016/S0921-8009(02)00052-6

NRC (2008) Minerals, critical minerals, and the U.S. economy. National Research Council, Washington DC

PcW – PricewaterhouseCoopers PW (2011) Mine 2011. The game has changed. Review of global trends in the mining industry. http://www.pwc.com/en_GX/gx/mining/pdf/mine-2011-game-has-changed.pdf. Zugegriffen: 23.03.2015

Piven FF, Cloward R (1977) Poor People's Movements. Vintage, New York

Polanyi K (1978) The Great Transformation. Politische und ökonomische Ursprünge von Gesellschaften und Wirtschaftssystemen. Suhrkamp, Frankfurt am Main (Orig. 1944)

Poulantzas N (2002) Staatstheorie. Politischer Überbau, Ideologie, Autoritärer Etatismus. VSA, Hamburg (Orig. 1978)

Reckwitz A (2006) Das hybride Subjekt. Eine Theorie der Subjektkulturen von der bürgerlichen Moderne zur Postmoderne. Velbrück Wissenschaft, Weilerswist

Richards J (2006) „Precious" metals: The case for treating metals as irreplaceable. Journal of Cleaner Production 14:324–333

Salim E (2004) The World Bank Group and extractive industries. The Final Report of the Extractive Industries Review. December 2003 Striking a better balance, Bd. I. Jakarta Selatan, Washington DC

Sawyer S, Gomez T (Hrsg) (2012) The politics of resource extraction. Indigenous peoples, multinational corporations, and the state UNRISD. International Political Economy Series. Basingstoke, Houndmills

Senghaas D (1977) Weltwirtschaftsordnung und Entwicklungspolitik. Plädoyer für Dissoziation. Suhrkamp, Frankfurt am Main

Sibaud P (2012) Opening pandora's box. The new wave of land grabbing by the extractive industries and the devastating impact on Earth. The Gaia Foundation. http://www.gaiafoundation.org/sites/default/files/Pandorasboxlowres.pdf. Zugegriffen: 23.03.2015

Smith A (2004) Alternative technology niches and sustainable development. Innovation: Management, Policy & Practice 6:220–235

Wisconsin So (1997) 1997 Wisconsin Act 171. http://docs.legis.wisconsin.gov/1997/related/acts/171.pdf. Zugegriffen: 12.08.2015

Swampa M (2012) Bergbau und Neo-Extraktivismus in Lateinamerika. In: FDCL e.V. und Rosa-Luxemburg-Stiftung (Hrsg) Der Neue Extraktivismus – Eine Debatte über die Grenzen des Rohstoffmodells in Lateinamerika. FDCL-Verlag, Berlin, S 14–23

UN – United Nations General Assembly (1974) Resolution adopted by the General Assembly. 3281 (XXIX). Charter of Economic Rights and Duties of States. 29th session, agenda item 48. http://un-documents.net/a29r3281.htm. Zugegriffen: 23.03.2015

UNCTAD (1977) Proceedings of the United Nations Conference on Trade and Development Fourth Session, Nairobi, 5–31 May 1976. Report and Annexes, Bd. I. United Nations, New York

Urkidi L (2010) A glocal environmental movement against gold mining: Pascua–Lama in Chile. Ecological Economics 70:219–227

USGS (2010) Commodity Statistics and Information. http://minerals.usgs.gov/minerals/pubs/commodity/. Zugegriffen: 15.11.2015

Wagner N, Kaiser M (1995) Ökonomie der Entwicklungsländer. Eine Einführung. Fischer, Stuttgart

Zittel W (2012) Feasible futures for the common good. Energy transition. Paths in a period of increasing resource scarcities progress report 1: Assessment of fossil fuels availability (Task 2a) and of key metals availability (Task 2 b). Ludwig-Bölkow-Systemtechnik GmbH, München. http://www.umweltbuero-klagenfurt.at/feasiblefutures. Zugegriffen: 23.03.2015

Zittel W, Exner A (2013) Mining between comeback and dead end. In: Exner A, Fleissner P, Kranzl L, Zittel W (Hrsg) Land and resource scarcity. Capitalism, struggles and well-being in a world without fossil fuels. Routledge, London, S 46–73

Die energetischen Voraussetzungen der Stoffwende und das Konzept des EROEI

16

Jörg Schindler

16.1 Einleitung

Unser gegenwärtiger Lebensstil und unsere Wirtschaftsweise, basierend auf der Nutzung von fossilen und nuklearen Energiequellen, sind nicht nachhaltig. Diese Energiequellen sind endlich. Ihre Nutzung ist mit schweren Schäden für die Umwelt verbunden und beeinträchtigt die Lebensgrundlagen künftiger Generationen. Die Endlichkeit der fossilen Energiequellen zeigt sich nicht erst bei ihrem Versiegen, sondern bereits jetzt in vielfältiger Form. Beim konventionellen Erdöl ist der Höhepunkt der weltweiten Förderung seit einigen Jahren erreicht (Peak Oil). Die Erschließung neuer Vorkommen von Kohle und Erdgas wird immer schwieriger. Die Grenzen der fossilen und nuklearen Energieverfügbarkeit sind in Sichtweite und in einzelnen Sektoren bereits erreicht. Business-as-usual kommt an den Anfang vom Ende – es geht nicht so weiter, weil es nicht so weiter gehen kann.

Damit steht die Welt vor einer Großen Transformation, einem grundlegenden Wandel des Energieregimes: einer Energiewende weg von der Nutzung fossil-nuklearer Energien hin zur Nutzung nur noch erneuerbarer Energien am Ende der Transformation. Dies erfordert einen tiefgreifenden Umbau und Neubau unseres gesamten Wirtschaftssystems.

Auf der technischen Ebene braucht es neue Anlagen für die Energiebereitstellung und neue Verfahren und Produkte für die Energienutzung. Dies erfordert Materialien in großen Mengen, zu einem wesentlichen Teil auch andere Materialien als bisher. Veränderte Stoffströme und veränderte Energiebereitstellung stehen in enger Beziehung zueinander.

In diesem Beitrag geht es über die zentrale Rolle der Energie in dieser Transformation: Was sind die Bedingungen für einen Umbau angesichts sich erschöpfender fossilnuklearer Energiequellen und ebenfalls immer aufwendiger zu fördernder kritischer Roh-

J. Schindler (✉)
Neubiberg, Deutschland
email: schindler@lbst.de

© Springer-Verlag Berlin Heidelberg 2016
A. Exner et al. (Hrsg.), *Kritische Metalle in der Großen Transformation*,
DOI 10.1007/978-3-662-44839-7_16

stoffe, die für die Energiewende gebraucht werden? Es geht somit um die energetischen Voraussetzungen der Stoffwende.

Die Bereitstellung von Energie erfordert immer mehr Aufwand, einen größeren Energieeinsatz für gleich viel Nutzenergie. Dieser Zusammenhang wird mit dem Konzept des *energy return on energy invested* (EROEI) beschrieben, das in Abschn. 16.2 dargestellt wird. Anschließend wird das Konzept auf die fossile und knapp auch auf die nukleare Energiebereitstellung angewandt (vgl. Abschn. 16.3). In Abschn. 16.4 wird der abnehmende EROEI bei der Rohstoffgewinnung, insbesondere von Erzen, beschrieben und es werden Folgerungen für die Energiewende aus der Betrachtung des EROEI für kritische Metalle abgeleitet. Der Beitrag schließt mit Schlussfolgerungen für die Große Transformation (vgl. Abschn. 16.5).

16.2 EROEI – das Konzept

Die Förderung und Nutzbarmachung von energetischen und nichtenergetischen Mineralen und Rohstoffen erfordert den Einsatz von Energie. So selbstverständlich das auch ist, so werden die weitreichenden Konsequenzen dieser Tatsache meist nicht verstanden oder nicht beachtet.

Die Messgröße für den Energieeinsatz bei der Förderung von fossilen und nuklearen Energiequellen ist der EROEI. Dieser bestimmt sich durch das Verhältnis von nutzbar gemachter Energie zu aufgewendeter Energie für die Bereitstellung. Dieser Wert unterscheidet sich für verschiedene fossile Energieträger, variiert regional und verändert sich darüber hinaus im Zeitablauf. Je höher der EROEI, desto besser ist dies aus energetischer Sicht. Bei einem Wert in der Nähe eines Verhältnisses von 1:1 ist ein Grenzwert erreicht, ab dem eine Förderung allein aus energetischen Gründen keinen Sinn mehr macht. Der EROEI wirkt sich zudem unmittelbar auf die Förderkosten aus.

Dieses Konzept ist auch auf nichtenergetische Rohstoffe übertragbar:

1. Welcher Energieaufwand ist direkt für die Förderung und Bereitstellung notwendig? Auch dieser Wert ist für jeden Rohstoff anders, unterscheidet sich regional und ändert sich im Zeitablauf. Der Energieaufwand für die Förderung ist ein wesentlicher Kostenfaktor.
2. Welcher indirekte Energieaufwand ist für den Bau der Fördereinrichtungen notwendig? Der Energieaufwand für die Gewinnung und Bereitstellung der verwendeten Materialien und den Bau der Anlagen ist dem direkten Energieaufwand für die Förderung und Bereitstellung des Energieträgers oder Rohstoffs zuzurechnen. Dieser Zusammenhang wird in umfassenden Life-Cycle-Analysen auch berücksichtigt.

Die Nutzung fossiler Energien ist dabei prinzipiell irreversibel und erhöht die Entropie. Die Gewinnung und Nutzung nichtenergetischer Rohstoffe ist zwar theoretisch bei entsprechendem Energieaufwand reversibel, aber praktisch nur in einem begrenzten Umfang mit der Folge einer stofflichen Entropie, der Dissipation (vgl. Kap. 4). Darüber hinaus sind viele Auswirkungen der Förderung und Nutzung aller energetischen und nichtenergetischen Rohstoffe auf die geologischen Strukturen und auf die Biosphäre prinzipiell irreversibel: Es ändern sich dauerhaft Qualitäten.

Damit wird auch deutlich, dass der EROEI nur eine Dimension abbildet, um die Nachhaltigkeit – oder genauer – die Nichtnachhaltigkeit des sozialökologischen Stoffwechsels menschlicher Aktivitäten mit der Natur messbar zu machen. Der EROEI ist kein generelles und schon gar nicht ein alleiniges Maß für Nachhaltigkeit. Das Maß ist jedoch sehr nützlich, um die Effektivität von Extraktionsprozessen zu beurteilen und die Änderungen im Zeitablauf zu verfolgen, sichtbar zu machen und zu interpretieren.

16.2.1 EROEI – fossile und nukleare Energiebereitstellung

16.2.1.1 Energieeinsatz bis zur Nutzung

Der Energieeinsatz für die Bereitstellung von fossilen und nuklearen Energiequellen umfasst die Exploration, die eigentliche Förderung, die Konditionierung am Ort der Förderung für den Transport zu den Orten der Weiterverarbeitung, den Transport zu und die Weiterverarbeitung in zentralen Anlagen sowie schließlich Transport und Lagerung zu den Orten der Nutzung der bereitgestellten Energien. Diese Bedingungen unterscheiden sich je nach Art der Energiequelle und auch innerhalb einer Energieform auf Grund der spezifischen regionalen und geologischen Bedingungen. Im Zeitablauf ändern sich die Förderbedingungen: Je schwieriger und aufwendiger die Förderung wird (aufgrund der zunehmenden Erschöpfung von Lagerstätten, von schwieriger zugänglichen Lagerstätten, von abnehmenden Konzentrationen der Mineralien etc.), desto kleiner wird der EROEI. Diese Änderungen des EROEI über die Zeit hinweg haben weitreichende Konsequenzen, die im Folgenden auch Thema sind.

16.2.1.2 Energieeinsatz nach der energetischen und stofflichen Nutzung

Tatsächlich endet der Energieaufwand nicht mit der Bereitstellung der Energie. Dies kann vielfältige Ursachen haben: Der Umgang mit Schäden, die durch die Nutzung der Energie verursacht werden; die Beseitigung von Abfällen; die Endlagerung von Abfällen (z. B. Endlagerung von Atommüll); die Wiederherstellung und Sicherung von genutzten Flächen (z. B. Renaturierung von Braunkohletagebauen, die Ewigkeitslasten der Steinkohleförderung im Ruhrgebiet für die Wasserhaltung, die Folgekosten der Teersandförderung in Kanada und des Frackings von Öl und Gas in den USA) sowie die andauernden Kosten irreversibler Naturzerstörungen. Über lange Zeiträume kann das zu erheblichen Energieaufwendungen führen, die oft erst im Laufe der Zeit offenbar werden.

Energieaufwendungen, die erst in Zukunft anfallen – oder auch absichtlich dorthin verschoben werden – bleiben in kurzfristigen energetischen und ökonomischen Kalkülen außen vor. Diese Problematik zeigt sich insbesondere auch in der Debatte um die ökonomischen Kosten des Klimawandels.

16.2.1.3 Methodische und empirische Probleme

16.2.1.3.1 Life-Cycle-Analysen (LCA)

Life-Cycle-Analysen betrachten oft einen durchschnittlichen „Normalfall". Die Ergebnisse werden von den gesetzten *Systemgrenzen* und den verwendeten *Methoden* (s. u.) bestimmt: Zum Beispiel kann, je nach zugrunde gelegtem Bilanzierungszeitraum, die Deponierung von Abfällen günstiger sein als die Verbrennung. Oft ist es jedoch sehr schwer zu definieren, was der Normalfall ist angesichts der großen Variabilität der Produktionsbedingungen zu einem gegebenen Zeitpunkt (und auch für einzelne Produktionsweisen im Zeitablauf) sowie unklarer oder strittiger Systemgrenzen. Daher müssen die einzelnen Fälle jeweils für sich analysiert und bewertet werden, was zunehmend auch geschieht. Aus diesem Grund und wegen der im Folgenden nur angedeuteten Probleme sind Life-Cycle-Analysen nie endgültig, sondern immer *work in progress*.

16.2.1.3.2 Systemgrenzen in Life-Cycle-Analysen

In einer vollständigen Analyse müsste auch der Energieaufwand für die Erstellung der Infrastrukturen und der Maschinen für die Energiebereitstellung berücksichtigt werden: die „grauen Energien". Theoretisch ist das möglich, auch wenn es im Einzelfall sehr aufwendig sein kann. Entscheidend ist hier der Zweck der Untersuchung. Geht es darum, verschiedene mögliche Bereitstellungspfade für ein ähnliches Produkt bezüglich ihrer Effizienz zu vergleichen, so haben quantitative Analysen für viele Energiepfade gezeigt, dass die Berücksichtigung dieser „grauen Energien" bei vielen Pfaden das (relative) Ergebnis nur unwesentlich ändert (Wietschel et al. 2010). Dies gilt jedoch nicht generell für alle Fragestellungen, sondern ist von Fall zu Fall zu prüfen.

Ein anderes grundlegendes Problem ist die Bestimmung des Energieaufwands, wenn durch den Prozess ein Energieaufwand an anderer Stelle vermieden wird (Substitutionsmethode). Derartige Betrachtungen und Berechnungen sind stark kontextabhängig und die jeweilige Fragestellung bestimmt, welche Kontexte als sinnvoll erachtet werden und welche nicht. Die Systemgrenzen müssen mehr oder weniger „willkürlich" (d. h. pragmatisch) festgesetzt werden, um überhaupt zu einem quantitativen Ergebnis zu kommen.

16.2.1.3.3 Methodische Probleme

Ein grundsätzliches methodisches Problem für eine EROEI-Analyse stellt die Kuppelproduktion dar. Damit ist gemeint, dass bei der Produktion eines Gutes unvermeidlich auch andere Güter gleichzeitig mit produziert werden. Manchmal haben aus der Sicht des Produzenten alle Kuppelprodukte einen (unterschiedlichen) Wert, manche haben in anderen Fällen keinen Wert und gelten als „Abfall". Kuppelproduktion ist häufig bei der Förderung von Öl und Erdgas der Fall. Dies gilt ebenfalls bei der Förderung von Erzen (Vergesellschaftung). In der Tat ist die Kuppelproduktion eher der Normalfall als die Ausnahme, als die sie oft in der ökonomischen Theorie behandelt wird (s. dagegen den Klassiker zum Thema Kuppelproduktion Riebel 1955). Es gibt keinen objektiven Ansatz für die Allokation des Energieeinsatzes bei der Kuppelproduktion auf die einzelnen Produkte. Bei der

„Produktion" von Energieträgern wird meist der pragmatische Ansatz gewählt, die Aufteilung auf die Energieträger gemäß dem Energiegehalt der Energieträger vorzunehmen.

Bei nichtenergetischen Rohstoffen finden verschiedene Methoden Anwendung, die alle ihre Berechtigung haben, aber im Einzelfall zu sehr verschiedenen Ergebnissen führen können. So führt etwa die Allokation des Energieaufwands entsprechend der Masse der gewonnenen Rohstoffe im Einzelfall zu deutlich anderen Ergebnissen als die Allokation entsprechend dem Wert der Produkte. Die Gewinnung von Platin ist dafür ein anschauliches Beispiel: In den südafrikanischen Lagerstätten ist Platin vergesellschaftet mit Chrom, Kupfer und Nickel.

Neben den grundsätzlichen methodischen Problemen besteht auch das praktische Problem der Verfügbarkeit von belastbaren Daten. Viele für eine Quantifizierung erforderliche Daten sind in der erforderlichen Qualität nicht verfügbar. Das kann viele verschiedene Gründe haben: Relevante Daten werden entweder nicht erfasst oder sind öffentlich nicht zugänglich; ihre Qualität ist ungenügend oder nicht einschätzbar, Daten sind nicht aktuell etc.

Tatsächlich darf man auch die großen Katastrophen bei der Bereitstellung von Energie, wie etwa Tschernobyl (1986), Deepwater Horizon im Golf von Mexiko (2010) und Fukushima (2011), nicht außer Acht lassen. Neben all den katastrophalen Folgen dieser Havarien müssten auch die erheblichen energetischen Kosten betrachtet werden und auf den EROEI der jeweiligen Energiequellen angerechnet werden (zur Illustration am Beispiel der Deepwater Horizon vgl. Schindler 2011). Gleichzeitig sind die wohl unüberwindlichen methodischen und empirischen Hürden für ein solches Vorgehen offensichtlich. Das ändert aber nichts an der grundsätzlichen Berechtigung dieser Forderung.

EROEI-Analysen müssen sich wegen der genannten Schwierigkeiten auf die Ermittlung von Größenordnungen beschränken. Diese Abschätzungen sind in vielen Fällen hinreichend aussagekräftig, v. a. wenn sie sich nur auf die Phase bis zur Bereitstellung der Rohstoffe beziehen. Alle derartigen Betrachtungen sind nur in einem wohldefinierten Kontext sinnvoll und aussagekräftig. Voraussetzung ist daher immer die Klärung des konkreten Kontextes in Raum und Zeit zusammen mit der konkreten Fragestellung.

Insbesondere aber sind es die beobachtbaren Änderungen (Richtung und Größe) dieser Werte im Zeitablauf, die im Hinblick auf die Voraussetzungen der Energiewende sinnvoll interpretiert werden können.

16.2.2 EROEI – Erweiterung auf (nichtenergetische) Rohstoffe

Öl ist nicht nur ein Energieträger, sondern auch ein wichtiger Rohstoff für die chemische Industrie. Die Erschließung und Förderung von allen Rohstoffen – auch von Mineralen – erfordert den Einsatz von Energie. Es handelt sich dabei nicht mehr um einen *energy return*, sondern um einen *mineral return* bezogen auf die eingesetzte Energie. Je geringer die Konzentration des zu fördernden Rohstoffs in der Lagerstätte ist, desto größer ist der Energieaufwand für Förderung und Aufbereitung. Gleiches gilt für die Zugänglichkeit der Lagerstätten, z. B. die Tiefe der Vorkommen unter der Erdoberfläche sowie weitere Bedingungen, die für die Zugänglichkeit relevant sind.

Die meisten Minerale werden in Kuppelproduktion gefördert. Beispielsweise wird bei der Gewinnung von Metallen im ersten Schritt nicht das reine Metall gefördert (außer wenn sie gediegen vorkommen), sondern auch das Anion. Nur die allerwenigsten Metalle kommen in nennenswerten Mengen gediegen vor. In einem weiteren Schritt der Gewinnung von Metallen werden die beteiligten Stoffe chemisch betrachtet fast immer auch in eine andere Bindungsform überführt und erhalten so andere Eigenschaften mit weitreichenden Auswirkungen auf die Umwelt. Sulfide sind in der Regel schwer wasserlöslich und damit in der Umwelt bzw. im Abraum immobilisiert; wenn jedoch Luft hinzutritt werden sie zu Sulfaten, die oft viel leichter löslich sind und damit viel mobiler. Auf die methodischen Probleme der Zurechnung des Energieaufwands auf die einzelnen Produkte wird bei der Ermittlung des EROEI in Abschn. 16.2.1.3 eingegangen.

16.3 EROEI bei der Energiebereitstellung

16.3.1 Fossile Energien

16.3.1.1 Kohle

Kohle kommt in sehr unterschiedlichen Qualitäten und Lagerstätten vor (zum Folgenden ausführlich Zittel und Schindler 2007 sowie Zittel et al. 2013 und die dort angegebene Literatur). Die Qualitäten reichen von Anthrazit über Steinkohle bis zur Braunkohle mit teilweise fließenden Übergängen. Sie bilden den abnehmenden spezifischen Energiegehalt (Brennwert) bezogen auf das Volumen und das Gewicht der Kohlen ab. Die Klassifikationen unterscheiden sich international, in Deutschland und einzelnen anderen Ländern. Die Lagerstätten variieren von bergmännischen Minen in verschiedenen Tiefen mit Kohleflözen von unterschiedlicher Mächtigkeit und Qualitäten bis zu Tagebauen mit verschieden hohen Überdeckungen. Entsprechend unterscheiden sich die jeweiligen EROEI-Daten.

Bei den Steinkohlen hängen die spezifischen Förderbedingungen in einer Mine ab von der Kohlequalität (dem spezifischen Energiegehalt der Kohle), dem Aschegehalt (ein großes Problem bei der indischen Kohle), der Konzentration der Kohle im Gestein, der Mächtigkeit und Lage der Flöze, der Notwendigkeit der Entwässerung der Stollen und häufig auch der Tagebaue (der Aufwand für die dazu erforderlichen Anlagen und den Betrieb der Pumpen), dem Aufwand für die Bewetterung der Stollen (das Abführen explosiver Gase aus den Kohlegruben). Je geringer die Kohlequalität und je höher der Förderaufwand bedingt durch Kohlekonzentration, Tiefe der Lagerstätte und Aufwand für Wasserhaltung und Bewetterung ist, desto niedriger ist der EROEI. Mit zunehmender Erschöpfung der am leichtesten zu erschließenden Vorkommen sinkt der EROEI im Lauf der Zeit.

Ein relativ leicht zu beobachtendes Maß für einen abnehmenden EROEI der Förderung ist das sinkende Verhältnis von geförderter Kohlemenge zum Volumen des Abraums.

Ein Beispiel ist die Braunkohleförderung in Deutschland, wo der Abraum von $2\,m^3/t$ im Jahr 1950 auf $5{,}5\,m^3/t$ pro 1 t geförderte Kohle im Jahr 2005 gestiegen ist (Zittel und Schindler 2007, S. 43). Aber auch eine sinkende Arbeitsproduktivität pro Minenarbeiter kann ein Indiz für einen sinkenden EROEI sein. Dies ist z. B. bei der Kohleförderung in den USA seit etwa Ende der 1990er-Jahre zu beobachten (ebd., S. 37).

Der Transport der Kohle zum Ort ihrer energetischen Nutzung erfordert ebenfalls Energie, abhängig von den Entfernungen und dem Transportmittel (Schiff, Eisenbahn). In Deutschland ist das Mischen verschiedener Steinkohlequalitäten zur Anpassung an die Anforderungen der einzelnen Kraftwerke zur Stromerzeugung erforderlich, mit einem entsprechenden zusätzlichen Transportaufwand.

Die Lagerung der Steinkohle (nachdem sie vorher gewaschen werden muss) erfordert ebenfalls Energie und Wasser. Es besteht die Notwendigkeit der Bewässerung, um eine Selbstentzündung zu verhindern.

Sehr unterschiedlich sind weltweit Kohlequalitäten und Förderbedingungen im Tagebau. In Australien werden große Mengen von Steinkohle für den Einsatz in Kraftwerken (*steam coal*) im Tagebau gefördert und exportiert. In den USA wird im Bundesstaat Montana eher geringwertigere Kohle gefördert (*subbituminous coal*).

Deutschland ist weltweit der größte Förderer und Nutzer von Braunkohle. Die Konzentration der Vorkommen und die Mächtigkeit der Überdeckung bestimmen den Energieaufwand der Förderung. Die Braunkohlenutzung zur Stromerzeugung ist wegen des geringen volumetrischen Energiegehalts und wegen des hohen Wasseranteils nur nahe einem Tagebau sinnvoll, da sonst der EROEI zu niedrig wird. Trotzdem wurde in der früheren DDR der Not gehorchend Braunkohle nicht nur zur Stromerzeugung, sondern auch für Fernheizungen und Hausbrand genutzt. Dazu hat die Reichsbahn im Güterverkehr hauptsächlich Braunkohle befördert, die mehr als zur Hälfte aus Wasser bestand.

Ein Beispiel für den Energieaufwand nach der Kohlenutzung sind die „Ewigkeitslasten" des Kohlebergbaus im Ruhrgebiet und auch im Saarland. Die Entnahme der Kohle hat zu einer Absenkung des Geländes unter das Niveau des Rheins geführt. Daher muss das sich im Ruhrgebiet sammelnde Wasser ständig abgepumpt werden, andernfalls würde das Gebiet im Laufe der Zeit überflutet werden und unbewohnbar werden. Die Ewigkeitslasten des Steinkohlebergbaus für das Abpumpen von Wasser aus dem abgesunkenen Ruhrgebiet betragen aktuell etwa 300 Mio. € pro Jahr. Irgendwann in ferner Zukunft wird der kumulierte Energieaufwand für die Entwässerung den Energiegehalt der im Ruhrgebiet geförderten Kohle übersteigen. Daneben besteht das nicht auszuschließende Risiko einer Naturkatastrophe, die die Einrichtungen zur Wasserhaltung außer Funktion setzt. Ein solcher Fall würde jede EROEI Betrachtung ad absurdum führen.

Langfristige Folgen des Steinkohlebergbaus anderer Art sind einbrechende Stollen. Dabei werden Häuser beschädigt und hin und wieder tun sich Löcher auf. Auch das hat energetische Folgekosten, wenn diese auch im Vergleich zu den anderen Auswirkungen eher vernachlässigbar sein dürften.

Nach der Ausförderung der Kohle aus einem Tagebau entstehen weitere Kosten für Sicherung, Renaturierung oder Rekultivierung, so es denn überhaupt dazu kommt. In

Deutschland ist die Pflicht zur Renaturierung geregelt und erfordert einen einmaligen und teilweise auch einen andauernden energetischen Aufwand. Die Qualität der Flächen verändert sich dabei irreversibel.

16.3.1.2 Konventionelles Erdöl

Unterschieden werden konventionelles und unkonventionelles Erdöl. Bei beiden gibt es eine große Bandbreite an Qualitäten (Dichte, Schwefelgehalt etc.). Beim konventionellen Erdöl wird ferner zwischen *onshore* und *offshore* unterschieden, wobei bei letzterem die Tiefe des Meeresbodens sowie die Art der geologischen Formation unterhalb des Meeresbodens zentrale Parameter sind (zum Folgenden ausführlich Schindler und Zittel 2008 sowie die dort angegebene Literatur).

Der energetische Aufwand für Exploration von Erdölvorkommen besteht hauptsächlich aus Aufwendungen für die Seismik und die Explorationsbohrungen. Bisher war dieser Anteil gemessen am Energiegehalt der geförderten Produkte eher sehr gering. Aber der in den letzten Jahren getriebene Aufwand für Explorationsbohrungen in der Tiefsee (z. B. im Golf von Mexiko und vor den Küsten Brasiliens und Westafrikas) ist deutlich höher als auf dem Festland, genaue Zahlen gibt es aber nicht. Ein Indiz ist die mittlerweile große Zahl von sehr teuren *dry holes*, das sind Probebohrungen, die nicht zu kommerziell ausbeutbaren Lagerstätten geführt haben. Ebenso aufwendig ist der inzwischen abgebrochene Versuch von Shell, in arktischen Gewässern nach Öl und Gas zu suchen. Dabei sind Kosten von etwa 5 Mrd. USD entstanden, der Anteil der Kosten für den energetischen Aufwand ist nicht bekannt.

Der energetische Aufwand für die konventionelle Ölförderung steigt im Lauf der Zeit aus einer Vielzahl von Gründen. Gefördert wird immer ein Gemisch aus Öl und Wasser, wobei der Wasseranteil mit zunehmender Erschöpfung der Felder steigt – oft bis auf 90 % und mehr. Das Wasser muss am Bohrloch vom Öl separiert werden und danach muss das Wasser entweder wieder in das Bohrloch eingepresst oder anderweitig entsorgt werden.

Mit zunehmender Erschöpfung der Felder muss Wasser (bzw. Stickstoff, Erdgas oder CO_2) eingepresst werden, um den Druck in der Lagerstätte aufrecht zu erhalten. In vielen Lagerstätten, in denen diese Maßnahmen nicht anwendbar sind, muss stattdessen das Öl mit Pumpen an die Oberfläche geholt werden – ikonographisch dazu die pendelnden „Pferdeköpfe" an den *stripper wells* der alten amerikanischen Ölfelder.

Es gibt ein starkes Indiz für den seit einiger Zeit steigenden Aufwand für *exploration & production* (E&P). Die größten börsennotierten Öl- und Gasunternehmen (die sog. *majors* und *super majors*) haben seit 2000 ihre Aufwendungen für E&P verfünffacht, gleichzeitig ist ihre gemeinsame Ölförderung seit 2004 ständig gesunken. Wenn auch unbekannt ist, wie viel vom E&P-Budget auf die Energiekosten entfällt, so kann doch angenommen werden, dass sie ebenfalls erheblich gestiegen sind.

Eine grobe Schätzung besagt, dass der EROEI der konventionellen Ölförderung in den letzten fünf Jahrzehnten von etwa 50:1 auf heute etwa 18:1 zurückgegangen ist. Es ist wahrscheinlich, dass dieser Rückgang sich in Zukunft fortsetzen wird, da die Förderbedingungen für neue Felder schwieriger werden und die Förderung aus den alten Feldern bei gleichem oder steigendem Aufwand abnimmt.

Das geförderte Rohöl muss zur Weiterverarbeitung zu den Raffinerien transportiert werden. Dies geschieht an Land via Pipelines und mit Tankschiffen auf dem Wasser. Der Transport auf dem Wasser ist energetisch sehr effektiv. Trotzdem ist angesichts der riesigen Mengen, die international auf den Meeren bewegt werden, die Tankerflotte riesig und der absolute Energieaufwand erheblich. Etwa ein Drittel der Frachtschiffkapazität (Nutzlast gemessen in *dead weight tonnage* – dwt) auf den Meeren entfällt auf Öltanker (Rohöl und Produkte).

Die Raffination von Rohöl zu Produkten wie Benzin, Diesel, Naphta und Kerosin erfordert ebenfalls Energie, im Schnitt etwa 5 % des Energiegehalts. Die Produkte müssen anschließend von den Raffinerien zu Tanklagern (via Pipeline, Schiff und Eisenbahn) und von dort (via Lkw) zu den Tankstellen oder den Heizöllagern der Endverbraucher befördert werden.

In dieser Bereitstellungskette werden auch viele chemische Hilfsstoffe für die verschiedensten Funktionen benötigt, deren Herstellung energetisch und teilweise auch stofflich aufwendig ist. Die Herstellung eines großen Teils dieser Hilfsstoffe basiert ihrerseits wesentlich auf Erdöl. Am offensichtlichsten ist dies bei den Schmierstoffen und den Tensiden.

16.3.1.3   Unkonventionelles Erdöl

Unkonventionelles Öl unterscheidet sich in seiner Qualität und Fördermethode erheblich von konventionellem Öl. Zwei Formen sind gegenwärtig von besonderer Bedeutung: Teersande in Kanada und durch Fracking (*hydraulic fracturing*) gewonnenes *light tight oil* (LTO) in den USA.

Die großen kanadischen Teersandvorkommen in der Provinz Alberta sind seit langem bekannt und werden auch seit langem ausgebeutet. Es handelt sich dabei nicht um Ölvorkommen im herkömmlichen Sinne, sondern um Bitumen, das mit Sand vermischt ist. In der Vergangenheit wurden die Teersande ausschließlich im Tagebau gewonnen – ähnlich wie Braunkohle. Dabei wird das Teer-Sand-Gemisch mit riesigen Lkws zu Aufbereitungsanlagen gefahren. Dort wird unter Zugabe von Wasser und Chemikalien das Bitumen vom Sand abgetrennt und zu einem Teil in speziellen Anlagen unter Einsatz von Erdgas zu einem synthetischen Rohöl (*syncrude* genannt) weiterverarbeitet, einem zähflüssigen Kohlenwasserstoff. Der andere Teil wird als Bitumen belassen und z. B. im Straßenbau verwendet. Gegenwärtig beträgt das gesamte Fördervolumen etwa 3 Mio. Barrel pro Tag (IEA 2014).

An dieser Stelle ist anzumerken, dass die Ölstatistiken fast ausnahmslos nur Volumeneinheiten berichten. Dies ist problematisch, da verschiedene Ölqualitäten unterschiedliche Energiegehalte pro Volumeneinheit haben und die Statistiken deshalb ein irreführendes Bild ergeben (Schindler 2012). Um dem Rechnung zu tragen, wird in manchen Statistiken das Volumen in Energiegehalte entsprechend dem Energiegehalt von Rohöl umgerechnet (boe – *barrels of oil equivalent*).

Das bei der Abtrennung des Bitumens vom Sand anfallende Abwasser ist stark mit vielen Schadstoffen kontaminiert. Es wird in großen offenen Auffangbecken (*tailings*) gelagert und bisher nicht aufbereitet.

Mit der zunehmenden Erschöpfung der leicht zugänglichen Vorkommen nahe an der Oberfläche ist der Tagebau nicht mehr wirtschaftlich. Die Grenze liegt bei einer Überdeckung der Teersande von etwa 60 Meter. Neue Minen verwenden daher In-situ-Verfahren, bei denen das Bitumen in der Tiefe über Röhren mit Heißdampf verflüssigt, aufgefangen und an die Oberfläche gepumpt wird. Dies ist ein offensichtlich aufwendiger Prozess, v. a. auch in energetischer Hinsicht. Der EROEI dieses Verfahrens ist schlechter als beim oberflächennahen Tagebau.

Der Aufwand für die Förderung ist direkt abhängig von der Konzentration des Bitumens im Erdreich sowie im Falle des Tagebaus auch von der Mächtigkeit der Überdeckung der bitumenhaltigen Schichten.

Alle Verfahren erfordern einen hohen Energieeinsatz. Schätzungen gehen davon aus, dass der EROEI nur bei etwa 4,5:1 liegt und damit deutlich niedriger als derzeit bei der konventionellen Ölförderung (Hall et al. 2014).

Das aus dem Bitumen erzeugte *syncrude* wird unter Zugabe von Lösungsmitteln via Pipelines zu Raffinerien transportiert, die für die Verarbeitung von *syncrude* speziell angepasst wurden. Das Lösungsmittel für den Transport von *syncrude* wird in der Raffinerie abgetrennt und geht per Pipeline zurück – ein stofflich weitgehend geschlossener Prozess.

In dieser Betrachtung ist weder eine Behandlung der Schadstoffe in den *tailings* enthalten noch eine versprochene aber bisher nicht erfolgte Renaturierung der Tagebaue.

Light tight oil (LTO) ist die zweite bedeutende Form von nichtkonventionellem Erdöl. Es wird seit wenigen Jahren mittels Fracking (*hydraulic fracturing*, kurz *fracking*) in den USA gefördert, vornehmlich in der Bakken Formation in North Dakota und im Eagle Ford Shale in Texas. Dabei wird das ölhaltige dichte Gestein in den Lagerstätten durch die Einpressung von Wasser unter hohem Druck mit Sand versetzt gesprengt, um die Risse offen zu halten, und mit vielen häufig unbekannten und auch toxischen Chemikalien. Dieser Einsatz einer Vielzahl von Chemikalien erfordert für deren Herstellung, Bereitstellung und Entsorgung ihrerseits Energie.

Für das Fracking müssen in den Gesteinsschichten horizontale Bohrungen eingebracht werden. Auf diese Weise wird das im Gestein eingeschlossene Öl förderbar gemacht. Im Unterschied zu den Teersanden handelt es sich bei LTO um ein sehr leichtes Rohöl, das in der Qualität konventionell geförderten Ölen vergleichbar ist. Allerdings enthält LTO auch leicht flüchtige Bestandteile, sodass es beim Transport Probleme geben kann und es auch nicht für alle Produkte in einer Raffinerie verwendbar ist. Der Fracking-Boom mit einer LTO-Förderung von gut 3 Mio. Barrel pro Tag (Ende 2014) hat zu einem steilen Anstieg der Ölförderung in den USA geführt (Daten gemäß US-Energy Information Administration).

Im Vergleich zur konventionellen Ölförderung *onshore* ist der spezifische Aufwand für Exploration und Förderung deutlich höher wegen der sehr viel geringeren Ergiebigkeit der einzelnen Quellen. Hinzu kommt der zusätzliche Aufwand für Horizontalbohrungen, für das Fracking, für die verwendeten Chemikalien, den Sand und seine Bereitstellung sowie für die Wasserversorgung und -entsorgung. Die Bereitstellung von Sand und Fracking-Flüssigkeit in jeweils erheblichen Mengen erfolgt ausschließlich mit Lkws. Dazu muss vor Ort eine Straßeninfrastruktur meist erst geschaffen werden. Die Fördercharakteristik von LTO unterscheidet sich stark von der konventionellen Ölförderung: Die maximale Förderrate einer Quelle ist am Anfang der Erschließung, danach sinkt die Förderrate dramatisch ab – um 60 bis 80 % in den ersten beiden Jahren. Daher erfordert eine Ausweitung der Förderung in einer Region eine Vielzahl von Bohrungen jedes Jahr. Je höher die Gesamtförderung einer Region angewachsen ist, desto mehr neue Bohrungen sind jedes Jahr erforderlich, nur um die erreichte Förderrate zu halten. Dies ist ein Wettrennen, das irgendwann nicht mehr gewonnen werden kann – die Förderung stagniert und geht schließlich zurück.

Das geförderte Öl-Wasser-Gemisch wird an der Quelle vom Wasser separiert, dann wird das Öl zu den Raffinerien transportiert. In der Bakken Formation erfolgt dieser Transport in der ersten Stufe überwiegend mit Tanklastwagen zu Bahnstationen. Von dort wird das Öl auf der Bahn mit Kesselwagen zu den Raffinerien gefahren. In dedizierte große Pipelines ist nicht investiert worden, da die Ölfirmen die Kosten nicht übernehmen wollen (trotz einer angeblich über Jahrzehnte währenden hohen Ölförderung). In Texas dürfte wegen der vorhandenen Infrastruktur der Transport via Pipelines einen größeren Anteil haben.

Ein weiterer wesentlicher Faktor ist das bei der Förderung anfallende Begleitgas, das zu einem hohen Anteil abgefackelt wird, da sich der Bau von Pipelines für das Erdgas nicht rechnet. Die USA sind so zu einem der weltweit größten Emittenten von CO_2 aus abgefackeltem Gas geworden. Diese enormen Mengen verschwendeter Energie sind der Förderung anzurechnen und wirken sich entsprechend negativ auf den EROEI aus. Mangels verlässlicher Daten ist der EROEI für LTO bisher nicht berechnet worden. Das Ergebnis dürfte nicht erfreulich sein.

Die übrigen Schritte in der Produktionskette von LTO sind ab der Raffinerie im Prinzip dieselben wie bei der konventionellen Ölförderung.

16.3.1.4   Erdgas

Erdgas kommt sowohl allein als auch zusammen mit Erdöl vor (zum Folgenden Zittel et al. 2013 und die dort angegebene Literatur). Entsprechend müssen die Fördereinrichtungen beschaffen sein. Vielfach wird Erdgas als Begleitgas bei der Erdölförderung nicht genutzt, sondern immer noch abgefackelt.

Erdgas kann auf dem Land nur via Pipelines von der Quelle zu den Verbrauchern gebracht werden. Daher sind die Erdgasmärkte sehr viel stärker regional eingegrenzt als der globale Ölmarkt. Erdgas kann auch verflüssigt als LNG (*liquified natural gas*) auf dem Wasser mit Schiffen transportiert werden. Allerdings sind die entsprechenden Infrastrukturen am Ort des Beladens der Tankschiffe und im Zielhafen sehr aufwendig und nur in einigen Regionen vorhanden.

Das Pipelinenetz an Land sowie auf dem Meeresboden bei der Förderung *offshore*, der Transport von Erdgas über z. T. sehr große Entfernungen, die Speicherung in großen Kavernen, die Verflüssigung (etwa 4 % des Energiegehalts) und der Seetransport im Fall von LNG bestimmen zu einem großen Teil den Energieaufwand der Erdgasbereitstellung.

Ein weiterer Faktor sind die Methanemissionen bei der Förderung und dem Transport, die klimarelevant erheblich sind, aber auch energetisch zu Buche schlagen.

Die konventionelle dezidierte Erdgasförderung erfolgt mit Vertikalbohrungen in die Lagerstätten und ist sehr ähnlich der konventionellen Ölförderung. Die Vorkommen befinden sich sowohl *onshore* als auch *offshore*.

Unkonventionelles Erdgas besteht wie konventionelles Erdgas überwiegend aus Methan, es handelt sich um das gleiche Produkt (zum unkonventionellen Erdgas Zittel 2010 und dort angegebene Literatur). Unkonventionell sind lediglich die unterschiedlichen Fördermethoden. Man unterscheidet

1. die Förderung von Methan in Kohleflözen (*coal bed methane*),
2. die Förderung in dichtem Gestein mit Vertikalbohrungen und moderatem Fracking (*tight gas*) sowie
3. die Förderung von Schiefergas aus sehr dichtem Gestein mittels Horizontalbohrungen und aufwendigem Fracking (*shale gas*), wie bei der Förderung von *light tight oil*.

Der Anstieg der Erdgasförderung der letzten Jahre in den USA ist ausschließlich durch die Förderung von *shale gas* herbeigeführt worden. Die Förderung ist deutlich aufwendiger als beim konventionell geförderten Erdgas. Dies ist bedingt durch die geringere Ergiebigkeit der einzelnen Quellen in Verbindung mit einem höheren Aufwand für die Horizontalbohrungen und das Fracking. Auch die Methanemissionen müssen daher spezifisch höher sein als bei der konventionellen Förderung. Bisher fehlen verlässliche Daten zum Energieaufwand und zu den Emissionen.

16.3.2 Uran

An dieser Stelle seien nur einige sehr kurze Anmerkungen zu Uran als Energiequelle ergänzt (ausführlich zum Thema Zittel und Schindler 2006; Zittel et al. 2013 sowie die dort angegebene Literatur). Die Förderung von Uranoxid ist in den letzten 50 Jahren zunehmend schwieriger geworden. Es gibt nur noch ganz wenige Uranvorkommen mit einer vergleichsweise hohen Konzentration in Kasachstan und in Kanada. Die DDR war mit Wismut lange Zeit einer der großen Uranproduzenten der Welt, bis die Ausbeute immer weniger wurde und die Förderung nach der Wiedervereinigung eingestellt wurde. Überall nehmen die Konzentrationen ab und sind inzwischen in den noch aktiven Minen um bis zu ca. zwei Zehnerpotenzen niedriger als bei den ehemals besten Vorkommen.

Die von offiziellen Stellen noch für förderbar gehaltenen Mengen zu verschieden hohen Kosten korrelieren direkt mit der Konzentration und der einzusetzenden Energie. Damit sinkt der EROEI der Uranförderung laufend. Die von manchen Protagonisten als Ausweg für möglich gehaltene Urangewinnung aus dem Meerwasser ist eine Chimäre, der EROEI wäre sicher kleiner als 1:1.

Zu berücksichtigen ist zudem der Aufwand für die Anreicherung des Brennstoffs, v. a. aber auch der Aufwand für den Rückbau der Kraftwerke, die Entsorgung und die Endlagerung der abgebrannten Brennstäbe. Ein energetischer Aufwand, den heute keiner kennt.

16.4   Folgerungen aus der EROEI-Betrachtung

16.4.1   Abnehmender EROEI bei der Gewinnung von Mineralen

Es gibt säkulare Veränderungen in drei wichtigen Bereichen, die jede für sich – und noch einmal verstärkt durch ihre Kombination – zu einem laufend abnehmenden EROEI bei der Gewinnung von Mineralen führen.

1. Zu beobachten ist eine Tendenz der mit zunehmender Förderung abnehmenden Konzentration der fossilen und nuklearen Energiequellen. Diese Tendenz zeigt sich auch bei wichtigen Metallen. Selbst bei Kupfer, das typischerweise nicht als kritisches Metall eingeordnet wird und man dies auf den ersten Blick auch nicht vermuten würde, werden die Förderbedingungen immer schwieriger (vgl. Kap. 5). Eisenerz ist eine der wenigen Ausnahmen.
2. Ein weiterer Trend ist die qualitative Veränderung der Stoffströme hin zu den selteneren Mineralen. Ausgelöst durch die industrielle Revolution sowie in der Folge durch die Fortschritte in der Chemie und in der Verfahrenstechnik wurden immer mehr Elemente des Periodensystems technisch und industriell genutzt. Mit der Mikroelektronik hat diese Entwicklung noch einmal einen Schub bekommen, sodass heute fast alle Elemente des Periodensystems genutzt werden (vgl. Kap. 6 und Abb. 14.2). Das hat den Bedarf an Mineralen wie den Seltenen Erden steigen lassen, die in der Erdkruste zwar häufig vorkommen, aber immer nur in sehr geringen Konzentrationen. Dies führt zu einem hohen Energieaufwand bei der Förderung und bedingt problematische Fördermethoden mit vielen negativen Umweltwirkungen (deren wo immer mögliche „Vermeidung" den Energieaufwand noch einmal erheblich steigern würde).
3. Ein dritter, grundlegender Faktor ist die zunehmende Dissipation strategischer Stoffe, die mit hohem Energieaufwand gefördert und nutzbar gemacht worden sind (vgl. Kap. 4). Dem kann durch das Recycling wichtiger Minerale nach der Nutzung der sie enthaltenden Produkte zu einem gewissen Grade entgegengewirkt werden. Je geringer die Konzentration der wiederzugewinnenden Minerale in einem Produkt ist und je mehr sie mit vielen anderen gering konzentrierten Mineralen zusammen im Produkt enthalten sind, desto schwieriger und energieaufwendiger ist das Recycling. Hinzu kommt, dass aus technischen und grundsätzlichen thermodynamischen Gründen ein Recycling niemals vollständig möglich ist. Sowohl Recycling als erst recht auch

unterlassenes Recycling führen zu einer Dissipation der jeweils genutzten Minerale. Die dissipierten Mengen sind anschließend nicht mehr nutzbar. Es kommt zu einer unvermeidlichen *stofflichen Entropie* – analog der energetischen Entropie mit weitreichenden Folgen auch für die Wirtschaftstheorie (vgl. der frühe Klassiker zum Thema: Georgescu-Roegen 1975). Das Smartphone ist dafür ein anschauliches Beispiel (vgl. Kap. 14).

16.4.2 Zunehmende Entropie als Folge der fossilen und nuklearen Energienutzung

Mit zunehmender Erschöpfung der bisher genutzten fossilen und nuklearen Lagerstätten wird die Förderung der verbleibenden Mengen immer aufwendiger. Dies zeigt sich in einem sinkenden EROEI. Dieser wiederum drückt sich tendenziell in steigenden Preisen aus. Je näher sich der EROEI dem Wert 1:1 annähert, desto näher ist man aus energetischen Gründen dem Ende der fossilen und nuklearen Energienutzung. Ein im Zeitablauf sinkender EROEI der Bereitstellung von fossiler und nuklearer Energie ist ein Kennzeichen von nichtnachhaltigen Strukturen.

Die Entwicklung der Ölförderung ist ein typisches Beispiel. Leicht förderbare Vorkommen (*sweet spots* genannt) sind zunehmend erschöpft. Auch ehemals leicht förderbare Vorkommen erfordern mit zunehmender Entleerung einen immer höheren Aufwand für die Förderung und damit einen steigenden Energieeinsatz. Neue Vorkommen sind immer schwerer zu erschließen. Der erzwungene Übergang zu unkonventionellen Vorkommen führt zu deutlich niedrigeren EROEIs. Die Zeit der reichlichen und billigen Energie kommt an ein Ende.

Die konkreten Werte sind schwierig zu ermitteln. In Hall et al. (2014) werden verschiedene Quellen für verschiedene Länder zitiert. Danach ist der EROEI der globalen Öl- und Gasförderung von 23:1 im Jahr 1992 auf 18:1 im Jahr 2005 zurückgegangen.

16.4.3 Zunehmende stoffliche Entropie bedingt steigenden Energieeinsatz

Die Stoffwende ist eine notwendige Voraussetzung für eine Energiewende. Gebraucht werden immer mehr Minerale, die zunehmend aufwendiger zu fördern sind, da ihre Konzentration in den Lagerstätten sinkt. Die sinkenden Konzentrationen der zu fördernden Minerale erfordern einen erhöhten Energieeinsatz bei der Gewinnung. Gleichzeitig sinkt der EROEI der für die Gewinnung der Minerale notwendigen Energiebereitstellung.

Die Effekte von sinkenden EROEIs der Bereitstellung von Mineralen in Verbindung mit sinkenden EROEIs der Energiebereitstellung überlagern sich. Die Bereitstellung von Mineralen und die Energiebereitstellung werden mehr oder weniger gleichzeitig aufwendiger – eine sich gegenseitig beschleunigende Abwärtsspirale.

16.4.4 Folgerungen für den Übergang zur Nutzung von erneuerbaren Energien

Zwischen fossil-nuklearen und regenerativen Energien besteht ein kategorialer Unterschied. Die Nutzung von fossil-nuklearen Energien vermindert einen Bestand, der sich zunehmend erschöpft und dabei die Entropie erhöht. Dagegen wird erneuerbare Energie von der Sonne kontinuierlich eingestrahlt – und ist somit Syntropie.

Dieser Unterschied hat auch Auswirkungen auf das Konzept des EROEI. Daher macht es keinen Sinn, den EROEI von fossilen und nuklearen Energiewandlern (wie etwa Kohle- oder Kernkraftwerken) mit dem EROEI von regenerativen Energiewandlern (wie etwa Windkraftwerken oder Photovoltaikanlagen) zu vergleichen. Insbesondere das Konzept der vergleichenden Energierückgewinnungszeit beider Typen von Energiewandlern ist vollkommen irreführend: Fossil-nukleare Kraftwerke gewinnen nie Energie, sondern verbrauchen während ihrer Nutzungszeit ständig weiter fossile oder nukleare Energiequellen. Dagegen machen regenerative Energiewandler ständig neue Energie von der Sonne nutzbar, ohne die Quelle in geologischen Zeitskalen zu erschöpfen.

Kurz und alltagssprachlich: Fossil-nukleare Kraftwerke verbrauchen Energie. Regenerative Kraftwerke gewinnen Energie. Daher sind Vergleiche zwischen den verschiedenen Energiewelten ein Missbrauch des EROEI-Konzepts zur Desavouierung der erneuerbaren Energien.

Innerhalb der beiden Energiewelten macht das Konzept jedoch jeweils Sinn und ist in beiden Fällen auch ein Maß für Effizienz. Denn offensichtlich macht es keinen Sinn, einen Energiewandler zu haben, dessen Bau mehr Energie erfordert als der Wandler während seiner Nutzungsdauer liefert.

Die Energiewende von einem fossil-nuklearen hin zu einem postfossilen erneuerbaren Energieregime ist unvermeidbar. Dies ist allein schon durch die Gesetze der Thermodynamik vorgegeben, die auch die Ökonomie bestimmen. Weder Substitutionen noch technologische Innovationen können daran etwas ändern (sehr früh und grundsätzlich dazu Georgescu-Roegen 1975; vgl. auch Bardi 2013a, 2013b). Der Übergang zu erneuerbaren Energiequellen wird möglich und erleichtert durch die Tatsache, dass alle heute industriell eingesetzten erneuerbaren Energieanlagen einen deutlich positiven EROEI haben. Auch deswegen wird der Ausbau der erneuerbaren Energieanlagen weltweit weiter steigen. Technisch bedeutet das, dass bei zunehmender Substitution der Anteil des Stroms im Energiemix laufend steigen wird – Strom wird zu einer Primärenergie. Entsprechend müssen Technologien zur Energienutzung kontinuierlich angepasst werden.

Die Verfügbarkeit kann wegen einer Vielzahl von Beschränkungen auch nicht beliebig steigen:

- Zum einen weil die für die Nutzung der erneuerbaren Energien notwendigen Flächen nicht beliebig vermehrbar sind und viele Nutzungskonkurrenzen bestehen.
- Zum anderen sind die Stoffströme begrenzt. Dies gilt insbesondere für die Verfügbarkeit der kritischen Metalle.

Die zunehmende stoffliche Entropie ist unvermeidlich. Daher wird der EROEI der kritischen Metalle auch in Zukunft weiter abnehmen und sie werden daher das Adjektiv „kritisch" zunehmend zu Recht tragen. Entsprechend wird auch der EROEI der erneuerbaren Energien mit fortschreitender Transformation zurückgehen. Es gilt das *law of diminishing returns*.

16.5 Schlussfolgerungen für die Große Transformation

In der Großen Transformation spielen kritische Metalle eine wichtige Rolle für das Gelingen der – unvermeidlichen – *Energiewende*. Bisher ist der Aspekt der *Stoffwende* als Voraussetzung der Energiewende weniger im Blick gewesen (vgl. Kap. 6). Die Stoffwende erfordert jedoch gleich viel Aufmerksamkeit. Das gilt insbesondere auch für die energetischen Voraussetzungen der Stoffwende. Beides hat unmittelbare und konkrete Folgerungen für die Gestaltung der Großen Transformation.

Die *Herausforderungen der Energiewende und der Stoffwende* lassen sich wie folgt zusammenfassen:

- Die Konzentration der strategischen Minerale in den Lagerstätten nimmt ab.
- In der Folge steigt der spezifische energetische Aufwand für die Bereitstellung von Mineralen.
- Gleichzeitig nimmt der EROEI der fossil-nuklearen Energiebereitstellung ständig ab.
- In Kombination dieser Faktoren ergibt sich eine sich laufend verschärfende Situation.

Daraus lassen sich *Strategien für die zwei hier betrachteten Handlungsfelder* in der Großen Transformation ableiten:

- Die Uhr für die Nutzung fossiler und nuklearer Energien läuft ab. Daher müssen diese Energien für den Umbau des alten Energiesystems hin zu einem erneuerbaren Energieregime verwendet werden. Die verbleibende Zeit muss zielgerecht genutzt werden.
- Es sollen keine Investitionen mehr in die Verlängerung des alten Energiesystems getätigt werden.
- Mit der Verabschiedung von als nichtnachhaltig erkannten Strukturen muss sofort begonnen werden, statt ständig angebliche Brücken auf fossiler Basis in eine erneuerbare Zukunft zu bauen.
- Die komplette Substitution des fossil-nuklearen Energieregimes muss das Ziel sein.
- Dazu muss auch der Umgang mit den Stoffströmen völlig neu gedacht werden. Der kurzfristige und enge Effizienzbegriff ist zu hinterfragen. Angesichts der aktuell vorherrschenden Dissipation kritischer Metalle ist ein nachhaltigeres Stoffregime zu konzipieren.

Bei all dem muss man sich bewusst sein: Die neue Welt wird eine andere sein. Wegen der dargestellten Beschränkungen wird das globale Energieangebot langfristig niedriger sein als heute. Fossile Energien können nicht 1:1 ersetzt werden – weder in der Menge noch in den Zeitskalen. Die Welt muss mit weniger Energie auskommen: Energie wird nicht mehr reichlich und billig, sondern knapp und teuer/wertvoll sein. Mit Stoffen muss sorgsam umgegangen werden.

Dies bedingt eine andere Wirtschaftsweise und einen anderen Lebensstil. Dies steht im Gegensatz zu der bisher vorherrschenden Vorstellung, dass Business-as-usual trotz „Wende" auch in Zukunft fortgesetzt werden kann – nur eben ein bisschen anders. Diese Vorstellung ist Ausdruck des Wunsches nach einer Beibehaltung der bisherigen, auf Verschwendung basierenden Wirtschaftsweise. Dagegen braucht es eine Rückkehr zum Wirtschaften im ursprünglichen Sinne: *zu einem haushälterischen Umgang mit knappen Ressourcen.*

Diese Überlegungen führen zusammenfassend zu folgenden Schlussfolgerungen: Die Nichtnachhaltigkeit der gegenwärtig dominanten Lebensstile und Wirtschaftsweisen zeigt sich in den 2010er-Jahren unübersehbar. Es steht eine Große Transformation an – weg von dem gegenwärtigen nichtnachhaltigen fossil-nuklearen Energieregime hin zu einer nachhaltigen postfossilen Entwicklung. Die Herausforderung ist es, diese Große Transformation verträglich und gerecht zu gestalten. Wenn dies gelingen soll, dann muss die Große Transformation von Anfang an anders als bisher angegangen werden. Die gegenwärtige und bereits Jahrzehnte andauernde großmaßstäbliche Dissipation von kritischen Metallen darf nicht weiter fortgesetzt werden, sondern muss so schnell wie möglich beendet werden. Andernfalls wird eine verträgliche Gestaltung der Großen Transformation immer noch schwieriger und immer weniger wahrscheinlich.

Daher müssen die stofflichen Voraussetzungen der Energiewende von Anfang an für die strategische Ausrichtung der Energiewende bestimmend sein. Gleiches gilt für die energetischen Voraussetzungen der Stoffwende.

Literatur

Bardi U (2013a) Der geplünderte Planet. Die Zukunft des Menschen im Zeitalter schwindender Ressourcen. oekom, München

Bardi U (2013b) The mineral question: how energy and technology will determine the future of mining. Frontiers in Energy Research 1:9, doi:10.3389/fenrg.2013.0009

Georgescu-Roegen N (1975) Energy and economic myths. Southern Economic Journal 41:347–381

Hall CAS, Lambert JG, Balogh SB (2014) EROI of different fuels and the implications for society. Energy Policy 64:141–152

IEA – International Energy Agency (2014) World energy outlook. OECD/IEA, Paris

Riebel P (1955) Die Kuppelproduktion. Betriebs- und Marktprobleme. Westdeutscher Verlag, Köln

Schindler J (2011) Öldämmerung. Deepwater Horizon und das Ende des Ölzeitalters. Ökom, München

Schindler J (2012) Die Zukunft der Ölversorgung im World Energy Outlook 2012 der Internationalen Energieagentur ASPO Deutschland Newsletter, Bd. 1. Ottobrunn

Schindler J, Zittel W (2008) Zukunft der weltweiten Erdölversorgung. Energy Watch Group und Ludwig-Bölkow-Stiftung, Berlin

Wietschel M, Bünger U, Weindorf W (2010) Vergleich von Strom und Wasserstoff als CO2-freie Endenergieträger. Karlsruhe. http://www.isi.fraunhofer.de/isi-wAssets/docs/e/de/publikationen/ Endbericht_H2_vs_Strom-final.pdf. Zugegriffen: 12.01.2015

Zittel W (2010) Kurzstudie Unkonventionelles Erdgas. ASPO Deutschland und Energy Watch Group, Ottobrunn

Zittel W, Schindler J (2006) Uranium resources and nuclear energy. Energy Watch Group, Berlin

Zittel W, Schindler J (2007) Coal: resources and future availability. Energy Watch Group, Berlin

Zittel W, Zerhusen J, Zerta M, Arnold N (2013) Fossil and nuclear fuels: the supply outlook. http://www.energywatchgroup.org/fileadmin/global/pdf/EWG-update2013_long_18_03_2013up.pdf. Zugegriffen: 12.01.2015

Sachverzeichnis

© Springer-Verlag Berlin Heidelberg 2016
A. Exner et al. (Hrsg.), *Kritische Metalle in der Großen Transformation*,
DOI 10.1007/978-3-662-44839-7

Printed in the United States
by Booksurge

Printed in the United States
By Bookmasters